科学出版社"十四五"普通高等教育本科规划教材
食品科学与工程类系列教材

食 品 营 养 学

单毓娟　主编

科学出版社
北京

内 容 简 介

本书共九章。其中，前八章系统阐述了食品营养学的基本概念及研究内容、食物中营养素及生物活性成分的代谢、功能、缺乏和（或）过量的危害、推荐量等基础知识；在此基础上，探究加工对食品营养价值的影响，并为各类特殊人群提供营养膳食指导，为多种营养相关疾病提出营养治疗，从宏观上提出营养改善措施、制定营养政策和膳食指南等。

本书在以下三方面进行了创新性尝试。①结构新颖。每章以"兴趣引导"激发学生的阅读兴趣和求知欲；学生在"学习目标"的指引下预习，提升自主学习能力；通过章后"小结"梳理本章的知识点；最后通过"课后练习"巩固本章的课程内容。②新增了营养学技能实践内容，即第九章，包括综合性实验和设计性实验，注重培养解决实际问题的高阶能力，提升课程的挑战性。③辅助教学资源内容丰富。本书配套视频微课及完整的课件资源；配套的省级一流线上课程已经上线运行（在"浙江省高等学校在线开放课程共享平台"搜索"营养与食品卫生学"查看学习）；课程思政案例库也正在建设中。

本书不仅可作为食品质量与安全、食品科学与工程、食品营养与健康、食品生物技术等相关专业学生的教材，还可作为营养师、健康管理师，以及食品科学、预防医学、疾病与预防控制中心等相关科研及工作人员的参考和指导用书。

图书在版编目（CIP）数据

食品营养学/单毓娟主编. —北京：科学出版社，2022.11
科学出版社"十四五"普通高等教育本科规划教材　食品科学与工程类系列教材
ISBN 978-7-03-072171-6

Ⅰ. ①食⋯　Ⅱ. ①单⋯　Ⅲ. ①食品营养-营养学-高等学校-教材
Ⅳ. ①TS201.4

中国版本图书馆 CIP 数据核字（2022）第 073260 号

责任编辑：席　慧　王玉时 / 责任校对：杨　赛
责任印制：赵　博 / 封面设计：蓝正设计

科学出版社 出版

北京东黄城根北街 16 号
邮政编码：100717
http://www.sciencep.com

保定市中画美凯印刷有限公司印刷
科学出版社发行　各地新华书店经销
*

2022 年 11 月第 一 版　开本：787×1092　1/16
2024 年 5 月第三次印刷　印张：16 3/4
字数：450 000

定价：69.80 元
（如有印装质量问题，我社负责调换）

《食品营养学》编写委员会

主　编　单毓娟

副主编　曹　炜　张立钢　富校轶　刘　颖　郑艺梅

编　者　单毓娟　温州医科大学

　　　　曹　炜　西北大学

　　　　张立钢　东北农业大学

　　　　富校轶　温州医科大学

　　　　刘　颖　哈尔滨商业大学

　　　　郑艺梅　闽南师范大学

　　　　仝　涛　中国农业大学

　　　　曲　敏　大连海洋大学

　　　　刘　宁　东北农业大学

　　　　赵月亮　上海海洋大学

　　　　唐　娟　青岛农业大学

　　　　蒋东华　沈阳农业大学

　　　　扈晓杰　临沂大学

　　　　王　鑫　哈尔滨商业大学

　　　　延　莎　山西农业大学

　　　　胡　滨　四川农业大学

　　　　李凤霞　闽南师范大学

　　　　那冠琼　温州医科大学

　　　　刘志鹏　温州医科大学

　　　　刘　茜　西北大学

　　　　林　丹　温州市疾病预防控制中心

前　言

营养是人类维持生命、生长发育和健康的重要物质基础。国民营养事关国民素质提高和经济社会发展。2017 年，国务院印发《国民营养计划（2017—2030 年）》，旨在提高人群营养健康水平，加速我国营养法规标准体系化、营养制度化、营养健康信息化等进程。2019 年，国务院发布《健康中国行动（2019—2030 年）》，围绕"生命全周期、健康全过程"的营养健康目标，将营养融入所有健康政策，加快推动以治病为中心向以人民健康为中心的转变。这些营养新政和国家健康战略的出台和实施，对营养学人才培养及教材建设提出了更新、更高的要求。

"食品营养学"是食品科学与工程、食品营养与健康、食品营养与卫生、食品生物技术、食品质量与安全等专业的必修基础课，是理论与实践并重的一门课程。然而长期以来，该类教材内容设置一直以理论知识为主，并未提供理论指导实践的内容设计，无法真正服务于健康中国战略和健康中国行动，这也是目前很多同类教材无法突破的瓶颈。基于此，本书的编写遵循"三基五性"的指导思想，突破现有教材瓶颈，在第九章尝试编写了以"实践应用为主、检验技术为辅"的营养学技能实践内容，以期服务于健康中国战略，培养"新工科、新医科、新农科、新文科"背景下的高阶复合型人才。

本书各章节的编写分工如下：第一章由单毓娟编写；第二章由郑艺梅、李凤霞、延莎、胡滨编写；第三章由赵月亮编写；第四章由刘颖、王鑫、曲敏、那冠琼编写；第五章由刘宁、张立钢编写；第六章由扈晓杰、唐娟编写；第七章由富校轶、那冠琼编写；第八章由仝涛、蒋东华编写；第九章由单毓娟、曹炜、刘茜、林丹、刘志鹏编写。全书由单毓娟统稿。

在本书的编写过程中，承蒙科学出版社和温州医科大学公共卫生与管理学院的鼎力支持。同时，全国 10 余所高等院校长期从事"食品营养学""营养与食品卫生学"等课程教学的一线教师花费了大量宝贵的时间和精力进行编写。在此谨向他们表示衷心的感谢。

由于水平和能力有限，本书难免存在疏漏之处。恳请使用本书的同行专家、广大师生和其他读者能将使用过程中的意见、建议反馈给我们，以便不断改进。

单毓娟

2022 年 10 月于温州

教学课件索取单

凡使用本书作为教材的主讲教师，可获赠教学课件一份。欢迎通过以下两种方式之一与我们联系。本活动解释权在科学出版社。

1. 关注微信公众号"科学 EDU"索取教学课件

关注→"教学服务"→"课件申请"

科学 EDU

2. 填写教学课件索取单拍照发送至联系人邮箱

姓名：	职称：		职务：
学校：	院系：		
电话：	QQ：		
电子邮箱（重要）：			
所授课程 1：			学生数：
课程对象：□研究生　□本科（　　　年级）　□其他			授课专业：
所授课程 2：			学生数：
课程对象：□研究生　□本科（　　　年级）　□其他			授课专业：
使用教材名称/作者/出版社：			食品专业 教材最新目录

联系人：林梦阳　　咨询电话：010-64030233　　回执邮箱：linmengyang@mail.sciencep.com

全书微课

- 食物蛋白质营养价值评价
- 氨基酸模式与蛋白质互补作用
- 谷类食品与蛋白质营养价值改善
- 根据 GI 选择碳水化合物
- 脂类的消化吸收及转运
- 维生素 A 的发现
- 维生素 D 对人体健康的生理功能
- 维生素 E 的缺乏与过量

- 烟酸的缺乏与过量
- 锌的缺乏与过量
- 硒的缺乏与过量
- 蔬菜中的常见植物化学物
- 大豆中的植物雌激素
- 食物营养价值评价的重要指标
- 谷类的营养价值
- 蔬菜的营养价值
- 大豆卵磷脂
- 畜肉和禽肉的脂肪种类和特点
- 鱼类蛋白质的营养价值

- 乳的营养价值
- 哺乳期膳食对泌乳的影响
- 婴幼儿的营养与膳食
- 制定 DRIs 的方法
- 营养调查方法
- 糖尿病饮食治疗原则
- 饮食营养与高血压的关系及机制
- 认知功能障碍
- 食谱编制方法

目　录

阅 读 指 南

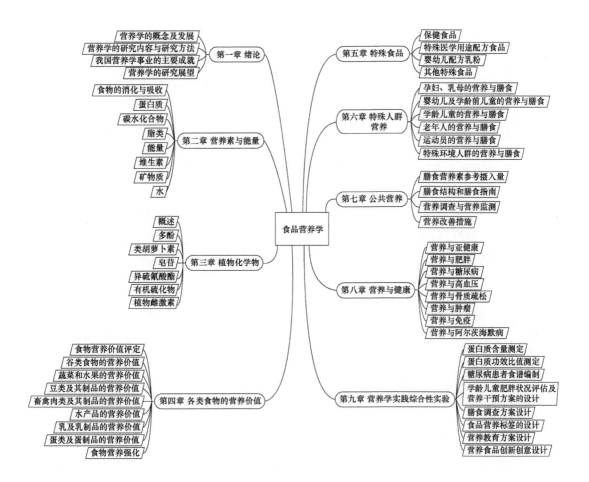

营养学的概念及发展
营养学的研究内容与研究方法
我国营养学事业的主要成就
营养学的研究展望
第一章 绪论

食物的消化与吸收
蛋白质
碳水化合物
脂类
能量
维生素
矿物质
水
第二章 营养素与能量

概述
多酚
类胡萝卜素
皂苷
异硫氰酸酯
有机硫化物
植物雌激素
第三章 植物化学物

食品营养学

食物营养价值评定
谷类食物的营养价值
蔬菜和水果的营养价值
豆类及其制品的营养价值
畜禽肉类及其制品的营养价值
水产品的营养价值
乳及乳制品的营养价值
蛋类及蛋制品的营养价值
食物营养强化
第四章 各类食物的营养价值

保健食品
特殊医学用途配方食品
婴幼儿配方乳粉
其他特殊食品
第五章 特殊食品

孕妇、乳母的营养与膳食
婴幼儿及学龄前儿童的营养与膳食
学龄儿童的营养与膳食
老年人的营养与膳食
运动员的营养与膳食
特殊环境人群的营养与膳食
第六章 特殊人群营养

膳食营养素参考摄入量
膳食结构和膳食指南
营养调查与营养监测
营养改善措施
第七章 公共营养

营养与亚健康
营养与肥胖
营养与糖尿病
营养与高血压
营养与骨质疏松
营养与肿瘤
营养与免疫
营养与阿尔茨海默病
第八章 营养与健康

蛋白质含量测定
蛋白质功效比值测定
糖尿病患者食谱编制
学龄儿童肥胖状况评估及营养干预方案的设计
膳食调查方案设计
食品营养标签的设计
营养教育方案设计
营养食品创新创意设计
第九章 营养学实践综合性实验

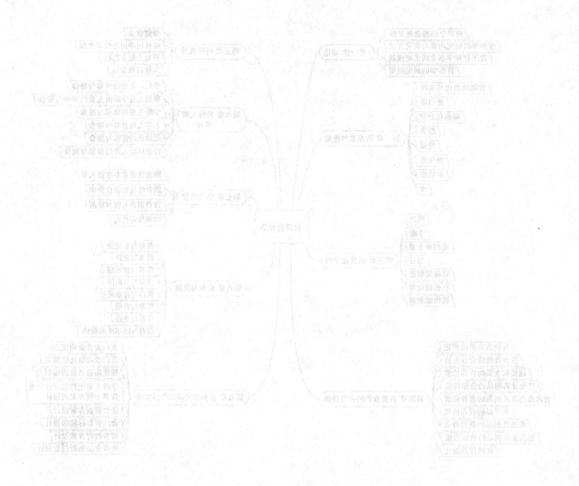

第一章　绪　　论

一、营养学的概念及发展

营养学是研究机体营养规律与改善措施的科学，即研究食物对人体有益的成分，以及人体摄取和利用这些成分以维持、促进健康的规律和机制，在此基础上采取具体的、宏观的、社会性的措施改善人类健康、提高生命质量。因此，营养学包括食物营养、人体营养和公共营养三大部分，还可进一步细分为基础营养、食物营养、特殊人群营养、临床营养、公共营养等。食物作为营养素的重要载体，其相关的营养科学问题被定义为食品营养学，主要是探讨食物、营养与人体生长发育及健康的关系，同时研究改善和提高食品营养价值的措施；食品营养学涉及的研究领域不单是食物与营养，还涵盖了人群营养、营养相关疾病的范畴。随着学科的交叉融合和渗透，食品营养学的内容逐渐扩展，可以理解为狭义的营养学。

营养学的发展始于对食物营养及其对人体健康影响的研究。在我国现存最早的中医经典理论著作《黄帝内经·素问》中，就提出了"五谷为养，五果为助，五畜为益，五菜为充。气味合而服之，以补精益气"的原则，这是"平衡膳食"理念的早期雏形。在探索饮食与健康关系的历史进程中，逐渐形成了饮食营养、食疗养生、药食同源、药膳学说、食物的补泻学说、食物的归经学说等知识体系，它们一般以传统中医学理论，综合阐述饮食与健康的关系，被界定为"古代营养学"的发展阶段，奠定了食品营养学发展的理论基础。

现代营养学的开启，得益于 1785 年法国暴发的"化学革命"。由于某些元素的化学分析方法的建立，人们开始用定量的方法，对古代营养学阶段的一些理论、观点进行科学客观的解读。同时由于这一时期生物化学、物理学、微生物学、生理学、医学等学科取得的突破性成果，积极推动了现代营养学的长足发展。现代营养学主要包括以下三个阶段。

1. 营养学的萌芽与形成期　　此时期基本形成了营养学的基本概念和理论，同时在其他学科基本理论的指导下，使得营养学在深度和广度上得到不断进步。例如，荷兰化学家 Mulder 命名了"蛋白质（protein）"，并提出各种蛋白质含有约 16%的氮。德国化学家 Liebig 提出机体营养过程是对蛋白质、脂肪和碳水化合物的氧化过程。德国化学家 Voit 建立了氮平衡学说并首次系统提出蛋白质、碳水化合物和脂肪的每日供给量。Rose 根据人体试验确定成人有 8 种必需氨基酸。研究人员建立了食物成分的化学分析方法，例如，Liebig 建立了碳、氢、氮的定量测定方法，Rubner 建立了食物代谢燃烧产生热量的测量方法。荷兰细菌学家 Eijkman 建立了脚气病的鸡模型，为后来维生素 B_1 的发现奠定了方法学基础。

2. 营养学的全面发展与成熟期　　一些新的营养素陆续被发现，并对营养素的吸收代谢及生理功能进行了较为系统的研究。1890 年，荷兰军医 Eijkman 发现爪哇岛上食用精米的犯人患脚气病较多；Grigins 发现脚气病是因糙米中的必需营养物质在精米中丢失所致；Funk 首次提出维生素缺乏病的概念。英国生物化学家 Hopkins 和 Willcode 因发现维生素是机体不可缺少的物质，于 1929 年获得诺贝尔奖。多名学者研究发现，不同来源的食物蛋白质营养价值不同，并发现赖氨酸、含硫氨基酸、组氨酸为大鼠的必需氨基酸。此时期值得注意的是，营养过剩问题被提出。

公共营养的兴起也是该时期的显著特征。第二次世界大战期间，美国政府为防止士兵患营养缺乏病而建立了战时食物配给制度。这些政策措施为公共营养的诞生奠定了基础。二战后，世界卫生组织（WHO）和联合国粮食及农业组织（FAO）加强了全球营养工作的宏观调控特质，公共营养应运而生。1997 年，在第十六届国际营养大会上，"公共营养"的定义公布，其工作重点从个体水平转向群体水平，从微观营养研究转向范围广泛的宏观营养研究，如营养不良的消除策略、营养政策与措施等。

3. 营养学发展的新突破及孕育期　　此时期营养学的研究领域更加广泛，研究内容更加深入，其宏观性进一步提升。20 世纪 70 年代，膳食纤维与植物化学物（phytochemicals）对健康的保护作用及机制研究受到关注，并成为营养学研究的新热点。此外，随着分子生物学理论及技术的出现和不断更新，由孙长颢教授主编的全国首部《分子营养学》教材出版，这些都成为此时期营养学领域的重大里程碑事件。2005 年，《吉森宣言》公布，系统阐述了"新营养学（new nutrition science）"设定的目标、指导原则、定义和涉及范围。新营养学在保留旧营养学内容的基础上，将营养学领域拓宽到社会和环境方面，从而赋予了营养学全新的定义——研究食物系统、食物和饮品及其营养成分与其他成分，以及它们在生物体系、社会和环境体系之中/之间的相互作用的一门科学。新营养学特别强调营养学是集生物学、社会学和环境科学"三位一体"的综合学科；其研究内容不仅包括食物与人体健康，还包括社会政治、经济、文化、环境与生态系统等的变化对食物供给的影响，进而对人类生存、健康的影响。新营养学的研究内容更加广泛和宏观。

二、营养学的研究内容与研究方法

（一）研究内容

根据研究对象的差异，营养学的研究内容主要概括为食物营养、人体营养和公共营养三方面。

1. 食物营养　　主要包括食物中的营养成分（包括传统营养素及生物活性成分）、功能及其消化、吸收、代谢，食物营养价值及改善措施。此外，食物营养还包括一些特殊食品（如保健食品）、特殊膳食用食品（如婴幼儿配方食品、婴幼儿辅助食品、特殊医学用途配方食品）的分类及研发、功能评价及生产管理等内容。

2. 人体营养　　主要阐述营养与人体的相互作用；营养素和能量摄入不平衡对人群健康造成的影响；个体基因构成差异所致的同种营养素在不同人群中的消化、吸收、利用的差异。个体化营养、精准营养等逐渐成为营养学的全新研究内容。此外，特殊生理阶段、特殊生活及工作环境和特殊职业人群的代谢特点、营养需求和膳食保障也是人体营养的组成部分。

3. 公共营养　　主要是从群体角度开展人群的营养状况调查及社会营养监测工作，及时发现各种营养缺乏及膳食结构变化所带来的新问题，并积极采取有效的应对措施，为国家制定相关政策提供理论依据。此外，公共营养将营养科学有效地应用于人民生活实践，开展营养宣教、普及营养知识，增强社区人群的健康素养和保健意识。近年来，在实施"健康中国行动""国民营养计划""健康中国战略"等相关政策的过程中，公共营养的社会性和实践性更加凸显。

4. 其他　　随着新营养学概念的提出，营养学还进一步拓展研究了食物系统、社会、生态和环境，如采用不断涌现的新理论、新方法研究不断增长的人口数量、人口老龄化对营养的影响；研究有助于增加农作物产量、提高农业生产效率和品质的精准农业和精准营养；研究不同国家、不同人群之间的食物资源与营养状况分布的不均衡性，以及生态环境和社会文化的影响因素；研究快速变化的全球和地区食物供应，以及日趋耗竭的地球自然资源等。

（二）研究方法

营养学的研究方法包括实验研究、人群研究。实验研究又可分为离体实验（*in vitro*）和整体实验（*in vivo*）。

1. 离体实验 主要以组织器官、细胞为研究对象，观察营养素、食物中生物活性成分的功能、对生长细胞（组织）生长、代谢的影响并探究其深入的作用机制。离体实验也是研究营养相关疾病的分子机制的必要手段之一。

2. 整体实验 通常指动物实验，当然也包括在模式生物上进行的实验。通过各种实验动物建立营养过剩或营养缺乏相关疾病模型，在此基础上研究各种饮食营养干预因素的作用效果。转基因动物在营养学领域的大量应用，对于从整体水平来探讨其明确的作用机制起到了非常关键的作用。用动物实验来评价某些营养素及生物活性成分的消化、吸收、代谢途径及动力学特征等仍是目前主要的研究手段。

3. 人群研究 以人群为研究对象，采用流行病学方法探究膳食与疾病之间的关系。这些研究统称为营养流行病学，主要包括相关性研究、特殊暴露组研究、病例-对照研究、队列研究和干预研究等。在 1959 年进行的第一次全国性营养调查中，人们发现湖南脚气病、山东营养不良水肿、新疆癞皮病发病率较高，经过及时有效的治疗，解决了这些营养缺乏问题。大型队列是研究膳食与人类疾病关系的理想方法，正在进行的世界著名的大型队列研究包括美国的护士健康研究、弗明翰心脏研究，荷兰的鹿特丹研究，丹麦哥本哈根市心脏研究等。我国已经建立的大型队列包括中国慢性病前瞻性研究项目、泰州人群健康跟踪调查、中国高血压随访调查队列、上海女子队列等。这些大型队列将为揭示营养、生活方式与慢性病发生发展及预防控制之间的关系提供基础数据。

需要指出的是，上述三类研究方法获得的数据，在证据类型的等级上有区别。总体上来说，人群研究的证据等级最高，其具体排序还与其他因素，如人群研究的类型、人群的样本量等有关；其次为动物实验；离体细胞实验结果的证据等级处在最下游。

三、我国营养学事业的主要成就

在新中国成立之前，我国营养学事业的发展较缓慢。改革开放 40 多年以来，营养学在营养缺乏病防治、营养改善行动、慢性非传染性疾病（以下简称慢性病）改善计划，以及营养学研究和知识普及等方面均取得了显著成绩。

1. 营养缺乏病防治 1950 年，赴朝鲜参战的中国人民志愿军出现大批夜盲症患者，国家派出营养学工作组开展调查研究，最终确定其病因为维生素 A 缺乏，并因地制宜采用野菜联合维生素 A 补充剂等措施解决了士兵的夜盲症问题。1959 年，新疆发现癞皮病，营养学工作者深入现场调查当地居民饮食情况，最终确定病因为烟酸缺乏；随后采用玉米加碱处理的方法，有效消除了当地居民的烟酸缺乏病。1976～1984 年，我国学者在北方克山病重病区 470 万人中推广口服亚硒酸钠片预防克山病，于 1982 年确定了人体硒需要量和安全摄入量，并为国际采用，填补了国际研究空白。由于硒与克山病关系的确认，硒被国际营养学界公认为人体必需微量元素。

2. 国家营养政策和措施出台 1950 年，国家政务院决定降低粮食的加工精度，提倡使用"八一面""九二米"，以减少粮食中营养素的损失；该政策使全年结余粮食八亿斤（1 斤＝500 g）。1953 年启动的婴幼儿代乳品研究工作，以大豆蛋白质为主要优质蛋白来源，成功研制出以大豆粉、稻米粉和少量蛋黄粉为基础原料的"5410"代乳粉。该项科研成果有效解决了困难时期婴幼儿的喂养问题。此后，国家还精准实施一系列的营养改善计划。例如，新疆在 2018

年采取学校食堂供餐和企业配送营养食品两种供餐模式，使 131 万名学生受益。2001 年，国家开始在全国各地实施"营养包计划"，有效预防了农村婴幼儿、儿童青少年营养缺乏病，极大提高了国民身体素质。

3. 营养相关慢性病防控　　改革开放后，国民的营养相关慢性病发病率呈现"井喷式"上升。2007 年，卫生部（现国家卫健委）发起"121 健康行动"，即"每天一万步，吃动两平衡，健康一辈子"。2010 年，卫生部出台《营养改善工作管理办法》，提出以"平衡膳食、合理营养、适量运动"为中心，建立营养监测制度。2012 年，国家发起"全民健康生活方式行动"，以"我行动、我健康、我快乐"为宣传口号，"减盐预防高血压"为宣传主题，预防和控制糖尿病、高血压。2017 年，《国民营养健康计划（2017—2030 年）》提出"三减三健"，即减盐、减油、减糖，健康口腔、健康体重和健康骨骼。《健康中国行动（2019—2030 年）》中提到合理膳食是健康的基础，鼓励全社会参与减盐、减油、减糖，研究完善盐、糖、油包装标准。这些政策和措施的实施，有效延缓和控制了慢性病的发生发展，为改善和提高国民健康水平起到了积极的推动作用。

4. 营养学基础研究　　1952 年，中央卫生研究院编制出版了我国第一部《食物成分表》。2018 年，《中国食物成分表标准版》出版。该表为预防医学领域研究、营养流行病学调查、膳食调查及科普宣传提供了必不可少的参考和工具，也是农业、食品工业等部门进行食物生产和加工、对外贸易和改进国民食物结构的重要依据。1951 年，中央卫生研究院提出我国居民营养需要量标准，并于后来修订为"膳食营养素供给量（recommended dietary allowance，RDA）"。2000 年，中国营养学会发布了我国第一部《中国居民膳食营养素参考摄入量》（dietary reference intakes，DRIs），并于 2013 年进行了修订，新增了宏量营养素可接受范围、预防慢性病的建议摄入量和特定建议值的数据。1989 年，中国营养学会发布了我国第一部"膳食指南"，经过 1997 年、2007 年、2016 年和 2022 年的 4 次修订，现行版本为《中国居民膳食指南（2022）》。这些营养学基础数据为开展我国居民营养评价和营养干预工作提供了理论依据，对于科学指导居民膳食行为、提升居民健康水平具有重要指导意义。

四、营养学的研究展望

1. 营养学基础研究　　主要包括研究各类营养素在人体内的代谢过程、生理功能和分子机制。近年来植物化学物一直是营养学的热点领域，其种类也在逐渐增多。相较于传统的营养素，植物化学物的代谢、功能、及分子机制研究还处在起步阶段，研究资料特别是大样本量的人群研究非常匮乏，无法提出 DRIs 值。此外，营养基因组学及基因（基因多态性）对营养素代谢的影响——即分子营养学，是营养学基础研究的重要领域，将为从分子水平采取有针对性的个体化营养预防措施提供科学依据。

2. 营养流行病学研究　　应用流行病学方法研究膳食因素在疾病发生发展中的作用，如研究某一特定人群慢性病的膳食危险因素或者膳食保护因素，据此采取膳食干预来对慢性病的发展进行防控。很多国家提出的一系列膳食参考摄入量建议值都是建立在营养流行病学研究基础之上。研究人员通过定期对不同人群进行全国性或地区性的营养与健康状况调查，了解某人群营养健康状况并预测其变化趋势。在营养流行病学研究领域，前瞻性队列研究和随机化干预研究占有非常重要的地位。

3. 精准营养学研究　　"精准营养"是继精准医学正式启动后提出的，成为营养学研究的前沿和热点。精准营养计划根据个体的特征制订营养干预与营养建议方案，以期更好地预防和控制疾病。《"十三五"食品科技创新专项规划》首次强调了精准营养及技术，近年来组学技术及可穿戴设备技术的发展，给精准营养在疾病防控领域的应用提供了广阔的发展空间及可能性。相关研究通过组学分析及深度表型分析，考察个体的遗传特征、肠道微生态、代谢特征、生理状态、生活方式、临床指标、社会心理状态等相关个体因素对营养需求和干预效果的影响，并基于上述数据实现对个体营养状态的最优化选择、判别和干预，以达到维持机体健康、有效防控疾病的目的。

4. 数字化将推动营养学迈向新纪元　21 世纪，人类迈入了以"数字化"和"信息化"为主要特征的知识经济时代；这些信息化科技通过与传统营养学一级多学科有机结合，突破了传统营养学的局限性并弥补了其存在的缺陷与不足。数字化营养目前尚无权威定义，可被理解为使用信息和通信技术来帮助解决个体和人群所面临的饮食健康问题，以及防治各种饮食相关疾病的挑战。2015 年，Zeevi D 团队在 *Cell* 发表论文，阐释了机器学习应用于营养学带来的积极作用。2016 年，加利福尼亚乳品理事会发起了一项名为"路径"的在线数字化营养运动。"路径"运动的诞生来源于对许多美国儿童消费高热量/低营养早餐和零食的饮食习惯的担忧，用以促进网站用户及其家庭形成更健康的早餐和点心进食习惯。此外，基于数字化照片的食物营养评估技术、基于智能手机的食谱营养评估技术、基于视频的食品营养评估技术及人工智能辅助的食品营养评估技术等，将为膳食调查提供更为直观和准确的信息。数字化信息在营养学领域的应用可概括为以下四个方面：食物成分电子数据库、居民营养与健康监测、可穿戴设备数据的信息挖掘、营养宣教。

[知识链接]

营养学历史发展大事记　

[思维导图]

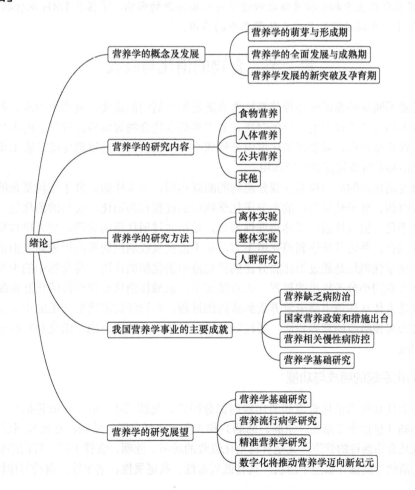

第二章 营养素与能量

[兴趣引导]

你了解自己身体的消化系统组成、构造和在体内的位置吗？你知道食物中的各种营养物质是如何被身体利用的吗？吃进体内的食物又是如何在体内旅行的呢？通过本章内容的学习，你就能够解开以上的疑惑。

[学习目标]

1. 掌握必需氨基酸、必需脂肪酸、蛋白质吸收利用相关的基本概念。
2. 掌握蛋白质营养学评价、蛋白质营养不良、蛋白质 RNI 及食物来源的概念。
3. 掌握膳食纤维的功能，血糖指数、血糖负荷的概念及应用意义。
4. 掌握人体能量消耗的构成及能量不平衡对人体的影响。
5. 掌握几种维生素和矿物质缺乏和过量对机体健康的影响，掌握其 DRIs 及食物来源。
6. 了解水的生理功能及其在人体营养中的作用。

第一节 食物的消化与吸收

人体需要不断从外界摄取各种营养物质来满足生命活动的需要。食物中的水、矿物质和维生素可以被人体直接吸收利用，但蛋白质、脂类和碳水化合物等结构比较复杂的大分子物质一般不能被人体直接利用，需要在消化道内分解成小分子物质后，通过消化道黏膜上皮细胞进入血液或淋巴循环系统而发挥其生理作用。

机体通过消化管的运动和消化腺分泌物的酶解作用，使大块的、分子结构复杂的食物，分解为能被吸收的、分子结构简单的小分子化学物质的过程称为消化。食物的消化包括机械性消化和化学性消化。机械性消化又称物理性消化，是指通过消化道的运动，把大块食物磨碎，与消化液充分混合，并将其推送到消化道下方，使不能被吸收利用的残渣形成粪便由消化道末端排出体外。化学性消化是通过消化腺分泌的消化液中消化酶的作用，将食物中的大分子物质分解成为可被吸收的小分子物质的过程。正常情况下，机械性消化和化学性消化互相配合、同时进行。吸收是人体从环境中摄取营养素到体内的过程。食物经过消化后产生的小分子物质和不需要消化直接可被吸收的营养物质，通过消化道黏膜进入血液或淋巴。消化和吸收过程紧密相连、相辅相成。

一、人体消化系统的组成与功能

人体的消化系统由消化管道和消化腺两部分组成，见图 2-1。消化管道包括口腔、咽、食管、胃、小肠（包括十二指肠、空肠、回肠）和大肠（包括盲肠、结肠、直肠）、肛门等部分。消化管道既是食物通过的管道，又是食物消化吸收的场所。除咽、食管上端、肛门的肌肉是骨骼肌外，其余消化管道部分都是平滑肌，具有低兴奋性、高延展性、紧张性、自动节律性、对物理和化学刺激（温度、牵张、化学物等）敏感等特性。

消化腺指分泌消化液的腺体，分大消化腺和小消化腺两种。大消化腺包括三对唾液腺（腮腺、舌下腺、下颌下腺）、胰腺、肝，分布于消化道之外，借助导管将分泌物排入消化道内。小消化腺（胃腺、肠腺）散在于消化道各部管壁内，其分泌液直接进入消化道内。人体由各种消化腺分泌的消化液总量达到6～8 L。消化腺分泌消化液的过程包括三个环节：①消化腺细胞从血液中摄取原料；②在腺细胞内合成并贮存分泌物；③腺细胞受到刺激时排出分泌物。整个分泌过程是一种主动活动过程，需要消耗来自腺细胞内贮存的 ATP 能量。

消化系统的主要功能是消化食物、吸收各种营养素、排出食物残渣。消化管道黏膜上皮细胞分泌和释放多种激素肽类，与神经系统共同调节消化系统的活动和体内的代谢过程。

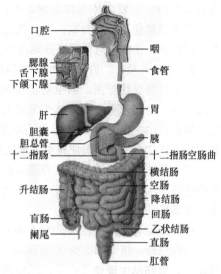

图 2-1　人体消化系统的组成
（引自耿越，2013）

（一）口腔

口腔由上下唇、咽峡、左右颊、硬腭和软腭、口腔底构成近封闭式空间。在口腔空间内有牙、舌及各种腺体的开口。

（二）咽喉和食道

咽喉是上宽下窄的肌性管道，是食物进入食道和空气进入呼吸道的通路。咽喉下接食道，食道表层有许多黏液分泌腺，所分泌的黏液可以保护食道黏膜。

食物经过口腔的咀嚼后，由舌尖上举至硬腭，然后主要由下颌舌骨肌的收缩，把食团推向软腭后方而至咽部。由于食团刺激了软腭部的感受器，引起一系列肌肉的反射性收缩，使软腭上升，咽后壁向前突出，封闭了鼻回通路；声带内收，喉头升高并紧贴会厌，封闭了咽与气管的通路；呼吸暂时停止；由于喉头前移，食管上口张开，食团就从咽被挤入食管。此过程极快，约 0.1 s。食管肌肉的顺序收缩又称蠕动，它是一种向前推进的波形运动；在食团的下端为一舒张波，上端为一收缩波，这样食团就很自然地被推送前进。当食物经过食管时，刺激食管壁上的机械感受器，可反射性地引起食管-胃括约肌舒张，食物便能进入胃内。食物入胃后引起胃泌素释放，可加强该括约肌的收缩，这对于防止胃内容物逆流入食管具有一定作用。

从吞咽开始至食物到达贲门所需的时间，与食物的性状及人体的体位有关。液体食物需3～4 s；糊状食物约需 5 s；固体食物较慢，需 6～8 s，一般不超过 15 s。

（三）胃

1. **胃的结构**　　胃位于左上腹，是消化道中最膨大的部分，与食道直接相连。成人胃容量一般为 1～2 L。胃的形状及位置不是固定的，会随着胃的充盈程度、体型、紧张度等不同而变化。胃体的入口为贲门，出口为幽门。胃的上端通过贲门与食道相连，下端通过幽门与十二指肠相连。胃壁由内向外分为黏膜层、黏膜下层、肌层及外膜。在胃黏膜层上有许多皱襞，这些皱襞通过胃体的扩张和收缩运动，可以起到搅拌的作用。在黏膜层上的凹陷部分是一些腺体，也称为胃腺，主要腺体有胃底腺、贲门腺、幽门腺。胃底和胃体的前部（也称头区）运动较弱，其主要功能是贮存食物；胃体的远端和胃窦（也称尾区）则有较明显的运动，其主要功能是磨碎食物，使食物与胃液充分混合并形成食糜，逐步将食糜排至十二指肠。

2. **胃的运动**　胃的运动形式包括胃容受性舒张、胃紧张性收缩、胃蠕动、胃排空四种。

（1）胃容受性舒张。当咀嚼和吞咽时，食物对口腔、食管等外感受器的刺激，可通过迷走神经反射性地引起胃底和胃体平滑肌的舒张。胃壁肌肉的这种活动，被称为胃的容受性舒张。它使胃容量由空腹时的 50 mL 左右增加到进食后的 1.5 L 左右，以适应大量食物的涌入。此时胃内压力变化不大，从而使胃更好地完成容受和贮存食物的功能，具有重要生理意义。

（2）胃紧张性收缩。胃被充满后就开始持续较长时间的紧张性收缩。在消化过程中，紧张性收缩逐渐加强，使胃腔内有一定压力，这样有助于胃液向食物中的渗入，并协助推动食糜向十二指肠移动。

（3）胃蠕动。食物进入胃约 5 min 后，蠕动即开始。胃的蠕动由胃中部发生，有节律地向幽门方向进行。蠕动频率约 3 次/min，1 min 左右到达幽门。这样在胃体内会同时出现 3～4 个蠕动波。胃蠕动生理意义在于：①使两个蠕动波之间的食物来回晃动，促进胃液与食物的充分混合，利于胃液发挥消化作用；②搅拌和机械消化食物，推进胃内容物（每次 1～2 mL）经幽门向十二指肠下行。

（4）胃排空。食物由胃排入十二指肠的过程称为胃排空。食物的排空速度受其物理性状和化学组成影响。稀的、流体食物比稠的或固体食物排空快；切碎的、颗粒小的食物比大块的食物排空快；等渗液体比非等渗液体排空快。在三类主要食物成分中，脂肪类食物的排空最慢，碳水化合物的排空时间较蛋白质短。混合食物由胃完全排空通常需要 4～6 h。

（四）小肠

1. **小肠的结构**　小肠主要位于腹腔下部，呈盘曲状，上连胃幽门下接盲肠，全长 5～7 m，是食物消化吸收的主要场所。小肠分为十二指肠、空肠和回肠三部分。十二指肠是小肠的起始端，其肠内壁有胆总管和胰管（乳头状）开口。空肠比回肠的口径稍大，其黏膜及黏膜下层向肠腔突出的环状皱襞更多。在这些环状皱襞表面，有很多细小突起，称为肠绒毛，长度为 0.5～1.5 mm（图 2-2）。每一条绒毛的外面是一层柱状上皮细胞，其顶端有明显的纵纹，是柱状细胞顶端细胞膜的突出，称为微绒毛。环状皱褶、绒毛和微绒毛的存在，使小肠的吸收面积比相同长度的单纯圆筒的面积增加约 600 倍（图 2-3）。研究表明，人十二指肠黏膜下层内的肠腺可分泌尿抑胃素，释放进入肠腔，抑制胃酸分泌、刺激小肠上皮细胞增殖。

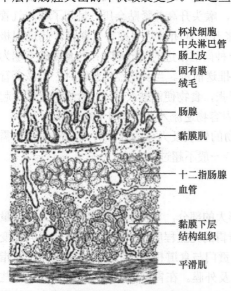

图 2-2　小肠绒毛结构示意图（引自耿越，2013）

杯状细胞
中央淋巴管
肠上皮
固有膜
绒毛
肠腺
黏膜肌
十二指肠腺
血管
黏膜下层结构组织
平滑肌

2. **小肠的运动**　小肠的运动形式包括紧张性收缩、分节运动和蠕动三种。

（1）紧张性收缩。小肠平滑肌紧张性是其他运动形式有效进行的基础。当小肠紧张性降低时，肠腔易于扩张，肠内容物的混合和转运减慢；相反地，当小肠紧张性升高时，食糜在小肠内的混合和运转过程就加快。

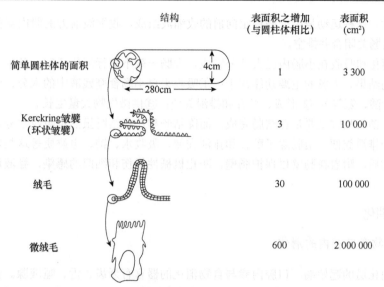

结构	表面积之增加 （与圆柱体相比）	表面积 (cm²)
简单圆柱体的面积	1	3 300
Kerckring皱襞 （环状皱襞）	3	10 000
绒毛	30	100 000
微绒毛	600	2 000 000

图 2-3　小肠结构示意图（引自石瑞，2012）

（2）分节运动。这是一种以环状肌为主的节律性收缩和舒张运动。分节运动在空腹时几乎不存在，进食后逐渐增强。小肠各段分节运动的频率不同，小肠上部频率较高，下部较低。这种活动梯度有助于食糜从小肠的上部向下部推进。分节运动的主要作用在于：①使食糜与消化液充分混合，便于进行化学性消化；②使食糜与肠壁紧密接触，为吸收创造条件；③挤压肠壁，有助于血液和淋巴的回流。

（3）蠕动。蠕动可发生在小肠的任何部位，其速率为 0.5~2.0 cm/s，近端小肠的蠕动速度大于远端。小肠蠕动波很弱，通常只进行一段短距离（约数厘米）后随即消失。蠕动的意义在于使经过分节运动作用的食糜向前推进一步，到达一个新肠段，再开始分节运动。

此外，小肠内常见到一种进行速度很快（2~25 cm/s）、传播较远的蠕动，称为蠕动冲。蠕动冲可把食糜从小肠始端一直推送到大肠。目前认为蠕动冲的产生与进食时的吞咽动作或食糜进入十二指肠有关。

（五）大肠

1. 大肠的结构　　大肠是人体消化系统的重要组成部分，位于消化道的最后一段，直接与小肠的回肠末端相连接，全长约为 1.5 m，包括阑尾、盲肠、结肠和直肠，通过肛管开口于肛门。盲肠是大肠的起始部分，在其下内侧有一蚓状突起，称为阑尾。阑尾开口于盲肠，下端游离。结肠包括升结肠、横结肠、降结肠和乙状结肠，其中乙状结肠部分直接与直肠相连接。直肠是一上部比较膨大而下部比较细小的管道。

大肠的运动少而慢，对刺激的反应较为迟钝，这种特性有利于对粪便的暂时贮存。

2. 大肠的运动　　大肠的运动形式分为袋状往返运动、分节或多袋推进运动、蠕动。

（1）袋状往返运动。这是在不同部位交替反复发生而形成的往返运动。这种运动形式在空腹时最为常见，可使结肠袋中的内容物向两个相反的方向短距离往返运动，促进研磨及肠内容物的混合，增加与肠黏膜充分接触，有利于水和电解质的吸收。

（2）分节或多袋推进运动。在环状肌规律性收缩下，一个结肠袋中的内容物向下一个结肠袋推进称为分节推进运动；同时发生多个结肠袋收缩，推进袋中内容物向下一段结肠推进称为多袋推进运动。

（3）蠕动。这种运动是由一些稳定向前的收缩波组成，收缩波前方的肌肉舒张，后方肌肉收缩，使这段肠关闭合并排空。

食糜的消化和吸收在小肠内已大部分完成，大肠一般不进行消化活动，其中物质的分解多是细菌作用的结果。大肠的主要功能在于：①吸收来自小肠食糜残液中的水分、电解质及其他物质（如胆汁酸、氨等）；②形成、贮存和排泄粪便；③供微生物大量生长。

一般水、钠的吸收主要是在结肠完成。而降结肠和乙状结肠虽然也吸收水分，但是主要的作用是贮存和排泄粪便。结肠除了贮存和排泄粪便，吸收水、钠、电解质等这些功能以外，还会分泌黏液物质，附着在肠壁以保护肠壁，防止机械性损伤和细菌的感染，黏液还能促进大便的排泄。

二、食物的消化

（一）食物在口腔内的消化

口腔是消化道的起始端。口腔内参与食物消化的器官有牙齿、舌、唾液腺。食物在口腔停留的时间为 15～20 s。口腔通过咀嚼对食物进行机械性加工。由于咀嚼和唾液的作用，食物在口腔内发生了物理变化和化学变化。

1. 牙齿　　牙齿是人体最坚硬的器官，根据其形状和功能可分为尖牙、切牙、磨牙。尖牙用于固定和撕扯食物，切牙用于切断食物，磨牙用于磨碎食物。食物经过牙齿咀嚼后，由大块变成小块，有利于在胃肠中的消化。

2. 舌　　舌主要由横纹肌构成。肌肉收缩与舒张可以使舌在口腔内卷曲和伸缩，帮助牙齿完成咀嚼。舌使食物与唾液充分混合形成食团，便于吞咽。舌还是重要的味觉器官，舌面上分布许多味蕾，可以感受不同味道。

3. 唾液　　唾液为无色无味近于中性（pH 6.6～7.1）的低渗液体，水分约占 99%，还包括黏蛋白、球蛋白、氨基酸、尿素、尿酸、唾液淀粉酶和溶菌酶等物质。在安静的情况下，唾液分泌量约为 0.5 mL/min。唾液分泌的调节包括非条件反射和条件反射两种。非条件反射常见于食物对口腔机械的、化学的和温度的刺激；而进食时食物的形状、颜色、气味及进食环境等，都能形成条件反射，引起唾液分泌。

唾液对食物的消化起着诸多方面的作用。唾液可以湿润与溶解食物，引起味觉并易于吞咽。唾液可以清除口腔中的残余食物，清洁和保护口腔。唾液淀粉酶可将淀粉分解为麦芽糖。溶菌酶有杀菌作用。

（二）食物在胃中的消化

胃液是一种无色的酸性液体，pH 为 0.9～1.5。正常人每日分泌的胃液量为 1.5～2.5 L。胃液是由三种外分泌腺体和胃黏膜上皮细胞的分泌物构成的。胃的外分泌腺包括：①贲门腺，为黏液腺，分布在胃与食管连接处宽 1～4 cm 的环状区内；②泌酸腺，分布在胃底和胃体部，由壁细胞、主细胞和黏液颈细胞组成（它们分别分泌盐酸、胃蛋白酶原和黏液）；③幽门腺，分布在幽门部固有层内，分泌碱性黏液。

1. 胃酸　　胃酸是指胃液中的盐酸，由胃黏膜壁细胞分泌。空腹时胃酸的 pH 为 1～2，摄入食物后胃内 pH 为 2～4，适合维持胃蛋白酶的活性。正常人空腹时胃酸排出量为 0～5 mmol/h。食物或药物（胃泌素或组胺）可刺激胃酸排出增加。正常人的胃酸最大排出量可达 20～25 mmol/h，男性多于女性。胃酸可以杀死随食物进入胃内的细菌，有利于维持胃和小肠内的无菌环境。胃酸还可以激活胃蛋白酶原转变为有活性的胃蛋白酶，并为其发挥作用提供了必要的酸性环境。胃酸进入小肠后，可以引起促胰液素的释放，从而促进胰液、胆汁和小肠液的分泌。胃酸所形成的酸性环境，还有助于小肠对铁和钙的吸收。但若胃酸分泌过多，也会对人体产生不利影响。

2. 胃蛋白酶原和胃蛋白酶　胃蛋白酶原以不具有活性的酶原颗粒形式贮存在细胞内。在胃酸的作用下，胃蛋白酶原从分子中分解出一个小分子的多肽，转变为具有活性的胃蛋白酶。胃蛋白酶作用于食物蛋白质及多肽分子中含苯丙氨酸或酪氨酸的肽键上，其主要分解产物是胨，而多肽或氨基酸较少。胃蛋白酶在酸性较强的环境中才能发挥作用，其最适 pH 为 2。随着 pH 的升高，胃蛋白酶的活性降低；当 pH 升至 6 以上时，该酶将发生不可逆变性而失活。

3. 黏液和碳酸氢盐　胃黏液由胃黏膜表面的上皮细胞、泌酸腺的黏液颈细胞、贲门腺和幽门腺共同分泌，其主要成分为糖蛋白，因而黏液具有较高的黏滞性和可以形成凝胶的特性。正常人胃黏液覆盖在胃黏膜表面，形成一个厚约 500 μm 的凝胶层，具有润滑作用，可减少粗糙食物对胃黏膜的机械性损伤。胃内 HCO_3^- 主要是由胃黏膜的非泌酸细胞分泌的，少量可从组织间液渗入胃内。黏液和碳酸氢盐共同构筑的黏液–碳酸氢盐屏障，能有效地阻挡 H^+ 的逆向弥散，保护了胃黏液免受胃酸的侵蚀。

4. 内因子　泌酸腺的壁细胞除分泌盐酸外，还分泌一种分子量在 50 000～60 000 之间的糖蛋白，称为内因子。内因子可与进入胃内的维生素 B_{12} 结合而促进其在回肠的主动吸收。

胃液分泌受许多因素的影响，其中有的起兴奋性作用，有的则起抑制性作用。进食是胃液分泌的自然刺激物。

（三）食物在小肠中的消化

食糜由胃进入十二指肠后，即开始在小肠内的消化过程，这是整个消化过程中最重要的阶段。食糜受到胰液、胆汁和小肠液的化学性消化，以及小肠运动的机械性消化。许多营养物质都在这一部位被机体吸收。因此，食物通过小肠，消化过程基本完成。未被消化的食物残渣，从小肠进入大肠。

1. 胰液　胰液是无色无臭的碱性液体，pH 为 7.8～8.4，人体每日分泌量为 1～2 L。在非消化期，胰液几乎不分泌或很少分泌。进食开始后，胰液分泌即开始。可见食物是兴奋胰腺的自然因素。胰液中含有无机物和有机物，而无机成分中碳酸氢盐的含量较高，其浓度随分泌速度的增加而增加。HCO_3^- 的主要作用是中和进入十二指肠的胃酸，使肠黏膜免受强酸侵蚀；同时也提供了小肠内多种消化酶活动的最适 pH 环境（pH 7～8）。除 HCO_3^- 外，占第二位的主要是 Cl^-。Cl^- 浓度随 HCO_3^- 的浓度变化而变化，当 HCO_3^- 浓度升高时，Cl^- 的浓度就下降。胰液中的正离子有 Na^+、K^+、Ca^{2+} 等。胰液中的有机物主要是蛋白质，含量在 0.1%～10%，受分泌速度影响。

胰液主要由多种消化酶组成，主要包括胰淀粉酶、胰脂肪酶、胰蛋白酶和糜蛋白酶，分别消化食糜中的碳水化合物、脂类和蛋白质。胰淀粉酶在消化道内是以活性状态存在，属于 α-淀粉酶，最适 pH 为 6.9。胰脂肪酶特异性水解 α-酯键。胰蛋白酶包括内肽酶和外肽酶，分别从蛋白质内部和末端分解肽链。胰蛋白酶、糜蛋白酶和弹性蛋白酶属于内肽酶，羧肽酶 A 和羧肽酶 B 则属于外肽酶。

此外，胰液中还含有核糖核酸酶、脱氧核糖核酸酶。胰液中所有酶类的最适 pH 为 7.0 左右。

2. 胆汁　胆汁由肝细胞生成后经胆总管到达十二指肠，或由肝管转入胆囊中贮存，当消化食物时再由胆囊排出至十二指肠。胆汁是一种较浓的具有苦味的有色液汁，成年人每日分泌胆汁 800～1000 mL。肝直接分泌的胆汁即肝胆汁为弱碱性（pH 为 7.4），呈金黄色或橘棕色；

胆囊中贮存的胆汁则因为吸收了碳酸氢盐而呈弱酸性（pH 为 6.8）且颜色变深。胆汁的成分很复杂，除水分和钠、钾、钙、碳酸氢盐等无机成分外，其有机成分有胆盐、胆色素、脂肪酸、胆固醇、卵磷脂和黏蛋白等。胆汁中没有消化酶。胆盐是肝细胞分泌的胆汁酸与甘氨酸或牛磺酸结合形成的钠盐或钾盐，是胆汁参与消化和吸收的主要成分。

胆汁对于脂肪的消化和吸收具有重要意义。胆汁中的胆盐、胆固醇和卵磷脂等都可作为乳化剂，减低脂肪的表面张力使脂肪乳化成微滴并分散在肠腔内，增加了胰脂肪酶的作用面积，使其分解脂肪的作用加速。胆盐因其分子结构的特点，当达到一定浓度后，可聚合而形成微胶粒。肠腔中脂肪的分解产物，如脂肪酸、甘油单酯等均可掺入到微胶粒中，形成水溶性复合物（混合微胶粒）。因此，胆盐是脂肪水解产物到达肠黏膜表面所必需的运载工具，对于脂肪消化产物的吸收具有重要意义。胆汁通过促进脂肪分解产物的吸收，对脂溶性维生素（维生素 A、维生素 D、维生素 E、维生素 K）的吸收有促进作用。此外，胆汁在十二指肠中还可以中和一部分胃酸；胆盐在小肠内吸收后还是促进胆汁自身分泌的一个体液因素。

3. 小肠液　　小肠液是由十二指肠腺和肠腺细胞分泌的。十二指肠腺分泌碱性液体，内含黏稠度很高的黏蛋白，可保护十二指肠上皮不被胃酸侵蚀。肠腺分布于全部小肠的黏膜层内，其分泌液是小肠液的主要部分。小肠液是一种弱碱性液体，pH 约为 7.6。小肠液中含有肠激酶，可激活胰蛋白酶原，产生胰蛋白酶。成年人的小肠液每日分泌量为 1～3 L。小肠液可以稀释消化产物，降低渗透压而有利于吸收。小肠液分泌后又很快地被绒毛重吸收，这种液体的交流为小肠内营养物质的吸收提供了媒介。

（四）食物在大肠内的消化

人类的大肠内没有重要的消化活动。大肠的主要功能在于吸收水分，暂存消化后的食物残渣。食物残渣在大肠内停留时间一般在 10 h 以上。当大肠蠕动把粪便推入直肠时，刺激直肠壁感受器，产生的神经冲动经盆神经和腹下神经传到脊髓腰骶段的初级排便中枢，同时上传至大脑皮层，引起便意和排便反射。

1. 大肠液　　大肠液由肠黏膜表面的柱状上皮细胞及杯状细胞分泌，主要是由食物残渣对肠壁的机械性刺激引起的。刺激副交感神经可使分泌增加，而刺激交感神经则可使分泌减少。大肠液富含黏液和碳酸氢盐，pH 为 8.3～8.4。其中的黏液蛋白能保护肠黏膜和润滑粪便。大肠液中可能含有少量二肽酶和淀粉酶，但其分解能力较弱。

2. 大肠内的细菌活动　　大肠内有许多细菌，主要来自食物和空气，它们由口腔入胃，最后到达大肠。大肠内的酸碱度和温度对一般细菌的繁殖极为适宜，细菌在这里大量繁殖，并分泌能分解食物残渣的酶，将碳水化合物类分解成乳酸、乙酸、二氧化碳、沼气等；将脂类分解为脂肪酸、甘油、胆碱等；将蛋白质分解成胨、氨基酸、氨气、硫化氢、组织胺、吲哚等。部分微生物能利用肠内物质合成人体需要的营养成分，如 B 族维生素和维生素 K。

三、食物中营养成分的吸收

口腔和食道不能吸收食物，胃可以吸收乙醇和少量水分，小肠是吸收的主要部位。一般认为，糖类、蛋白质和脂肪的消化产物大部分是在十二指肠和空肠吸收的，回肠可主动吸收胆盐和维生素 B_{12}。当营养成分到达回肠时，大部分营养成分通常已被吸收完毕，因此回肠主要是作为机体吸收功能的贮备，用于代偿时需要。大肠主要吸收水分和盐类，其中结肠可吸收进入其内的 80%的水和 90%的 Na^+ 和 Cl^-。

营养物质和水可以通过两条途径进入血液或淋巴：①跨细胞途径，即通过肠绒毛柱状上皮细胞的腔面膜进入细胞，再通过细胞底-侧面膜进入血液或淋巴；②旁细胞途径，即通过细胞间的紧密连接，进入细胞间隙，再转入血液或淋巴。胃肠道黏膜的吸收方式可分为主动转运、被动转运、胞饮作用。

1. **主动转运**　主动转运是一种需要能量和载体蛋白的逆浓度梯度的分子穿膜运动。营养物质的主动转运需要有细胞上载体的协助。载体是一种运输营养物质进出细胞的脂蛋白。营养物质转运时，先在细胞膜与载体结合成复合物，复合物通过细胞膜转运入上皮细胞时，营养物质与载体分离而释放入细胞中，而载体又转回到细胞膜的外表面。主动转运的特点包括：①需要酶的催化并耗能，能量来自 ATP 的分解。②具有饱和性和特异性，即这一转运系统可达饱和，且最大转运量可被抑制；细胞膜上存在着几种不同的载体系统，每一系统只运载某些特定的营养物质。③被运输的成分逆浓度梯度（由低到高）穿过细胞膜。

2. **被动转运**　被动转运指离子或小分子物质顺浓度梯度且不需要消耗能量的一种跨膜转运方式，包括被动扩散、易化扩散、滤过作用和渗透等。

（1）被动扩散。不借助载体也不消耗能量，物质从细胞膜浓度高的一侧向浓度低的一侧的运输过程称为被动扩散。由于细胞膜的基质是类脂双分子层，脂溶性物质更易进入细胞。物质进入细胞的速度取决于它在脂质中的溶解度和分子大小，溶解度越大，透过越快；如果在脂质中的溶解度相等，则较小的分子透过较快。

（2）易化扩散。易化扩散是指非脂溶性物质或亲水物质如 Na^+、K^+、葡萄糖和氨基酸等，需在细胞膜蛋白质的帮助下，由高浓度一侧向低浓度一侧扩散或转运的过程。其特点主要表现在：①参与易化扩散的膜内转运系统和它们所转运的物质之间具有高度的结构特异性，即每一种蛋白质只能转运具有某种特定化学结构的物质；②具有饱和现象，即扩散通量一般与浓度梯度的大小成正比，当浓度梯度增加到一定限度时，扩散通量就不再增加。

（3）滤过作用。消化管道（胃、肠黏膜）上皮细胞可以看作是滤过器，如果胃肠腔内的压力超过毛细血管时，水分和其他物质就可以滤入血液。

（4）渗透。渗透是一种特殊形式的扩散。当膜两侧的渗透压不相等时，渗透压较高的一侧将从较低的一侧吸引一部分水过来，以求达到渗透压的平衡。

3. **胞饮作用**　通过细胞膜的内陷从外界直接摄取物质进入细胞的过程称为胞饮作用。此作用可使细胞吸收某些完整的脂类和蛋白质，新生儿从初乳中吸收抗体就是采用这种方式。不过这种作用使得未经消化的蛋白质进入体内，可能会引起食物过敏。

第二节　蛋　白　质

一、概述

蛋白质（protein）是以氨基酸为单位组成的一类重要的生物大分子，是生命的物质基础，与人类的生长发育和健康有着密切的关系。人体的蛋白质含量一般占体重的 16%～19%，处于不断合成与分解的动态变化之中，每天人体内约有 3%的蛋白质被更新，主要用于构建和修复组织。不同蛋白质更新的周期不同，如免疫细胞和免疫蛋白 7 d 更新一次，但是血红蛋白 120 h 就失活了。

二、蛋白质的消化吸收与代谢

（一）蛋白质的消化与吸收

1. **蛋白质的消化**　食物中的外源蛋白质需要分解为氨基酸或寡肽才能被吸收利用。蛋白质的消化包括胃中的初步消化和肠道的彻底消化。胃酸使蛋白质变性而更易消化，胃蛋白酶将蛋白消化成片段（蛋白胨等），以便肠道进一步消化。胃蛋白酶在 pH 升高后对蛋白质的消化率显著下降，进而显著增加因食物蛋白质造成的过敏反应。胃的消化占总消化量的 20%左右。胃的消化作用很重要，但不是必需的，胃全切除的人仍可消化蛋白质。

肠是蛋白质消化的主要场所。肠分泌的碳酸氢盐可中和胃酸，为胰蛋白酶、糜蛋白酶、弹性蛋白酶、羧肽酶、氨肽酶等提供适宜的作用环境。肠激酶激活胰蛋白酶原，产生的胰蛋白酶再激活其他蛋白酶。胰液中有抑制胰蛋白酶活性的小肽，以防其在细胞或导管中过早激活。外源蛋白质在肠道内分解为氨基酸和 2～6 个残基的寡肽，经特异的转运系统进入肠上皮细胞，再进入血液（图 2-4）。一般摄入蛋白质后 15 min 就有氨基酸进入血液，30～50 min 达到峰值。

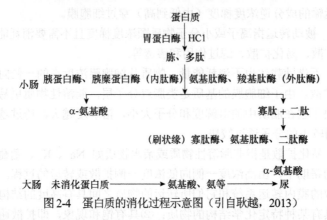

图 2-4　蛋白质的消化过程示意图（引自耿越，2013）

2. **蛋白质的吸收**　蛋白质经消化分解为氨基酸后，几乎全部被小肠吸收，且吸收速度很快。氨基酸的吸收是主动性的。在小肠壁上有 3 种主要的氨基酸转运系统，分别转运中性、酸性、碱性氨基酸。中性氨基酸转运系统可转运芳香族氨基酸、脂肪族氨基酸、含硫氨基酸，以及组氨酸、胱氨酸、谷氨酰胺、部分甘氨酸等。此类载体系统转运速率最快。碱性氨基酸转运系统可转运赖氨酸及精氨酸，转运速率较慢，仅为中性氨基酸载体转运速率的 10%。酸性氨基酸转运系统主要转运天冬氨酸和谷氨酸。许多转运蛋白也表达在肾的近端小管中，负责氨基酸的重吸收。在小肠上皮细胞内，吸收的寡肽被胞质氨肽酶、羧肽酶和二肽酶水解为游离氨基酸，然后穿过小肠上皮细胞的基底外侧膜，进入肠系膜上静脉，最后通过门静脉进入肝。小肠的纹状缘上还存有二肽和三肽转运系统，且吸收效率高于氨基酸转运系统。因此，许多二肽和三肽也可完整地被小肠上皮细胞吸收。进入细胞内的二肽和三肽，可被细胞内的二肽酶和三肽酶进一步分解为氨基酸，再进入血液循环。

婴儿可以从母乳中以胞饮作用吸收抗体、乳铁蛋白、溶菌酶等，这是因为婴儿胃肠道发育不完善，可以允许某些大分子物质进入。婴儿长大以后该现象消失，成人以这种方式直接从食物中吸收异源蛋白可导致过敏反应。

（二）蛋白质的代谢

蛋白质在分解的同时也不断在体内合成，以补偿分解。体内氨基酸的主要作用：一是合成蛋白质和多肽；二是分解代谢。氨基酸脱氨基后生成的 α-酮酸，一是经氨基化生成非必需氨基酸；二是转变成碳水化合物及脂类；三是氧化供给能量。氨基酸脱氨基作用产生的氨，通常在肝合成尿素而解毒；只有少部分氨在肾以铵盐的形式由尿排出。某些氨基酸通过脱羧基作用形成相应的胺类，如 γ-氨基丁酸、牛磺酸、组胺、5-羟色胺等，这些胺类虽然在体内含量不高，但发挥了重要的生理作用。此外，某些氨基酸也可以转变成嘌呤、嘧啶、肾上腺素等生理活性物质。正常人尿中排出的氨基酸极少。

三、蛋白质的生理功能

（一）构建和修复人体各种组织

人的神经、肌肉、内脏、血液、骨骼等，甚至包括体外的头皮、指甲都含有蛋白质，这些组织细胞每天都在不断地更新。因此，人体必须每天摄入一定量的蛋白质，作为构成和修复组织的材料。过多地摄入蛋白质并不能促进这些身体成分的合成，但是长期摄入量过低则会阻止合成。多数机体蛋白质都处于不断分解、重建和降解的状态。例如，肠道黏膜细胞不断脱落，消化道就像对待食物颗粒一样对待脱落的细胞，消化它们并吸收它们的氨基酸。事实上，全身释放的大部分氨基酸都可以循环利用，构成氨基酸库，用于合成所需的蛋白质。

如果长期保持低蛋白饮食状态，那么重建和修复身体蛋白质的过程就会减慢。随着时间的推移，骨骼肌、血液蛋白质会被消耗，重要器官如心脏和肝的体积会缩小。只有大脑能抵抗蛋白质的分解。因此，合理摄入蛋白质对机体健康意义重大。

（二）维持正常的血浆渗透压、运输氧气及营养物质

蛋白质是维持血浆和组织之间的物质交换平衡的重要物质。如果膳食中长期缺乏蛋白质，血浆蛋白特别是白蛋白的含量就会降低，血液内的水分便会过多地渗入周围组织，造成营养不良性水肿。血红蛋白可以携带氧气到身体的各个部分，供组织细胞代谢使用。体内有许多营养素必须与某种特异的蛋白质结合，将其作为载体才能运转，如运铁蛋白、钙结合蛋白、视黄醇蛋白等都属于此类。

（三）维持肌体的酸碱平衡

肌体内组织细胞必须处于适宜的酸碱度范围内，才能完成其正常的生理活动。肌体维持酸碱平衡的这种能力是通过肺、肾及血液缓冲系统来实现的。蛋白质缓冲体系是血液缓冲系统的重要组成部分。因此，蛋白质在维持肌体酸碱平衡方面起着十分重要的作用。位于细胞膜上的蛋白质将化学离子泵入和泵出细胞。此外，一些血液蛋白质对身体来说是特别好的缓冲液。

（四）构成酶和激素

人体的新陈代谢实际上是通过化学反应来实现的。人体化学反应离不开酶的催化作用，如果没有酶，生命活动就无法进行，这些各具特殊功能的酶，均是由蛋白质构成。此外，一些调节生理功能的激素如胰岛素，以及提高肌体抵抗能力、保护肌体免受致病微生物侵害的抗体，也是以蛋白质为主要原料构成的。氨基酸是人体内合成许多激素所必需的信使。如甲状腺激素是酪氨酸的衍生物，胰岛素是一种由51种氨基酸组成的激素。几乎所有的酶都是蛋白质或含有蛋白质成分。

（五）提供能量

在正常膳食情况下，机体可将完成主要功能而剩余的蛋白质氧化分解、转化为能量。不过，从整个机体而言，提供能量并不是蛋白质的主要任务。在大多数情况下，细胞主要利用脂肪和碳水化合物来满足机体能量需求。尽管蛋白质提供的热量与碳水化合物相当，但由于肝和肾必须进行大量加工才能利用这一能量来源，因此蛋白质是一种昂贵的能量来源。

（六）促进免疫功能

蛋白质是免疫细胞的关键组成部分。例如，抗体可以与体内的外源性蛋白质结合，这是从体内清除入侵者的重要步骤。如果没有足够的膳食蛋白质，机体的抗感染免疫能力和免疫系统内部调节能力就会下降，从而导致感染恶化。

四、蛋白质的营养价值评价

微课
食物蛋白
质营养价
值评价

不同食物蛋白质的组成、含量不同，人体对它们的消化、吸收和利用程度也不尽相同，这些都将影响其营养学作用的发挥。营养学上，主要从食物蛋白质的"量"和"质"两个方面来综合评价其营养价值，包括食物蛋白质的含量、蛋白质的消化率和蛋白质的利用率三方面。

（一）食物蛋白质的含量

食物蛋白质的含量是评价蛋白质营养价值的一个重要方面。蛋白质的含量是发挥其营养价值的物质基础，食物蛋白质含量的多少尽管不能决定一种食物蛋白质营养价值的高低，但是缺少一定的数量，再好的蛋白质其营养价值也有限。食物蛋白质含量通常用微量凯氏定氮法测定其含氮量；还可以通过食品中各氨基酸含量的总和来确定。食物蛋白质的含氮量一般为 15%～18%。食品中蛋白质含量可在测定出"总氮量"后，乘以氮的折算系数来计算，见下式：

$$蛋白质含量（g/100\ g）＝总氮量（g/100\ g）×氮折算系数 \qquad (2-1)$$

对于原料复杂的加工或配方食物，统一使用折算系数 6.25。若要准确计算，则可以用不同的系数（表 2-1）。

表 2-1 不同食物氮折算系数

食物	折算系数	食物	折算系数	食物	折算系数
全麦粉	5.83	巴西果	5.46	动物明胶	5.55
麦糠麸皮	6.31	花生	5.46	乳及乳制品	6.38
麦胚芽	5.80	杏仁	5.18	酪蛋白	6.40
燕麦	5.83	其他坚果	5.30	母乳	6.37
大麦	5.83	鸡蛋	6.25	大豆（黄）	5.71
小米	6.31	蛋黄	6.12	其他豆类	6.25
玉米	6.25	蛋白	6.32		
大米及米粉	5.95	肉类和鱼类	6.25		

资料来源：杨月欣，2019

（二）蛋白质的消化率

蛋白质的消化率（digestibility）是指食物蛋白质被消化酶分解、吸收的程度。食物蛋白质的消化率用该蛋白质中被消化、吸收的氮量与其蛋白质含氮总量的比值表示。一般采用动物或人体实验测定，根据是否考虑内源粪代谢氮因素，可分为表观消化率（apparent digestibility）和真消化率（true digestibility）两种。

粪氮至少有 3 个来源，包括未消化的膳食蛋白质、由小肠黏膜脱落的蛋白质和由血液扩散到肠腔中的尿素氮。粪代谢氮是受试者在完全不吃含蛋白质食物时粪便中的含氮量。实验首先设置无氮膳食期，并收集无氮膳食期中的粪便，测定其含氮量即粪代谢氮；然后设置被测食物蛋白质的实验期，再分别测定摄入氮和粪氮。以粪氮减去无氮膳食期的粪代谢氮，才是摄入蛋白质中真正未消化吸收的部分，据此测定的才是该食物蛋白质的真消化率（式2-2）。

$$真消化率（\%）=\frac{食物氮-（粪氮-粪代谢氮）}{食物氮}\times100\% \qquad (2-2)$$

由于粪代谢氮测定十分繁琐，且难以准确测定，故在实际工作中常不考虑粪代谢氮。表观消化率即不考虑内源粪代谢氮的蛋白质消化率。通常以动物或人体为实验对象，在实验期内，测定实验对象摄入的食物氮和从粪便中排出的粪氮，然后按式（2-3）计算：

$$表观消化率（\%）=\frac{食物氮-粪氮}{食物氮}\times100\% \qquad (2-3)$$

显然，表观消化率要比真消化率低。WHO 提出，当膳食中仅含少量纤维时不必测定粪代谢氮；当膳食中含有多量膳食纤维时，对成人可按每天 12 mg/kg 的数值进行计算。

蛋白质的消化率受人体和食物等多种因素的影响（表 2-2），前者包括全身状态、消化功能、精神情绪、饮食习惯和对该食物感官状态是否适应等；后者包括蛋白质在食物中存在形式、结构、食物纤维素含量、烹调加工方式、共同进食的其他食物的影响等。通常，动物性蛋白质的消化率比植物性的高。如鸡蛋和牛乳蛋白质的消化率分别为 97%和 95%，而玉米和大米蛋白质的消化率分别为 85%和 88%。这是因为植物蛋白质被纤维素包围而不易受消化酶作用。经过加工烹调后，包裹植物蛋白质的纤维素可被去除、破坏或软化，可以提高其蛋白质的消化率。例如，食用整粒大豆时，其蛋白质消化率仅约 60%；若将其加工成豆腐，则可提高到 90%。

表2-2 人体对不同食物来源的蛋白质消化率 （单位：%）

蛋白质来源	真消化率（平均值±标准差）	相当于参考蛋白质的消化率	蛋白质来源	真消化率（平均值±标准差）	相当于参考蛋白质的消化率
蛋	97±3		大豆粉	86±7	90
乳、干酪	95±3	100	菜豆	78	82
肉、鱼	94±3		玉米+菜豆	78	82
玉米	85±6	89	玉米+菜豆+乳	84	86
精白米	88±4	93	印度大米膳	77	81
整粒小麦	86±5	90	印度大米膳+乳	87	92
精制小麦	96±4	101	中国混合膳	96	98
燕麦粉	86±7	90	巴西混合膳	78	82
小米	79	83	菲律宾混合膳	86	93
老豌豆	86	93	美国混合膳	96	101
花生酱	95	100	印度大米+豆膳	78	82

资料来源：石瑞，2012

（三）蛋白质的利用率

蛋白质的利用率是指食物蛋白质（氨基酸）被消化、吸收后在体内被利用的程度。测定食物蛋白质利用率的指标和方法很多，各指标分别从不同角度反映蛋白质被利用的程度。

1. 蛋白质的生物学价值　蛋白质的生物学价值（biological value，BV）简称生物价，是机体的氮储留量与氮吸收量之比。某种蛋白质的生物学价值越高，表明其被机体利用的程度越高，最大值为100。计算公式如下：

$$蛋白质的生物价 = \frac{氮储留量}{氮吸收量} \times 100\% \qquad (2\text{-}4)$$

式中，氮储留量＝食物氮－（粪氮－粪代谢氮）－（尿氮－尿内源氮）；氮吸收量＝食物氮－（粪氮－粪代谢氮）。

尿内源氮是机体在无氮膳食条件下尿中所含有的氮。它们来自体内组织蛋白质的分解。尿氮和尿内源氮的检测原理和方法与粪氮和粪代谢氮一样。蛋白质的生物价可受很多因素影响，同一食物蛋白质可因实验条件不同而有不同的结果，故对不同蛋白质的生物价进行比较时应将实验条件统一。此外，在测定时多用刚断乳大鼠，饲料蛋白质的含量为 100 g/kg（10%）。将饲料蛋白质的含量固定在 10%，目的是便于对不同蛋白质进行比较。因为饲料蛋白质含量低时，蛋白质的利用率较高。常见食物蛋白质的生物价见表 2-3。

表 2-3　几种常见食物蛋白质的生物价

蛋白质来源	生物价	蛋白质来源	生物价	蛋白质来源	生物价
鸡蛋	94	大米	77	玉米	60
鸡蛋蛋黄	96	小麦	67	白菜	76
鸡蛋蛋白	83	生大豆	57	红薯	72
牛乳	87	熟大豆	64	马铃薯	67
鱼	83	扁豆	72	花生	59
猪肉	74	蚕豆	58		
牛肉	76	小米	57		

资料来源：葛可佑，2004

生物价对指导及制定肝病、肾病患者的膳食很有意义。生物价高，表明食物蛋白质中氨基酸主要用来合成人体蛋白，极少有过多的氨基酸经肝、肾代谢而释放能量或由尿排出多余的氮，从而大大减少肝、肾的负担，有利于恢复。

2. 蛋白质净利用率　蛋白质净利用率（net protein utilization，NPU）是机体的氮储留量与氮摄入量之比，表示蛋白质实际被利用的程度（式 2-5）。因为考虑了蛋白质消化、利用两个方面的因素，所以该指标更为全面。

$$NPU = \frac{氮储留量}{氮摄入量} = 生物价 \times 消化率 \qquad (2\text{-}5)$$

可采用动物试验，用同窝断乳大鼠分别饲以含维持水平蛋白质的实验饲料（A 组）和无蛋白质的饲料（B 组）各 10 d，记录各组每天的摄食量。在实验结束时，测定各组动物尸体总氮量和饲料含氮量，根据下式计算：

$$蛋白质净利用率（\%） = \frac{A组总氮量 - B组总氮量 + B组氮摄入量}{A组氮摄入量} \times 100 \qquad (2\text{-}6)$$

3. 蛋白质功效比值　蛋白质功效比值（protein efficiency ratio，PER）是用幼小动物体重的增加量与蛋白质摄入量之比来评估蛋白质用于生长的作用效率（式 2-7）。该指标被广泛用作婴儿食品中蛋白质的营养学评价。

$$PER = \frac{实验期内动物体重增加量（g）}{实验期内蛋白质摄入量（g）} \qquad (2\text{-}7)$$

此法通常用生后 21～28 d 刚断乳的大鼠（体重 50～60 g），以含受试蛋白质 10 % 的合成饲料喂养 28 d，计算动物每摄食 1 g 蛋白质所增加体重的克数。此法简便实用，已被美国官方分析化学家协会（AOAC）推荐为评价食物蛋白质营养价值的必测指标，其他国家也广泛应用。

由于同一种食物蛋白质，在不同的实验室所测得的 PER 值重复性不佳，故通常设置酪蛋白对照组，并将酪蛋白对照组的 PER 值换算为 2.5，然后进行校正（式 2-8）。几种常见食物蛋白质的功效比值见表 2-4。

$$校正PER = \frac{实验组PER}{对照组PER} \times 2.5 \qquad (2-8)$$

表 2-4　几种常见食物蛋白质的功效比值

蛋白质来源	功效比值	蛋白质来源	功效比值
全鸡蛋	3.92	大豆	2.32
牛乳	3.09	精制面粉	0.60
鱼	4.55	大米	2.16
牛肉	2.30		

资料来源：孙远明和柳春红，2019

4. **氨基酸评分**　蛋白质营养价值的高低也可根据其必需氨基酸的含量及它们之间的相互关系来评价。必需氨基酸（essential amino acid，EAA）是指人体自身不能合成或合成速度及数量不能满足人体需要，必须从食物中摄取的氨基酸。成人的必需氨基酸共有 8 种：赖氨酸、色氨酸、苯丙氨酸、蛋氨酸、苏氨酸、异亮氨酸、亮氨酸、缬氨酸。婴幼儿又增加了组氨酸，共 9 种必需氨基酸。依据必需氨基酸的种类与含量，可将蛋白质分为完全蛋白质、半完全蛋白质和不完全蛋白质。完全蛋白质（complete protein）含有的必需氨基酸种类齐全、含量充足、比例适当，因而能够维持生命和促进生长发育。半完全蛋白质（partially complete protein）所含必需氨基酸种类齐全，但有的数量不足、比例不当，可维持生命，但不能促进生长发育。不完全蛋白质（incomplete protein）所含必需氨基酸种类不全，既不能维持生命，也不能促进生长发育，如胶原蛋白。

食物蛋白质氨基酸模式与人体蛋白质构成模式越接近，其营养价值就越高。氨基酸评分（amino acid score，AAS）则能评价其接近程度，是一种广为采用的食物蛋白质营养价值评价方法。氨基酸评分也可称为蛋白质化学评分，即被测食物蛋白质的必需氨基酸组成与推荐的理想蛋白质或参考蛋白质氨基酸模式进行比较，并计算各氨基酸比值。氨基酸评分不仅适用于单一食物蛋白质的评价，还可用于混合食物蛋白质的评价。

为便于评定，最初将鸡蛋或人乳蛋白质中所含氨基酸作为参考标准，称为参考蛋白质。1957 年，FAO 提出将人体氨基酸需要量模式作为参考标准，代替鸡蛋蛋白质标准。1973 年，FAO/WHO 再次对人体氨基酸需要量进行评价，一致认为人体氨基酸需要量模式作为参考标准优于乳、蛋等蛋白质模式。1981 年，联合专家会议根据新近资料分别对婴儿、学龄前儿童（2～5 岁）、学龄儿童（10～12 岁）和成人提出了新的必需氨基酸需要量模式，与此同时再次修订了氨基酸计分模式，如下所示。

$$AAS（\%）= \frac{1g受试蛋白质中限制性氨基酸的毫克数}{需要量模式中该氨基酸的毫克数} \times 100\% \qquad (2-9)$$

其中，第一限制性氨基酸评分值即该食物蛋白质的最终氨基酸评分。

由于婴儿、儿童和成人的必需氨基酸需要量不同，对于同一蛋白质的氨基酸评分亦不相同。婴儿和儿童对必需氨基酸的需要量远比成人高。故对婴儿和儿童来说，受试蛋白质中任何一种必需氨基酸的最低分（第一限制氨基酸），对成人而言，其蛋白质质量并不一定很低。

氨基酸评分的方法比较简单，但对食物蛋白质的消化率没有考虑。1990 年，蛋白质评价联合专家委员会提出了一种新的方法——蛋白质消化率修正的氨基酸评分（protein digestibility corrected amino acid score，PDCAAS）。这种方法可替代 PER 对除孕妇和 1 岁以下婴儿以外的所有人群的食物蛋白质进行评价，并被认为是简单、科学、合理的常规评价食物蛋白质质量的方法。其计算公式如下：

$$PDCAAS = AAS \times 蛋白质真消化率 \tag{2-10}$$

根据表 2-5 和表 2-6，鸡蛋、牛乳的蛋白质构成最接近人体蛋白质需要量模式，故其蛋白质的营养价值较高。植物性食物的蛋白质中往往缺少赖氨酸、蛋氨酸、苏氨酸和色氨酸，其营养价值相对较低。从经济和营养价值方面考虑，使用大豆分离蛋白或大豆浓缩蛋白来替代或补充动物蛋白质，或者将其与其他植物蛋白质混合食用可有效提高植物性蛋白质的质量。

表 2-5 人体氨基酸模式和几种食物蛋白质必需氨基酸含量 （单位：mg/g 蛋白质）

必需氨基酸	FAO 人体氨基酸模式	鸡蛋	牛乳	牛肉
异亮氨酸	40	54	47	48
亮氨酸	70	86	95	81
赖氨酸	55	70	78	89
蛋氨酸＋半胱氨酸	35	57	33	40
苯丙氨酸＋酪氨酸	60	93	102	80
苏氨酸	40	47	44	46
色氨酸	10	17	14	12
缬氨酸	50	66	64	50

资料来源：FAO/WHO/UNU，1985

表 2-6 几种食物蛋白质的 PDCAAS

蛋白质	PDCAAS	蛋白质	PDCAAS
酪蛋白	1.00	鸡蛋	1.00
牛肉	0.92	大豆分离蛋白	0.99
花生粉	0.52	菜豆	0.68
燕麦粉	0.57	青斑豆	0.63
全麦	0.40	小扁豆	0.52
面筋	0.25	豌豆	0.69

资料来源：Appendix J，1999

蛋白质互补作用是指两种或两种以上食物蛋白质混合食用，其中所含有的必需氨基酸取长补短，相互补充，达到较好的比例，从而提高蛋白质利用率的作用。蛋白质互补意义在于：不同食物蛋白质中的必需氨基酸含量和比例不同，通过将不同种类的食物相互搭配，可提高限制氨基酸的模式，由此提高食物蛋白质的营养价值。

五、蛋白质的膳食参考摄入量与食物来源

（一）蛋白质的膳食参考摄入量

中国营养学会建议，成年男性的蛋白质推荐摄入量为 65 g/d，成年女性的推荐摄入量为 55 g/d。

出生 2～3 个月的母乳喂养的婴儿，在能量足够的条件下，蛋白质的需要可以满足；初生至 6 个月及之后，蛋白质供给应为 1.5～3.0 g/(kg·d)。婴儿的肾及消化器官仍未发育完全，过高供给可能引起负面影响，而且目前尚未确定蛋白质的 UL 值，普遍认为高于 3 g/(kg·d)的蛋白质供给是不必要的。

（二）蛋白质-能量营养不良

蛋白质-能量营养不良是指因能量和蛋白质摄入不足或缺乏而引起的营养缺乏性疾病，是世界范围内最常见的营养缺乏病之一。蛋白质缺乏很少孤立存在，通常伴随着能量和其他营养物质的缺乏。蛋白质和能量的供给不能满足机体维持正常生理功能的需要时，就会发生蛋白质-能量营养不良，病因主要有摄入不足、消化吸收不良、蛋白质合成障碍、机体需要增加而供给不足。蛋白质-能量营养不良是一个重要的公共卫生问题，影响从婴儿到老年人的所有年龄段人群。在部分贫困的发展中国家，长期的低能量和/或低蛋白质的饮食将阻碍儿童的生长，使他们终生都更容易患病。临床上，将蛋白质-能量营养不良分为以能量缺乏为主的干瘦型、以蛋白质缺乏为主的水肿型和能量与蛋白质同时缺乏的混合型（Kwashior-kor 症）。

干瘦型以能量缺乏为主，兼有蛋白质缺乏，表现为进行性消瘦、皮下脂肪减少、水肿及各器官功能紊乱。消瘦是膳食中长期缺乏能量、蛋白质及其他营养素的结果，或由于对食物的消化、吸收和利用有障碍所引起。水肿型以蛋白质缺乏为主，而能量供给足够，主要表现为水肿。但大多数患者是介于干瘦型和水肿型之间。严重的蛋白质-能量营养不良可直接造成死亡，轻型慢性蛋白质-能量营养不良常被人所忽视，但对儿童的生长发育、免疫功能和病后康复有很大影响。

（三）蛋白质的食物来源

蛋白质的主要构成元素是氮，一般情况下可以通过测定氮的含量来测算蛋白质的含量。如果不摄入蛋白质，体重为 60 kg 的成年男子每天将流失约 3.2 g 的氮，相当于 20 g 左右的蛋白质。因此，在日常活动中，每日从膳食中补充蛋白质非常必要。

食物蛋白质的含量，以肉类、豆类、硬果类、蛋及乳制品类较高，而根茎和蔬菜类较低，谷类居中。蛋类含蛋白质为 11%～14%；新鲜肌肉可食部分含蛋白质 15%～22%；大豆含蛋白质最高，可达 36%～40%，且大豆的氨基酸组成也比较合理；这些都是优质蛋白质的来源。谷类蛋白质含量和营养价值均低于肉类，但食用量大，同样是人类食物蛋白质的重要来源。小麦蛋白质含量约 8%，主要为谷蛋白及麦醇溶蛋白，其氨基酸构成中赖氨酸偏低。大米蛋白质含量一般为 6%～8%，赖氨酸为限制氨基酸。玉米含蛋白质 10%左右，含赖氨酸和色氨酸较低。通过蛋白质的互补作用，将谷类食物与豆类、肉类食物共同烹调食用，将会提高其蛋白质的营养学价值。

微课
谷类食物
与蛋白质
营养价值
改善

第三节　碳水化合物

一、概述

碳水化合物是一切生物体维持生命活动所需能量的主要来源，也是自然界存在最多、具有广谱化学结构和生物功能的有机化合物。碳水化合物的种类繁多，很难采用一种方法将其进行完整准确的分类，因此采用多种分类方法。目前较普遍的仍是沿用 1998 年 FAO/WHO 根据其化学结构及生理作用的分类模式，将碳水化合物分为糖（1～2 个单糖）、寡糖（3～9 个单糖）、多糖（≥10 个单糖）（表 2-7）。

表 2-7　主要的膳食碳水化合物

聚合度分类	亚组	组成
糖	单糖	葡萄糖、半乳糖、果糖
	双糖	蔗糖、乳糖、海藻糖
	糖醇	山梨醇、甘露醇
寡糖	异麦芽低聚寡糖	麦芽糊精
	其他寡糖	棉子糖、水苏四糖
多糖	淀粉	直链淀粉、支链淀粉、变性淀粉
	非淀粉多糖	维生素、半纤维素、果胶、亲水胶质物

资料来源：中国营养学会，2014

（一）单糖

单糖是作为所有碳水化合物结构的基本、简单的糖单位。食物中最常见的单糖是葡萄糖、果糖和半乳糖。葡萄糖是重要的能量来源，是人体内主要的单糖。在大多数情况下，食物中的糖和其他碳水化合物最终在肝中转化为葡萄糖。

果糖是另一种常见的单糖。膳食中大部分游离果糖来自于软饮料、糖果、果酱、果冻，以及许多水果制品和甜点中使用的高果糖玉米糖浆。果糖也存在于水果中，可构成双糖（如蔗糖）。摄入果糖后，果糖被小肠吸收，然后输送到肝，在那里很快被代谢，多数转化为葡萄糖；但如果果糖的摄入量非常高，过量的果糖将会继续形成其他化合物，如脂肪。

半乳糖的结构与葡萄糖几乎相同。自然界中不存在大量的纯半乳糖。相反，半乳糖通常与葡萄糖结合生成乳糖，被消化成半乳糖吸收后进入肝；随后转化为葡萄糖或进一步合成糖原。

（二）双糖

双糖由两个单糖结合而成。食物中的双糖主要有蔗糖、乳糖和麦芽糖，他们都含有葡萄糖。一分子葡萄糖和一分子果糖结合形成蔗糖。蔗糖天然存在于甘蔗、甜菜、蜂蜜和枫糖中。在牛乳的合成过程中，葡萄糖与半乳糖结合形成乳糖。因此，乳糖的主要食物来源是乳制品。

当淀粉分解成两个结合在一起的葡萄糖分子时，就产生了麦芽糖。事实上，最终在小肠中消化的大部分麦芽糖是在消化淀粉的过程中产生的。

人群中有一定比例的个体，体内缺乏分解乳糖的乳糖酶，当摄入富含乳糖的食物如牛乳后，乳糖只能被结肠中的微生物发酵成小分子的有机酸（如乙酸、丙酸、丁酸等），并产生气体如 CH_4、H_2、CO_2 等，临床表现为肠鸣、腹胀、腹痛、排气、腹泻、嗳气、恶心等，称为乳糖不耐受。为减轻或者避免乳糖不耐受的发生，建议食用硬乳酪和酸奶。

（三）寡糖

寡糖又称低聚糖，是由 3～10 个单糖分子通过糖苷键构成的聚合物，根据糖苷键的不同而有不同名称。在食品领域具有重要功能的寡糖包括低聚异麦芽糖、大豆低聚糖、果糖低聚糖、低聚半乳糖、壳聚糖、壳低聚糖、低聚木糖等。因人体肠道内不具备分解消化的酶系统，寡糖不能在胃内进行消化吸收，而是直接进入小肠内被双歧杆菌等利用，发挥如下生理功能。

1. 调节菌群结构，增殖有益菌群　功能性寡糖是双歧杆菌、乳酸菌、肠球菌等有益菌群最直接、最有效的养料，促使双歧杆菌等快速生长和大量繁殖。

2. 降低龋齿发生概率　功能性寡糖属难消化糖，很难被口腔中导致蛀齿的突变链球菌所利用，所以不会产生形成齿垢的不溶性葡聚糖，降低蛀牙发生率。当其与蔗糖合用时，会强烈抑制蔗糖被链球菌合成为不溶性葡聚糖，阻碍齿垢形成，防止牙齿表面珐琅脱落，发挥抗龋齿作用。

3. 增加排便，防治便秘　双歧杆菌发酵寡糖时产生大量的短链脂肪酸，可刺激肠道蠕动，增加粪便的湿润度；通过菌体的大量生长以保持一定的渗透压，从而防止便秘的发生。此外，寡糖属于水溶性膳食纤维，可促进小肠蠕动，预防和减轻便秘。

4. 促进 B 族维生素的生成　功能性寡糖可以促进双歧杆菌增殖，后者可在肠道内合成 B 族维生素。此外，双歧杆菌能抑制某些维生素的分解菌，从而使维生素的供应得到保障，如它可以抑制分解维生素 B_1 的解硫胺素类芽孢杆菌。随着肠道双歧杆菌的增殖，肠道内合成的维生素含量会随之提高，可以间接提高人体内水溶性维生素的水平。

5. 调节血脂和胆固醇代谢　功能性寡糖不能被消化酶消化吸收，一般较少转化成脂肪。它被双歧杆菌分解产生的短链脂肪酸可抑制肝胆固醇的生成及葡萄糖转化成脂肪。摄入功能性寡糖后可以降低血清胆固醇的水平，双歧杆菌产生的胆酸水解酶将结合胆酸游离出来，与胆固醇结合为沉淀、随大便排出体外，从而有效地降低血脂。

6. 增强机体免疫能力　功能性寡糖增殖的双歧杆菌细胞壁和分泌物可产生大量的免疫物质，如 S-TGA 免疫蛋白，其阻止细菌附着于宿主的肠黏膜组织的能力是其他免疫球蛋白的 7～10 倍。双歧杆菌对肠道免疫细胞强烈的刺激，又增加了抗体细胞的数量，激活了巨噬细胞的吞噬能力，增强了杀伤性 T 细胞、NK 细胞对衰老、肿瘤等细胞与病毒的杀伤力，提高了机体的免疫能力。

（四）多糖

多糖也称为复合碳水化合物，由 10 个或以上单糖分子通过 1,4 糖苷键或 1,6 糖苷键相连而成的聚合物。最常见的多糖由葡萄糖聚合而成，根据聚合方式不同，淀粉分为直链淀粉和支链淀粉。直链淀粉是由 D-葡萄糖残基以 α-1,4 糖苷键连接而成的线性结构，约占蔬菜、豆类、面食和大米中可消化淀粉的 20%。天然直链淀粉遇碘产生蓝色反应，且易"老化"，形成难消化的抗性淀粉。支链淀粉是枝杈状结构，占可消化淀粉的 80%。淀粉的分解过程只在葡萄糖链的末端进行，因此支链淀粉为酶的作用提供更多的位点（末端）。由此可见，支链淀粉比直链淀粉更容易被消化，进而更容易升高血糖。纤维素是植物中的另一种复合碳水化合物，虽然与直链淀粉相似，但不能完全分解和被人类消化。

糖原是哺乳动物体内储存葡萄糖的形式，由一系列葡萄糖单元组成，结构上有许多分支，为酶提供更多的位点，可以很快被分解，因此是储存体内碳水化合物的一种理想形式。肝和肌肉是糖原的主要储存部位。因为体液中的葡萄糖量有限，仅能提供大约 503 kJ 能量，而肝糖原和肌糖原才是机体在能量急需的情况下，碳水化合物供能的主要来源。肝糖原主要贡献在于升高血糖；肌糖原不能提高血糖，而是为肌肉提供葡萄糖，特别是在高强度运动和耐力运动中。

二、碳水化合物的消化吸收与代谢

（一）碳水化合物的消化

1. 口腔内消化　碳水化合物的消化从口腔开始。口腔唾液中含有 α-淀粉酶，又称唾液淀粉酶。α-淀粉酶能催化直链淀粉、支链淀粉及糖原分子中 α-1,4 糖苷键的水解，但不能水解这些分子中分支点上的 α-1,6 糖苷键及紧邻的两个 α-1,4 糖苷键。水解后的产物有葡萄糖、麦芽糖、异麦芽糖、麦芽寡糖及糊精等的混合物。由于食物在口腔内停留时间短暂，以致唾液淀粉酶的消化作用很小。

2. 胃内消化　当口腔内的食物被唾液所含的黏蛋白黏合成团，并被吞咽而进入胃后，其中所包藏的唾液淀粉酶仍可使淀粉短时间内继续水解。但当胃酸及胃蛋白酶渗入食团或食团散开后，pH 下降至 1～2 时，唾液淀粉酶被胃蛋白酶水解破坏而完全失去活性；且胃液不含任何能水解碳水化合物的酶，故碳水化合物在胃中几乎不会被消化。

3. 肠腔内消化　碳水化合物的消化主要是在小肠中进行。小肠内的消化分为肠腔消化和小肠黏膜上皮细胞表面上的消化。肠腔中的主要水解酶是来自胰液的 α-淀粉酶，又称胰淀粉酶，最适 pH 为 6.3～7.2，胰淀粉酶对末端 α-1,4 糖苷键和邻近 α-1,6 糖苷键的 α-1,4 糖苷键不起作用，但可水解淀粉分子内部的其他 α-1,4 糖苷键，使淀粉变成麦芽糖、麦芽三糖（约占 65%）、异麦芽糖、α-临界糊精及少量葡萄糖等。

淀粉在口腔及肠腔中消化后的上述各种中间产物，可以在小肠黏膜上皮细胞表面进一步彻底消化。小肠黏膜上皮细胞刷状缘上含有丰富的 α-糊精酶、糖淀粉酶、麦芽糖酶、蔗糖酶及乳糖酶，它们彼此分工协作，最终把食物中可消化的多糖及寡糖完全消化成大量的葡萄糖及少量的果糖和半乳糖。生成的这些单糖分子均可被小肠黏膜上皮细胞吸收（图 2-5）。

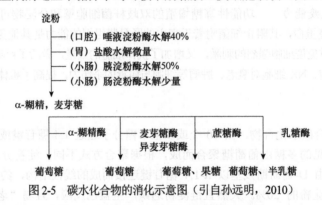

图 2-5　碳水化合物的消化示意图（引自孙远明，2010）

小肠内不被消化的碳水化合物到达结肠后，被结肠菌群分解，产生氢气、甲烷、二氧化碳和短链脂肪酸等，这一系列过程称为发酵，也是消化的一种方式。所产生的气体经体循环转运，经呼气和直肠排出体外，其他产物如短链脂肪酸被肠壁吸收并被机体代谢。碳水化合物在结肠发酵时，促进了肠道一些特定菌群的生长繁殖，如双歧杆菌、乳酸杆菌等。

（二）碳水化合物的吸收

碳水化合物经过消化变成单糖后才能被细胞吸收，胃几乎不能吸收碳水化合物，主要吸收部位在小肠。肠管中吸收的单糖主要是葡萄糖，另有少量的半乳糖和果糖。在肠黏膜上皮细胞的刷状缘上有一种转运蛋白，其与不同单糖的亲和力不同，导致吸收的速率也不同。若以葡萄糖的吸收速度为 100，人体对各种单糖的吸收速度如下：D-半乳糖（110）＞D-葡萄糖（100）＞D-果糖（70）＞木糖醇（36）＞山梨醇（29）。一般情况下，己糖逆着浓度差吸收，是消耗能量的主动过程，属于继发性主动转运。戊糖和多元醇以被动扩散的方式吸收，吸收速度相对较慢。单糖被吸收后通过小肠中心静脉进入血液循环，运送到全身各个器官。在吸收过程中也可能有少量单糖经淋巴系统而进入血液循环。单糖的吸收过程是一种耗能的主动吸收（图 2-6）。

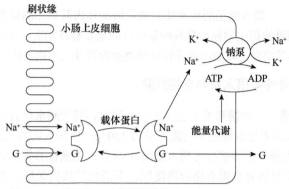

图2-6 葡萄糖的主动吸收示意图（引自孙远明，2010）

（三）碳水化合物的代谢

体内碳水化合物分解时，首先经糖酵解途径降解为丙酮酸，在无氧情况下，丙酮酸在细胞质内还原为乳酸，这一过程称为碳水化合物的无氧氧化。由于该过程与酵母菌内葡萄糖"发酵"生成乙酸的过程相似，因而碳水化合物的无氧氧化也称为"糖酵解"。在有氧的情况下，丙酮酸进入线粒体，氧化脱羧后进入三羧酸循环，最终被彻底氧化成二氧化碳及水，这个过程称为碳水化合物的有氧氧化。

三、碳水化合物的生理功能

1. 供给和贮存能量　碳水化合物是最经济、最主要的能量来源，更是心脏和神经系统的唯一能量来源。特别是大脑，即使处于静息状态下，一天所消耗的葡萄糖依然高达人体摄入葡萄糖总量的 40%。当血糖浓度下降时，脑细胞功能将受损而出现功能障碍，导致头晕、心悸、冒冷汗，甚至昏迷。每克葡萄糖在体内氧化可以产生 16.7 kJ 的能量；那些不能被吸收的碳水化合物如寡糖、抗性淀粉和非淀粉多糖，发酵产生的能量约 8.35 kJ/g。

糖原是肌肉和肝中碳水化合物的贮存形式。肌糖原约占总糖原的 2/3，肝糖原约占 1/3，其他大部分组织中，如心肌、肾、脑等也含有少量糖原。肌糖原分解后主要用于肌肉收缩功能，肝糖原可分解为葡萄糖以维持血糖浓度。

2. 构成机体组织　每个细胞内都含有碳水化合物，含量为 2%～10%，主要以糖脂、糖蛋白和蛋白多糖的形式存在，分布在细胞膜、细胞器膜、细胞质及细胞间质中。糖和脂肪形成的糖脂是细胞膜和神经组织的重要成分。糖蛋白是酶、抗体、激素的组成成分。核糖和脱氧核糖是 DNA 和 RNA 的构成成分。

3. 节约蛋白质　有规律地摄入碳水化合物是很重要的，因为肝糖原储备在 18 h 内就会耗尽。此后身体被迫通过分解蛋白质来获得碳水化合物，最终会导致肌肉组织的损失。因此，当食物提供足量的有效碳水化合物时，则不需要动用机体内的蛋白质来供能，从而减少其消耗，使蛋白质主要用于组织更新、修复，这种作用称为碳水化合物的蛋白质节约作用。

4. 抗生酮作用　葡萄糖在体内氧化可生成草酰乙酸，脂肪在体内代谢生成的乙酰基必须要同草酰乙酸结合进入三羧酸循环才能被彻底氧化。食物中碳水化合物不足时，机体则首先利用储存的脂肪来提供能量；当动用的脂肪过多后，其分解代谢的中间产物酮体因草酰乙酸的不足（由葡萄糖代谢生成）不能完全氧化，即产生酮体。酮体是一种酸性物质，如在体内积存太多，即引起酮血症。膳食中充足的碳水化合物可保证这种情况不会发生，即抗生酮作用。

5. 护肝解毒作用　　摄入充足的碳水化合物可增加体内肝糖原的储备，增强机体抵抗外来有毒物质的能力。葡萄糖的衍生物葡萄糖醛酸是体内的重要解毒物质，在肝中能与许多有害物质如细菌毒素、乙醇、砷等结合，以消除或减轻这些物质的毒性或生物活性，从而起到解毒作用。

四、碳水化合物的膳食参考摄入量与食物来源

1. 膳食参考摄入量　　中国营养学会（2013）建议，膳食碳水化合物的参考摄入量占总能量的 50%～65%，成人碳水化合物的平均需要量为 120 g。中华人民共和国卫生行业标准 WS/T 578.1—2017《中国居民膳食营养素参考摄入量第 1 部分：宏量营养素》还建议，应对碳水化合物的来源做出要求，即包括复合碳水化合物淀粉、不消化的抗性淀粉、非淀粉多糖和寡糖等，以保障人体能量和营养素的需要及改善胃肠道环境和预防龋齿的需要。此外，限制添加糖的摄入量，每日不超过 50 g，最好限制在 25 g 以内，提供的能量不超过每日总能量的 10%。

2. 食物来源　　富含碳水化合物的食物主要有面粉、大米、玉米、土豆、红薯等。粮谷类一般含碳水化合物 60%～80%，薯类含量为 15%～29%，豆类为 40%～60%。单糖和双糖的来源主要是蔗糖、糖果、甜食、糕点、甜味水果、含糖饮料和蜂蜜等。全谷类、蔬菜水果等富含膳食纤维，一般含量在 3% 以上。

五、膳食纤维

国际食品法典委员会（2009）将膳食纤维（dietary fiber）定义为可食用的碳水化合物聚合物，包含 3 个或更多单体单元，不能被内源性消化酶水解及在小肠吸收。根据在水中的溶解性，膳食纤维可分为可溶性膳食纤维和不可溶性膳食纤维两类。可溶性膳食纤维主要包括半纤维素、果胶、树胶、菊粉、葡聚糖、瓜尔胶、阿拉伯胶、低聚果糖等，可降低血液胆固醇、调节血糖、降低心血管病的危险。不可溶性膳食纤维主要包括木质素、纤维素和某些半纤维素，可促进肠道蠕动，减少粪便和有害物质在肠道内停留，防止便秘。

（一）膳食纤维的生理功能

1. 促进肠道健康　　膳食纤维为大肠内的正常菌群提供了发酵底物，增加有益菌并减少有害菌，可有效地预防胃肠功能紊乱。多种植物纤维具有吸水性，可使粪便体积增大、质地变软，有利于粪便的及时排出，缩短了食物消化残渣在大肠的停留时间，从而减少肠壁对某些有毒物质的吸收，降低了便秘、痔疮及结肠癌等的发病风险。

2. 降低肥胖风险　　高纤维食物粗糙的口感增加了咀嚼时间，可能会促进胃肠激素的分泌。此外，高纤维食物在胃中吸水膨胀，增加了胃内容积和胃排空的时间，使人产生饱腹感；从而降低总能量的摄入，最终达到控制体重、降低患肥胖症的风险。

3. 降低血糖　　食用大量的水溶性纤维，如燕麦纤维，可以减缓小肠对葡萄糖的吸收，有助于更好地调节血糖，治疗糖尿病。

4. 减少胆固醇吸收　　大量摄入黏性纤维会抑制胆固醇和胆汁酸从小肠的吸收，从而降低血胆固醇及心血管疾病的发病风险。大肠中的有益细菌降解可溶性纤维产生脂肪酸，后者可能会减少肝中胆固醇的合成。因此，为减少心血管疾病（冠心病和中风）的风险，提倡食用富含纤维的食物，如蔬菜、豆类、全麦面包和全谷物。

需要注意的是，在高纤维饮食中，增加液体摄入非常重要。液体摄入不足会使大便变得非常坚硬及排便疼痛；在更严重的情况下，纤维过多和液体不足可能导致肠阻塞。此外，高纤维饮食也可能降低营养素的利用率。纤维的某些成分可能与必需的矿物质结合，阻止它们被吸收。

（二）膳食纤维的参考摄入量与食物来源

1. 膳食纤维参考摄入量　　美国食品药品监督管理局（Food and Drug Administration，FDA）推荐的成人总膳食纤维摄入量为 20～35 g/d。美国能量委员会推荐的总膳食纤维中，不溶性膳食纤维占 70%～75%，可溶性膳食纤维占 25%～30%。根据中国营养学会的建议，我国低能量摄入（7.5 MJ）的成年人，其膳食纤维的适宜摄入量为 25 g/d，中等能量摄入（10 MJ）的为 30 g/d，高能量摄入（12 MJ）的成年人为 35 g/d。

2. 膳食纤维的食物来源　　膳食纤维主要存在于谷、薯、豆类、蔬菜及水果中。谷物食品含膳食纤维最多，全麦粉含 6%、精面粉含 2%、糙米含 1%、精米含 0.5%、蔬菜含 3%、水果含 2%左右。但由于加工方法、食入部位及品种的不同，膳食纤维的含量也不同。粗粮、豆类高于细粮；胡萝卜、芹菜、菠菜、韭菜等高于西红柿、茄子等；菠萝、草莓高于香蕉、苹果等；同种蔬菜边皮的纤维量高于中心部位；同种水果果皮的纤维量高于果肉。如果食用时将蔬菜的边皮或水果的外皮去掉的话，就会损失部分膳食纤维。水果汁和渣应一起食用，柑橘的膳食纤维量约等于橘汁的 6 倍。

六、碳水化合物与血糖调节

人体内有一套调节血糖浓度的机制，即以激素调节为主、神经调节为辅。正常情况下，人体血糖含量保持动态平衡，在 3.9～6.1 mmol/L 之间波动。当人体的血糖调节失衡后会引起多种健康问题，如糖尿病、低血糖等。

（一）血糖代谢异常

人在空腹时，内源性胰岛素足以制止肝糖原生成过多，并使末梢组织正常地利用葡萄糖，维持空腹血糖在正常范围波动。进食后由于胰岛素分泌不足，肝糖原的合成能力减弱，使过多的葡萄糖进入体循环，又因末梢组织利用葡萄糖的能力减弱，引起餐后高血糖。所以，若胰岛素不足或完全缺乏，就会部分或完全失去对肝糖原生成、糖异生及肝糖原分解的控制，致使血液中的葡萄糖增高到空腹时的 3 倍或更多，并且全身组织器官对葡萄糖的利用率减弱；在临床上可出现严重高血糖、酮症酸中毒或非酮症高渗性糖尿病昏迷。依据《中国 II 型糖尿病防治指南（2020 年版）》，糖尿病的诊断标准见表 2-8。

低血糖是指一种由多种病因引起的静脉血浆葡萄糖（简称血糖）浓度过低，血浆血糖浓度＜2.8 mmol/L，或全血葡萄糖＜2.5 mmol/L。由于中枢神经系统功能的维持主要依赖糖代谢提供能量，因此低血糖常以神经精神症状为主，症状常与血糖降低速度及程度有关，主要表现为两个方面：一是代偿性儿茶酚胺大量释放导致交感神经兴奋症状，表现为心悸、冒冷汗、面色苍白、四肢发凉、手足震颤、饥饿、无力等；二是神经精神方面的症状，表现为头疼、头晕、视力模糊、焦虑不安、易激动、精神恍惚或反应迟钝、举止失常、性格改变、意识不清、昏迷、惊厥等。

表 2-8　II 型糖尿病诊断标准

糖尿病的诊断标准 （典型糖尿病症状：烦渴多饮、多尿、多食、 不明原因体重下降）	静脉血浆葡萄糖或 HbA₁c 水平
加上随机血糖	≥11.1 mmol/L
或加上空腹血糖	≥7.0 mmol/L

续表

糖尿病的诊断标准	
（典型糖尿病症状：烦渴多饮、多尿、多食、不明原因体重下降）	静脉血浆葡萄糖或HbA₁c水平
或加上OGTT 2 h血糖	≥11.1 mmol/L
或加上HbA₁c	≥6.5%
无糖尿病典型症状者，需改日复查确认	

注：OGTT 为口服葡萄糖耐量试验；HbA₁c 为糖化血红蛋白。随机血糖指不考虑上次用餐时间，一天中任意时间的血糖，不能用来诊断空腹血糖受损或糖耐量异常；空腹状态指至少8 h 没有进食（无能量补充）

资料来源：中华医学会糖尿病学分会，2021

（二）血糖生成指数与血糖负荷

微课
根据 GI
选择碳水
化合物

1. 血糖生成指数　　人体进食一定量受试食物后会引起餐后血糖浓度的变化，这种现象称为血糖应答（glucose response，GR）。以时间为横坐标、餐后血糖浓度为纵坐标绘制的曲线，称为血糖应答曲线。能在小肠消化吸收的碳水化合物，主要包括糖、淀粉（抗性淀粉除外）和部分具有生血糖作用的糖醇等，这类可利用碳水化合物被称为生血糖碳水化合物。血糖生成指数（glycemic index，GI）是衡量食物中的碳水化合物对血糖反应的有效指标，是指进食含目标量（通常为50 g）可利用碳水化合物（available carbohydrate，AC）的食物后，一段时间内（≥2 h）血糖应答曲线下面积相比空腹时的增幅除以进食含等量可利用碳水化合物的参考食物（葡萄糖）后相应的增幅，以百分数表示。2019 年，中国国家卫生健康委员会发布了《食物血糖生成指数测定方法》（WS/T 652—2019）的行业标准，详细阐述了 GI 值测定的人体试验的基本要求、受试者选择、受试食物准备，以及测定程序、结果计算等内容。在此简要介绍 GI 值测定部分。

（1）基本原则。①测定宜采用随机设计。②测定周期至少包括 3 次独立试食测定，其中参考食物≥2 次，待测食物≥1 次。③每次独立试食测定间隔≥72 h，待测食物应安排在 2 次参考食物试食测定之间进行。

（2）试食测定操作程序。①测定前三日受试者规律作息，正常饮食；测定前一日晚餐避免高膳食纤维及高糖食物，22：00 前开始禁食；测定当日清晨避免剧烈运动，受试者静坐 10 min 后开始试食测定。②间隔 5 min 采集 2 次空腹血样。③开始进食，严格控制进食时间，在 5～10 min 内进食完全部受试物及水，从第一口进食时间开始计时。④分别于餐后 15 min、30 min、45 min、60 min、90 min 和 120 min 采集血样；如必要，可延长采血时间（如 180 min）。保证采血时间点的一致性和准确性。按照临床检验操作规程，采用己糖激酶法或葡萄糖氧化酶法测定各时间点血样血糖浓度（c_t），每个血样采用重复性条件下获得的两次独立测定结果的算术平均值表示，单位为毫摩尔每升（mmol/L）。

（3）绘制血糖应答曲线。以时间（t）为横坐标，以血糖浓度（c_t）为纵坐标绘制折线图。

（4）GI 值计算。

待测食物 GI 值计算如下。

$$GI_n = \frac{A_t}{\bar{A}_{ref}} \times 100 \tag{2-11}$$

$$GI = \frac{\sum GI_n}{n} \tag{2-12}$$

式（2-11）和式（2-12）中，GI_n 为受试者个体得出的 GI 值；A_t 为待测食物 IAUC 值；$\bar{A}_{ref}$ 为同

一个体测得的至少 2 次参考食物 IAUC 平均值；GI 为待测食物 GI 值；ΣGI_n 为由每个受试者个体得出的 GI 值之和；n 为最终纳入待测食物 GI 值计算的受试者个体数。

食物的 GI 值受到很多因素的影响，包括成熟度（如香蕉越成熟，其 GI 值越高）、烹调时间（如熬得烂的粥 GI 比等量米饭高）、加工方式等。

根据 GI 值，将食物分为高 GI 食物（GI＞70）、中 GI 食物（55＜GI≤70）和低 GI 食物（GI≤55）。高 GI 食物进入胃肠后消化快、吸收率高，葡萄糖释放快，葡萄糖进入血液后峰值高。低 GI 食物在胃肠中停留时间长、吸收率低，葡萄糖释放缓慢，葡萄糖进入血液后的峰值低、下降速度也慢。流行病学研究显示，以低 GI 食物为主要膳食，可改善糖尿病患者血糖，降低血浆总胆固醇、甘油三酯、低密度脂蛋白，增高高密度脂蛋白，可降低心血管疾病的危险性，不但具有短期效应而且还有长期的健康意义。部分食物的血糖生成指数见表 2-9。

表 2-9　部分食物的血糖生成指数

食物名称	血糖生成指数	食物名称	血糖生成指数	食物名称	血糖生成指数
馒头	88.1	玉米粉	68.0	葡萄	43.0
熟甘薯	76.7	玉米片	78.5	柚子	25.0
熟土豆	66.4	大麦粉	66.0	梨	36.0
面条	81.6	菠萝	66.0	苹果	36.0
大米	83.2	闲趣饼干	47.1	藕粉	32.6
烙饼	79.6	荞麦	54.0	鲜桃	28.0
苕粉	34.5	甘薯（生）	54.0	扁豆	38.0
南瓜	75.0	香蕉	52.0	绿豆	27.2
油条	74.9	猕猴桃	52.0	四季豆	27.0
荞麦面条	59.3	山药	51.0	面包	87.9
西瓜	72.0	酸奶	48.0	可乐	40.3
小米	71.0	牛乳	27.6	大豆	18.0
胡萝卜	71.0	柑	43.0	花生	14.0

资料来源：杨月欣，2019

2. 血糖负荷　餐后血糖水平除了受食物的 GI 值影响外，还与其所含的碳水化合物总量有着密切关系。血糖负荷（glycemic load，GL）就是用来反映食物碳水化合物的量对血糖的影响，指 100 g 或 1 份食物中可利用碳水化合物质量（g）与 GI 值的乘积/100。GL 值的计算公式为：

$$GL = \frac{单位质量食物中可利用碳水化合物含量（g）\times 待测食物GI值}{100} \tag{2-13}$$

例如，一份包含 26 g 碳水化合物的玉米片血糖指数是 81，那么它的血糖负荷就是 26×81/100≈21。

一般认为，GL＜10 为低 GL 食物；10≤GL≤20 为中 GL 食物；GL＞20 为高 GL 食物，提示食用相应重量的食物对血糖的影响明显。

3. 血糖生成指数与血糖负荷的应用　食物的 GI 值与 GL 值不仅可以用于糖尿病患者的膳食管理，还被广泛应用于高血压患者和肥胖者的膳食管理、居民的营养教育等。GI 值反映了膳食中糖的"质"，GL 值则反映出实际摄入糖类的"量"，故 GI 值与 GL 值结合使用，可反映特定食品的一般食用量中所含可利用碳水化合物的数量，因此更接近实际饮食情况。对于糖尿病患者来说，合理地选择食物品种和食物数量，是至关重要的。

第四节 脂 类

一、概述

脂类（lipids）是脂肪（fat）和类脂（lipoid）的统称，不溶于水但可以被乙醚、氯仿、苯等非极性有机溶剂提取，大多数脂类的化学本质是脂肪酸与醇形成的酯类及其衍生物。脂肪又称甘油酯，是由 1 分子甘油及 1～3 分子的脂肪酸缩合而成的酯，包括甘油单酯、甘油二酯、甘油三酯。脂肪约占食物中脂类的 95%。健康饮食中不能缺少脂肪，但若摄入过多，可能会诱发肥胖、高血脂、糖尿病等一系列代谢紊乱性疾病。

类脂，即类似脂肪或油的有机化合物的总称，包括磷脂、固醇及其酯。磷脂含有磷酸基团，包括甘油磷脂和鞘磷脂，由于含有亲水基团，在非极性溶剂及水中均有很大的溶解度。固醇类（steroids）又称甾醇类，是含羟基的环戊烷多氢菲衍生物，包括动物体内的胆固醇（cholesterol）和植物体内的植物固醇（phytosterol）。类脂在维持生物膜结构及功能、参与脑和神经组织构成、运输脂肪，以及合成维生素、激素前体等方面发挥重要作用。合理摄入脂类物质，对于疾病的预防和维持健康都具有重要意义。

微课
脂类的消化吸收及转运

二、脂类的消化吸收与代谢

（一）脂类的消化

与碳水化合物类似，脂肪的消化是从口腔开始的。唾液腺分泌的脂肪酶可水解部分食物脂肪，这种作用主要发生在婴儿口腔中，乳中的短链和中链脂肪酸可被脂肪酶有效分解。成年人脂类的主要消化场所在小肠上段。在小肠蠕动及胆汁的作用下，脂类分散成细小的乳胶体，胰腺分泌的各种脂肪酶在乳化颗粒的水油界面上，催化各种脂质水解。甘油三酯中的α-酯键可被胰脂肪酶特异性水解，产生两分子游离脂肪酸和β-甘油单酯，β-甘油单酯在异构酶的作用下，形成 α-甘油单酯，进一步在胰脂肪酶的作用下水解成甘油和游离氨基酸。胆固醇酯酶作用于胆固醇，使其水解成脂肪酸和游离胆固醇。

（二）脂类的吸收

脂类的吸收部位主要在十二指肠的下部和空肠上部，且与消化过程同时进行。小肠内脂类的分解产物如脂肪酸、甘油单酯及胆固醇等很快与胆汁中的胆盐形成混合微胶粒。胆盐有亲水性，能携带脂肪消化产物通过覆盖在小肠绒毛表面的非流动水层到达微绒毛上。在这里，脂肪酸、甘油单酯和胆固醇等又逐渐地从混合微胶粒中释放出来，它们透过微绒毛的脂蛋白膜而进入黏膜细胞（胆盐被遗留于肠腔内）。

长链脂肪酸及甘油单酯被吸收后，在肠上皮细胞的内质网中大部分重新合成为甘油三酯，并与细胞中的载脂蛋白合成乳糜微粒。乳糜微粒一旦形成即进入高尔基复合体并被包裹在一个囊泡内。囊泡移行到细胞底–侧膜时，便与细胞膜融合，释出乳糜微粒进入细胞间隙，再扩散入淋巴。中、短链甘油三酯水解产生的脂肪酸和甘油单酯，在小肠上皮细胞中不再变化，它们是水溶性的，直接进入门静脉而不进入淋巴。由于动、植物油中含有 15 个以上碳原子的长链脂肪酸很多，所以脂肪的吸收途径仍以淋巴为主。脂肪的消化、吸收和转运如图 2-7 所示。

大部分食用脂肪均可被完全消化吸收、利用；如果大量摄入消化吸收慢的脂肪，很容易产生饱腹感；那些易被消化吸收的脂肪，则不易产生饱腹感并很快就会被机体吸收利用。

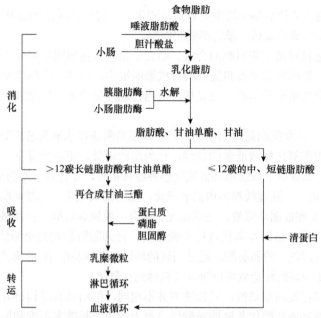

图 2-7　脂肪的消化、吸收、转运示意图（引自孙远明，2010）

脂肪的消化率约为 95%，奶油、椰子油、豆油、玉米油与猪油等都能全部被人体在 6～8 h 内消化，摄入 2 h 后可吸收 24%～41%，4 h 可吸收 53%～71%，6 h 可吸收 68%～86%。婴儿与老年人对脂肪的吸收速度较慢。若摄入过量的钙，会影响高熔点脂肪的吸收，但不影响多不饱和脂肪酸的吸收，这可能是钙离子与饱和脂肪酸形成难溶的钙盐所致。

胆固醇的吸收受很多因素的影响。食物中胆固醇含量越高，其吸收也越多，但两者不呈完全线性关系。食物中的脂肪和脂肪酸有提高胆固醇吸收的作用，而各种植物固醇（如豆固醇、β-谷固醇）则抑制其吸收。胆盐可与胆固醇形成混合微胶粒而有助于胆固醇的吸收；食物中不能被利用的纤维素、果胶、琼脂等也易与胆盐结合形成复合物，阻碍微胶粒的形成，从而能降低胆固醇的吸收；抑制肠黏膜由细胞载脂蛋白合成的物质，可因阻碍乳糜微粒的形成，减少胆固醇的吸收。

（三）脂类的代谢

1. 脂肪酸合成　脂肪酸的重新合成是由乙酰辅酶 A 在线粒体外空间通过一组脂肪酸合成酶完成的。脂肪酸的合成受乙酰辅酶 A 羧化酶的控制。乙酰辅酶 A 羧化酶可将乙酰辅酶 A 转换为丙二酸单酰辅酶 A。一系列的丙二酸单酰辅酶 A 单位结合起来，使得脂肪酸链不断延长，最长可形成棕榈酸。一些更为复杂的脂肪酸是通过延长和去饱和作用形成的。由于人类不具有在 n-7 碳以下位点插入不饱和键的酶类，从而使得六碳和三碳脂肪酸对人体是必需的。细胞内也存在延长和去饱和的逆过程。例如，极长链和长链的 n-3 和 n-6 脂肪酸可以通过逆转化过程，形成其他较短链的脂肪酸。

2. 胆固醇合成　胆固醇几乎在人体内所有组织内都能合成，其合成涉及 20 多个反应。当通过膳食摄入的胆固醇和脂肪量增加时，机体对内源性胆固醇的依赖将减少。人体内大部分胆固醇是在肝外组织合成的。脂肪酸合成胆固醇的途径始于乙酰辅酶 A 的生成，这一步是通过丙酮酸的氧化脱羧或脂肪酸的氧化完成的。在合成途径的起始阶段，乙酰辅酶 A 分子结合形成甲羟戊酸。起始阶段的最后一个酶是羟甲二戊酰 CoA 还原酶，其被认为是胆固醇合成总级联的限速酶。胆固醇生物合成的后期阶段主要包括磷酸化、异构化及向香叶酯-B 和焦磷酸法尼酯的转化，后者可进一步形成角鲨烯，最终形成胆固醇。

膳食通过多个途径可调节胆固醇的合成。膳食中摄入大量胆固醇对体内总胆固醇水平、低密度脂蛋白（LDL）胆固醇水平及胆固醇的合成影响很小，而膳食脂肪性质对胆固醇合成速率和血中脂质水平有更为明显的影响。已发现，适当控制能量摄入和适度减肥可以明显抑制胆固醇的合成。

3. 脂肪动员　　储存在脂肪组织中的脂肪，被脂肪酶逐步水解为游离脂肪酸和甘油并释放到血液中以供其他组织氧化释放能量的过程，称为脂肪动员。正常情况下，机体并不发生脂肪动员，只有在饥饿、禁食等造成血糖降低或交感神经兴奋时，才会发生脂肪动员。

4. 脂肪酸的氧化　　通过线粒体内的 β 氧化，脂肪酸氧化生成乙酰辅酶 A。在此过程中，脂肪酰基通过 4 个步骤被循环降解，包括脱氢、水合、脱氢和裂解。在酰基链的不饱和位点，不发生最初的脱氢步骤，这四步氧化过程不断重复，直到脂肪酸被完全降解为乙酰辅酶 A 为止。含十八碳及十八碳以上的脂肪酸，通过肉碱的转运以脂酰辅酶 A 的形式进入线粒体。短链和中链脂肪酸不需要肉碱的转运就可以进入线粒体进行氧化。

所有链长和饱和程度的脂肪酸，氧化速率并不相同，但均具有结构特异性。一直以来人们认为，短链和中链饱和脂肪酸比长链脂肪酸燃烧更为快速。长链多不饱和脂肪酸可被优先氧化也已被证实。除了受所食用脂肪酸的类型影响外，代谢状态也会影响脂肪的氧化速率。饥饿和长期运动也可导致脂肪的分解和氧化速率增加。然而，底物和激素，葡萄糖和胰岛素水平升高则可抑制脂肪酸的氧化。脂肪分解为脂肪酸和甘油后，会释放到血液中。血浆白蛋白可结合游离脂肪酸，结合后由血液输送到全身各组织，主要是心、肝、骨骼肌等组织器官。甘油溶于水后，可直接由血液输送到肝、肾、肠等组织，通过肝甘油激酶作用转变为 3-磷酸甘油，脱氢生成磷酸二羟丙酮，在糖代谢途径进行代谢或转变为糖。

5. 酮体的生成　　酮体主要包括乙酸乙酯、β-羟丁酸及丙酮等物质，是脂肪酸在肝氧化分解时，由乙酰辅酶 A 在肝线粒体中产生的中间代谢产物，其中以 β-羟丁酸较多，丙酮含量较少。肝缺乏氧化酮体的酶，故而肝产生的酮体需经血液输送到肝外组织进行氧化利用。酮体分子能直接通过脑血屏障和肌肉毛细管壁，可作为脑和肌肉的重要能源。

正常情况下，肝产生的酮体用于肝外组织的功能需要，血中的酮体含量很低。但在饥饿、高脂低糖膳食及糖代谢异常时，脂肪动员增强，酮体积累过多，会引起血中酮体升高，当血中酮体水平超过肾小管重吸收能力时，尿中也会出现酮体，造成酮症。由于酮体（如乙酰乙酸、β-羟丁酸）为较强的有机酸，可造成代谢性酸中毒，出现代谢紊乱。

三、脂类的生理功能

（一）体内脂肪的功能

1. 供给和储存能量　　脂肪所释放出的热量高于蛋白质和碳水化合物，脂肪提供了身体肌肉运动所需的绝大部分能量，其他摄入过量的营养素最终都转化为脂肪储存在体内。大多数身体细胞只能储存有限的脂肪，但某些细胞却是专门用来储存脂肪的。这些脂肪细胞似乎能无限扩大，储存的脂肪越多，这些细胞体积越大。但脂肪组织不仅能储存脂肪，还能分泌激素。脂肪紧密压缩在一起且不含水，只需要很小的空间就能提供很多能量。同等重量下，脂肪提供的能量是碳水化合物或蛋白质的两倍以上，使得脂肪成为最有效的能量储存形式。

2. 机体的重要组成部分　　在正常人体内，脂类占 14%～19%，肥胖者约含 32%。绝大多数脂类以脂肪的形式贮存在脂肪组织中，称为蓄积脂肪。此外，细胞膜中含有大量磷脂，是维持细胞结构和功能必不可少的重要成分。

3. 保护机体　　重要器官周围的脂肪层具有减震器、缓冲机械冲击的作用，对各种脏器、组织及关节起到保护作用。人体皮下的脂肪层能起到隔热的作用，对维持机体的正常体温有重要作用。

4. 转运和原材料　　脂类会与其他物质一起在体内循环，一旦脂类到达终点，就会被作为原材料用来产生机体需要的任何物质。

（二）食物中脂类的功能

1. 增加饱腹感　　吞下的食物脂肪，由于刺激十二指肠产生肠抑胃素，抑制胃的蠕动，使食物通过消化道的速度减慢，给人以饱腹感。食物中的脂肪含量越高，胃排空的速度越慢。

2. 促进脂溶性营养素消化吸收　　很多营养素是天然的脂类物质，根据相似相溶的原理，它们能够溶于脂肪中。这些脂溶性营养素往往溶于脂肪中，机体对脂溶性维生素的吸收过程需要食物中的脂肪参与；脂肪酸本身，尤其是必需脂肪酸的吸收也需要脂肪参与；此外还有一些对健康有益的植物化学物，脂肪是它们良好的载体。

3. 赋予食物特殊的感官品质　　脂肪携带许多溶解其中的风味化合物，给食物带来诱人的香味和滋味。脂肪既可使食物变得松软，也可使油炸食品变脆，改善食物的色、香、味型，起到促进食欲的作用。

四、脂类的类型

（一）脂肪酸

1. 脂肪酸的分类　　脂肪酸一般为直链的，具有偶数碳原子的饱和或不饱和脂族羧酸。脂肪酸的分类方法很多，根据脂肪酸碳链的数目分为短链（4~6C）、中链（8~12C）及长链（14~26C）脂肪酸；根据脂肪酸碳链之间是否有双键分为饱和脂肪酸和不饱和脂肪酸，其中不饱和脂肪酸又按其所含双键数目不同分为单不饱和脂肪酸及多不饱和脂肪酸；根据脂肪酸的空间构型分为顺式脂肪酸和反式脂肪酸。

（1）饱和脂肪酸。膳食中常见的饱和脂肪酸有丁酸、己酸、辛酸、癸酸和月桂酸，这些饱和脂肪酸主要存在于动物性食物中。植物油中的椰子油和棕榈油也含有较多饱和脂肪酸。碳原子数高于 10 个的饱和脂肪酸除硬脂酸外，被认为能增加血液中胆固醇的含量。

（2）单不饱和脂肪酸。碳链中含有 1 个双键的脂肪酸，为单不饱和脂肪酸。油酸是膳食中主要的单不饱和脂肪酸。人体摄入单不饱和脂肪酸只会降低低密度脂蛋白胆固醇，而不影响高密度脂蛋白胆固醇的水平。

（3）多不饱和脂肪酸。碳链结构上含有 2 个或 2 个以上双键的脂肪酸为多不饱和脂肪酸。按从脂肪酸的疏水端（CH_3）数起，第一个双键的位置即可将多不饱和脂肪酸分为 n-3（ω-3）、n-6（ω-6）和 n-9（ω-9）等系列。n-6 多不饱和脂肪酸如亚油酸、γ-亚麻酸、花生四烯酸，具有降低血清中胆固醇的作用；n-3 多不饱和脂肪酸如 α-亚麻酸、二十碳五烯酸（EPA）和二十二碳六烯酸（DHA），能显著降低甘油三酯和极低密度脂蛋白–胆固醇的水平。

2. 脂肪酸的生理功能　　在人体中，脂肪酸的生理功能主要是通过必需脂肪酸来体现的。必需脂肪酸（essential fatty acid，EFA）是指人体不可缺少而自身又不能合成的脂肪酸，必须由食物提供。必需脂肪酸的主要生理功能主要有以下几点：

（1）组成磷脂的重要成分。磷脂是细胞膜和线粒体的重要组成部分，所以 EFA 与细胞膜的结构和功能直接相关。缺乏 EFA，磷脂合成受阻，导致线粒体肿胀，细胞膜结构、功能改变，膜通透性、脆性增加。如 EFA 缺乏而出现的鳞屑样皮炎、湿疹均与皮肤细胞膜对水通透性增加有关。

（2）参与胆固醇代谢。脂肪酸与胆固醇结合才能在体内转运，进行正常的代谢。当缺乏必需脂肪酸，胆固醇将与一些饱和脂肪酸结合，使其在体内发生代谢障碍，在体内沉积，引发心血管疾病。

（3）合成前列腺素的必需前体。前列腺素是与必需脂肪酸密切相关的生理活性物质。机体各个组织几乎都能合成和释放前列腺素，它不通过血液传递，而是就地局部发挥作用。前列腺素的生理功能包括：对血液凝固的调节、血管的扩张与收缩、神经刺激的传导、生殖和分娩的正常进行及水代谢平衡等。当膳食中缺乏 EFA 时，机体合成前列腺素受阻。

（4）维持正常视觉功能。二十二碳六烯酸是 α-亚麻酸的衍生物，在视网膜光受体中含量丰富，它是维持视紫红质正常功能的必需物质。因此，必需脂肪酸对增强视力和维护视力正常有良好作用。此外，必需脂肪酸可以帮助因 X 射线、烧伤、烫伤等造成的皮肤损伤快速修复。

（二）磷脂

磷脂与三酰甘油结构相似，1 分子磷脂含有 2 个脂肪酸，第 3 个位置上是一个磷酸分子。磷酸极性较强，而脂肪酸非极性较强，这使得磷脂能够使脂肪分散于水中，可以充当乳化剂。磷脂结合在一起形成稳定的磷脂双分子层，这是细胞膜的重要结构。另外，一些磷脂能响应激素（如胰岛素）的反应，在细胞内产生信号，帮助调节身体状况。

（三）固醇

固醇是一类含有多个环状结构的脂类化合物，因其环外基团不同而不同。固醇类多作为类固醇激素的前体，如 7-脱氢胆固醇是维生素 D_3 的前体。固醇类广泛存在于动植物食品中，主要包括胆固醇和植物固醇。

1. 胆固醇　　胆固醇是人体许多重要的活性物质的合成材料，如性激素、肾上腺素等。动物性食品中富含胆固醇，且有一部分发生了酯化形成胆固醇酯。膳食中的总胆固醇是胆固醇和胆固醇酯的混合物。肝和肠壁细胞是体内合成胆固醇的主要组织。糖和脂肪等分解产生的乙酰辅酶是各组织合成胆固醇的主要原料。动物性食品一般富含胆固醇，机体既可从食物中获得也可利用内源性胆固醇。长期过多摄入动物性食品有可能导致血液中的胆固醇水平升高。试验证明，饱和脂肪酸可使中低密度脂蛋白胆固醇水平升高，所以，为了降低血液胆固醇，限制饱和脂肪酸的摄入量要比仅限制胆固醇的摄入更为有效。

2. 植物固醇　　植物固醇又称为植物甾醇，是存在于植物性食品中、分子结构与胆固醇相似的含有 28～29 个碳的化合物。常见的植物固醇有 β-谷固醇、豆固醇、菜固醇和菜籽固醇。机体对植物固醇的吸收能力较低，主要是与其侧链上的基团有关，侧链越长吸收越差。植物固醇具有降低人体血清胆固醇的作用。植物胆固醇可干扰肠道对膳食中胆固醇和胆汁中胆固醇的吸收。主要植物固醇的来源包括植物油、种子和坚果等。

（四）反式脂肪酸

反式脂肪酸（trans fatty acid，TFA）是一类不饱和脂肪酸，其分子结构的特点是双键上相连的两个氢原子分别在碳链的两侧。若双键上两个碳原子相连的两个氢原子分别在碳链的同侧，则为顺式脂肪酸。反式脂肪酸与顺式脂肪酸的生物学作用相差很大。

1. 反式脂肪酸对健康的影响

（1）反式脂肪酸对生长发育的影响。反式脂肪酸会干扰必需脂肪酸的代谢，抑制必需脂肪酸的功能。新生儿生长发育迅速，而体内不饱和脂肪酸的储备数量有限，易受干扰脂肪酸代谢因素的影响，从而影响生长发育。另外，脑发育期的髓鞘形成阶段需要有充足的长链多不饱和脂肪酸，反式脂肪酸会抑制体内长链多不饱和脂肪酸的合成，从而对中枢神经系统发育产生不利影响。前列腺素对婴儿消化及血液循环等功能发挥重要作用。反式脂肪酸会抑制前列腺素的合成，故而反式脂肪酸可通过对母乳中前列腺素含量的影响而干扰婴儿的生长发育。

（2）反式脂肪酸对心血管疾病的影响。

1）对血小板功能的影响。由于反式脂肪酸对血小板聚集的抑制程度比顺式脂肪酸小得多，故而提示反式脂肪酸可能为机体提供一个更利于血栓形成的环境。离体全血凝集试验表明，摄食含能量 6% 的反式脂肪酸膳食人群的全血凝集程度相比摄食含能量 2% 的反式脂肪酸膳食人群有所提高，膳食脂肪酸可能与机体血栓形成增加及相应的栓塞性心脑血管疾病有关。

2）对血脂和脂蛋白的影响。以反油酸为主的膳食反式脂肪酸能升高血清总胆固醇和低密度脂蛋白胆固醇水平，降低高密度脂蛋白胆固醇的水平，且甘油三酯水平也有所升高。血浆总胆固醇和甘油三酯水平升高是动脉硬化、冠心病和血栓形成的重要因素。膳食脂肪酸对血脂和脂蛋白的不良影响将导致心血管疾病的发生与发展。

（3）致癌作用。在 20 世纪 80 年代初期，反式脂肪酸可能具有致癌作用的观点首先由 Mary Enig 提出。为了探讨反式脂肪酸是否具有促癌作用，后来开展了许多动物试验研究，但研究结果并不一致。目前关于反式脂肪酸的致癌作用机制主要包括：脂肪酸能改变肠道菌群和胆汁酸的代谢，从而影响消化道肿瘤的形成；反式脂肪酸结合于细胞膜磷脂中，致使细胞的异常增生；反式脂肪酸对机体功能的干扰；反式脂肪酸的致突变作用。然而，关于反式脂肪酸的致癌作用仍是一个有争议的问题，有待于进一步深入研究。

2. 反式脂肪酸的食物来源　膳食中反式脂肪酸的来源主要包括反刍动物（如牛、羊）脂肪组织及乳中，以及食用油脂的氢化产品，如人造黄油、豆油和色拉油等。反刍动物体脂中，反式脂肪酸的含量占总脂肪酸的 4%～11%，牛乳、羊乳中的含量占总脂肪的 3%～5%。不同油脂中反式脂肪酸的种类和含量差异很大，一般来说液体植物性油脂含反式脂肪酸较少，固化油脂含反式脂肪酸较多。

3. 反式脂肪酸的摄入量及控制措施　由于饮食习惯和食物结构差异，反式脂肪酸的摄入量变化较大。欧美地区反式脂肪酸人均摄入量一般为 2～13 g/d。美国居民的膳食反式脂肪酸主要来自氢化植物油。近年来，随着快餐行业的发展，快餐食品中的反式脂肪酸引起了人们的注意。如炸鸡和法式油炸土豆的反式脂肪酸占总脂肪酸的 36%，薯条反式脂肪酸为总脂肪酸的 35%。鉴于反式脂肪酸对人体的不利影响，专家建议其摄入量不应超过 2 g/d。控制反式脂肪酸在低水平，可通过以下途径实现：减少富含人造黄油等食品的摄入；改进食用油脂的氢化工艺，减少油脂食品中的反式脂肪酸含量；使用不饱和度低的植物油为原料油，减少其中反式脂肪酸的形成。

五、脂质的膳食参考摄入量与食物来源

根据国家卫生和计划生育委员会在 2017～2018 年发布的一系列标准《中国居民膳食营养素参考摄入量》（WS/T 578.1～WS/T 578.5），结合我国膳食结构的实际情况，提出中国成人膳食脂肪可接受摄入量，详见表 2-10。在合理膳食中，人体所需要热量的 20%～30% 由脂肪供给，

其中成人为 20%~25%，儿童青少年为 25%~30%。必需脂肪酸的摄入量，一般应不少于总能量的 3%。饱和脂肪酸、单不饱和脂肪酸和多不饱和脂肪酸之间的比例为 1∶1∶1 为宜。大多数学者建议 n-3 系列脂肪酸与 n-6 系列脂肪酸的摄入比例为 1∶（4~6）较宜。

在各类食物中，虽然都含有一定量的油脂和类脂，但人体需要的脂类主要还是来源于各种动物脂肪和植物油。植物油以大豆、花生和菜籽等作物的种子含油较高，且含有大量必需脂肪酸。大豆、麦胚和花生等是磷脂的良好来源。相对而言，动物脂肪含饱和脂肪酸和单不饱和脂肪酸多，而多不饱和脂肪酸水平较低。畜肉类的部位不同，脂肪含量差异较大。脑、心、肝、乳和蛋黄中磷脂和胆固醇含量较高，且易于吸收，是婴幼儿脂类的良好膳食来源。干果中油脂含量很丰富，所含的脂肪酸以亚油酸和油酸等不饱和脂肪酸为主。在食品的加工生产中，脂肪可赋予产品很好的口感，因此会使人们产生对脂肪类食品的嗜好和依赖。然而，过多摄入脂肪又会产生多种危害，为此，人们积极开发具有脂肪性状而又不能被人体吸收的脂肪替代品，如蔗糖聚酯和燕麦素等。

表 2-10 中国居民膳食脂肪的可接受范围（U-AMDR）

年龄（岁）	总脂肪（%E）	饱和脂肪酸（%E）	n-6 多不饱和脂肪酸（%E）	n-3 多不饱和脂肪酸（%E）
0~0.5	48（AI）	–	–	–
0.5~1	40（AI）	–	–	–
1~3	35（AI）	–	–	–
4~6	20~30	<8	–	–
7~17	20~30	<8	–	–
18~59	20~30	<10	2.5~9	0.5~2.0
≥60	20~30	<10	2.5~9	0.5~2.0
孕妇和乳母	20~30	<10	2.5~9	0.5~2.0

资料来源：《中国居民膳食营养素参考摄入量》（WS/T 578.1~WS/T 578.5）

注：未制定参考值用 "–" 表示；%E 为占能量的百分比；AI 为适宜摄入量（adequate intake，AI）

第五节 能 量

一、概述

人体内的物质代谢都需要消耗能量。以物质代谢为基础，与此同时发生的蕴藏在化学物质中能量的释放、转移和利用，统称为能量代谢。

人体通过摄取食物而从外界中获取能量，以满足一切生命活动和各种体力劳动所需要的能量。即使处于安静状态，机体也需要消耗一定的能量维持正常的生命活动，如心脏跳动、血液循环、肺的呼吸、腺体分泌及肌肉收缩等过程。人体所需要的这些能量主要来源于食物中的产能营养素，包括碳水化合物、脂质和蛋白质。当人体摄入的能量不足时，机体会动用自身的能量储备甚至消耗组织以满足自身生命活动的需要。人若长期处于饥饿状态会导致生长发育迟缓、消瘦、甚至危及生命。若能量摄入过剩，能量就会以脂肪的形式储存，甚至导致肥胖。

人体所需的能量主要来源于三大产能营养素，即碳水化合物、脂肪和蛋白质。食物中这些营养素转变成可利用的形式需要氧的参与。每消耗 1 L 氧气大约可产生 20.9 kJ 的能量，因此可通过测量耗氧量计算产热量。每氧化 1 g 碳水化合物，释放 17.5 kJ 能量；每氧化 1 g 蛋白质，释放

19.7 kJ 能量；每氧化 1 g 脂肪，释放 39.5 kJ 能量。除此以外，乙醇也能提供较高的热能，每克乙醇在体内可产生 29.3 kJ 能量。

二、能量需要

世界卫生组织（WHO）将能量需要定义为："个体在拥有维持长期良好健康状况相适应的体重、体成分和体力活动强度时，达到与能量消耗相平衡的能量摄入水平；该量应能够维持经济和社会生活所必需和合理的体力活动。"在儿童、孕妇和乳母中，能量需要还包括与良好健康相适应的组织储备和分泌乳汁等有关生理活动的能量需要。

大多数人（尤其是成年人）不一定每天都能维持能量的平衡，而是在一段时间内能量的摄入与消耗是平衡的。故而，能量需要是指一段时间内的正常摄入量。根据 WHO 关于能量需要的定义，能量摄入量是指在除去尿和粪便中能量的必要损失，机体可获得的代谢性能量。目前，对能量需要量的估计，绝大多数是以 24 h 为单位合并能量消耗各个方面的估计值得出的。通常使用要因加算法评价能量总消耗，需要考虑以下四个方面的能量消耗。

（一）基础代谢

基础代谢占总能耗的 60%～70%，用基础代谢率（basal metabolic rate，BMR）来衡量。基础代谢率指进餐后 12～14 h 身体平躺在床上，保持机体放松、精神松弛（空腹状态），而且环境温度适宜时的能量消耗。

目前已建立了多个公式用体重、身高和其他简易测量指标推测 BMR。Schofield 公式是根据世界范围的 BMR 文献分析得出的，可以单以体重或者以体重和身高推算不同性别和不同年龄的 BMR。这些公式对个体 BMR 的估计值仅有±（7～10）%的误差，尽管这些公式可能并不适用于所有人群，如极度肥胖和年龄很大的人，但它们确实为评估大规模人群的能量需要奠定了基础（表 2-11）。

表 2-11 利用体重推算基础代谢率的公式

性别	年龄范围（岁）	基础代谢率（MJ/d）
男性	0～3	$0.255W-0.266$
	3～10	$0.0949W+2.07$
	10～18	$0.0732W+2.72$
	18～30	$0.0640W+2.84$
	30～60	$0.0485W+3.67$
	>60	$0.0565W+2.04$
女性	0～3	$0.255W-0.214$
	3～10	$0.0941W+2.09$
	10～18	$0.0510W+3.12$
	18～30	$0.0615W+2.08$
	30～60	$0.0364W+3.47$
	>60	$0.0439W+2.49$

资料来源：美国国家研究院生命科学委员会，2000

注：W 为体重（kg）

另外，基础代谢率的大小与体表面积基成正比。由体表面积乘以相关年龄的基础代谢率可计算出一天的基础代谢的能量（表 2-12）。根据 20 世纪 80 年代中国科学家对中国成年人体表面积进行测定，得出 18～45 岁成年人体表面积计算公式：

$$S（m^2）=0.006\,59×身高（cm）+0.0126×体重（kg）-0.1603$$

$$基础代谢=体表面积（m^2）×基础代谢率$$

影响基础代谢率的因素主要包括以下几方面：

1. 环境温度   在一定的体温基础上，人体散发出的热量与体内产生的能量相等。当环境温度超过 20℃，在安静的状态下，人体的能量产生是基本恒定的。然而，当环境温度下降，为了维持体温的稳定，机体会增加营养素的生物氧化产生能量，从而使得基础代谢水平提高。

2. 体型与机体构成   体型影响表面积，体面积越大，机体散发的热量越多，基础代谢水平也越高。体内的瘦体组织是代谢的活性组织，包括肌肉、心脏、脑、肝和肾等，消耗的能量占基础代谢水平的 70%～80%，而脂肪组织是相对惰性的组织，能量消耗明显小于瘦体组织。所以，体型瘦高的人基础代谢水平高于矮胖的人，主要由于前者体表面积大且瘦体重大和肌肉发达。

3. 年龄和生理状态   婴幼儿处于生长发育旺盛期，基础代谢水平高，随着年龄的增长，基础代谢水平逐渐降低。处于特殊生理状态的孕妇，因合成新组织，基础代谢率会增高。

4. 性别   女性瘦体组织含量少于男性，脂肪含量高于男性，故而同龄女性基础代谢率低于男性，一般低 5%～10%。

5. 激素和应激状态   许多激素对细胞代谢起调节作用，当甲状腺激素、肾上腺激素等水平异常时，会影响机体的基础代谢水平。例如，甲状腺功能亢进时，基础代谢水平会明显增高。此外，交感神经活动和一切应激状态，如发热、创伤、心理应激等均会使基础代谢水平升高。

6. 季节与劳动强度   不同季节和不同劳动强度的人的基础代谢率具有较大差异。一般而言，人在寒冷季节的基础代谢率高于暑季；劳动强度高的人，基础代谢率也高。

基础代谢率还受种族、睡眠和情绪等因素影响。尼古丁和咖啡因也可刺激基础代谢水平升高。

表 2-12   人体基础代谢率   ［单位：kJ/（m²·h）］

年龄（岁）	男	女	年龄（岁）	男	女
1	221.8	221.8	30	154.0	146.9
3	214.6	214.2	35	152.7	146.9
5	206.3	202.5	40	151.9	146.0
7	197.9	200.0	45	151.5	144.3
9	189.1	179.3	50	149.8	139.7
11	179.9	175.7	55	148.1	139.3
13	177.0	168.5	60	146.0	136.8
15	174.9	158.8	65	143.9	134.7
17	170.7	151.9	70	141.4	132.6
19	164.4	148.5	75	138.9	131.0
20	161.5	147.7	80	138.1	129.3
25	156.9	147.3			

资料来源：孙远明，2015

（二）食物热效应

食物热效应（thermic effect of food，TEF）也称为食物特殊动力作用，是由于摄食、食物的消化、吸收、转运、储存有关的能量消耗，出现在摄食后的 12～18 h。食物热效应最初发现于膳食蛋白质，现在发现摄入各种宏量营养素都会引起食物热效应。

出现这种现象的原因包括两方面：①食物消化、吸收、代谢和贮存过程中需要消耗额外的能量；②各种食物中所含的能量，只有转变成 ATP 的部分才能被机体利用，其余会作为热能向体外散发。进食碳水化合物会使能量消耗增加 5%～6%，进食脂肪增加 4%～5%，进食蛋白质增加 30%。一般混合膳食的热效应约增加基础代谢的 10%，每日约 628 kJ。

（三）体力活动的能量消耗

体力活动或维持兴奋状态的能量消耗是构成人体总能量消耗的重要组成部分。这部分能量消耗变化很大，是人体总能量消耗的第二大组成部分，随个体体力活动的增加而增加。体力活动一般包括职业活动、社会活动、家务活动和休闲活动等。其中因职业不同造成的能量消耗差别最大，一般取决于强度类型（轻、中和重）（表 2-13）及工作时间，根据不同等级的体力活动水平（physical activity level，PAL）值可以推算出能量消耗量。

表 2-13　中国营养学会建议的中国成人活动水平分级

活动水平	PAL	生活方式	从事的职业或人群
轻度	1.5	静态生活方式/坐位工作，很少或没有重体力休闲活动；静态生活方式/坐位工作，有时需走动或站立，但很少有重体力的休闲活动	办公室职员或精密仪器机械师；实验室助理、司机、学生、装配线工人
中等	1.75	主要是站着或走着工作	家庭主妇、销售人员、侍应生、机械师、交易员
重度	2.0（+0.3*）	重体力职业工作或重体力休闲活动方式；体育运动量较大或重体力休闲活动次数多且持续时间较长	建筑工人、农民、林业工人、矿工；运动员

资料来源：中国营养学会，2014

* 有明显体育运动量或重体力休闲活动者（每周 4～5 次，每次 30～60 min），PAL 增加 0.3

影响活动能量消耗的因素：①肌肉越发达，活动能量消耗越多；②体重越重，能量消耗越多；③劳动强度越大，持续时间越长，能量消耗越大；④与工作的熟练程度有关。

（四）生长发育等特殊生理状况的能量需求

婴幼儿、儿童、青少年生长发育所需的能量主要用于形成新的组织和新组织的新陈代谢。3～6 个月的婴儿每天有 15%～23% 的能量储存于机体建立的新组织。婴儿每增加 1 g 体重约需要 20.9 kJ 能量。孕妇的生长发育能量消耗主要用于子宫、乳房、胎盘、胎儿的生长发育及体脂储备。乳母的能量消耗除自身的需要外，也要用于乳汁的合成与分泌。

三、人体能量消耗的测定

能量消耗量是估算能量需要量的重要依据。机体能量消耗的测定方法有直接测热法和间接测热法。直接测热法测定出人体能量损失量，间接测热法推导出能量产生量，理论上能量产生量与能量损失量是一致的。

（一）直接测热法

直接测热法通过测定身体向环境的散热量测量能量消耗。身体散热包括非蒸发性热散失（传导、对流和辐射）和以水蒸气形式蒸发的热散失。直接测热法一般是将整个身体置于密闭测热室内进行测量。人体散发的热量被空气吸收，然后使这些空气通过热交换装置，测定受试者在一定时间内散发的热量，即通过直接测定人体在整个能量代谢过程中散发的所有热量，计算特定时间内机体的能量消耗。这种方法需要大型设备，造价昂贵，且从技术上讲测定困难，实际应用受到很大限制。

（二）间接测热法

1. 气体代谢法　　测定呼吸中的气体交换率，即二氧化碳产量和氧气消耗量。受试者在一个密闭的气流循环装置内进行特定活动，通过比较流入空气的成分和充分混合的室内流出空气的成分，可得到氧气的消耗量，并可求出呼吸商。对测试室和气流要给予密切的监视以保证测量的精确度。尽管如此，间接能量测量的技术难度仍远小于直接测量能量。

2. 双标记水法　　双标记水法是一种间接测量能量的新技术方法。双标记水法是让受试者喝入定量的双标记水，然后通过收集受试者尿液或唾液样本测量两种标记同位素的浓度的变化，获得同位素随时间的衰减率。标记氢将通过水（尿液、呼吸水蒸气、汗液和体表蒸发水）离开机体，而标记氧则通过水和二氧化碳离开身体。由于体内碳酸盐脱水酶使 ^{18}O 在体内水储备池和碳酸氢根离子储备池之间达到平衡，碳酸氢根离子是呼出二氧化碳的前体。两种同位素清除率的差异反映了二氧化碳的产生量。双标记水法可以达到±（3%～5%）的精确度，而且受试者可以在保持正常的生活状态下，测定 1～3 周的无拘束生活的能量消耗量。如果拥有质谱仪测量同位素浓度，双标记水法是一种理想的现场工作技术，目前，该法主要用于测定个体不同活动水平的能量消耗值。

3. 活动时间记录法　　活动时间记录法是了解能量消耗最常用的方法。通过详细记录每人每天各种活动的持续时间，然后按每种活动的能量消耗率计算全天的能量消耗量。使用每一种动作能量消耗的估计值或直接的测量值，将每种动作的耗能乘以持续的时间，即可计算出总的能量消耗。该法的缺点是由于个体差异较大，所得结果的精度较差。该法的优点是可利用已有的测定资料，不需要昂贵的仪器和较高的分析技术手段。

4. 心率监测法　　心率等生理指标更易于测量，故而在某些情况下是测量代谢状况更为实用且效果更为理想的方法。心率可以用监测器测量，可以连续不断监测而几乎不受到身体活动限制和干扰。根据心率和能量消耗量推算出心率–能量消耗的多元回归方程，通过回归方程推算受试者每天能量消耗的平均值。该法可消除一些因素对受试者的干扰，但易受环境和心理的影响，目前仅局限于实验室使用。

5. 要因加算法　　该法是将某一年龄和不同人群组的能量消耗结合他们的基础代谢率来估算其总消耗能量，即用基础代谢率乘以体力活动水平来计算人体能量消耗量或需要量。该法适用于人群而不适用于个体。基础代谢率可以由直接测量推论的公式计算或参考本地区的基础代谢率资料，体力活动水平可以通过活动记录法或心率监测法获得。

四、能量代谢失衡

人体可通过能量消耗以维持能量平衡，进而对体重进行调节。能量平衡的获得是由许多外周激素和它们在中枢神经系统内的靶系统进行错综复杂的相互作用，通过协调膳食摄取和能量消耗来实现的。正常成人可自动调节并能有效地从食物中摄取到自身消耗所需的能量，以维持人体能量代谢平衡。如果能量摄取量长期低于或高于消耗量，人体会处于能量失衡的状态，首先发生的是体质量的变化，进而影响健康。

1. **体质量评价方法** 常用评价体质量的方法评价能量平衡。在一系列评价指数中，认为体质指数（body mass index，BMI）是评价超重与肥胖的较好指标，其公式为 BMI=体重（kg）/ [身高（m）]^2。推荐对亚洲成年人使用不同的 BMI 范围（表2-14）。

表2-14 成人 BMI 参考范围

分类	BMI（kg/m^2）	
	WHO（通用）	亚洲
体重过低	<18.5	<18.5
正常范围	18.5～25.0	18.5～23.9
超重	25.0～29.9	24.0～27.9
肥胖	≥30	≥28

资料来源：中华人民共和国卫生部疾病控制司，2006

2. **能量过剩** 过量体重增加并堆积形成肥胖，其根本原因是在较长时间内，能量摄入超过能量消耗，有遗传方面的原因，也有环境因素的作用。超重或肥胖还会伴随一些疾病的发生，如糖尿病、高血压、胆结石症和心脑血管疾病等。随着经济发展和生活水平提高，能量摄入与体力活动的不平衡是造成饮食不良性肥胖及相关慢性疾病发病率增加的重要原因。控制饮食中能量的摄入及增加体力活动是预防饮食性肥胖的有效方法。

3. **能量不足** 长期能量摄入不足，人体就会动用机体储存的糖原、脂肪、蛋白质参与供能，造成蛋白质缺乏，会出现蛋白质-热能营养不良（protein-energy malnutrition，PEM），特别是在婴儿和儿童中易出现，主要临床表现为消瘦、贫血、神经衰弱、皮肤干燥、脉搏缓慢、体温低、抵抗力低，甚至出现儿童生长停滞等。营养缺乏最常发生于发展中国家，如因贫困及不合理喂养造成的儿童能量缺乏。近来研究表明，发育迟缓的儿童在脂质氧化和摄食调节方面受到损害，这可能预示着肥胖发生的敏感性增加。例如，在儿童时期发育迟缓的人在成年后超重的危险性增加。

五、能量的膳食参考摄入量与食物来源

能量需要量是指维持机体正常生理功能所需的能量，即能长时间保持良好的健康状况、具有良好的体型、机体构成和活动水平的个体达到能量平衡，并能胜任必要的经济和社会活动所必需的能量摄入。对于儿童、青少年、孕妇和乳母等人群，能量消耗还包括满足组织生长和分泌乳汁的需要。确定合理的能量摄入是十分重要的，对于体质量稳定的成人个体，能有效自我调节食量摄入量到自身需要量，其能量需要量应等于消耗量。中国营养学会在 2007 年根据营养调查数据，并考虑消化吸收率等因素，提出了我国居民膳食能量推荐摄入量。能量的推荐摄入量与各类营养素的推荐摄入量不同，它是以平均需要量（estimated average requirements，EAR）为基础，并未增加安全量。

能量来源于食物中的碳水化合物、脂肪和蛋白质，这 3 种物质对能量的供应可以在一定程度上相互代替。然而能量代谢与氮平衡关系非常密切，即使蛋白质摄取量丰富，若能量摄入低

于消耗，蛋白质的功能比例过高，机体仍可能出现负氮平衡。中国营养学会根据中国的经济现状、居民饮食习惯及膳食和健康调查资料，提出了膳食能量营养素摄入比例的建议：碳水化合物供能占总能量的 55%~65%，脂肪占 20%~30%，蛋白质占 11%~14%。

碳水化合物、脂类和蛋白质这 3 大供能营养素广泛存在于各类食物中。粮谷类和薯类食物含碳水化合物较多，是我国居民膳食能量的主要来源。油料作物中富含脂肪，大豆和坚果类含有丰富的油脂和蛋白质，是膳食热能的辅助来源。蔬菜、水果中所含的能量较少。动物性食品含较多的动物脂肪和蛋白质，也是膳食能量的重要构成部分。合理营养与健康的关键是既能保持植物性膳食的结构特点，防止高热能高脂肪膳食的滥用，又能满足机体对能量的需求，同时保持动植物性食品的均衡适宜，这也是合理营养与健康的关键。

第六节 维 生 素

一、概述

维生素（vitamin）是维持机体正常代谢和生理功能所必需的一类微量的低分子有机化合物。它们种类繁多并且化学结构各不相同，在调节机体物质和能量代谢过程中起着重要作用。维生素通常以其本体或可以被机体利用的前体形式存在于天然食物中。它不参与构建机体组织，不产生能量，主要参与机体代谢调节；需要量极少，但必不可少，且不可过量；大多数维生素（维生素 D 除外）在机体内不能合成，只能从食物中获得。

1. 命名　　维生素的命名有三种方式。一是按发现历史顺序，以英文字母顺序命名，如维生素 A、维生素 C 等。其中还包括最初发现认为是一种维生素，后来证实是多种维生素混合存在，便又在英文字母右下方以 1、2、3 等数字加以区别，如维生素 B₁、维生素 B₂ 等。二是按其生理功能和治疗作用命名，如抗坏血酸、抗癞皮病维生素等。三是按其化学结构命名，如视黄醇、钴胺素等。

2. 分类　　维生素按照溶解性分为脂溶性维生素和水溶性维生素两大类。脂溶性维生素指不溶于水而溶于脂肪和有机溶剂的维生素，包括维生素 A、维生素 D、维生素 E、维生素 K。它在食物中常与脂类共存，吸收与脂类密切相关；吸收后易储存于体内（尤其在肝）而不易排出体外（维生素 K 除外）；摄入过量易在体内蓄积而引起中毒；长期摄入不足，可缓慢出现缺乏症状。水溶性维生素包括 B 族维生素和维生素 C。水溶性维生素在体内仅有少量储存，较易从尿中排出（维生素 B₁₂ 除外）；大多数水溶性维生素常以辅酶的形式参与机体物质代谢；当机体饱和后继续摄入就会从尿中排出，不会过多储存；若摄入过少，可较快出现缺乏症状。水溶性维生素一般无明显毒性，但极大量摄入时也可能因其无法及时排出而表现出毒性。

二、脂溶性维生素

（一）维生素 A

1. 理化性质　　维生素 A 是指含视黄醇结构并有生物活性的一大类物质，由 β-紫罗酮环与不饱和一元醇组成。它包括已形成的维生素 A 和维生素 A 原及其代谢产物。动物体内具有视黄醇生物活性的维生素 A 称为已形成的维生素 A，包括视黄醇、视黄醛、视黄酸和视黄基酯复合物，视黄基酯复合物并不具有维生素 A 的生物活性，但它能在肠道中水解产生视黄醇。植物体不含已形成的维生素 A，但某些植物含类胡萝卜素，其中被摄食后可在小肠和肝细胞内转变成维生素 A 的类胡萝卜素被称为维生素 A 原。目前已发现的类胡萝卜素约 600 种，但仅约 1/10

是维生素 A 原，其中最重要的是 β-胡萝卜素；相当一部分的类胡萝卜素，如叶黄素、番茄红素、玉米黄素和辣椒红素等不能分解形成维生素 A，因而不具有维生素 A 活性。

维生素 A 要避免与氧、高温或光接触。当食物中含有磷脂、维生素 E、维生素 C 和其他抗氧化剂时，维生素 A 和类胡萝卜素较为稳定。当脂肪酸败时，其所含维生素 A 和胡萝卜素会受到严重破坏。

2. 吸收与代谢 食物中视黄醇多以视黄基酯的形式存在，视黄基酯和类胡萝卜素又常与蛋白质结合成复合物。在消化过程中，视黄基酯和类胡萝卜素经蛋白酶消化水解，然后在小肠中脂肪酶的作用下释放出脂肪酸、游离视黄醇及胡萝卜素。游离视黄醇和类胡萝卜素与其他脂溶性食物成分形成胶团，通过小肠绒毛的糖蛋白层进入肠黏膜细胞。膳食中 70%～90%的视黄醇被吸收，而类胡萝卜素仅 10%～50%被吸收。

维生素 A 主要储存在肝，其中视黄醇主要以棕榈酸视黄酯的形式储存在肝细胞内。

维生素 A 在体内被氧化成一系列的代谢产物，后者与葡萄糖醛酸结合后由胆汁进入粪便排泄。大约 70%的维生素 A 经此途径排泄，其中一部分经肠–肝循环再吸收回肝。大约 30%的代谢产物由肾排泄。类胡萝卜素主要通过胆汁排泄。

3. 生理功能 维生素 A 是构成视觉细胞内感光物质（视紫红质）的成分。视网膜上有两种视觉细胞，按其形状和功能分为锥状细胞和杆状细胞，前者与明视有关，后者与暗视有关，这两种细胞都含对光敏感的视色素，两种视色素分别由不同的视蛋白和维生素 A 组成，如杆状细胞中的视紫红质由 11-顺式视黄醛的醛基和视蛋白内赖氨酸的 ε-氨基通过形成 schiff 碱缩合而成，它在亮处分解，暗处合成。维生素 A 可提高细胞免疫和体液免疫功能；维生素 A 还能促进上皮细胞分化，保护细胞完整性，从而有利于抵抗外来致病因子。

4. 缺乏与过量

（1）缺乏。维生素 A 缺乏症（vitamin A deficiency，VAD）依然是许多发展中国家所面临的一个主要公共卫生问题之一。我国 VAD 发生率已明显降低，但亚临床维生素 A 缺乏（subclinical vitamin A deficiency，SVAD）仍有报道。婴幼儿和儿童维生素 A 缺乏的发生率远高于成人，这主要是因为孕妇血液中的维生素 A 不易通过胎盘屏障进入到胎儿体内，故新生儿体内维生素 A 的储存量相对较低。维生素 A 缺乏的早期症状是暗适应能力下降，严重者可导致夜盲症，即在暗光下看不清四周的物体；维生素 A 缺乏还可引起干眼病，进一步发展可致失明，所以维生素 A 又称为抗干眼病维生素。儿童维生素 A 严重缺乏的重要临床诊断体征是在眼结膜形成毕脱氏斑，若继续发展可导致失明。

维生素 A 缺乏还会引起机体上皮组织分化不良，导致上皮组织角质化而诱发一系列疾病。此外，维生素 A 缺乏时还可引起血红蛋白合成障碍，免疫功能低下，儿童生长发育迟缓。

（2）过量。维生素 A 易在体内蓄积，过量摄入维生素 A 易引起急性、慢性毒性。急性中毒的早期症状为恶心、呕吐、视觉模糊、肌肉失调等。

维生素 A 慢性中毒比急性中毒常见，当维生素 A 摄入量为其推荐摄入量的 10 倍以上时可发生，常见症状是食欲降低、脱发、皮肤干燥瘙痒等。孕妇在妊娠早期若每天大剂量摄入维生素 A，则娩出畸形儿危险度较高。通过正常摄食一般不会引起维生素 A 中毒，绝大多数是由过量摄入维生素 A 浓缩制剂引起，大剂量类胡萝卜素摄入可出现高胡萝卜素血症，皮肤可出现类似黄疸病变。

5. 推荐摄入量及食物来源 常用视黄醇活性当量（retinol activity equivalent，RAE）来表示膳食或食物中所有具有视黄醇活性的物质。膳食或食物中总视黄醇当量（μg RAE）＝膳食或补充剂来源全反式视黄醇（μg）＋1/2 补充剂纯品全反式 β-胡萝卜素（μg）＋1/12 膳食全反

式 β-胡萝卜素（μg）＋1/24 其他膳食维生素 A 原类胡萝卜素（μg）。

中国营养学会推荐成年男性维生素 A 的 RNI 为 800 μg RAE/d，女性为 700 μg RAE/d，可耐受最高摄入量（tolerable upper intake level，UL）为 3000 μg RAE/d。维生素 A 的良好来源是动物性食品，以肝、鱼肝油、乳、蛋黄等含量丰富；植物性食品只能提供胡萝卜素，胡萝卜素主要存在于一些有色蔬菜和水果中，如菠菜、胡萝卜及柿子等。β-胡萝卜素是维生素 A 的安全来源。

（二）维生素 D

1. 理化性质　　维生素 D 是含环戊烷多氢菲环结构并具有钙化醇生物活性的类甾醇衍生物，以维生素 D_2 及维生素 D_3 最常见。维生素 D_2 是由酵母菌或麦角中的麦角固醇经紫外光照射而形成，能被人体吸收。维生素 D_3 又名胆钙化醇，是由储存于皮下的胆固醇的衍生物（7-脱氢胆固醇）在紫外光照射下转变而成。由膳食摄入或皮肤合成的维生素 D 无生理活性，必须转运到其他部位激活才具有生理作用，即它们是有活性作用的维生素 D 前体，又称为激素原。在某些特定条件下，如工作或居住在光照不足地区，维生素 D 须由膳食供给，故维生素 D 又是条件性维生素。维生素 D_2 及维生素 D_3 均为白色固体，性质稳定，常规烹调加工一般不会引起损失，但脂肪酸败可导致受到破坏。

2. 吸收与代谢　　食物中的维生素 D 进入小肠后，在胆汁协助下与其他脂溶性物质一起形成胶团被动吸收入小肠黏膜细胞。吸收后的维生素 D 在小肠乳化形成乳糜微粒经淋巴循环入血。在血液中与维生素 D 结合蛋白（vitamin D binding protein，DBP）结合并由其携带运输，部分可被 β-脂蛋白携带。皮下合成的维生素 D_3 缓慢扩散入血，主要由 DBP 携带运输，其中 60%～80%被肝摄取，另有相当部分与 DBP 结合的维生素 D_3 在被肝摄取之前进入肝外组织，如肌肉和脂肪。维生素 D 是一种激素原，本身无生物学活性。只有在肝 25-羟化酶催化生成 25-(OH)-D_3，然后在肾 25-(OH)-D_3-1 羟化酶和 25-(OH)-D_3-24 羟化酶催化下，进一步形成 1,25-$(OH)_2$-D_3 和 24,25-$(OH)_2$-D_3，其中 1,25-$(OH)_2$-D_3 具有生物活性，其与 DBP 结合，运输至各个靶器官从而发挥其生物学效应。

维生素 D 的分解代谢主要部位在肝，主要排泄途径是胆汁，尿中排出 2%～4%。

微课
维生素 D
对人体健
康的生理
功能

3. 生理功能　　维生素 D 通过 1,25-$(OH)_2$-D_3 的活性形式参与体内钙平衡和其他矿物质平衡的调节。1,25-$(OH)_2$-D_3 进入小肠黏膜上皮细胞，可诱导产生特异的钙结合蛋白，能把钙主动转运至肠腔的刷状缘处最终进入血液循环，可使血钙升高，促进骨钙沉积。1,25-$(OH)_2$-D_3 能增加碱性磷酸酶活性，促进磷酸酯键的水解和磷的吸收。当血钙浓度降低时，1,25-$(OH)_2$-D_3 不仅可促进小肠对膳食钙的吸收，还可通过维生素 D 内分泌系统，如 1,25-$(OH)_2$-D_3、甲状腺激素和降钙素，作用于小肠、肾、骨等器官来升高血钙水平，包括通过 PTH 和 1,25-$(OH)_2$-D_3 的升高以动员骨组织中钙和磷释放入血和促进肾小管对钙、磷的重吸收，以维持正常血钙浓度；当血钙过高时，PTH 降低，降钙素分泌增加，尿中钙和磷排出增加。

此外，1,25-$(OH)_2$-D_3 在组织中还发挥多方面的重要作用，如调节免疫、促进细胞分化和增殖（包括与癌细胞相互作用）及参与胰岛素的分泌。

4. 缺乏与过量

（1）缺乏。维生素 D 缺乏可导致肠道对钙、磷吸收减少，肾小管对钙和磷重吸收减少，使尿中排磷增高，血浆磷浓度下降，影响骨钙化，造成骨骼和牙齿的矿物质沉积异常。婴幼儿缺乏维生素 D 容易发生佝偻病；成人尤其是孕妇、乳母和老人，缺乏维生素 D 容易发生骨质软化和骨质疏松。

1）佝偻病。这是由于维生素 D 缺乏引起体内钙、磷代谢紊乱，而使骨骼钙化不良的一种营养缺乏症，在婴幼儿较为常见。当维生素 D 缺乏时骨骼不能正常钙化，易引起骨骼变软或在承受较大压力时骨骼变形，形成"X"形或"O"形腿；胸骨外凸呈"鸡胸"；牙齿出芽推迟，恒齿稀疏凹陷，易发生龋齿。补充充足维生素 D 可预防婴幼儿佝偻病的发生，故维生素 D 又称为抗佝偻病维生素。

2）骨质软化。该病发生于成年人，特别是孕妇、乳母和老年人，女性发病率高于男性。由于缺乏维生素 D 及钙和磷，使骨质矿物质化低下以致骨质丢失，引起骨质软化、容易变形，主要表现为腰、背、腿部疼痛，活动时加剧，孕妇骨盆变形可致难产。

3）骨质疏松。以骨钙含量减少、骨的微观结构退化为特征，致使骨的脆性增加而易于发生骨折的一种全身性骨骼疾病。可出现骨痛、身高缩短、驼背等症状，并随年龄增加而加重，女性发病率高于男性，绝经期女性尤为多见。骨质疏松及其引起的骨折是威胁老年人健康的主要疾病之一。

（2）过量。维生素 D 的中毒剂量虽然尚未确定，但摄入过量维生素 D 也可产生副作用。维生素 D 中毒症状包括食欲不振、恶心、呕吐、腹泻；血清钙、磷增高，以致发展成动脉、心肌、肺、肾等软组织转移性钙化和肾结石，严重维生素 D 中毒可导致死亡。预防过量维生素 D 中毒最有效的方法是避免滥用维生素 D 补充剂。

5. 推荐量及食物来源　维生素 D 既来源于膳食，又可由皮肤合成，因而较难估计膳食维生素 D 的摄入量。中国营养学会推荐，在钙、磷供给量充足的条件下，成人维生素 D 的 RNI 为 10 μg/d，UL 为 50 μg/d。维生素 D 的量可用 IU 或 μg 表示，换算关系是 1 IU 维生素 D＝0.025 μg 维生素 D。

维生素 D 主要存在于海鱼、肝、蛋黄等动物性食品及鱼肝油制剂中，但服用鱼肝油过量可导致中毒。水果、蔬菜、谷类及其制品中维生素 D 含量较少。常晒太阳、享受日光浴是人体获得维生素 D 的较好来源。

（三）维生素 E

1. 理化性质　维生素 E 指含苯并二氢吡喃结构，具有 α-生育酚生物活性的一类化合物。由于其与动物生育有关，同时具有酚的性质，又称作生育酚。目前从植物中分离出 8 种具有维生素 E 活性的化合物，包括四种生育酚（tocopherols，即 α-T、β-T、γ-T、δ-T）和四种生育三烯酚（tocotrienols，即 α-TT、β-TT、γ-TT、δ-TT）。其中 α-生育酚生物活性最高，故通常以 α-生育酚作为维生素 E 的代表进行研究。

α-生育酚是黄色油状液体，对热和酸稳定，对碱不稳定，易被氧化破坏；在油脂酸败时容易被破坏。常规烹调加工时，食物中维生素 E 的损失不大，但油炸时活性明显下降。

2. 吸收与代谢　生育酚在食物中以游离形式存在，而生育三烯酚则以酯化形式存在，需经水解后才能被吸收。游离的生育酚或生育三烯酚与其他脂类物质在胆汁协助下，以胶团形式被动扩散吸收，再掺入乳糜微粒（chylomicron emulsion，CM）经淋巴系统入血。血液中的维生素 E 可从 CM 转移到其他的脂蛋白如 HDL、LDL 和 VLDL，进一步运输并转移到红细胞膜。维生素 E 主要由 LDL 运输，在保护 LDL 免遭氧化损伤方面起重要作用。血浆维生素 E 浓度与血浆总脂浓度关系密切，组织对维生素 E 的摄取也与摄入量成比例。

大部分维生素 E 在脂肪细胞中以非酯化的形式存在，少量储存在肝、肺、心脏、肌肉、肾上腺和大脑。当人体大量摄入时，它可转变为生育醌内酯，并以葡萄糖醛酸形式通过尿液排出。当机体缺乏维生素 E 时，肝和血浆的维生素 E 浓度下降很快，而脂肪中维生素 E 的降低缓慢。维生素 E 的排泄途径主要是粪便，少量由尿中排出。

3. 生理功能　维生素 E 是非酶抗氧化系统中重要的抗氧化剂，作为自由基清除剂可防止自由基或氧化剂对细胞膜中多不饱和脂肪酸、含巯基蛋白质、细胞骨架和核酸的损伤。维生素 E 在预防衰老、保护神经系统、骨骼肌及防止视网膜病变，以及降低血浆胆固醇水平和防止动脉粥样硬化方面具有重要作用。此外，维生素 E 缺乏时血小板聚集和凝血作用增强，可增加发生心肌梗死及脑卒中的危险性。

人类尚未发现因维生素 E 缺乏而引起的不育症，但临床上常用维生素 E 治疗先兆流产和习惯性流产。此外，维生素 E 还有增强免疫功能的作用。

4. 缺乏与过量

微课
维生素 E
的缺乏与
过量

（1）缺乏。维生素 E 缺乏在人类较为少见，但可出现在低出生体重的早产儿、血 β-脂蛋白缺乏症和脂肪吸收障碍的患者身上。长期食用缺乏维生素 E 的膳食，可出现视网膜病变、溶血性贫血和神经退行性病变等症状。

（2）过量。维生素 E 毒性相对较低。但大剂量摄入维生素 E（0.8～3.2 g/d）可能出现中毒症状，如肌无力、视觉模糊、恶心、腹泻及维生素 K 的吸收和利用障碍等。

5. 推荐摄入量及食物来源　　生育酚中以 α-生育酚活性最高，维生素 E 活性可用 α-生育酚当量（α-tocopherol equivalence，α-TE）表示，规定 1 mg α-TE 相当于 1 mg RRR-α-生育酚（d-α-生育酚）的活性，相当于 1.49 IU。如将 α-生育酚生物活性定为 1 α-TE/mg，β-生育酚的相对活性为 0.5 α-TE/mg，γ-生育酚为 0.1 α-TE/mg，三烯酚为 0.3 α-TE/mg。人工合成生育酚被称为全消旋 α-生育酚或 dl-α-生育酚，活性相当于天然 d-α-生育酚活性的 74%。天然食物中有生育酚和生育三烯酚共同存在，膳食中维生素 E 的总量可按照下列公式估算：膳食中总 α-TE 当量（mg）＝［1×α-生育酚（mg）］＋［0.5×β-生育酚（mg）］＋［0.1×γ-生育酚（mg）］＋［0.02×δ-生育酚（mg）］＋［0.3×α-生育三烯酚（mg）］。

中国营养学会推荐成人维生素 E 的 AI 为 14 mg α-TE/d，UL 为 700 mg α-TE/d。维生素 E 在食物中分布广泛，一般不会缺乏。维生素 E 丰富的食品有植物油、麦胚、硬果、种子类、豆类及其他谷类，而蛋类、肉类、鱼类、水果及蔬菜中含量甚少。

三、水溶性维生素

（一）维生素 B_1

1. 理化性质　　维生素 B_1 是由含硫的噻唑环和含氨基的嘧啶环通过一个亚甲基连接而组成，故也称硫胺素。纯品为白色针状结晶，在酸性溶液中较稳定，但在碱性溶液中极不稳定；紫外线可使其降解而失活；铜离子也可加快对它的破坏。亚硫酸盐在中性或碱性媒质中能加速维生素 B_1 的分解破坏，故在保存含维生素 B_1 较多的食物时，不宜以二氧化硫熏蒸食物或用亚硫酸盐作为防腐剂。鱼类肝中含硫胺素酶，能分解破坏维生素 B_1，但此酶一经加热即被破坏。

2. 吸收与代谢　　维生素 B_1 在小肠吸收，浓度较低时，主要通过载体介导的主动转运吸收，吸收过程需要有 Na^+ 参与；在较高浓度时则以被动扩散为主，但效率低。在小肠黏膜游离的维生素 B_1 可磷酸化成磷酸酯，经黏膜细胞基底膜侧转运入血。维生素 B_1 以不同的磷酸化形式存在于体内，包括约 80%的焦磷酸硫胺素（thiamine pyrophosphate，TPP）、10%的三磷酸硫胺素（thiamine triphosphate，TTP）及 10%的单磷酸硫胺素（thiamine monophosphate，TMP），三种形式的维生素 B_1 可相互转化。维生素 B_1 在体内的半衰期为 9.5～18.5 d，如果膳食中缺乏维生素 B_1，1～2 周后体内含量下降，可影响健康。血液内的维生素 B_1 主要通过红细胞转运。

维生素 B_1 可在肾等组织中分解而输送到血液及有关组织，再进行磷酸化或由肾随尿排出体外。尿液是其排出的主要途径，排出量与摄入量有关。

3. 生理功能　维生素 B_1 主要以 TPP 的形式作为碳水化合物代谢中氧化脱羧酶和转酮醇酶的辅酶参与能量代谢，TPP 是核酸合成中的戊糖及脂肪酸合成中还原型辅酶 II 的重要来源，TPP 直接影响体内核糖的合成。维生素 B_1 可抑制胆碱酯酶的活力，减少乙酰胆碱的分解，间接促进神经传导物质乙酰胆碱的合成，在神经组织中可能具有特殊作用。此外，维生素 B_1 还有利于促进胃肠蠕动和消化腺体的分泌。

4. 缺乏与过量

（1）缺乏。维生素 B_1 缺乏的原因包括：①摄入过少。如长期大量食用精米白面，同时又缺乏其他富含维生素 B_1 食物的摄入，容易造成维生素 B_1 缺乏；煮粥、蒸馒头等加入过量的碱也会造成维生素 B_1 的破坏。②需求量增加。维生素 B_1 摄入量与机体总能量摄入成正比，如生长发育旺盛期、妊娠哺乳期、强体力劳动和运动员对维生素 B_1 需要量相对较高。若摄入含糖较高的食物，维生素 B_1 的需要量也应相应增加。③机体吸收或利用障碍。如长期慢性腹泻、酗酒及肝、肾疾病影响焦磷酸硫胺素的合成。

维生素 B_1 缺乏症又称脚气病（beriberi），主要发生在东方以精白米面为主食的国家。按临床症状分为：①干性脚气病。以多发性神经炎为主要症状，腓肠肌压痛痉挛、腿沉重麻木，后期感觉消失，肌肉萎缩，共济失调。②湿性脚气病。以下肢水肿和心脏症状为主，出现心悸、气促和水肿，尤其是下肢水肿。严重者常导致心力衰竭。③急性暴发性脚气病。以心力衰竭为主，伴有膈神经和喉返神经瘫痪症状，进展较快。④婴儿脚气病。多发生于硫胺素缺乏的母乳喂养的婴儿，常发生在出生 2～5 月时，以心血管症状为主，早期表现食欲不振、心跳加快、水肿，晚期表现心力衰竭症状，易被误诊为肺炎合并心力衰竭。

此外，长期酗酒者可出现 Wernicke's-Korsakoff 综合征，其表现为眼肌麻痹、眼球震颤、运动失调、近期记忆丧失、精神错乱等症状。

（2）过量。由于维生素 B_1 容易在肾排出，维生素 B_1 中毒较少见。尽管有大剂量非胃肠道途径进入体内的毒性报道，但还没有维生素 B_1 经口给药中毒的证据。

5. 推荐摄入量及食物来源　维生素 B_1 的摄入量与机体总能量摄入密切相关，一般应按照总能量的摄入推算维生素 B_1 的摄入量。中国营养学会推荐成年男性维生素 B_1 的 RNI 为 1.4 mg/d，女性为 1.2 mg/d。

谷类是维生素 B_1 的主要食物来源，胚芽、杂粮、豆类、动物内脏、蛋类、瘦肉也含较多的维生素 B_1。谷物加工过于精制、烹调时弃汤、加碱、高温等均可造成维生素 B_1 不同程度的损失。

（二）维生素 B_2

1. 理化性质　维生素 B_2 又称核黄素，是带有核糖醇侧链的异咯嗪衍生物。维生素 B_2 纯品呈黄棕色并有高强度荧光，水溶性较低，在干燥条件和酸性溶液中稳定；但在碱性条件下，尤其紫外光照射下，会被分解为无生物活性的光黄素。结合型的维生素 B_2 比游离型的维生素 B_2 更稳定，一般食物中的维生素 B_2 为结合型。

2. 吸收与代谢　膳食来源的维生素 B_2 大部分以辅酶衍生物形式，即以黄素单核苷酸（flavin mononucleotide，FMN）和黄素腺嘌呤二核苷酸（flavin adenine dinucleotide，FAD）形式与蛋白质结合存在。进入胃后在胃液作用下，FMN 和 FAD 与蛋白质分离。在小肠内，FAD 在焦磷酸酶作用下转变成 FMN，FMN 在磷酸酶作用下转变成游离维生素 B_2，维生素 B_2 才能在小肠近端通过主动转运吸收，并经门静脉运输到肝。维生素 B_2 在肝再转变成作为辅酶的 FMN 和 FAD。维生素 B_2 在机体吸收量与其摄入量成正比。一般来说，动物来源的维生素 B_2 比植物来源的维生素 B_2 容易吸收。

维生素 B_2 在血液主要通过与白蛋白、免疫球蛋白结合而完成在体内转运。机体各组织均有少量维生素 B_2，但肝、肾、心脏含量最高。维生素 B_2 及其代谢产物主要通过尿液排出体外。

3. 生理功能　维生素 B_2 在体内通常以 FAD 和 FMN 两种形式参与氧化还原反应。FAD 和 FMN 与特定蛋白结合形成黄素蛋白，其作为机体中许多酶系统的重要辅基的组分，通过呼吸链参与体内氧化还原反应与能量代谢。FAD 和 FMN 分别作为辅酶参与色氨酸转变为烟酸、维生素 B_6 转变为磷酸吡哆醛的过程。FAD 作为谷胱甘肽还原酶辅酶，参与体内的抗氧化防御系统，维持还原型谷胱甘肽的浓度，FAD 还可以与细胞色素 P_{450} 结合，参与药物代谢。

4. 缺乏与过量

（1）缺乏。摄入不足和酗酒是维生素 B_2 缺乏的最主要原因。维生素 B_2 缺乏很少单独出现，总伴有其他维生素的缺乏。体内维生素 B_2 缺乏可出现多种临床症状，无特异性，常表现在面部五官及皮肤，如口角炎、唇炎、舌炎等；眼部症状表现为角膜血管增生，夜间视力降低等；皮肤症状表现为阴囊（阴唇）皮炎，鼻翼两侧脂溢性皮炎。

（2）过量。由于核黄素的溶解度极低，在肠道吸收有限，因而不会引起中毒。肾对核黄素的重吸收有一定阈值，超过重吸收阈值，核黄素将由尿液大量排出体外。

5. 推荐摄入量及食物来源　维生素 B_2 的供给量应与能量摄入成正比。中国营养学会推荐成年男性维生素 B_2 的 RNI 为 1.4 mg/d，女性为 1.2 mg/d。维生素 B_2 的良好来源是动物性食物，其中肝、肾、心、蛋黄尤为丰富。植物性食物中则以绿叶蔬菜如菠菜、油菜及豆类含量较多，而粮谷类含量较低。

（三）烟酸

1. 理化性质　烟酸又称为维生素 B_3、尼克酸、抗癞皮病维生素。烟酸在体内以烟酰胺的形式存在，是具有烟酸生物学活性的吡啶-3-羧酸衍生物的总称。

烟酸和烟酰胺均为白色结晶，皆溶于水和乙醇，烟酰胺的溶解性高于烟酸。烟酸对酸、碱、光、热稳定，常规烹调加工对其破坏极小。

2. 吸收与代谢　食物中的烟酸主要以烟酰胺腺嘌呤二核苷酸，即辅酶 I（nicotinamide adenine dinucleotide，NAD），以及烟酰胺腺嘌呤二核苷酸磷酸，即辅酶 II（nicotinamide adenine dinucleotide phosphate，NADP）的形式存在，它们在胃肠道被水解成游离烟酰胺。烟酸和烟酰胺均可在胃肠道被吸收，在低浓度时通过 Na^+ 依赖主动方式吸收，高浓度时通过被动扩散方式吸收。吸收入血的烟酸主要以烟酰胺形式存在及转运，机体组织细胞通过简单扩散的方式摄取烟酰胺或烟酸，然后以 NAD 或 NADP 的形式存在于所有的组织中，肝是储存 NAD 的主要器官。

烟酸可随乳汁分泌，也可随汗液排出，但主要通过尿液排泄。烟酸在肝内甲基化形成 N-1-甲基尼克酰胺和 2-吡啶酮等代谢产物，它们可一起从尿液中排出。

3. 生理功能　烟酸在体内以 NAD 和 NADP 形式作为辅基参与脱氢酶的组成，在生物氧化还原反应中起传递氢的作用，参与糖酵解、脂肪代谢及蛋白质代谢，与 DNA 复制、修复和细胞分化有关。烟酸是葡萄糖耐量因子（glucose tolerance factor，GTF）的组分，能提高胰岛素的活性，有利于机体组织对葡萄糖的吸收。此外，烟酸还有降低血清胆固醇作用。

4. 缺乏与过量

（1）缺乏。烟酸缺乏会引起癞皮病，临床上主要是皮肤、胃肠道及神经系统出现异常症状。该病的发生与烟酸的摄入、吸收减少及代谢障碍有关，尤其在以玉米或高粱为主食且又缺乏适当副食品的地区容易发生，其典型症状为皮炎（dermatitis）、腹泻（diarrhea）和痴呆（dementia），又称"三 D"症状。初期症状有体重减轻、失眠、头疼、记忆力减退等，继而出现

微课
烟酸的缺乏与过量

皮肤、消化系统、神经系统症状，其中皮肤症状最具有特征性，主要表现为裸露皮肤及易摩擦部位出现对称性晒斑样损伤；胃肠道症状可有食欲不振、恶心、呕吐、腹泻等；神经症状可表现为失眠、记忆力丧失，甚至发展成痴呆。烟酸缺乏常与维生素 B_1、维生素 B_2 缺乏同时存在。

（2）过量。目前尚没有食用烟酸过量引起中毒的报道，烟酸毒性报道主要见于服用烟酸补充剂、烟酸强化食品，以及临床采用大剂量烟酸治疗高脂血症患者所出现的副反应。其副作用主要表现为皮肤潮红、眼部不适、恶心、呕吐等症状。

5. 推荐摄入量及食物来源　　烟酸的参考摄入量应考虑能量消耗和蛋白质摄入情况。能耗增加，烟酸摄入量应适当增加；蛋白质中的色氨酸在体内可转化为烟酸，大约 60 mg 色氨酸转化为 1 mg 烟酸，因此膳食烟酸参考摄入量采用烟酸当量（niacin equivalence，NE）表示，即 NE（mg）＝烟酸（mg）＋1/60 色氨酸（mg）。

中国营养学会推荐成年男性烟酸的 RNI 为 15 mg NE/d，女性为 12 mg NE/d，UL 为 35 mg NE/d。烟酸广泛存在于动植物食物中，其良好食物来源为动物性食物，尤其内脏（如肝）的含量最高。此外，全谷、种子、豆类含量较高。

（四）泛酸

1. 理化性质　　泛酸（pantothenic acid）又名遍多酸、维生素 B_5，因广泛存在于动植物中而被称为"泛酸"。它是由 2-甲基-羟丁酸与 β-丙氨酸通过酰胺键结合组成。

泛酸是淡黄色黏性的油状物，易溶于水，不溶于有机溶剂。在中性溶液中耐热，pH 5～7 时稳定。泛酸对酸和碱敏感，其酸性、碱性水溶液或对热不稳定。泛酸常以钙盐的形式存在，常规烹调损失较少。

2. 吸收与代谢　　膳食中的泛酸大多以辅酶 A 或酰基载体蛋白（acyl carrier protein，ACP）的形式存在，在肠内降解为泛酸而被吸收。泛酸在低浓度时通过主动转运吸收，高浓度时通过简单扩散吸收。泛酸在血浆中以游离形式存在，红细胞中以辅酶 A 形式存在。泛酸依赖 Na^+ 转运体进入细胞。

泛酸经肾随尿液排出体外，也有部分被完全氧化为 CO_2 后经肺排出。

3. 生理功能　　泛酸的生理活性形式是辅酶 A 和酰基载体蛋白，其作为乙酰基或脂酰基载体与碳水化合物、脂类和蛋白质代谢关系密切。泛酸是脂肪酸合成类固醇所必需的物质；也可参与类固醇紫质、褪黑激素和亚铁血红素的合成；还是体内柠檬酸循环、胆碱乙酰化、合成抗体等代谢所必需的中间物。泛酸也可以增加谷胱甘肽的生物合成从而减缓细胞凋亡和损伤。

4. 缺乏与过量

（1）缺乏。因泛酸广泛存在于动植物食品中，并且肠内细菌亦能合成供人利用，故很少见有缺乏症。泛酸缺乏通常与三大产能营养素和维生素摄入不足相伴发生。泛酸缺乏可导致机体代谢障碍，包括脂肪合成减少和能量产生不足。

（2）过量。泛酸毒性很低，成人服用 10 g/d 以上，可出现轻度胃肠不适和腹泻，但未见更严重反应。

5. 推荐摄入量及食物来源　　中国营养学会推荐成人泛酸的 AI 为 5.0 mg/d。

泛酸广泛存在于各种动植物食品中，主要来源是肉类、蘑菇、鸡蛋、花茎甘蓝和某些酵母。全谷物也是泛酸的良好来源，但大部分在加工过程中丢失。牛乳也含丰富的泛酸，含量类似人乳。

（五）维生素 B_6

1. 理化性质　　维生素 B_6 包括吡哆醇（pyridoxine，PN）、吡哆醛（pyridoxal，PL）和吡

哆胺（pyridoxamine，PM）三种衍生物。基本化学结构为 2,6-二甲基-3-羟基-5-羟甲基吡啶。在肝、红细胞及其他组织中相应的活性辅基形式为磷酸吡哆醇（pyridoxine phosphate，PNP）、磷酸吡哆醛（pyridoxal phosphate，PLP）和磷酸吡哆胺（pyridoxamine phosphate，PMP）。

吡哆醇主要存在于植物性食品中，而吡哆醛和吡哆胺则主要存在于动物性食品中，以上三种化合物都是白色结晶，易溶于水及乙醇，对光敏感，在酸性溶液中稳定，在碱性溶液中易被破坏。

2. 吸收与代谢　　食物中维生素 B_6 多以 5′-磷酸盐形式存在，主要在空肠被动吸收，吸收较慢。在血浆中维生素 B_6 与白蛋白结合转运，在红细胞中则与血红蛋白结合而运输。体内维生素 B_6 大部分储存于肌肉组织，占储存量的 75%～80%。

在肝，维生素 B_6 的三种非磷酸化形式通过吡哆醇激酶转化为各自的磷酸化形式，并发挥其生理功能。在血循环中 PLP 约占 60%，它在肝中分解代谢为 4-吡哆酸而从尿中排出。维生素 B_6 也可经粪便排出，但排泄量有限。

3. 生理功能　　维生素 B_6 主要以磷酸吡哆醛形式参与大量酶系的反应，包括转氨、脱羧、色氨酸代谢和不饱和脂肪酸的代谢等。维生素 B_6 是糖原磷酸化反应中磷酸化酶的辅助因子，催化肌肉与肝中糖原的转化。此外，维生素 B_6 还涉及神经系统中许多酶促反应，使神经递质水平升高。它也与辅酶 A 及花生四烯酸的生物合成有关。

4. 缺乏与过量

（1）缺乏。维生素 B_6 的单纯缺乏较少见，一般还伴有其他 B 族维生素的缺乏。人体维生素 B_6 缺乏可导致眼、鼻及口腔周围皮肤脂溢性皮炎，并可扩展至面部、前额、阴囊及会阴等多处。临床可见有口腔炎、舌炎、唇干裂，个别出现神经精神症状。此外，维生素 B_6 缺乏可导致免疫功能受损，迟发性过敏反应减弱，出现高半胱氨酸血症和黄尿酸尿症。儿童维生素 B_6 缺乏对机体的影响较成人明显，可出现烦躁、抽搐和癫痫样惊厥等临床症状。

（2）过量。从食物中摄入过量的维生素 B_6 基本没有毒副作用，但长期大量应用维生素 B_6（500 mg/d）易引起毒副作用，主要表现为神经毒性和光敏感反应。

5. 推荐摄入量及食物来源　　通常情况下，人体不易发生维生素 B_6 的缺乏。中国营养学会推荐成人维生素 B_6 的 RNI 值为 1.4 mg/d。中老年人除多食富维生素 B_6 食物外，可适当补充维生素 B_6（<3 mg/d）。

维生素 B_6 广泛存在于各种食物中，白色肉类（如鸡肉和鱼肉）含量最高，肝、豆类、坚果类、水果和蔬菜中维生素 B_6 含量也较多，而柠檬、乳类等含量最少。

（六）生物素

1. 理化性质　　生物素又称维生素 B_7、维生素 H 或辅酶 R，由脲基环和一个带有戊酸侧链的噻吩环组成，有 8 种立体异构体。但只有 α-生物素天然存在并具有生物活性。通常所说的生物素即 α-生物素。

生物素对热、光、空气稳定，过高或过低的 pH 可导致生物素失活。亚硝酸能与生物素作用生成亚硝基衍生物，破坏其生物活性。生物素在食品烹调加工中非常稳定。

2. 吸收与代谢　　生物素的吸收主要是在小肠近端，结肠也可部分吸收。在低浓度时通过主动转运吸收，高浓度时通过简单扩散吸收。吸收的生物素经门静脉循环，运送到肝、肾贮存。生蛋清中的抗生物素蛋白会影响生物素的吸收。胃酸缺乏也会影响生物素的吸收。

生物素主要经尿液排出，也有少量通过乳汁排出。

3. 生理功能　　生物素作为机体羧化酶的辅酶，参与氨基酸、碳水化合物和脂类的代谢。生物素与体内的重要代谢过程有关，如糖及脂肪代谢中的主要生化反应。

4. 缺乏与过量

（1）缺乏。生物素缺乏罕见，这是因为肠道微生物可合成相当数量的生物素。生鸡蛋含抗生物素蛋白，长期摄食生鸡蛋可能缺乏生物素；长期服用抗生素也可能产生生物素缺乏。生物素缺乏的早期表现为口腔周围皮炎、结膜炎及皮肤干燥等症状。临床研究表明，生物素缺乏会出现头发稀少、头发色泽变浅等症状。

（2）过量。生物素的毒性很低，目前未见生物素毒性的报道。

5. 推荐摄入量及食物来源　　中国营养学会推荐成人生物素的 AI 为 40 μg/d。

生物素广泛存在于天然动植物食品中。其中，乳类、鸡蛋（蛋黄）、酵母、肝和绿叶蔬菜含量相对丰富。谷物中生物素含量不高且生物利用率低。

（七）叶酸

1. 理化性质　　叶酸因最初从菠菜叶中分离提取而得此名，也称为维生素 B$_9$。化学名为蝶酰谷氨酸，由 2-氨基-4-羟基-6 甲基蝶啶、对氨基苯甲酸和 L-谷氨酸三部分组成。

叶酸为淡黄色结晶粉末，微溶于水，不溶于有机溶剂；叶酸的钠盐易溶于水，但在水溶液中易被光解破坏。在酸性溶液中对热不稳定，在中性和碱性溶液中稳定。食物中叶酸经烹调加工后损失率可高达 50%～90%。

2. 吸收与代谢　　天然食物中的叶酸多以含 5 分子或 7 分子谷氨酸的结合形式存在，在肠道中经小肠黏膜刷状缘上的谷氨酰羧基肽酶水解成游离型，以单谷氨酸叶酸形式被小肠吸收。叶酸在肠道转运是由载体介导的主动转运。叶酸需与小肠刷状缘上的叶酸结合蛋白结合后才能转运，但以单谷氨酸盐形式大量摄入时则以简单扩散为主。膳食叶酸吸收率约 50%。叶酸本身的存在形式会影响其在肠道的吸收，还原型叶酸吸收率高，叶酸中谷氨酸分子越多，吸收率越低。维生素 C 和葡萄糖可促进叶酸吸收；锌缺乏可降低对叶酸的吸收。人体内叶酸总量 5～6 mg，主要贮存于肝，且 80%以 5-甲基四氢叶酸形式存在。叶酸在体内的代谢产物主要通过胆汁和尿排出体外，由胆汁排至肠道中的叶酸可被再吸收，形成肠肝循环。

叶酸可经胆汁、粪便和尿液排泄，也可由汗液和唾液少量排出，排泄量与血浆浓度成正比。

3. 生理功能　　叶酸在体内的生物活性形式是四氢叶酸，是体内一碳单位转移酶系的辅酶，在嘌呤、胸腺嘧啶和肌酐-5-磷酸的合成、甘氨酸与丝氨酸相互转化、组氨酸向谷氨酸转化及同型半胱氨酸向蛋氨酸转化过程中充当一碳单位载体。因此，叶酸可通过腺嘌呤、腺苷酸影响 DNA 和 RNA 合成，还可通过蛋氨酸代谢影响磷脂、肌酸、神经介质和血红蛋白的合成。因此，叶酸缺乏的损害广泛而深远。

4. 缺乏与过量

（1）缺乏。正常情况下，除膳食供给外，人体肠道微生物还能合成部分叶酸，一般不易发生缺乏，但当吸收不良、组织需要增加或长期使用抗生素等情况下也会引起叶酸缺乏。叶酸缺乏将导致以下异常。

1）巨幼红细胞贫血。叶酸缺乏时 DNA 合成受阻，导致骨髓中幼红细胞分裂停留在 S 期，即停留在巨幼红细胞阶段且成熟受阻，细胞体积增大，细胞核内染色质疏松，称为巨幼红细胞。这种不成熟的红细胞逐步增多，同时引起血红蛋白的合成减少，大部分在骨髓内成熟前就被破坏而造成贫血，称为巨幼红细胞贫血。因此，叶酸在临床上可用于治疗巨幼红细胞贫血。

2）胎儿神经管畸形。孕妇怀孕早期叶酸缺乏是引起胎儿神经管畸形的主要原因。研究表明，叶酸能携带和提供一碳单位，提供合成神经鞘和神经递质的主要原料，若叶酸缺乏会影响神经系统发育，以及引起由于神经管未能闭合而导致脊柱裂和无脑畸形为主的神经管畸形。

3）高同型半胱氨酸血症。叶酸缺乏还可使同型半胱氨酸向胱氨酸转化出现障碍，导致同型半胱氨酸在血中堆积，形成高同型半胱氨酸血症。高浓度同型半胱氨酸不仅损害血管内皮细胞，还可激活血小板的黏附和聚集，因而被认为是动脉粥样硬化及心血管疾病发生的重要因素之一。

此外，叶酸缺乏还可引起孕妇先兆子痫、胎盘早剥的发生率增高，患巨幼红细胞贫血的孕妇易出现胎儿宫内发育迟缓、早产及新生儿低出生体重。

（2）过量。叶酸大剂量服用也可产生毒副作用，如可出现黄色尿；影响锌的吸收而导致锌缺乏；过量叶酸的摄入还干扰维生素 B_{12} 缺乏的诊断。

5. 推荐摄入量及食物来源　由于食物叶酸生物利用率仅 50%，而叶酸补充剂与膳食混合时的生物利用率为 85%，比单纯来源于食物的叶酸利用率高 1.7 倍，因此叶酸摄入量应以膳食叶酸当量（dietary folate equivalent，DFE）来表示，计算公式为 DFE（µg）＝膳食叶酸（µg）＋1.7×叶酸补充剂（µg）。

中国营养学会推荐成人叶酸 RNI 为 400 µg DFE/d，孕妇为 600 µg DFE/d，UL 为 1000 µg DFE/d。叶酸广泛存在于动植物食物中，富含叶酸的动物性食物如肝、肾、蛋、鱼，以及植物性食物如豆类、绿叶蔬菜及坚果类。当食物获取量不足时，可适量补充叶酸制剂，尤其是某些特殊人群，如孕妇、乳母及中老年人群。

（八）维生素 B_{12}

1. 理化性质　维生素 B_{12} 也称钴胺素，是目前所知唯一含金属的维生素，也是化学结构最复杂的一种维生素，包括一个咕啉环、5，6-二甲基苯丙咪唑、一个糖基和一个氨基丙醇基团。

维生素 B_{12} 是粉红色针状结晶，溶于水和乙醇。在弱酸性条件下稳定；在强酸或碱环境中易分解，日光、氧化剂及还原剂均能使其分解破坏。

2. 吸收与代谢　维生素 B_{12} 的吸收与胃贲门和胃底黏膜细胞分泌的一种称为内因子（intrinsic factor，IF）的糖蛋白密切相关，当食物通过胃时，维生素 B_{12} 就从食物蛋白质复合物中释放出来，与 IF 结合，进入肠道后附着在回肠内壁黏膜细胞受体上，在肠道酶作用下，内因子释放出维生素 B_{12}，由肠道黏膜细胞吸收。维生素 B_{12} 一旦被吸收便进入血液，与转运蛋白结合后运输至细胞表面具有特异维生素 B_{12} 受体的组织，如肝、肾、骨髓等。体内维生素 B_{12} 的储存量为 2～4 mg，约 60%存储于肝，30%存储于肌肉。维生素 B_{12} 由肝通过胆汁排出后大部可被重新吸收。

维生素 B_{12} 主要通过尿液排出体外。

3. 生理作用　维生素 B_{12} 在体内通过转变为腺苷基钴胺素（辅酶 B_{12}）和甲基钴胺素（甲基 B_{12}）两种辅酶发挥生理作用，作用包括促进红细胞发育和成熟，使肌体造血机能处于正常状态，预防贫血；增加叶酸的利用率，促进碳水化合物、脂肪和蛋白质代谢；活化氨基酸和促进蛋白质、核酸的生物合成，对婴幼儿的生长发育有重要作用；是神经系统不可缺少的维生素，参与神经组织中脂蛋白的形成。

4. 缺乏与过量

（1）缺乏。膳食维生素 B_{12} 缺乏较少见，多数是由于吸收不良引起。维生素 B_{12} 缺乏的主要表现如下。

1）巨幼红细胞贫血。当维生素 B_{12} 缺乏时，红细胞中 DNA 合成发生障碍，易诱发巨幼红细胞贫血。

2）神经系统损害。维生素 B_{12} 缺乏可阻碍甲基化反应而导致神经系统损害如斑状、弥漫性的神经脱髓鞘，可产生广泛的神经系统症状和体征。

3）高同型半胱氨酸血症。维生素 B_{12} 缺乏使同型半胱氨酸不能转变为蛋氨酸而在血中堆积，引起高同型半胱氨酸血症，后者被认为是心脑血管疾病的重要危险因素。

（2）过量。维生素 B_{12} 的毒性较低，目前未见其毒性的报道。

5. 推荐摄入量及食物来源 人体对维生素 B_{12} 需要量极少，中国营养学会推荐成人维生素 B_{12} 的 RNI 为 2.4 μg/d。

维生素 B_{12} 主要来源为肉类，尤以内脏含量丰富，鱼、贝类、蛋类其次，乳类最少。植物性食品一般不含此种维生素，但发酵豆制品含一定数量维生素 B_{12}。

（九）维生素C

1. 理化性质 维生素 C 又称抗坏血酸，是含六个碳原子的 α-酮基内酯的酸性多羟基化合物，具有机酸的性质。自然界有 L-型和 D-型两种抗坏血酸，D 型无生物活性。

维生素 C 的纯品无色无臭、有酸味，溶于水，不溶于脂溶剂，极易氧化，在碱性环境、加热或与铜、铁共存时极易被破坏，在酸性条件下稳定。植物和多数动物可利用六碳糖合成维生素 C，但人体不能合成，必须靠膳食供给。

2. 吸收和代谢 维生素 C 在消化道主要以 Na^+ 依赖的主动转运形式吸收入血，较少的以被动扩散吸收。绝大部分维生素 C 在回肠部位被吸收，吸收率为80%～95%。不能被吸收的维生素 C 在消化道被降解。维生素 C 在组织中以还原型抗坏血酸与氧化型抗坏血酸两种形式存在。这两种形式都具有生理活性，并可通过氧化还原相互转变。被吸收的维生素 C 在血浆中主要以抗坏血酸游离形式运输，但有一小部分（5%）以脱氢型抗坏血酸形式运输。维生素 C 在体内分解可产生草酸。

维生素 C 主要随尿液排出，其次为汗液和粪便。

3. 生理功能 维生素 C 是机体内的强抗氧化剂，可还原超氧化物、羟自由基及其他活性氧化剂，可使双硫键（—S—S—）还原为巯基（—SH），与其他抗氧化剂一起清除自由基，在氧化防御系统中起重要作用。

维生素 C 作为底物和酶辅因子参与许多重要生物合成的羟化反应，如促进组织中胶原蛋白形成，在脑和肾上腺组织中作为羟化酶辅酶参与神经递质的合成，在肝中参与胆固醇的羟化作用生成胆酸从而降低胆固醇。维生素 C 在维护骨骼、牙齿正常发育、预防心血管疾病等方面也发挥重要作用。此外，维生素 C 还可促进 Fe^{3+} 还原为 Fe^{2+} 及叶酸还原为四氢叶酸，有利于非血红素铁的吸收和叶酸利用；其也可阻断亚硝胺的形成，对铅、砷、苯及细菌毒素等具有解毒作用，是临床上常用的解毒剂之一。

4. 缺乏与过量

（1）缺乏。维生素 C 严重摄入不足可引起坏血病，主要临床表现是毛细血管脆性增加，皮下组织出血，牙龈肿胀、出血、萎缩，常有月经过多及便血；婴儿坏血病的早期症状是四肢疼痛引起的仰蛙形体位，移动其四肢都会使其疼痛以致哭闹。维生素 C 缺乏还导致骨钙化不正常及伤口愈合缓慢等症状。

（2）过量。维生素 C 很少引起明显毒性，仅见轻微的不良反应，但大量摄入维生素 C 可能引起依赖症。由于维生素 C 在体内分解代谢重要终产物是草酸，当长期服用过量维生素 C 时，可出现草酸尿以致形成泌尿道结石。

5. 推荐摄入量及食物来源 中国营养学会推荐我国成人维生素 C 的 RNI 为 100 mg/d，UL 为 2000 mg/d。在高温、寒冷、缺氧条件下劳动或生活的人群，或经常接触铅、苯、汞的有毒工种劳动者，以及某些疾病的患者、孕妇、乳母应适当增加维生素 C 摄入量。

维生素 C 主要来源是新鲜蔬菜和水果。蔬菜中的冬寒菜、豌豆苗、韭菜、辣椒、花菜、苦瓜等都含丰富的维生素 C，水果中以柑、橘、橙、柚、柿、枣和草莓等含量丰富。

第七节 矿 物 质

一、概述

人类和生物都是地球环境演化到一定阶段的产物，人体与环境之间不断进行着物质和能量的交换。人体组织几乎含有自然界存在的各种元素，其元素种类和数量与其生存的地表环境及膳食摄入量有关。人体内约有 20 余种元素是构成人体组织、参与机体代谢和维持生理功能所必需的。在这些元素中，除碳、氢、氧和氮组成有机化合物外，其余元素称为矿物质（mineral），亦称无机盐或灰分。矿物质根据其在体内含量不同分为两大类：含量大于体重 0.01%的矿物质，称为常量元素，如钙、磷、钠、钾、氯、镁和硫等；含量小于体重 0.01%的矿物质，称为微量元素。FAO/IAEA/WHO 将微量元素中的铁、碘、铜、钴、铬、钼、硒和锌列为人体必需微量元素，将硅、镍、硼、钒和锰列为人体可能必需的微量元素，而将氟、铅、镉、汞、砷、铝、锡和锂列为具有潜在毒性的微量元素。

（一）矿物质的特点

1. **体内不能合成，必须从食物中摄取** 摄入体内的矿物质经机体新陈代谢，每天都有一定量随粪、尿、汗、头发、指甲及皮肤黏膜脱落等途径排出体外，因此，必须不断从膳食中得到补充。

2. **体内分布极不均匀** 如钙和磷主要分布在骨骼和牙齿，铁主要分布在红细胞，碘集中在甲状腺等。

3. **相互之间存在协同或拮抗作用** 如膳食中钙、磷比例不合适，可影响钙的吸收；过量的镁干扰钙的代谢；过量的铜可抑制铁的吸收等。

4. **摄入过量易引起中毒** 某些微量元素在体内需要量很少，但其生理剂量与中毒剂量范围较窄，摄入过量易产生毒性作用，如硒摄入过量易引起中毒，对硒的强化不宜用量过大。

（二）矿物质缺乏和过量的原因

1. **地球环境因素** 地壳中矿物质元素的分布不平衡，致使某些地区表层土壤中某种矿物质元素含量过低或过高，导致人群因长期摄入在这种环境中生长的食物或饮用水而引起亚临床症状甚至疾病。

2. **食物成分及加工因素** 食物中含有天然存在的矿物质拮抗物，可以影响矿物质的吸收。食物加工过于精细，可以造成矿物质的损失。食品加工过程使用的金属设备、器具或食品添加剂纯度不纯，含有矿物质杂质，均可污染食品。

3. **机体自身因素** 由于摄入量不足或不良的饮食习惯，可导致矿物质缺乏；生理上有特殊需求的人群，没有进行矿物质额外的补充，容易造成机体缺乏矿物质。当机体长期大量补充矿物质，尤其大剂量服用矿物质补充制剂，容易导致急性或慢性中毒。

二、钙

钙是人体含量最多的矿物元素，占人体重量的 1.5%～2.0%。正常成人体内含 1000～1200 g 钙。其中 99%的钙主要以羟磷灰石 $[Ca_{10}(PO_4)_6(OH)_2]$ 形式存在于骨骼和牙齿，少量为无定形磷酸钙 $[Ca_3(PO_4)_2]$。其余 1%的钙常以离子钙、蛋白质结合钙或柠檬酸螯合钙的状态存在于软组织、细胞外液和血液中，这部分钙统称混溶钙池（miscible calcium pool）。混溶钙池的钙与骨骼钙保持动态平衡。

（一）钙的吸收与代谢

人体摄入的钙，主要以主动转运在小肠近端吸收，浓度高时也以被动扩散方式吸收。肠内的酸度对钙吸收有重要影响，在 pH 约为 3 时，钙呈离子化状态，吸收最好；当机体对钙的需要量增加或摄入量较低时，肠道对钙的主动吸收会增强。经肠道吸收的钙进入血液循环后，大部分沉积在骨骼。当血钙浓度降低时，骨钙会释放出来进入血液以维持机体钙平衡。钙平衡受甲状旁腺素（parathyroid hormone，PTH）、降钙素（calcitonin，CT）和维生素 D 的调控。当血钙水平降低时，PTH 就会促使骨骼释放出可交换钙，并刺激肾加强对尿钙的重吸收，使血钙水平恢复正常。当血钙升高时，CT 就会降低血液中钙、磷水平，并维持内环境稳定。维生素 D 能促进钙结合蛋白的生成，有利于钙在小肠的吸收和肾的重吸收。除沉积于骨组织中的钙外，其余小部分被吸收的钙则保留在软组织和细胞外液。此外，还有部分被吸收的钙经肾小球滤过从尿中排出，以及随汗液而丢失。未吸收钙及部分来自脱落上皮细胞和消化液的钙随粪便排出。正常膳食时，尿中钙排出量较为恒定。蛋白质摄入与尿钙量呈正相关，增加蛋白质摄入可使尿钙排出增加。

许多因素可影响钙的吸收：钙吸收率随年龄增长而下降，母乳喂养婴儿的钙吸收率可达 60%，成年人为 25%左右，老年人则只有 10%左右。维生素 D、乳糖及某些氨基酸可促进钙吸收。而某些富含植酸、草酸的蔬菜、谷类等阻碍钙吸收；脂肪酸、膳食纤维及一些碱性药影响钙的吸收。

（二）生理功能

钙是构建骨骼和牙齿的物质基础，对于维持骨骼和牙齿健康具有重要作用。骨中的钙不断从破骨细胞中释放后进入混溶钙池，而混溶钙池的钙又不断沉积在成骨细胞。钙的更新速率随年龄增长而减慢。幼儿骨骼 1～2 年更新一次，成人 10～12 年更新一次。40～50 岁以后，骨组织中钙含量逐渐减少，约每年下降 0.7%。

其余 1%的钙有如下重要功能：与钾、钠、镁等离子保持一定比例，维持神经、肌肉的应激性；参与正常的神经脉冲传导；作为各种生物膜的结构成分，影响膜的通透性和完整性；钙离子还可激活多种酶，包括 ATP 酶、脂肪酶和某些蛋白分解酶；还参与血液凝固及激素的分泌等。

（三）缺乏与过量

1. 缺乏　　钙缺乏主要影响骨骼的发育和结构，临床表现为婴幼儿的手足抽搐症和成年人的骨质疏松。钙吸收减少的主要原因有维生素 D 的合成障碍导致肠道钙吸收减少；或者因疾病如腹泻、胃炎等影响使得钙吸收不良。婴儿缺钙主要是由于孕妇在怀孕期间钙摄入不足导致母乳中的钙含量过低而引起；幼儿、学龄儿童、青少年缺钙的主要原因是含钙食品摄入过少、户外活动较少。婴幼儿、儿童长期缺钙和维生素 D 可导致生长发育迟缓、骨软化、骨骼变形，严重者可导致佝偻病，出现"O"形或"X"形腿。成人骨质疏松常见于中年以后，女性多于男性，主要原因是中老年以后雌性激素分泌减少；随着年龄增长，钙调节激素的分泌失调导致骨代谢紊乱。老年人由于消化功能降低，也易发生钙的缺乏；户外活动减少也是老年人易患骨质疏松的重要原因之一。钙摄入不足还影响牙齿的质量，增加患龋齿的风险。

2. 过量　　钙摄入过量可能对机体产生不良作用，主要表现为：①增加肾结石的风险。高钙尿是肾结石发生的重要危险因素。此外，草酸、膳食纤维及蛋白质摄入量过高，也是易与钙结合形成肾结石的重要相关因子。②乳碱综合征。这是高钙血症和伴随或不伴有代谢性碱中毒及肾功能不全的症候群。临床表现为高钙血症、肾衰、昏迷等症状。③钙与其他矿物质的相互作用。高钙膳食可影响其他矿物质的利用，如影响铁的吸收；降低锌、镁的生物利用率等。

（四）推荐摄入量与食物来源

中国营养学会推荐成人钙的 RNI 为 800 mg/d, UL 为 2000 mg/d。

乳和乳制品是补钙的最佳来源，不仅钙含量丰富，吸收率也高。小鱼、小虾及一些硬果类含钙也较多。豆类及豆制品也是钙的较好来源。

三、磷

磷是人体必需的常量元素之一，约占人体重的 1%，成人体内含量为 600～900 g。其中 85% 主要以羟磷灰石 $[Ca_{10}(PO_4)_6(OH)_2]$ 形式存在于骨骼和牙齿；其余部分存在于骨骼肌、皮肤、神经组织和体液中。

（一）吸收与代谢

磷主要在小肠中段吸收，有主动吸收和扩散被动两种吸收机制。当机体需要量增高和摄入量减少时，磷吸收率提高。磷转运在机体生长发育期的效率大于成年期。婴儿以母乳喂养时，磷吸收率为 85%～90%。因可形成不溶性磷酸盐，其吸收率还受摄入食物中其他阳离子如钙、铝的影响。人体每天摄入磷为 1～1.5 g，主要以磷脂的形式被吸收。

磷主要通过肾排泄。尿磷排出量占总排出量的 60% 以上，取决于肾小球滤过率和肾小管重吸收功能，并随肠道摄入量的变化而变化。

（二）生理功能

磷是构成骨骼、牙齿的重要原料。磷在机体能量代谢中起重要作用，如参与葡萄糖代谢重要中间产物葡萄糖-6-磷酸和丙糖磷酸酯的形成，作为很多酶系如硫胺素焦磷酸酯（TPP）、黄素腺嘌呤二核苷酸（flavin adenine dinucleotide，FAD）及烟酰胺腺嘌呤二核苷酸（nicotinamide adenine dinucleotide phosphate，NADP）等的辅酶或辅基，以及通过 ATP 和磷酸肌酸参与机体能量代谢。磷还是形成核酸、脱氧核糖核酸和细胞膜的重要原料。磷以不同量或不同形式磷酸盐从尿中排出，调节体液酸碱平衡。

（三）缺乏与过量

1. 缺乏　　通常由于膳食原因不会导致磷的缺乏。但在特殊情况下，如仅以母乳喂养的早产儿，可表现出佝偻病样的骨骼异常。

2. 过量　　磷摄入过量，可导致细胞外液磷浓度过高，表现出高磷血症。这不仅对骨骼产生不良作用，还可引起转移性的钙化作用，当细胞外液钙、磷浓度过高，超过磷酸氢钙的溶解度极限时，可引起非骨组织的钙化。

（四）推荐摄入量与食物来源

中国营养学会推荐成人磷的 RNI 为 720 mg/d, UL 为 3500 mg/d。理论上膳食中钙磷比维持在 2：1 较适宜。

各种食物中均含丰富的磷，当膳食中能量和蛋白质供给充足时不易引起磷的缺乏。瘦肉、蛋、乳及动物肝、肾中磷含量高。

四、镁

镁是人体必需的常量元素，主要集中在线粒体。镁在体内含量约 25 g，其中 60%～65% 的镁以磷酸盐和碳酸盐形式存在于骨骼和牙齿中，27%存在于肌肉、肝、心脏等组织中，2%存在于体液内。镁在软组织中以肝和肌肉浓度最高，血浆中镁浓度为 1～3 mg/100 mL。

（一）吸收与代谢

镁主要在空肠末端和回肠被吸收，可通过被动扩散和主动转运两种吸收机制，吸收率约 30%。镁吸收率受膳食中镁含量的影响，摄入量少时吸收率增加，摄入量多时吸收率降低。膳食中的氨基酸、乳糖等能促进镁吸收。草酸、植酸和膳食纤维等抑制镁吸收。镁与钙吸收途径相同，二者在肠道竞争吸收。

镁主要通过尿液排泄。肾上腺皮质分泌的醛固醇可调节肾排泄镁的速率。饮酒、服用利尿剂均能促进镁从尿中排出。

（二）生理功能

镁是构成骨骼、牙齿的成分。镁是体内多种酶的激活剂，特别是一些磷酸基团水解与转运的酶（如各种磷酸激酶）。此外，镁与钙、钾、钠及相应的负离子协同维持体内酸碱平衡和神经、肌肉的应激性。镁与钙相互制约，保持神经、肌肉兴奋与抑制的平衡。镁作用于外围血管系统会引起血管扩张，是心血管系统保护因子。低浓度镁可减轻肠壁的压力和蠕动，有解痉作用。

（三）缺乏与过量

1. 缺乏　　由于镁广泛分布于各种食物，加上肾对镁的排泄有调节作用，镁缺乏相对较少见。镁缺乏是由于各种原因引起的吸收不良如酒精性中毒的营养不良、儿童时期的蛋白质-能量营养不良、长期低镁或无镁的全静脉营养，以及严重的肾疾病等。镁缺乏可致神经、肌肉兴奋性亢进，其表现为肌肉震颤、手足抽搐、共济失调等。

2. 过量　　在正常情况下，肠、肾及甲状旁腺等能调节镁的代谢，不易引起镁过量中毒。但肾功能不全者，尤其是尿少者，接受镁制剂治疗时易发生镁中毒。糖尿病酮酸症的早期，由于脱水导致镁从细胞内溢出到细胞外而引起血镁升高也易发生镁中毒。

（四）推荐摄入量与食物来源

中国营养学会推荐成人镁的 RNI 为 330 mg/d。

镁广泛存在于各种食物中，含镁较丰富的食物有荞麦、大麦、燕麦、黄豆、黑米、油菜、甘薯等。

五、钠与钾

钠是人体不可缺少的常量元素，正常成人体内钠总量平均约 60 mmol/kg 体重。其中，骨骼中含量达 40%～45%，细胞外液占总钠量的 47%～50%，细胞内液含量较低，仅 9%～10%。

钾是人体主要阳离子之一，正常成年男性总钾量约 45 mmol/kg 体重。其中，98%钾存在于细胞内，2%钾存在于细胞外液。除离子态外，部分钾与蛋白质结合，或者与糖和磷酸盐结合，但细胞外钾主要以离子态存在。

（一）吸收与代谢

钠在小肠上段几乎全部被吸收。由于细胞内的电位较黏膜面低 40 V，同时细胞内钠的浓度较周围液体低，因此钠可顺电化学梯度通过扩散作用进入细胞内。但细胞内的钠能通过低侧膜进入血液，这是通过膜上钠泵的活动逆电化学梯度进行的主动过程。钠泵是一种 Na^+-K^+ 依赖性 ATP 酶，它可使 ATP 分解产生能量，以维持钠和钾逆浓度的转运。吸收的钠部分通过血液输送到胃液、肠液、胆汁及汗液中。人体每日从粪便中排出的钠不足 10 mg，其主要从肾排出。如果出汗不多，也无腹泻，98%以上摄入的钠自尿中排出。

钾大部分在小肠吸收，吸收率约 90%。吸收的钾通过钠泵转入细胞内。肾是维持钾平衡的主要调节器官，摄入人体的钾约 90%由肾排出。除肾外，粪便和汗液也可排出少量的钾。

（二）生理功能

钠是细胞外液中主要的阳离子，构成细胞外液渗透压，调节与维持体内水量的恒定。钠与钾、钙、镁等离子的浓度平衡与维护神经、肌肉的应激性关系密切。此外，钠作为钠泵的构成组分，参与钠、钾离子的主动运转；钠还参与碳水化合物和蛋白质的正常代谢。

钾不仅在维持细胞内的正常渗透压、电解质平衡和维持神经、肌肉的应激性中起重要作用，还在能量代谢和营养成分的膜转运过程中发挥关键作用。钾能够扩张血管，对钠有拮抗作用，适当的钾摄入可减轻因高钠摄入产生的不良影响；适当增加钾的摄入还可增加胰岛素、儿茶酚胺和肾上腺素的分泌，从而有助于维持内环境稳定。

（三）缺乏与过量

1. 缺乏　　人体通常不易发生钠、钾缺乏。但在某些情况下，如禁食、少食，膳食钠限制过严而摄入量很低时，或在高温、重体力劳动、出汗过量、肠胃疾病等使钠的排出过量时，以及某些疾病如胃肠外营养缺钠或低钠时，利尿剂的使用而抑制肾小管对钠的重吸收时，均可引起钠缺乏。钾的缺乏由于疾病或其他原因如长期禁食或少食，易导致摄入量不足。

2. 过量　　正常情况下，机体肾对钠有调节作用，钠摄入过量并不在体内蓄积，但某些疾病可引起体内钠过量，当血浆钠高于 150 mmol/L 时，可出现毒性反应，称为高钠血症。成人每日摄入 35～40 g 食盐可引起急性中毒，出现水肿。钠摄入量过量、尿中钠离子与钾离子比值增高是高血压发生的重要原因之一。当血钾高于 5.5 mmol/L 时，可出现毒性反应，称为高钾血症。高钾血症常与肾功能衰竭同时存在，神经、肌肉表现为极度疲劳软弱、四肢无力、下肢沉重，严重时出现心跳缓慢、低血压，甚至发生心脏骤停等。

（四）推荐摄入量与食物来源

中国营养学会推荐成人钠的 AI 为 1500 mg/d。各种食物中普遍存在钠，但天然食物中钠含量不高。人体钠的主要来源为食盐、酱油、味精等调味品，以及盐渍或腌制肉类、咸菜类等加工食品。成人每日食盐摄入量不宜超过 6 g。若天热、运动等大量出汗情况下，机体从汗液中损失钠较多，可以适当补充，以补充 0.3%的盐水为宜。

中国营养学会推荐成人钾的 AI 为 2000 mg/d。运动员出汗失钾较多，运动后恢复时蛋白质与糖原的合成均需钾，可适当提高。大部分食物都含钾，其中蔬菜、水果是钾的最好来源。

六、铁

铁是人体重要的必需微量元素之一。成人男子体内总铁量平均约 3.8 g（75 kg 体重），女子约 2.3 g（60 kg 体重），约 2/3 是功能性铁，即存在于血红蛋白、肌红蛋白和血红素酶类（如细胞色素氧化酶、过氧化物酶等）的铁；其余以储存铁形式，即铁蛋白和含铁血黄素，存在于肝、脾和骨髓的网状内皮系统中。

（一）吸收与代谢

食物铁主要的吸收部位是在小肠中、上段。食物铁按其存在形式不同，分为血红素铁和非血红素铁，它们的吸收形式有所不同。非血红素铁的吸收受膳食因素的干扰，如植酸盐、草酸盐和磷酸盐存在时，易与铁形成不溶性铁盐而抑制其吸收，而维生素 C、柠檬酸、葡萄糖及某些氨基酸有利于铁的吸收。血红素铁的吸收不受其他膳食因素影响。植物性食物中所含铁主要是非血红素铁，吸收率较低，一般不超过 10%。动物性食物铁吸收率较高，如肉与内脏中的铁吸收率为 25%。体内铁的储备量可影响铁的吸收，铁缺乏时，血红素铁吸收率可达到 40%。

机体对铁具有储存和再利用的特点。人体能将代谢铁的 90% 以上反复利用，包括细胞死亡后其内部的铁也可被保留和再利用。成人每天约排出 1 mg 铁，其中 90% 从肠道排出，尿排出极少。另外，月经、出血等也是铁的排出途径。

（二）生理功能

铁是制造红细胞的主要原料，是血红蛋白、肌红蛋白和细胞色素的重要组分。铁通过血红蛋白与氧可逆结合，通过肌红蛋白在肌肉组织中转运和储存氧，以及通过细胞色素在呼吸过程中传递电子从而参与体内氧的运输和组织呼吸过程。

此外，铁能催化 β-胡萝卜素转化为维生素 A、促进嘌呤与胶原的合成及药物在肝的解毒等。铁还可提高机体免疫力，增加中性粒细胞和吞噬细胞的吞噬功能，使机体的抗感染能力增强。

（三）缺乏与过量

1. 缺乏　　长期膳食中铁的供应不足，可引起机体铁缺乏，继而导致缺铁性贫血，多见于婴幼儿、孕妇及乳母。另外，月经过多、痔疮、消化道溃疡及肠道寄生虫等疾病引起的出血，也是铁缺乏的重要原因之一。缺铁性贫血不仅是表现为贫血，而且是属于全身性的营养缺乏病。由于体内缺铁程度及病情发展早晚不同，故贫血的临床表现存在差异性。体内铁缺乏分为三个阶段：第一阶段为铁减少期，即体内储存铁减少，血清铁浓度下降，无临床症状表现；第二阶段为红细胞生成缺铁期，该阶段血清铁浓度下降，运铁蛋白浓度降低，游离原卟啉浓度升高，但血红蛋白浓度尚未降至贫血标准；第三阶段为缺铁性贫血期，此时血红蛋白和红细胞比积下降，并伴有缺铁性贫血的临床症状，如头晕、气短、乏力、记忆力减退及脸色苍白等症状。

2. 过量　　铁虽然是人体必需的微量元素，但当摄入过量或误服过量的铁制剂时也可能导致铁中毒。急性铁中毒是指当吸收的铁超过与血浆中运铁蛋白结合的量时，铁的毒性才会显现。铁急性中毒表现为恶心、呕吐、腹泻等症状，严重者可出现休克。长期服用补铁制剂，可能出现慢性中毒症状，表现为肝硬化、骨质疏松、软骨钙化等症状。

（四）推荐摄入量与食物来源

中国营养学会推荐成年男性铁的 RNI 为 12 mg/d、女性 RNI 为 20 mg/d，UL 为 42 mg/d。

含铁丰富的食物有动物内脏（尤其是肝）、动物血制品、瘦肉、红枣、桂圆等。对于婴儿，应提倡母乳喂养，因为母乳中的铁易被婴儿吸收利用，可有效地防止婴儿贫血的发生。

七、锌

锌是人体必需的微量元素之一，人体内总量为 23～38 mmol（1.5～2.5 g）。锌广泛存在于机体组织，包括肝、骨骼肌、皮肤、毛发、指甲等，其中约 60% 存在于骨骼肌，30% 存在于骨骼，后者不易被动用。血液循环中的锌只占机体总锌量约 0.5%。

（一）吸收与代谢

锌主要在十二指肠和空肠经主动转运机制吸收，一部分吸收的锌很快通过肠黏膜细胞转运，另一部分则储存在黏膜细胞中，与金属硫蛋白结合，并在以后数小时内缓慢释放。血中的锌通过白蛋白被快速转运到肝和肝外组织。体内的锌经代谢后主要由肠道排出，少部分随尿液排出，汗液和毛发也有少量排出。

许多因素影响锌的吸收，包括膳食中其他矿物质、蛋白质、维生素和植酸的存在，另外也受生理因素和疾病过程的影响。例如，过多矿物质的摄入、膳食植酸及缺乏胃酸可妨碍锌的吸收。

（二）生理功能

锌是多种酶（如超氧化物歧化酶、碱性磷酸酶、DNA 聚合酶等）的组成成分或激活剂，它们在组织呼吸、能量代谢、核酸代谢及抗氧化过程中发挥着重要作用。锌通过影响 DNA 合成、蛋白质合成、细胞增殖与分化及参与内分泌激素的代谢等发挥促生长发育作用；通过促进淋巴细胞的分裂、增加 T 细胞数量和活力等增强免疫机能。

此外，锌通过参与唾液蛋白的构成以维持正常的味觉与食欲。锌还参与维生素 A 还原酶和视黄醇结合蛋白的合成，有利于维生素 A 的正常代谢。锌也有利于毛发的正常生长，是皮肤、骨骼和牙齿正常成长所必需。

微课
锌的缺乏
与过量

（三）缺乏与过量

1. 缺乏　　锌缺乏是由于锌的摄入、代谢或排泄障碍所致体内锌含量过低的表现。锌缺乏症可分为两类：①营养性锌缺乏症。个体表现生长迟缓、免疫力降低、伤口愈合缓慢、皮炎、味觉异常等；男性的第二性征发育和女性生殖系统的发育缓慢，女性月经初潮延迟或闭经。孕期严重锌缺乏可使胚胎出现畸形，出生后锌缺乏可导致侏儒症的发生。②肠病性肢端皮炎。这是一种少见的常染色体隐性遗传性疾病，多发生在停止母乳改用人工喂养的婴儿。主要表现为久治不愈的慢性腹泻、皮炎和脱发；也可有厌食、嗜睡、生长发育受阻及免疫功能低下等表现。

2. 过量　　成人一次性摄入 2 g 以上的锌可发生锌中毒，其表现为头痛、呕吐、腹泻、贫血及免疫功能下降等症状。母体若锌含量过高，可导致胎儿神经管畸形；锌还使其他矿物质吸收产生拮抗作用，对脑功能有影响。

（四）推荐摄入量与食物来源

中国营养学会推荐成年男性锌 RNI 为 12.5 mg/d、女性 RNI 为 7.5 mg/d，UL 为 40 mg/d。

贝类、红色肉类和动物内脏是锌的良好来源；其次干果类、谷类胚芽、麦麸燕麦、花生酱、花生等食物也富含锌。

八、碘

碘是合成甲状腺激素的必需成分。成人体内含碘为 25～50 mg。甲状腺以甲状腺素或其前体形式储存了大量的碘，当碘供给充足时，甲状腺可贮碘 10～20 mg，其中包括甲状腺素（tetraiodothyroxine，T_4）、三碘甲腺原氨酸（triiodothyronine，T_3）、一碘酪氨酸（monoiodotyrosine，MIT）、二碘酪氨酸（diiodotyrosine，DIT）及其他碘化物。血液中的碘主要为蛋白结合碘，为 30～60 μg/L。

（一）吸收与代谢

食物中的碘以无机碘和有机碘的形式存在。无机碘在胃肠几乎全部被吸收。有机碘在消化道被消化脱碘后，以无机碘形式被吸收，并在甲状腺、肾和胃黏膜等处浓集。其中 30%～50% 吸收的碘进入甲状腺，在碘过氧化酶作用下迅速氧化为碘分子，通过促甲状腺素的刺激与甲状腺球蛋白上的酪氨酸基团结合形成单碘或双碘酪氨酸，然后经偶联作用形成 T_3 或 T_4。在代谢过程中，甲状腺素经肝、肾等组织中的脱碘酶催化脱碘，经释放的碘可被重新利用。人体内的碘主要通过肾从尿中排出。另外通过乳汁排出的碘，对母体向婴儿供碘有重要的作用。

（二）生理功能

碘在体内主要参与甲状腺素的合成，其生理功能主要通过甲状腺素显示出来。甲状腺素可活化多种酶而促进物质代谢，使糖和脂肪氧化加强，ATP 生成增加，为蛋白质合成及机体的生长发育提供充足的能量；甲状腺素可调节体液平衡，促进组织中水、盐进入血液并从肾排除；此外，甲状腺素还能促进神经系统发育和组织分化，特别是在胚胎发育期和出生后早期阶段特别重要。

（三）缺乏与过量

1. 缺乏 碘缺乏病是指由于自然环境缺碘，造成从胚胎发育到成人期的碘摄入不足所引起的一组有关联疾病的总称。环境缺碘是碘缺乏病的主要原因，可通过食物链的作用使生活在该地区人群发生碘缺乏。碘缺乏病分为地方性甲状腺肿大和地方性克汀病。前者主要表现为因甲状腺肿大而引起的颈部肿大，这是由于缺碘使甲状腺素合成分泌不足，引起垂体大量分泌促甲状腺素，导致甲状腺组织代偿性增生而发生腺体肿大。后者主要是婴幼儿缺碘引起生长发育迟缓、智力低下、运动功能障碍等症状。妇女若在怀孕期间缺碘，可导致流产、早产、死胎、胎儿先天畸形等的发生。

中国是世界上碘缺乏病分布广泛、病情较严重的国家之一。据 20 世纪 70 年代调查，我国各省、自治区、直辖市（除上海市）均有不同程度的碘缺乏病流行。20 世纪 50 年代以来，我国在部分病区开始了食盐加碘，使严重流行的碘缺乏病得到了有效控制，但距离消除还有较大差距。1994 年，我国采取了以普遍食盐加碘为主的防治策略，到 2021 年年底，全国 2799 个碘缺乏病流行县达到了控制或消除标准，达标率为 100%。

2. 过量 碘过量是指摄入明显超过人体需要量的碘导致碘营养过剩的状态，碘过量的主要原因有水源性碘过量、食源性碘过量和药物性碘过量。目前，没有确切的证据表明碘摄入过量与甲状腺癌发病风险的增加有关。碘摄入过量也会对妊娠女性健康和妊娠结局产生不良影响。我国河北、山东、山西等省的部分地区，约有 3000 万的居民生活在高水碘地区。部分居民由于饮用高碘水，或食用高碘食物造成了高碘性甲状腺肿大。为了降低高水碘地区居民碘摄入过量的风险，对水源性高碘地区实施供应未加碘食盐策略，同时在一些高水碘地区采取改水措施来降低居民碘暴露的水平，并已取得显著效果。

（四）推荐摄入量与食物来源

中国营养学会推荐成人碘的 RNI 为 120 μg/d，UL 为 600 μg/d。

机体所需碘可从饮水、食物和食盐中取得。海产品含碘丰富，如海带、紫菜、海参等都含丰富的碘。但饮水、食物中的碘含量多与地理环境有关，一般内陆山区的土壤和空气中含碘较少，故饮水、食物中含碘量也较少，易发生缺碘。补碘的最佳方法是食用碘盐。但为了防止碘摄入过量，针对不同地区及不同人群碘需要量的差异性，在《食品安全国家标准 食用盐碘含量》（GB 26878—2011）中，规定食用盐产品（碘盐）中碘元素含量为 20～30 mg/kg，允许各地行政部门有权在标准范围内，根据当地人群实际的碘营养水平选择最适合本地情况的加碘值。

九、硒

1957 年，我国学者首先提出克山病与硒缺乏有关，并进一步验证和确定了硒是人体必需的微量元素。成人体内硒含量为 14～21 mg，主要分布于肝、胰、肾、心、脾、牙釉质等组织，脂肪组织含量较低，而肌肉总量最多约占人体总量的一半。肌肉、肾和红细胞是硒的组织储存库。体内硒的存在形式主要有两种：一种是来自膳食的硒蛋氨酸，在体内不能合成，作为储存形式在膳食硒供给中断时为机体提供硒；另一种是硒蛋白中的硒半胱氨酸，是具有生物活性的化合物。

（一）吸收与代谢

硒主要在小肠吸收。不同形式硒的吸收方式不同，硒化合物极易被人体吸收，硒蛋氨酸较无机硒易吸收。硒在体内的吸收、转运和储存受膳食中硒的化学形式和量的影响。另外，性别、年龄、健康状况及食物中是否存在硫、重金属、维生素等化合物对硒的吸收也有影响。

经尿排出的硒占总硒排出量的 50%～60%，在摄入高膳食硒时，尿硒排出量会增加。粪硒排出量恒定为总硒排出量的 40%～50%，呼气和汗液中排出的硒极少。

（二）生理功能

硒是谷胱甘肽过氧化物酶（glutathione peroxidase，GSH-Px）组成成分。GSH-Px 可通过消除脂质过氧化物，阻断活性氧和自由基的攻击，起延缓衰老的作用。硒存在于几乎所有免疫细胞中，补硒可明显提高机体免疫力而起防病效果。

硒可与机体内的重金属如汞、镉和铅等结合形成金属–硒–蛋白质复合物，起解毒作用。此外，硒可保护心血管和心肌健康，可调节甲状腺激素和提高红细胞的携氧能力，并可能有抗癌作用。

（三）缺乏与过量

微课
硒的缺乏
与过量

1. 缺乏　　我国科学家首先证实缺硒是发生克山病的重要原因。克山病是一种以多发性灶状心肌坏死为主要病变的地方性心肌病。目前认为人群中缺硒现象与其生存的地理环境中硒元素含量偏低，以及膳食中硒摄入量不足有关。流行病学调查显示，克山病分布于我国 14 个省、自治区的贫困地区，多数发生在山区和丘陵地带，主要易感人群是 2～6 岁的儿童和育龄妇女。调查发现病区人群血、尿、头发及粮食中的硒含量明显低于非病区。采用亚硒酸钠进行干预能取得较好的预防效果。此外，缺硒可能也是大骨节病发生的主要原因之一。大骨节病是一种地方性、多发性、变形性的骨关节疾病，它主要发生在青少年，严重影响骨骼的发育和日后的劳动生活能力。虽然它的发病原因至今尚未完全阐明，但通过补硒可以缓解一些症状，对患者骨关节的修复有促进作用，而且还可以防止恶化，但目前还不能完全有效控制大骨节病的发生。

2. 过量　　硒摄入过量可以引起中毒。我国湖北恩施土家族苗族自治州和陕西紫阳县是高硒地区，在当地的水土中硒含量很高，以致生长的植物中含有大量的硒。在 20 世纪 60 年代均发生了人食用高硒玉米后的急性和慢性中毒病例。其中毒症状表现为头发和指甲脱落、皮肤损伤，以及神经系统异常、恶心、呕吐等症状，严重者可导致死亡。

（四）推荐摄入量与食物来源

中国营养学会推荐成人硒的 RNI 为 60 µg/d，UL 为 400 µg/d。

硒的良好来源是海产品（如鱼子酱、海参等）和动物的肝、肾及肉类；植物性食物中大蒜、圆葱含硒丰富，而蔬菜和水果含硒甚微；现有人工培养的富硒酵母、富硒香菇等也是补硒的有效途径。需要注意的是，食物中含硒量随地域不同而异，特别是植物性食物的硒含量与地表土壤层中硒元素的水平有关。

十、其他矿物质

其他矿物质的主要生理功能、食物来源及膳食摄入量见表 2-15。

表 2-15　氟、铜、铬、钼和锰的生理功能、食物来源及膳食摄入量

名称	主要生理功能	食物来源	成人 RNI	成人 AI	成人 UL
氟	骨骼、牙齿的组分，对防止龋齿和骨质疏松有重要意义	茶叶、海产品含量较高，饮水是氟的主要来源，但有区域性	未制定	1.5 mg/d	3.5 mg/d
铜	维持正常的造血功能，维护中枢神经系统的完整性，促进骨骼、血管和皮肤的健康及抗氧化作用	牡蛎、贝类、坚果类含量较高，其次为动物肝、肾及谷类胚芽部分、豆类等	0.8 mg/d	未制定	8 mg/d
铬	葡萄糖耐量因子组分，可增强胰岛素的作用；参与脂代谢、核酸代谢，促进生长发育、提高免疫力	肉类、海产品、全谷类、豆类、坚果类等含量丰富	未制定	30 μg/d	未制定
钼	通过含钼酶醛氧化酶、黄嘌呤氧化酶/脱氢酶和亚硫酸盐氧化酶参与嘌呤及有关化合物代谢、催化亚硫酸盐转化为硫酸盐	富钼食物包括乳类及乳制品、干豆类、内脏（肝/肾）、谷类和烘烤食品	100 μg/d	未制定	900 μg/d
锰	作为酶的组分和激活剂，参与骨骼和结缔组织形成及能量代谢，也和生殖功能有关	茶叶、坚果、全谷物和豆类等含量较高	未制定	4.5 mg/d	11 mg/d

资料来源：中国营养学会，2014

第八节　水

一、概述

水是所有营养素中最重要的一种，也是人体含量最多的营养成分。人体若断水 3 d 或机体失水达体重的 20%将导致死亡。人体中的水并非以纯水形式存在，而是以体液形式存在。体液中溶解了多种无机盐和糖、蛋白质等营养物质，构成了人体的内环境。体液分为细胞内液和细胞外液，细胞外液包括血液、组织间液、淋巴液、结缔组织和软组织中的水、骨质中的水及细胞转移液（唾液）等。

水分的吸收是被动的，各种溶液特别是 NaCl 的主动吸收所产生的渗透压梯度是水分吸收的主要动力。不同部位水转运的动力不一样。在胃和大肠，水分的吸收主要依赖胃肠运动所产生的净水压；在小肠主要依赖可溶性营养成分吸收时产生的渗透压。

人体中的总水量相对恒定，占人体重量的 50%～80%。人体不同组织的含水量各不相同。一般在代谢活跃的肌肉和内脏细胞中，水的含量较高，而在代谢不活跃的组织或稳定的支持组织中含量较低。如肝、脑、肾等含水 70%～80%，血液含水约 85%，皮肤含水约 70%，脂肪组织仅含水约 10%。人体内含水量，因年龄、性别、体型等不同而存在差异。一般随年龄增加，含水量降低。例如，胚胎含水约为 98%，新生儿为 75%～80%，成年男子约为 60%，成年女子为 50%～55%。老年人约为 50%。

二、生理功能

1. 参与机体的构成　　水是机体的重要组成成分，是维持生命、保持细胞外形、构成各种体液所必需的。

2. 参与物质代谢　　营养物质的吸收和运输、代谢废物的排出都需要溶解在水中才能进行，这涉及消化、吸收、分泌及排泄等所有代谢过程。如果没有水的溶媒作用，生命中的一切化学反应都将停止。

3. 调节体温　　水的比热高于体内其他物质，因此体内含有大量的水能将代谢过程中产生的能量吸收，保持体温恒定；同时，水具有很高的蒸发热，特别是在高温下，蒸发少量的汗液即可散发大量的热，使人体在高温环境下能够维持正常体温。

4. 润滑作用　　唾液及消化液有利于咽部的润滑和食物消化，泪液可防止眼球干燥。水可以减少关节、胸腔、腹腔及胃肠等部位的摩擦，发挥保护、缓冲、润滑作用。水还可以滋润皮肤，使其柔软并有伸缩性。

三、人体内的水平衡

（一）水的来源

机体从以下两个来源获得水分。

1. 食物和饮料　　每日从食物和饮料中获得的水分约为 2200 mL，摄入量受季节、饮茶或喝饮料习惯、食物种类和数量、食物含盐量及活度强度等诸多因素影响。

2. 物质氧化生成水　　食物进入人体内，某些营养成分在代谢过程中氧化生成水，不同成分在氧化时生成的水量、二氧化碳排出量及氧气消耗量不同，如每克蛋白质产生的代谢水约为 0.41 mL，脂肪为 1.07 mL，碳水化合物为 0.60 mL。每日摄入 10.5 MJ 的混合膳食约产生 300 mL 水。

（二）水的排出

人体内的水主要通过以下途径排出体外。

1. 尿液　　机体每日排尿量为 1000～1500 mL，溶解在尿中的物质大部分是蛋白质的终产物（尿素、尿酸等）和电解质，这些固体物质的总量每天约为 40 g。肾具有适应机体需要的能力，一方面排出多余的水和电解质，另一方面又起着保留水、电解质及 HCO_3^- 等调节体液平衡的作用。

2. 汗液　　人体经此途径排出的水分每日约为 500 mL。皮肤蒸发有两种情况，一种是指皮肤不断蒸发水分，即使在较冷环境下仍不自觉地进行，即蒸发不显汗；另一种是出汗，出汗多少与环境温度、活动强度有关，人体通过出汗散热来降低体温以适应炎热的环境或强体力活动的生热，此时的汗液还同时丢失一定量电解质。

3. 肺呼吸　　人体呼吸时也丧失一部分水分，快而浅的呼吸丢失水分少，缓慢而深的呼吸丧失水分较多，正常人每日由呼吸丧失的水约为 350 mL。

4. 粪便　　粪便中约含水 150 mL，每日由消化道分泌的各种消化液约 8 L，但这些消化液在完成消化作用后几乎全部在回肠和结肠近端回收，流入结肠的水分很少。

从整体来讲，人体每日水的排出量和摄入量维持在 2500 mL 左右，二者维持着动态平衡。有些疾病会出现水肿，这时水分潴留在人体组织中；有些疾病可造成水分大量流失，如腹泻，使人体脱水。

四、需要量与来源

人体的需水量受年龄、环境温度、劳动强度、膳食、疾病和损伤等因素影响。在高温或从事重体力活动条件下，机体饮水量应适当增加。《中国居民膳食指南（2022）》明确提出足量饮水，少量多次。低身体活动水平成年男性每天饮水 1700 mL，女性 1500 mL，推荐喝白水或茶水，不喝或少喝含糖饮料，不用饮料代替白水。

食物水来自于主食、菜、零食和汤，包括食物本身含有的水分和烹调时加入的水。常见水分含量较高（≥80%）的食物包括液态乳、豆浆、果蔬等，以及汤类和粥类。每日从食物中获得的水分是膳食水摄入的重要来源。

[小结]

本章围绕营养素及能量展开阐述。主要介绍了传统五类营养素的生理功能、吸收代谢、缺乏和过量对机体健康的影响，以及食物来源和 DRIs；最后从生理功能及人体营养学作用角度对水这种营养素进行了介绍。

[课后练习]

1. 简述人体消化系统的组成。
2. 试论述碳水化合物的消化与吸收。
3. 试论述脂类的消化与吸收。
4. 试论述蛋白质的消化与吸收。
5. 简述维生素的消化与吸收。
6. 简述无机盐的消化与吸收。
7. 简述蛋白质的生理功能。
8. 简述蛋白质的营养价值评价。
9. 简述蛋白质的生物价及功效比的意义。
10. 简述蛋白质互补作用、意义及要求。
11. 简述蛋白质–能量营养不良。
12. 简述碳水化合物的生理功能。
13. 简述膳食纤维的生理功能。
14. 简述功能性低聚糖的生理功能。
15. 什么是维生素？如何分类？有何特点？
16. B 族维生素能够产生能量吗？
17. 矿物质有哪些特点？常量元素和微量元素划分的依据是什么？
18. 影响铁吸收的主要因素有哪些？
19. 水有哪些生理功能？在人体内如何保持水平衡？

[知识链接]

1. 水果越酸，维生素 C 含量越高吗？
2. 如何科学补水

[思维导图]

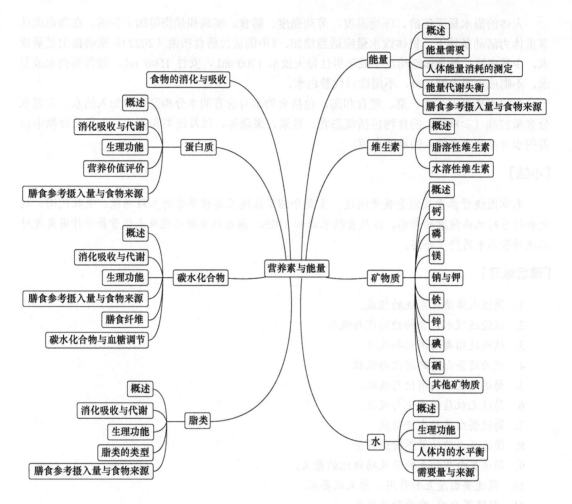

第三章　植物化学物

[兴趣引导]

　　与动物为避免强光照射而移动，外敌靠近就将其赶走不一样，植物一旦扎根就不再移动，如此一来，植物该如何在危险中保护自己呢？答案就是在身体中制造植物化学物。植物化学物可帮助植物抵御病原体、抵御害虫、抵抗疾病和紫外线，同时也参与调节植物健康的关键过程，如新陈代谢和吸引传粉者。

[学习目标]

1. 掌握植物化学物的基本性质、来源及生物学作用。
2. 了解植物化学物对人体健康的重要意义。

第一节　概　　述

　　食物中除了营养素外，还含有其他许多对人体有益的物质。这类物质不是维持机体生长发育所必需的营养物质，但对维护人体健康、调节生理功能和预防疾病（如抗氧化、抗癌、免疫调节、抗微生物等）发挥重要的作用。这类物质曾被命名为"植物化学物（phytochemicals）""非营养素生物活性成分（non-nutrient bioactive substances）""生物活性的食物成分（bioactive food components）"。由于本章内容主要介绍存在于植物性食品中的生物活性成分，而并未涉及动物性食品，因此仍沿用其最初的命名，即植物化学物。

微课
蔬菜中的
常见植物
化学物

　　植物化学物是指植物在代谢过程中产生的多种中间或末端低分子量次级代谢产物。这些产物除个别是维生素的前体物外，其余均为非传统营养素成分。这些次级代谢产物相对于初级代谢产物而言含量甚微，但种类繁多，是植物进化过程中为适应周围环境（如杂草、病虫害、紫外线等）而产生的各种活性分子。植物化学物的研究已成为现代食品营养学的一个重要内容。存在于植物性食品中的植物化学物多达 10 000 余种，已经鉴定出的具有一定生物学活性的植物化学物有千余种。如此之多的植物化学物，任何一种分类方法都很难囊括所有。目前较为公认的分类原则主要是根据植物化学物的结构，将其分为多酚、类胡萝卜素、皂苷、异硫氰酸酯、有机硫化物、植物雌激素等。

　　本章将重点介绍几种常见植物化学物的基本性质、来源和生物学作用。

第二节　多　　酚

　　多酚是广泛存在于自然界中具有多个酚羟基化学结构的物质，根据其结构的不同可分为两大类：一类是多酚单体，如酚酸、香豆素和黄酮类化合物等；另一类是多酚聚体，如原花青素、醌类和单宁酸等。多酚是植物体内重要的次级代谢产物，多数以糖苷形式存在于植物中。近年来人们发现天然植物多酚类物质具有防治心脑血管疾病、抗炎、抗癌、抗氧化和抗衰老等生物学功能，使其成为国内外学者的研究热点。

一、简单酚类

（一）基本性质

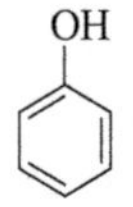

图 3-1 苯酚

简单酚类是碳原子数不小于 6 的多酚类化合物，根据其化学结构的不同，可分为苯酚和酚酸两大类。苯酚是由一个羟基直接连接在芳香环上的结构最简单的酚类化合物（图 3-1）。酚酸含有一个羧基官能团，包括苯甲酸类酚酸（如没食子酸、水杨酸、原儿茶酸、龙胆酸等）（图 3-2）和肉桂酸类酚酸（如香豆酸、咖啡酸、阿魏酸、绿原酸等）（图 3-3）两类。

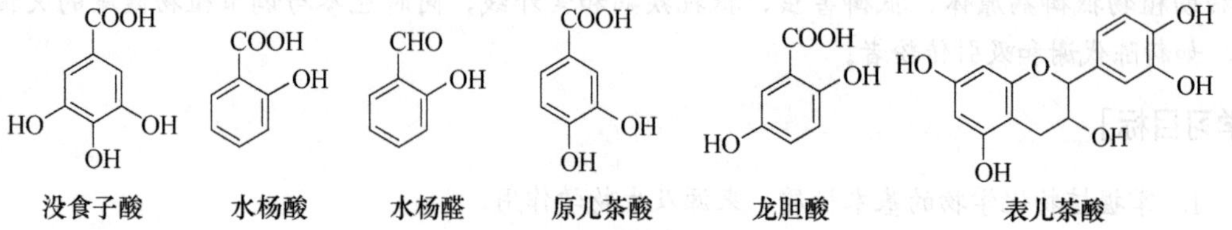

没食子酸　　水杨酸　　水杨醛　　原儿茶酸　　龙胆酸　　表儿茶酸

图 3-2　苯甲酸类衍生物

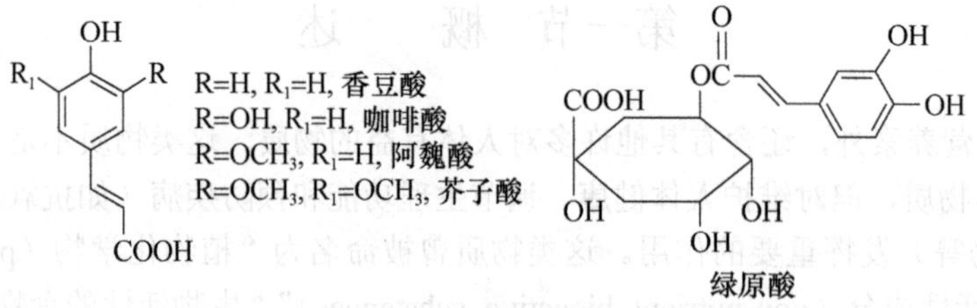

R=H, R₁=H，香豆酸
R=OH, R₁=H，咖啡酸
R=OCH₃, R₁=H，阿魏酸
R=OCH₃, R₁=OCH₃，芥子酸

绿原酸

图 3-3　肉桂酸类衍生物

（二）来源

酚酸类物质最早发现于植物性食品中，在水果、蔬菜、豆类、谷物、果汁、茶、咖啡等中含量较高。如水杨酸在黑莓中鲜重可达 270 mg/kg，原儿茶酸在树莓中鲜重可达 100 mg/kg，没食子酸广泛存在于五倍子、葡萄、茶叶及石榴等植物中，尤其在普洱茶中含量丰富。据估计，人们每天摄入的酚酸占所摄入酚类物质总量的 1/3。

（三）生物学作用

1. 抗氧化作用　　酚酸类物质具有良好的抗氧化和自由基清除作用，能够通过与超氧阴离子反应减轻自由基对人体的损害。酚酸类物质的抗氧化能力与其结构有很大的相关性，取代基中羟基数目越多，抗氧化能力越强；当取代基相同时，肉桂酸类酚酸的抗氧化活性优于苯甲酸类酚酸（咖啡酸的抗氧化能力强于原儿茶酸）。

2. 抗癌作用　　酚酸类物质具有很强的抗癌活性，它对胃癌细胞、结肠癌细胞、肝癌细胞、前列腺癌细胞、皮肤癌细胞等多种肿瘤细胞生长均具有抑制作用。酚酸类物质主要通过诱导细胞凋亡、阻滞细胞周期、抑制细胞入侵和转移、诱导胞外信号调节激酶等途径抑制癌细胞生长。

3. 抑菌作用　　酚酸类物质对葡萄球菌、链球菌、金黄色葡萄球菌、革兰氏阳性菌、粪肠球菌、谷草芽孢杆菌、大肠杆菌等多种细菌有明显的抑制作用。酚酸类物质可破坏细菌细胞膜结构、凝固细菌蛋白质，使细菌生长繁殖受阻从而发挥抑菌的作用。此外，酚酸类物质在一定程度上可抑制真菌、酵母等微生物的生长繁殖。有短期人群试验发现含有水杨酸的新型外用凝胶制剂能为轻度痤疮患者提供安全有效的治疗。

4. 保护心血管作用 酚酸类物质对心血管系统具有一定保护作用，它可通过抑制血小板凝集、调节前列腺素和血栓素、增强血管舒张等多种途径来保护心血管系统。有研究发现口服阿魏酸胶囊（每日 2 次，每次 500 mg）连续 6 周可显著改善 20～60 岁高脂血症人群的血脂水平（降低胆固醇、低密度脂蛋白和甘油三酯，提高高密度脂蛋白水平）。

5. 抗炎作用 茶多酚对皮肤炎、肾炎、口腔炎症有很好的疗效，它能减少细胞炎症因子的生成量，从而减轻炎症程度、缩短炎症持续时间。

6. 保肝利肝作用 酚酸类物质是肝保护剂，能够促进肝中三磷酸腺苷（ATP）合成，防止肝中毒和肝硬化。它主要通过抑制肝脂质过氧化过程、清除自由基、活化巨噬细胞等途径保护肝。绿原酸能有效刺激胆汁分泌，具有保肝利肝作用。

7. 其他生物学作用 酚酸可调节肠道菌群平衡，促进人体健康。龙胆酸和表儿茶酸具有减肥功效。龙爪稷多酚可抑制眼球晶状体白内障。水杨酸可治疗皮肤炎、银屑病等皮肤病。绿原酸具有神经保护作用，可显著改善认知功能，如提高注意力、增强执行能力等。

二、香豆素

（一）基本性质

香豆素是一类具有苯并 α-吡喃酮母核的内酯化合物，根据环上取代基及其位置的不同，可将香豆素分为简单香豆素、呋喃香豆素和吡喃香豆素（图 3-4）。其中，简单香豆素仅在苯环上有取代基，常为羟基、甲氧基、亚甲二氧基和异戊烯基等；呋喃香豆素的苯环上的异戊烯基与邻位酚羟基环合成呋喃环，成环后常伴随着失去 3 个碳原子；吡喃香豆素的苯环上的异戊烯基与邻位酚羟基环合而成 2,2-二甲基-α-吡喃环结构，形成吡喃香豆素。

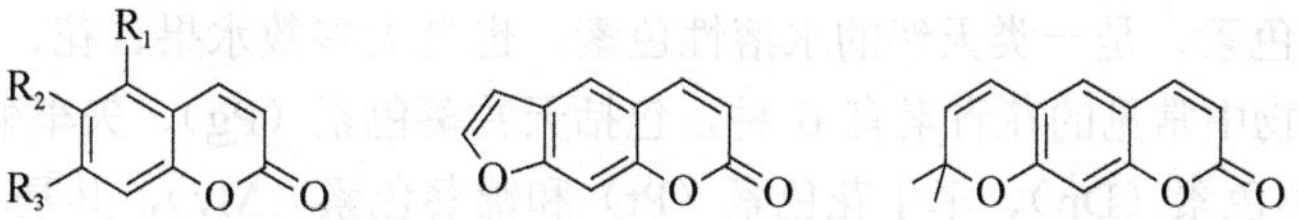

简单香豆素　　　　呋喃香豆素　　　　吡喃香豆素
图 3-4 香豆素的化学结构

（二）来源

香豆素广泛存在于自然界中，迄今为止，已发现近千种天然香豆素类化合物。香豆素在芦丁科和伞形蕨科类高等植物中含量较高，其中果实的含量最高，其次是根、茎和叶。香豆素在一些精油如肉桂树皮油和决明子叶油中的含量也很高。除从天然植物中获得香豆素外，人们大多采用特殊方法合成具有特定结构的香豆素衍生物。

（三）生物学作用

1. 抗氧化活性 香豆素类化合物通过清除自由基发挥其抗氧化活性。抗氧化活性与苯环上的羟基取代基数量有一定关系，羟基数量越多，其抗氧化活性越强。

2. 抗癌活性　香豆素类化合物对乳腺癌细胞、肺癌细胞、结肠癌细胞、前列腺癌细胞和鼻咽癌细胞等肿瘤细胞具有抑制作用，主要通过诱导细胞凋亡、阻滞细胞周期、诱导 DNA 降解、抑制肿瘤细胞的代谢等途径发挥抗癌的功能。香豆素已在临床试验中显示出对肾癌的抗癌活性。此外，香豆素衍生物 Irosustat 作为一种类固醇硫酸酯酶抑制剂在临床试验中表现出良好的抗乳腺癌活性。

3. 抗菌活性　香豆素及其衍生物具有一定的抗菌活性，对金黄色葡萄球菌、蜡样芽孢杆菌、表皮葡萄球菌、大肠杆菌和铜绿假单胞菌等多种细菌均具有抑制作用。由于不同细菌的特异性，香豆素类化合物的抑菌机制也是多方面的，主要包括与 DNA 拓扑异构酶结合干扰染色质空间构型、抑制 DNA 的超螺旋、与细胞色素 P450 酶结合抑制其活性等途径。

4. 抗人类免疫缺陷病毒（HIV）活性　获得性免疫缺陷综合征是严重威胁人类健康的疾病之一。香豆素类化合物具有抑制 HIV 活性的作用，其作用机制主要有抑制病毒 DNA 复制、降低 HIV 逆转录酶和 HIV 整合酶的活性等。目前一种香豆素衍生物（+）-Calanolide A 正在 HIV 感染者中进行临床试验。

5. 抗炎作用　炎症是机体对刺激的防御反应，炎症反应中的重要介质如白三烯 B4（LTB4）和白三烯 D4（LTD4）等是花生四烯酸经 5-脂氧酶代谢产生的化合物，香豆素类化合物能通过抑制 5-脂氧酶的活性，干扰花生四烯酸的代谢过程达到抑制炎症反应的作用。香豆素类衍生物瑞香素在临床上已用于治疗类风湿性关节炎。

6. 保护心血管的作用　心血管疾病严重威胁人类健康，目前用于治疗心血管疾病的药物主要是一些抗血栓、抗高血压和降血脂药。香豆素类化合物可通过抑制凝血酶原的合成、降低血管中胆固醇和卵磷脂水平及扩张血管等途径发挥心血管保护功能。一些香豆素类化合物如双香豆素、华法林和蒽香豆素等已被 FDA 批准为药物。

三、花青素

（一）基本性质

花青素又名花色素，是一类天然的水溶性色素，也是大多数水果、花、蔬菜和谷物中色素的主要来源。在植物中常见的花青素有 6 种，包括天竺葵色素（Pg）、矢车菊色素（Cy）、芍药色素（Pn）、飞燕草色素（Dp）、牵牛花色素（Pt）和锦葵色素（Mv），其基本结构如图 3-5 所示。花青素易溶于水、甲醇、乙醇、稀碱及稀酸等极性溶剂，在酸性溶液中相对稳定，颜色呈红色。花青素具有保健功能，从植物中分离、提取和净化后可应用于食品和医药等领域。

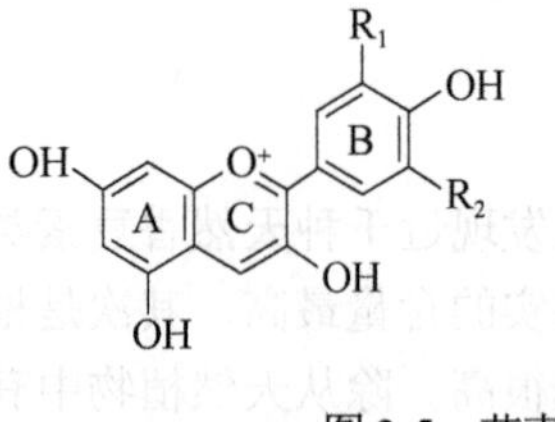

$R_1=R_2=H$，天竺葵色素
$R_1=OH, R_2=H$，矢车菊色素
$R_1=OCH_3, R_2=H$，芍药色素
$R_1=R_2=OH$，飞燕草色素
$R_1=OCH_3, R_2=OH$，牵牛花色素
$R_1=R_2=OCH_3$，锦葵色素

图 3-5　花青素的化学结构

（二）来源

花青素广泛存在于植物源食品中，含量随品种、季节、气候、成熟度的不同而存在差异。

根据初步统计，在紫甘薯、葡萄、血橙、红球甘蓝、蓝莓、茄子、樱桃、红莓、草莓、桑葚、山楂和牵牛花等 27 个科、73 个属的植物中均含有花青素。草莓的花青素含量约为 0.15 mg/g，樱桃含量约为 0.45 mg/g。颜色较深的水果，如黑醋栗和黑莓中花青素含量可达 2～4 mg/g。葡萄酒中也含有丰富的花青素，1 L 的葡萄酒中花青素含量可达 200～350 mg。

（三）生物学作用

1. 抗氧化活性　　花青素能有效清除自由基，起到抗氧化和延缓衰老的作用。其抗氧化活性与其含量之间存在一定的正相关性，即花青素含量越高，清除自由基和抗氧化能力越强。此外，临床医学上报道的许多重大疾病如癌症和心血管疾病等的发生都伴有自由基的参与，花青素因其抗氧化活性对预防这些疾病具有重要作用。

2. 抗突变性和抑制肿瘤细胞增殖　　花青素具有抗突变性，能显著抑制肿瘤细胞特别是结直肠癌细胞的增殖。花青素的强自由基清除活性可减轻细胞内外环境中氧化应激反应对细胞或机体的损伤，也可以通过抑制细胞内多种信号通路诱导结肠癌细胞凋亡，降低其活力，抑制其生长和转移。

3. 预防心脑血管疾病　　花青素能够加快胆固醇的分解，降低胆固醇水平，减少血管壁上的胆固醇沉积。花青素还可以提高血管壁的弹性，改善其通透性，降低血压，保持毛细血管的正常功能，预防和纠正心脑血管系统疾病，制约局部缺血性中风和神经退行性疾病等严重血管疾病的发展。

4. 预防糖尿病和肥胖　　花青素能够提高胰岛素的敏感性，降低血糖，预防和防治糖尿病。花青素还可以抑制脂肪细胞的生长，预防肥胖，具有开发成为天然抗肥胖功能因子的可能。此外，花青素能够减少低密度脂蛋白在机体内的蓄积，预防三高，即"高血糖、高血压、高血脂"。法国人较低的冠心病和高血压发病率被认为与其日常饮用的葡萄酒中富含花青素有关。

5. 保护视力和皮肤保健　　花青素能够加速视紫质的再生，从而有益于视力及眼部健康；而且具有较强的抗氧化活性，能够预防视网膜的光化学损伤。花青素还能有效缓解疲劳引起的视觉模糊，有研究发现，视疲劳人群食用花青素 30 d 后症状得到缓解，近视青少年食用花青素 30 d 后视力得到明显改善。

花青素还具有皮肤保健的功能。它能够促进皮肤胶原蛋白的合成，降低弹性蛋白酶活性，减缓面部蛋白的流失，减少皱纹的产生。花青素还能够通过抑制酪氨酸酶活性发挥其防晒美白的作用。此外，因其多羟基结构，花青素在空气中易吸湿，因此其还具有面部保湿的功能。

6. 其他作用　　花青素具有抗病毒、抗辐射、抗炎症的作用。大鼠实验研究表明，黑莓中的花青素能抑制炎症因子的表达，减少炎症物质渗出及中性粒细胞剧增，从而发挥抗炎作用。花青素还能抑制大肠杆菌和幽门螺杆菌的附着，有益于人体口腔和胃肠道的健康。

四、单宁酸

（一）基本性质

单宁酸又名丹宁酸、单宁，在药典上又称鞣酸、鞣质，是一类高分子多元酚类化合物。根据化学结构的不同，单宁酸可分为水解单宁和缩合单宁（也称为原花青素），如图 3-6 和图 3-7 所示。水解单宁遇酸或单宁酶可被水解成碳水化合物和多元酚类，而缩合单宁不能被水解，是水果和饮料涩味的主要来源。

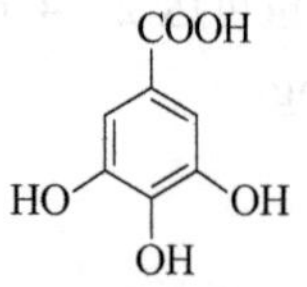

图 3-6　水解单宁的化学结构

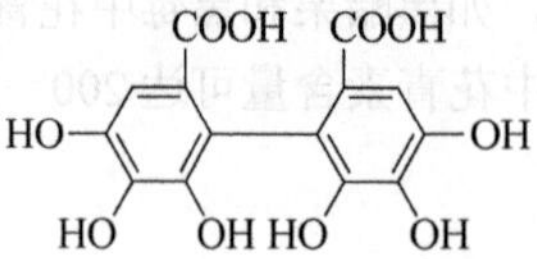

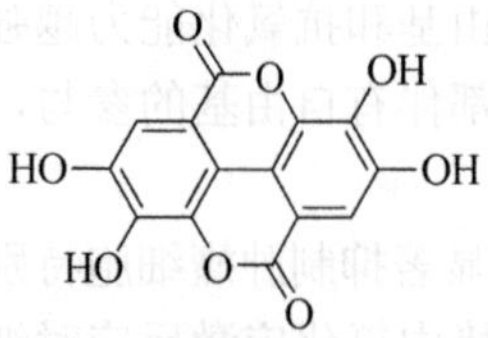

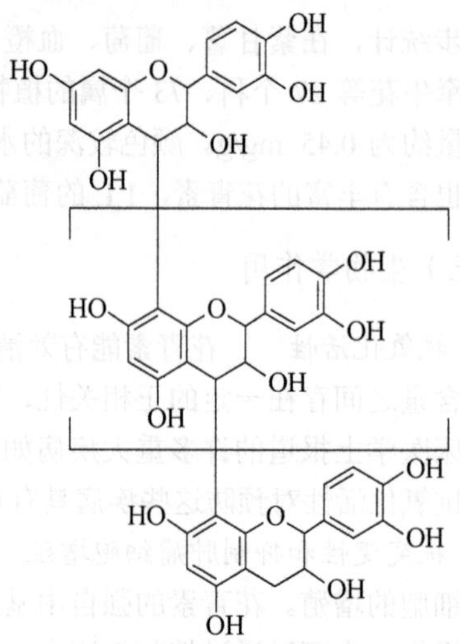

图 3-7　缩合单宁的化学结构

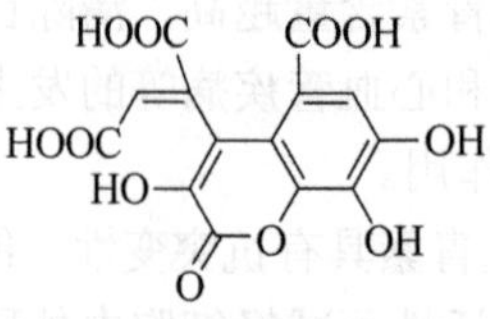

（二）来源

单宁酸存在于中国五倍子、土耳其五倍子、塔拉果荚、石榴、漆树叶、黄栌、金缕梅树等多种树木的树皮和果实中，同时也广泛存在于大麦、高粱、绿豆、洋葱、葡萄、茶叶等多种谷类和果蔬食品中。此外，地榆、大黄、诃子、肉桂、芒果及仙鹤草等约 70%以上的中草药中均含有大量单宁酸。

（三）生物学作用

1. 抗氧化性　　单宁酸邻苯三酚结构中的邻位酚羟基容易被氧化成醌类结构，消耗环境中的氧气，起到抗氧化的作用。单宁酸还能够清除氧负离子和羟基等自由基，对生物组织起到一定的保护作用。

2. 抑菌作用和抗炎作用　　单宁酸可通过破坏细胞壁的结构和改变细胞膜的通透性起到抑菌作用。单宁酸还具有抗炎症的作用。诺沃克病毒是引起各年龄段人群中病毒性急性胃肠炎的重要原因，单宁酸可以抑制诺沃克病毒与其抗原决定簇受体的结合，起到抗炎的作用。另外，单宁酸还可改善皮炎及预防由细菌引起的尿路感染。

3. 预防糖尿病、肥胖及心脑血管等疾病　　单宁酸能够通过抑制消化酶活性减少食物的消化吸收，通过抑制脂肪酸合酶活性抑制脂肪的形成，进而预防肥胖及由肥胖引起的代谢综合征。单宁酸还可通过下调 I 型血管紧张素受体的表达缓解心血管的压力，从而预防肝硬化、动脉粥样硬化及心脑血管等疾病。

4. 抗癌作用　　单宁酸可通过阻滞细胞周期、诱导细胞凋亡、抑制 DNA 修复及抑制蛋白酶活性起到抗癌的作用。

5. 其他作用　　单宁酸可以影响细胞膜的合成、糖的酵解、脂肪和氨基酸的代谢。它还可以减少镉的积累，保护大脑。此外，单宁酸还具有延缓衰老、提高免疫能力等作用。

五、木脂素

（一）基本性质

木脂素是一类由两分子苯丙素单元聚合而成的天然酚类化合物（图 3-8），多数以游离形式存在于被子植物和裸子植物中，少数与糖结合形成糖苷衍生物，存在于树脂和树皮中。大多数木脂素为无色无味固体，易溶于有机溶剂，如乙醇、乙醚、氯仿等。该类化合物易受酸、碱影响产生异构化，因此在提取分离过程中应尽量避免与酸、碱的接触。

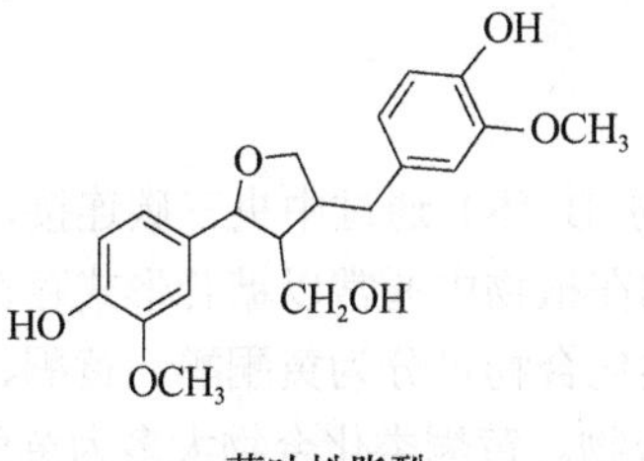

落叶松脂酚 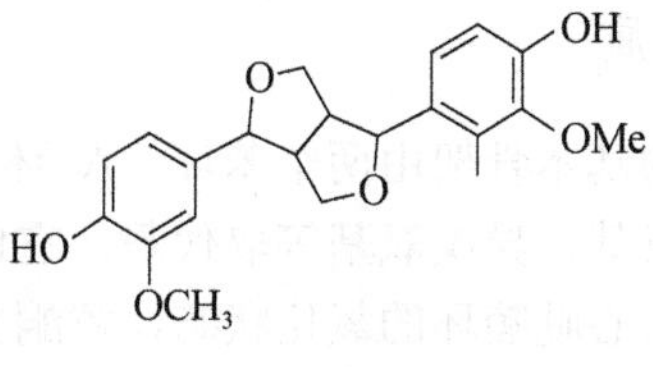　　　　　　　　　松脂酚

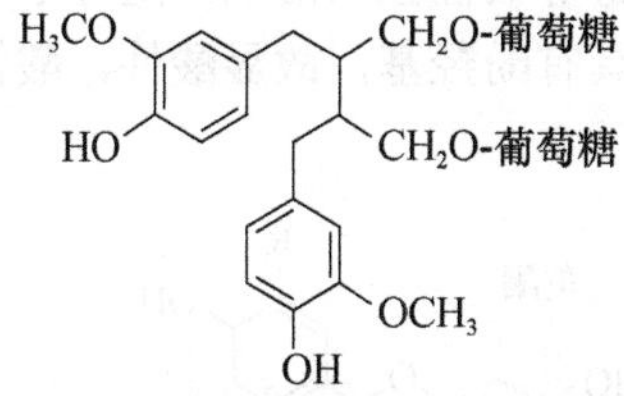

开环异落叶松脂酚二葡萄糖苷 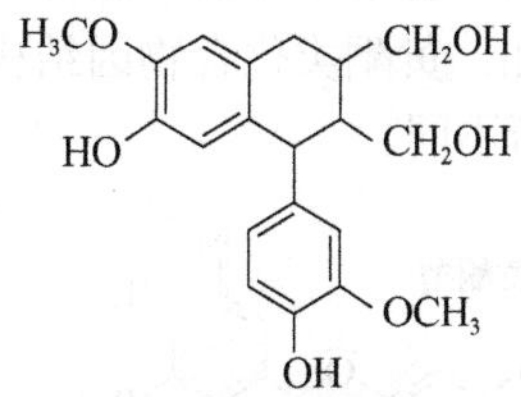　　　　异落叶松脂酚

图3-8　木脂素的化学结构

（二）来源

木脂素在植物界中广泛分布，其中亚麻籽中的木脂素含量最多，是其他植物性食品的数十倍至数百倍。在亚麻籽中，开环异落叶松脂酚可达 3.7 g/kg 干重。其他食物，如谷物、水果、豆类、蔬菜、浆果和茶也是木脂素的重要来源，但含量较低，为 0.1～81.9 mg/kg 干重不等。

（三）生物学作用

1. 抗癌活性　　植物木脂素摄入体内后，会发生去糖基化反应，转化为肠木脂素。肠木脂素具有与人类雌激素类似的结构，因此可能具有雌激素/抗雌激素功能，如降低激素依赖性癌症（如前列腺癌、乳腺癌和子宫内膜癌）的发病率。一些流行病学研究表明，肠木脂素对乳腺癌和心血管疾病具有潜在的保护作用。有病例对照研究表明，大量摄入木脂素或木脂素血浆水平在 15～60 nmol/L 可降低患乳腺癌的风险。

2. 抑菌作用　　木脂素具有明显的抑菌作用，在医药和食品行业中广泛应用。例如，木脂素能够破坏大肠杆菌的细胞膜结构，使其内容物流失、代谢紊乱，影响菌体对营养物质的吸收，从而使其生长繁殖受阻，达到抑菌的目的。

3. 抗氧化作用　　木脂素具有较强的自由基清除活性和还原能力，其总抗氧化活性是同等浓度下维生素 C 的 1/7，清除超氧阴离子自由基的活性约为维生素 C 的 1/6。

4. 保肝护肝作用　　木脂素具有促进肝再生、预防肝损伤的作用。它可以减少自由基对肝细胞的攻击，降低三酸甘油酯的含量（三酸甘油酯是引起脂肪肝的主要物质），还可通过降低肝组织中丙二醛（MDA）和血清中谷草转氨酶（AST）、谷丙转氨酶（ALT）的活性，增强肝匀浆中 γ-GT 酶和超氧化物歧化酶（SOD）的活性，明显改善肝组织损伤。五味子的主要成分是木脂素，临床观察表明，南五味子软胶囊能明显改善肝郁化火型失眠患者的睡眠质量，疗效好且安全性高。

5. 其他作用　　木脂素还有抗炎、抑制血小板聚集、抗 HIV 活性，以及抗紫外线、抗衰老、调节中枢神经系统等作用，在食品、医药和日用化工领域广泛应用。

六、黄酮类化合物

（一）基本性质

黄酮类化合物基本骨架由两个苯环（A 环与 B 环）通过中央三碳连接，母核上常含有羟基、甲氧基、烃氧基、异戊氧基等取代基，它们在植物中通常以糖苷形式存在，也有的以游离形式存在。根据中心吡喃环的氧化状态，黄酮类化合物可分为黄酮醇、黄酮、黄烷酮、黄烷醇等（图 3-9）。异黄酮和花青素也属于黄酮类化合物。黄酮类化合物大多为黄色结晶体，少数为无定形粉末，难溶于水，易溶于甲醇、乙醇、乙醚等极性强的溶剂，随分子中羟基的增加和糖链的增长，水溶性增加。黄酮类化合物因结构中具有酚羟基，故显酸性，酸性的强弱也因酚羟基的数目、位置而有所不同。

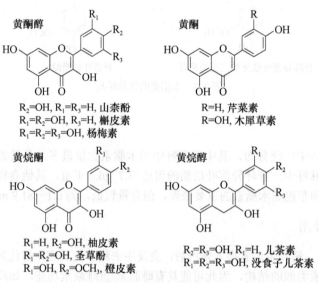

图 3-9　黄酮的化学结构

（二）来源

黄酮类化合物在植物中广泛存在，种类繁多，已知结构超过 8000 种。黄酮类化合物主要来源于绿茶、各种有色水果及蔬菜、大豆、巧克力和药食两用植物等。洋葱是黄酮类化合物最丰富的来源之一，洋葱叶中含有 1497.5 mg/kg 槲皮素、832.0 mg/kg 山奈酚和 391.0 mg/kg 木犀草素。红酒中黄酮醇含量高达 30 mg/L。不同人群每日摄入的黄酮类化合物为 20～70 mg。

（三）生物学作用

1. 抗氧化作用　　黄酮类化合物的抗氧化作用机制主要包括：清除自由基、抑制黄嘌呤氧化酶和细胞色素 P450 等与自由基产生有关的酶的活性、螯合 Fe^{3+} 和 Cu^{2+} 等金属离子，以及增强其他营养素的抗氧化能力。

2. 抗癌作用　　黄酮类化合物对乳腺癌、肺癌、结肠癌、前列腺癌等癌症都有良好的防治效果。其抗癌机制主要是抗氧化作用、诱导细胞凋亡、抑制血管生成、提高机体免疫力、抑制蛋白激酶活性、阻断致癌物的代谢活化、抑制细胞信号传导通路、阻滞细胞周期及抑制细胞增殖等。一项黄酮摄入量与结肠癌关系的研究发现，接受较高黄酮摄入量的人群患结肠癌的风险较低。

3. 保护心血管作用 流行病学调查证实，摄入富含黄酮类物质的食物可以减少冠心病和动脉粥样硬化的发生。一些黄酮类化合物（如芦丁、葛根素、银杏黄酮）及含有黄酮类化合物的药材（如银杏叶、山楂、葛根、丹参等）目前已用于治疗心血管系统疾病。作用机制主要包括：降低血脂含量、抑制 LDL 的氧化、抑制血小板聚集、促进血管内皮细胞 NO 生成、降低毛细血管的通透性和脆性以及抑制炎症反应等。

4. 抗炎作用 黄酮类化合物的抗炎作用主要通过抑制花生四烯酸代谢酶活性、减少炎症反应递质的产生、抑制基质金属蛋白酶 2（MMP-2）和 MMP-9 活性、抑制 NF-κB 的活化和阻止炎症相关蛋白合成等途径实现。

5. 抗菌、抗病毒作用 黄芩中的黄酮类化合物黄芩素可通过破坏细胞壁及细胞膜的完整性、抑制核酸合成和抑制细菌能量代谢发挥抗菌作用。金银花、大青叶、黄连、黄芩、鱼腥草、板蓝根、牛蒡子、野菊花和柴胡等物质中的黄酮类化合物可通过抑制病毒复制，以及刺激产生肿瘤坏死因子、干扰素和白细胞介素等细胞因子发挥抗病毒作用。绿茶和红茶中存在的生物活性成分也主要是黄酮类多酚，研究发现，绿茶和红茶的漱口水可通过抑制细菌如大肠杆菌、链球菌和变形链球菌的生长减少牙菌斑的形成。

6. 抗糖尿病作用 黄酮类化合物能够通过纠正糖脂代谢紊乱、提高胰岛素敏感性，以及调节相关酶活性和基因蛋白表达起到抗糖尿病作用。在糖尿病大鼠模型中，柚皮素通过抑制肠内碳水化合物的吸收发挥抗糖尿病作用。

7. 其他作用 黄酮类化合物还具有抗动脉粥样硬化、调节免疫和保肝护肝等活性；也能在一定程度上缓解哮喘和心血管疾病，治疗皮肤感染、心肺功能障碍及痴呆；此外，还具有改善智力及延缓阿尔茨海默病进程的能力。在中国有病例对照研究发现，每天喝三杯（240 mL）或三杯以上的茶可以减少 28% 帕金森病的发病率。

七、异黄酮类化合物

（一）基本性质

异黄酮类化合物是黄酮类化合物的一种，以 3-苯基苯并吡喃酮为母核，是一类天然存在的酚类物质（图 3-10）。常见的异黄酮主要有染料木素、大豆苷元、大豆黄素、生物碱 A 和葛根素等，均以四种化学形式存在，即游离型、葡萄糖苷型、乙酰基糖苷型和丙二酰糖苷型。其中，游离型可直接被人体吸收，生物活性最高。97%～98%的大豆异黄酮都以葡萄糖苷型存在。异黄酮常温下性质稳定，颜色随着羟基数目的增加而变深，从无色变为黄色甚至深黄色，易溶于醇、酯等极性溶剂。

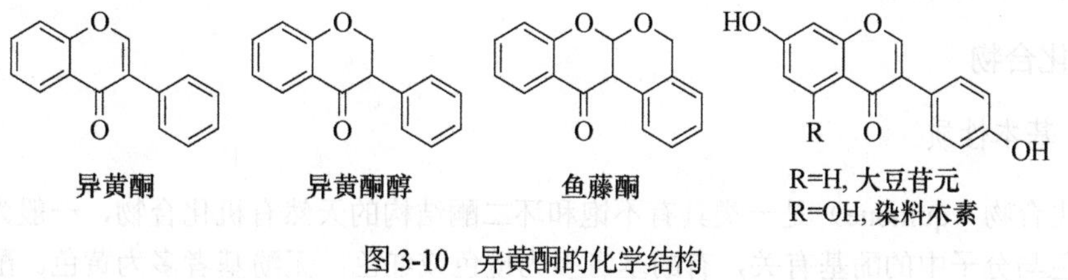

异黄酮   异黄酮醇   鱼藤酮   R=H, 大豆苷元
                                                    R=OH, 染料木素

图 3-10 异黄酮的化学结构

（二）来源

异黄酮主要存在于大豆和葛根等豆科及蔷薇科植物中。大豆中的异黄酮含量最多，每千克新鲜大豆中含有 580～3800 mg 异黄酮，每升豆奶中含有 30～175 mg 异黄酮。当地理区域、生长条件和加工方式不同，异黄酮的含量也不同。

（三）生物学作用

1. 预防骨质疏松　　骨质疏松是一种多原因导致的全身性骨病，表现为骨量减少、骨密度降低、骨脆性增加等，多发于绝经后女性。异黄酮可通过与骨组织中的雌激素受体结合和抑制破骨细胞的骨吸收，来提高骨密度和预防雌激素缺乏引起的骨质疏松。流行病学研究和临床试验发现，饮食中富含大豆食品（25～50 mg/d）的亚裔女性比饮食中大豆食品较少（少于 2 mg/d）的西方女性骨密度高，骨折率低。

2. 保护心血管系统　　异黄酮对高血压、冠心病和动脉粥样硬化等心血管疾病的治疗作用已被大量的动物试验和临床试验所证实。研究表明，大豆异黄酮可通过降低血浆脂质和脂蛋白浓度、改善血流介导的血管舒张和增加血管的顺应性，起到预防心血管疾病的目的。大豆异黄酮也可通过上调抗氧化基因的表达，保护人类免受心血管相关疾病的危害。此外，异黄酮还具有防止脂质过氧化、改善血管内皮细胞功能和抑制血小板聚集等功能。在一项 66 名患有高胆固醇血症的绝经女性干预性试验中，患者每天服用 40 g 的大豆蛋白，为期 6 个月，结果显示，血浆中总胆固醇下降了 0.4 mmol/L，总胆固醇与高密度脂蛋白之比下降了 0.5，证明大豆异黄酮加速了对胆固醇的清除作用。

3. 抗癌作用　　异黄酮具有与雌激素相似的结构，因此又称"植物雌激素"。它可与哺乳动物雌激素受体结合发挥类雌激素或抗雌激素效应——双向调节作用，这可能就是暴露在高大豆饮食水平的人群，雌激素依赖性癌症的风险普遍降低的原因。异黄酮类化合物可通过抑制致癌基因表达、抑制酪氨酸激酶活性、诱导肿瘤细胞凋亡、抑制癌细胞转移、抗氧化作用等途径预防和抑制乳腺癌、前列腺癌、结肠癌、卵巢癌等多种癌症。有研究人员对 616 名乳腺癌患者进行跟踪采访，发现平均每日摄入 17.3 mg 大豆异黄酮能使乳腺癌死亡率降低 36%～38%。

4. 对神经损伤的保护作用　　大豆异黄酮在神经保护中扮演着重要角色。氧化应激产生的氧化损伤是引起神经退行性疾病的重要因素之一。β 淀粉样蛋白和谷氨酸等神经毒性物质也会对神经造成损伤。大豆异黄酮能够通过抗氧化应激作用、减轻 β 淀粉样蛋白和谷氨酸引起的神经损伤保护神经健康。大豆异黄酮也能通过干扰大脑中神经信号的级联相互作用和阻滞细胞周期来延缓神经细胞的凋亡。此外，大豆异黄酮还可通过改善周围和中央血管系统、增加脑血管流量保护神经系统。

5. 其他作用　　异黄酮类化合物还具有抗真菌、抗溶血活性、抗辐射、解酒护肝、延缓衰老和预防糖尿病的作用。

八、醌类化合物

（一）基本性质

醌类化合物（quinone）是一类具有不饱和环二酮结构的天然有机化合物，一般为有色结晶固体，颜色与分子中的酚基有关，有酚基者多为橙色或红色，无酚基者多为黄色。醌类化合物可以发生羰基加成、烯键加成和双烯合成等多种加成反应，不容易发生烷基化、酰化和磺化反应，少数可发生硝化反应。根据化学结构不同，醌类化合物主要分为苯醌、萘醌、蒽醌和菲醌四类（图 3-11），其中蒽醌及其衍生物是尤为常见的天然活性成分。

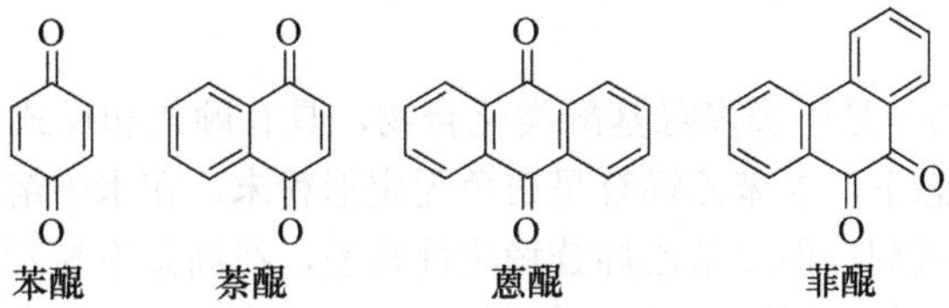

图 3-11 醌类化合物的化学结构

（二）来源

醌类化合物来源广泛，主要分布于 100 多种高等植物的根、茎、枝、叶、果实和心材中，以及藻类和菌类等低等植物中。动物和微生物中也含有醌类化合物。

（三）生物学作用

1. 抗癌作用　　醌类化合物对胃癌、肺癌和结肠癌等多种癌症均有抑制作用。机制涉及阻滞癌细胞周期、诱导癌细胞凋亡、抑制癌细胞代谢、抑制癌细胞增殖及抑制癌细胞血管生成等。例如，大黄素可通过阻滞细胞周期在 G_0/G_1 期抑制肺癌细胞的生长；隐丹参酮可通过激活 JNK 信号通路，促进肺癌细胞内活性氧（ROS）的产生来诱导肺癌细胞自噬性死亡。紫草素可通过阻断血管内皮生长因子（VEGF）信号通路，抑制血管生成和防止肺癌恶化。

2. 抗炎作用　　大黄、芦荟和番泻叶中的醌类化合物对类风湿关节炎和结肠炎等炎症具有一定的抑制作用。新疆紫草中的羟基萘醌类化合物对炎性肠病、败血症和关节炎等慢性炎病具有良好的治疗作用。醌类化合物的抗炎作用机制有：抑制炎症因子的产生、阻止前炎症介质的释放、提高抗炎介质的释放、抑制丝裂原活化蛋白激酶（MAPK）活性和抑制核转录因子-κB（NF-κB）活化等。

3. 泻下作用　　醌类化合物具有泻下作用，如番泻叶中的番泻苷可用于制备泻下药，临床上有助于肠道清洁和便秘治疗。其作用机制为：番泻苷在胃和小肠中被吸收，经肝分解，分解产物可刺激结肠，增强大肠蠕动而发挥泻下作用。而且，番泻苷用量小，效果优于盐类和油类等常用泻下药。

4. 抗氧化作用　　天然蒽醌类化合物的抗衰老和防紫外线等生物活性都与其抗氧化作用有关。芦荟提取物中的蒽醌类成分对活性氧自由基和羟自由基具有清除作用，可阻止红细胞膜脂质过氧化，避免红细胞膜的生理功能受到损害。对 53 名健康受试者服用芦荟凝胶提取物后的效果进行研究发现，受试者连续 14 d 每天服用 250 mL 芦荟凝胶提取物，可以显著提高血浆总抗氧化能力且没有副作用，这可能与芦荟中富含的醌类化合物有关。

5. 脏器保护作用　　蒽醌类化合物对血管、肺、肝和脑等多个器官组织有保护作用。动物实验表明，大黄素对 DL-乙硫氨酸和四环素引起的脂肪肝有改善作用，大黄素还可通过促进骨形态发生蛋白-7（BMP-7）的表达来发挥其延缓肾间质纤维化进程的作用，对肾纤维化有治疗作用；但需要说明的是，高剂量的大黄素会造成肝、肾组织病理损伤。此外，有研究发现，每日服用一次芦荟提取物，可显著降低人唾液乳酸杆菌水平，使其成为保护口腔、预防龋齿的的潜在产品。

九、二苯乙烯苷

(一)基本性质

二苯乙烯苷（THSG）是一类多羟基酚类化合物，具有顺式和反式结构，自然界中主要以反式构型存在。通常状态下，二苯乙烯苷呈白色无定形粉末，在水中溶解性良好，也易溶于甲醇、乙醇、丙酮等有机试剂。但二苯乙烯苷稳定性较差，在高温下易发生降解，经光照反式二苯乙烯苷会转变为顺式二苯乙烯苷，因此需要注意低温避光保存。根据骨架类型，该类化合物可以分为两类：一类以 2,3,5,4′-四羟基二苯乙烯为母核，如 2,3,5,4′-四羟基二苯乙烯-2-O-β-D-葡萄糖苷；另一类以 3,5,4′-三羟基二苯乙烯为母核，如白藜芦醇（resveratrol）（图 3-12）。

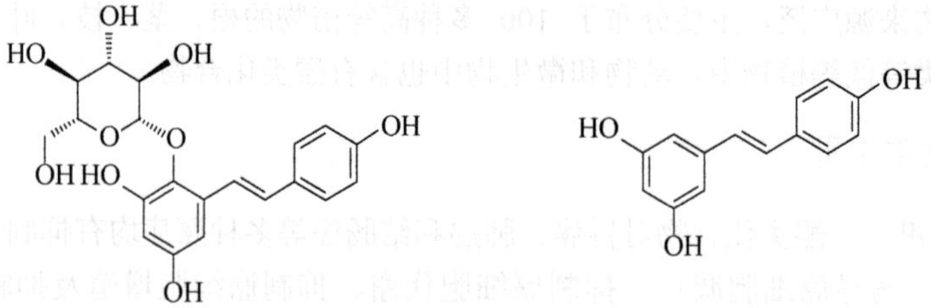

2,3,5,4′-四羟基二苯乙烯-2-O-β-D-葡萄糖苷　　　　　白藜芦醇

图 3-12　二苯乙烯苷的化学结构

(二)来源

二苯乙烯苷类化合物广泛存在于桑葚、苜蓿、何首乌和虎杖等多种植物中。2,3,5,4′-四羟基二苯乙烯-2-O-β-D-葡萄糖苷在何首乌中含量最多，约占何首乌干重的 1%。白藜芦醇在蔓越莓和葡萄中含量较多，通常在 0.16～3.54 mg/kg 鲜重，这也是导致红酒中白藜芦醇含量高达 0.1～14.3 mg/L 的原因。相比之下，白藜芦醇在花生中的含量较低，在 0.02～1.92 mg/kg。

(三)生物学作用

1. 抗氧化作用　　二苯乙烯苷能通过清除氧自由基来提高内皮细胞的抗氧化能力，2,3,5,4′-四羟基二苯乙烯-2-O-β-D-葡萄糖苷可显著提高秀丽隐杆线虫对氧化应激的抵抗力。红酒中的白藜芦醇可通过抑制人体低密度脂蛋白（LDL）的氧化提高血浆抗氧化水平。

2. 抗癌作用　　二苯乙烯苷具有抗癌活性。如白藜芦醇对癌症的起始、促进和发展 3 个阶段均有抑制作用，其可通过抑制环氧合酶活性、抑制癌细胞增殖和诱导癌细胞凋亡等途径对人类肝癌、乳腺癌、胃癌、肺癌、直肠癌和前列腺癌等多种癌症产生不同程度的抑制作用。

3. 神经保护　　二苯乙烯苷具有保护神经和提高认知的功能。何首乌中的二苯乙烯苷类化合物可通过抑制 ROS 的产生和稳定线粒体膜电位减少海马神经元的损伤，还可通过上调脑神经元中细胞凋亡抑制基因 *Bcl-2* 和下调细胞凋亡促进基因 *bax* 的表达来抑制脑神经元凋亡，从而起到保护神经元的作用。另有研究表明，2 型糖尿病患者每周服用 75 mg 的白藜芦醇可显著增强神经血管偶联能力和改善认知。此外，白藜芦醇还可有效改善 Friedreich 共济失调患者的神经功能、听力和语言能力。

4. 改善骨质　　何首乌中分离得到的二苯乙烯苷可通过促进成骨分化来改善骨质，其改善骨质的活性表现在减轻足肿胀、改善负重分布和消除骨关节炎等方面。

5. 其他作用　　二苯乙烯苷还具有降低血清胆固醇、抑制动脉粥样硬化、血管舒张和防治阿尔茨海默病等多种生物活性。

第三节　类胡萝卜素

（一）基本性质

类胡萝卜素是一种广泛存在于自然界中的脂溶性色素，属于萜类化合物，主要由 8 个异戊二烯基本单位组成，其分子长链由双键和单键交替排列构成一个共轭体系，其体系中共轭双键数目越多，类胡萝卜素的颜色越接近红色。目前已发现的类胡萝卜素有 700 余种，根据类胡萝卜素的化学结构可分为两大类：一类是叶黄素类（含氧原子），如叶黄素、玉米黄素、β-隐黄素、虾青素（图 3-13）；另一类是胡萝卜素类（不含氧原子），如 β,β-胡萝卜素、α-胡萝卜素、β-胡萝卜素、γ-胡萝卜素、番茄红素（图 3-14）。类胡萝卜素能在植物、藻类、酵母菌、真菌、古生菌和真细菌体内合成，且在光合作用中起着重要的作用，如参与光能传递和物质转化。

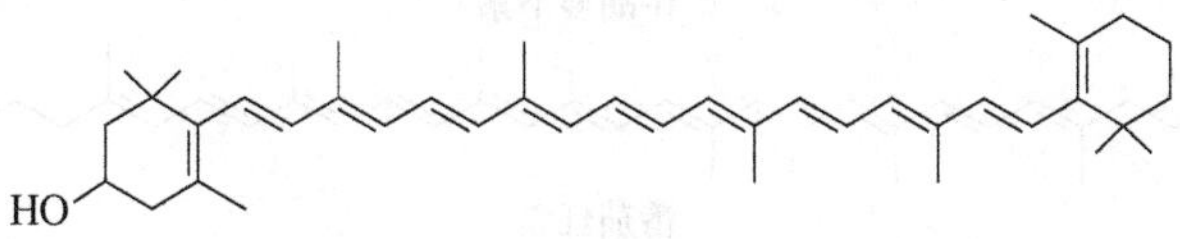

β-隐黄素

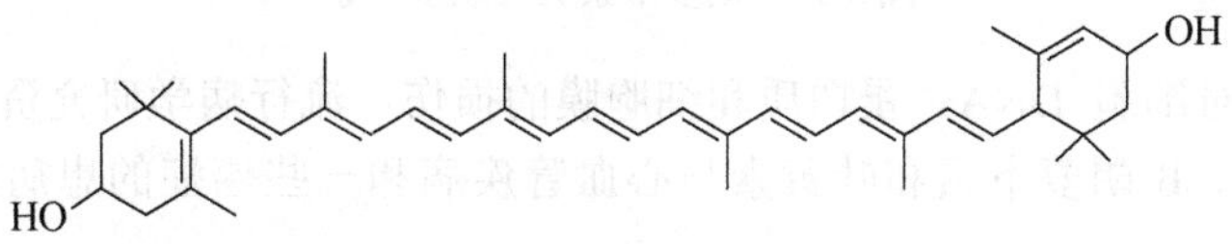

叶黄素

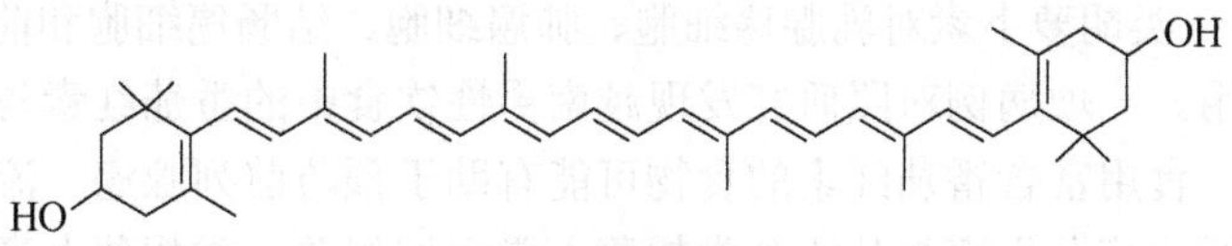

玉米黄素

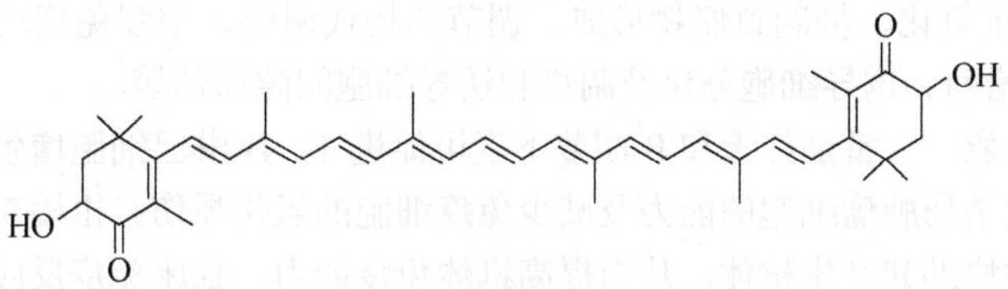

虾青素

图 3-13　叶黄素类类胡萝卜素

（二）来源

类胡萝卜素主要来源于新鲜的水果和蔬菜。例如，α-胡萝卜素和 β-胡萝卜素主要来源于黄橙色蔬菜和水果；β-隐黄素主要来源于橙色水果；叶黄素主要来源于深绿色蔬菜；番茄红素主要来源于番茄。人体每天摄入的类胡萝卜素约为 6 mg。

（三）生物学作用

1. 抗氧化功能　　类胡萝卜素含有许多双键，可淬灭单线态氧，清除自由基和氧化物，减

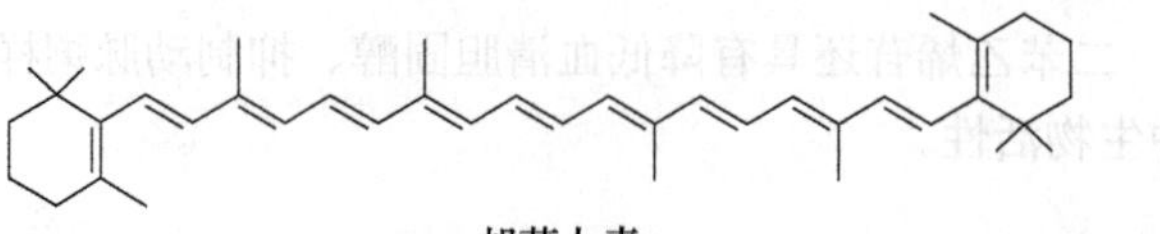

α-胡萝卜素

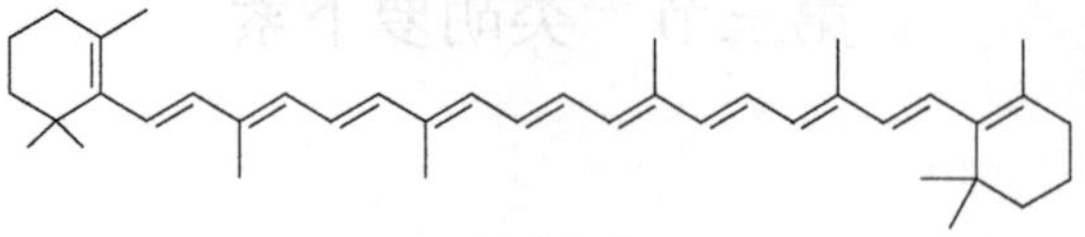

β-胡萝卜素

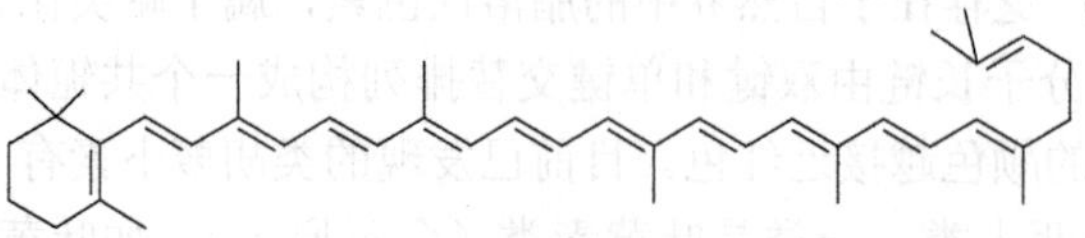

γ-胡萝卜素

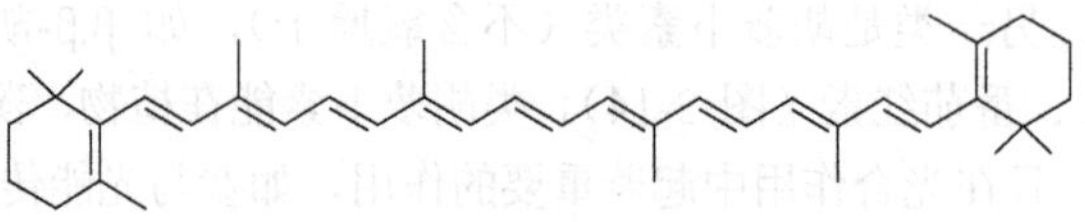

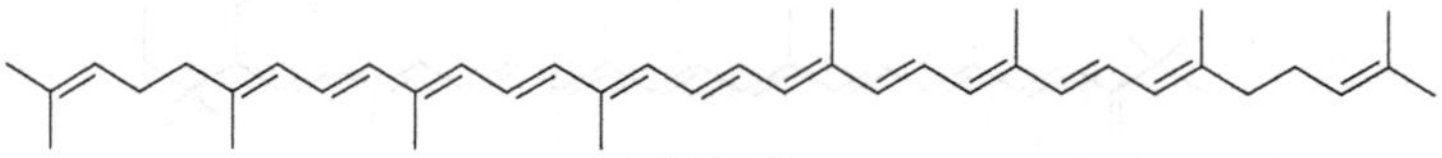

β, β-胡萝卜素

番茄红素

图 3-14 胡萝卜素类类胡萝卜素

少自由基和氧化物对细胞 DNA、蛋白质和细胞膜的损伤。流行病学研究资料表明，因其抗氧化作用，番茄红素、β-胡萝卜素和叶黄素与心血管疾病和一些癌症的患病风险之间存在显著负相关。

2. **抗癌作用**　类胡萝卜素对乳腺癌细胞、肺癌细胞、结肠癌细胞和前列腺癌细胞等多种癌细胞具有抑制作用。一项病例对照研究发现越南男性饮食中的番茄红素与前列腺癌风险呈显著的负剂量相关性，食用富含番茄红素的食物可能有助于预防前列腺癌。流行病学研究显示，摄食蔬菜和水果降低癌症发生率与其所含类胡萝卜素密切相关。类胡萝卜素的抗癌机制也是多方面的，主要包括抗氧化、抑制致癌物形成、调节药物代谢酶、增强免疫功能、调控细胞信号传导、抑制癌细胞增殖、诱导细胞分化及凋亡和诱导细胞间隙通信等。

3. **增强免疫功能**　番茄红素和 β-胡萝卜素可促进 T、B 淋巴细胞增殖，增强巨噬细胞、T 细胞和 NK 细胞杀伤肿瘤细胞的能力及减少免疫细胞的氧化损伤。柑橘皮中的类胡萝卜素能增加 B 细胞活力并协助其产生抗体，从而提高机体免疫能力。临床免疫反应试验发现，虾青素可通过提高免疫球蛋白水平增强机体免疫力，还可通过提高 T/B 细胞亚群比例和促进淋巴组织增生来增强免疫应答。

4. **保护视力**　叶黄素是视网膜黄斑的主要色素。增加叶黄素摄入量可预防和改善老年性眼部退行性病变。此外，类胡萝卜素可通过清除视网膜上产生的自由基及吸收蓝光来保护视网膜免于光损伤。一项老年黄斑变性患者的临床试验研究发现，每日补充 20 mg 叶黄素，可显著改善患者的视力。

5. **维生素 A 原活性**　维生素 A 是一种人体必需的微量营养素，具有维持视功能的作用。类胡萝卜素经 β-胡萝卜素-15,15′-单加氧酶（BCMO1）作用可转化成视黄醛来发挥维生素 A 原活性功能。

6. **皮肤保护作用**　β-胡萝卜素、番茄红素、叶黄素和玉米黄素等类胡萝卜素均有保护皮肤的作用，它们主要通过阻止脂肪过氧化物的产生和清除光照产生的自由基来发挥保护皮肤的作用。一项临床实验研究发现，每日口服类胡萝卜素可以减少人类皮肤受紫外辐射导致的红斑和色素沉积。

7. 其他作用　　类胡萝卜素还有预防心血管疾病、促进骨健康、预防骨质疏松、抗衰老及减少中风的发病率的作用。

第四节　皂　苷

（一）基本性质

皂苷（saponin）由皂苷元和糖、糖醛酸或其他有机酸组成。组成皂苷的糖有葡萄糖、半乳糖、鼠李糖、阿拉伯糖、木糖及其他戊糖。根据皂苷元化学结构的不同，可分为三萜皂苷和甾体皂苷。其中，三萜皂苷又分为四环三萜类和五环三萜类，以五环三萜类皂苷（图 3-15）最为常见。甾体皂苷又可分为螺甾烷醇类（图 3-16）、异螺甾烷醇类、变形螺甾烷醇类和呋甾烷醇类皂苷，其中，螺甾烷醇类与异螺甾烷醇类皂苷二者互为差向异构体，常共存于植物体内。在皂苷的化学结构中，由于苷元具有不同程度的亲脂性，糖链具有较强的亲水性，使得皂苷成为一种表面活性剂，一些富含皂苷的植物提取物已被用于制造乳化剂、洗洁剂和发泡剂等。常见的皂苷有大豆皂苷、三七皂苷、人参皂苷、柴胡皂苷、黄芪皂苷、绞股蓝皂苷、薯蓣皂苷等。

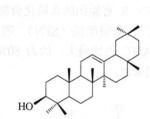

图 3-15　五环齐墩果烷型皂苷

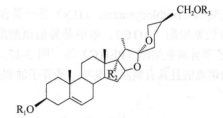

图 3-16　螺甾烷醇类皂苷

（二）来源

三萜皂苷主要存在于豆科、石竹科、桔梗科和五加科植物中，甾体皂苷主要存在于薯蓣科和百合科植物中。人体平均每日膳食约摄入 10 mg 皂苷，食用豆类食物较多的可达 200 mg 以上。

（三）生物学作用

1. 抗氧化作用　　大豆皂苷可通过增强肝脂蛋白脂酶转录水平抑制脂质过氧化，也可通过提高 SOD 含量、降低过氧化脂质 LPO 形成及清除自由基等降低氧化性损伤。三七皂苷可通过提高 SOD、GSH 和过氧化氢酶（CAT）水平起到抗氧化作用。人参皂苷可减少自由基的生成。

2. 心血管系统保护作用　　在三萜皂苷中，柴胡皂苷、甘草皂苷和驴蹄草总皂苷都有明显的降胆固醇作用。其他如大豆皂苷和人参皂苷可促进人体内胆固醇和脂肪的代谢，降低血中胆固醇和甘油三酯含量。大豆皂苷还可通过抑制血小板减少和凝血酶引起的血栓纤维蛋白形成而具有抗血栓作用。绞股蓝皂苷可明显抑制小鼠血小板血栓和静脉血栓的形成。

3. 抗癌作用　　皂苷具有抗胃癌、肺癌、乳腺癌、结肠癌和宫颈癌等癌症的活性。有研究发现人参可显著改善女性乳腺癌患者总体生存率和无病生存率，红参提取物可显著降低男性非器官特异性癌症的发病率，这被认为可能与提取物中含有的皂苷有关。皂苷的抗癌作用机制主要包括抑制 DNA 合成、直接破坏肿瘤细胞膜结构、阻滞细胞周期、诱导细胞凋亡、抑制血管新生、增强机体自身免疫力、抗氧化和抗突变作用等。

4. 抗菌和抗病毒作用　　许多皂苷有抗菌和抗病毒作用。大豆皂苷具有抑制大肠杆菌、金黄色葡萄球菌和枯草杆菌生长的作用，并对疱疹性口唇炎和口腔溃疡治疗效果显著。大豆皂苷还具有广谱抗病毒能力，可显著抑制单纯疱疹病毒、柯萨奇病毒和 HIV 等病毒的复制，其主要通过增强机体吞噬细胞和 NK 细胞的功能发挥对病毒杀伤作用。人参皂苷在 0.001% 的浓度时对大肠杆菌有抑制作用，在 5% 的浓度时可完全抑制黄曲霉毒素的产生，还能通过抑制幽门螺杆菌而起到预防和治疗十二指肠和胃溃疡的作用。茶叶皂苷对白色链球菌、大肠杆菌和单细胞真菌，尤其是皮肤致病菌等多种致病菌有良好的抑制活性。

5. 其他作用　　皂苷可增强机体免疫功能。有些皂苷如积雪草苷，还可促进胶原蛋白合成，增加新生皮肤的抗张强度，加速伤口愈合。人参皂苷还具有改善微循环、提高组织抗缺氧能力、抑制血小板聚集和抗辐射等活性。

第五节　异硫氰酸酯

（一）基本性质

异硫氰酸酯（Isothiocyanates，ITCs）是一类含有 N═C═S 官能团的含硫化合物，常见的有烯丙基异硫氰酸酯（AITC）、苯甲基异硫氰酸酯（BITC）、莱菔硫烷（SFN）、吲哚-3-甲醇（IC）和苯乙基异硫氰酸酯（PEITC）等（图 3-17），其中 AITC 占比最大，约为 80%。一般异硫氰酸酯的熔点低且具有刺激性臭味，是芥子油刺鼻气味的来源。

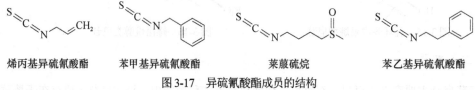

烯丙基异硫氰酸酯　　　　苯甲基异硫氰酸酯　　　　　莱菔硫烷　　　　　苯乙基异硫氰酸酯

图 3-17　异硫氰酸酯成员的结构

（二）来源

异硫氰酸酯广泛存在于十字花科蔬菜中，如花椰菜、甘蓝菜、白菜和辣根等。

（三）生物学作用

1. 抗癌作用　　异硫氰酸酯能够有效抑制癌细胞的生长，可通过诱导活性氧簇（reactive oxygen species，ROS）产生、阻滞肿瘤细胞周期、促进肿瘤细胞凋亡、诱导细胞自噬等方式，降低多种癌症的发生率。大量证据表明 BITC 通过诱导 G_2/M 细胞周期阻滞，诱导细胞凋亡性死亡抑制人类乳腺癌细胞的生长增殖。PEITC 通过诱导肿瘤细胞凋亡和自噬，降低肿瘤细胞的存活率。此外，PEITC 在肺癌、前列腺癌和卵巢癌中也具有抑制细胞生长、诱导凋亡和阻滞细胞周期的作用。

2. 抗炎作用　　SFN 的抗炎作用已在心血管系统和皮肤中得到证实，它通过诱导Ⅱ相酶产生来保护细胞免受紫外线诱导的氧化应激和炎症的损伤。PEITC 和 SFN 联用可更好地预防炎症。在小鼠模型中发现，针对暴露于香烟烟雾 6 个月的野生型小鼠，SFN 增强了它们的肺泡巨噬细胞对肺部细菌的清除作用并减轻了炎症。也有研究人员进行临床实验测试了 SFN 对慢性阻塞性肺疾病（COPD）患者的治疗作用，发现 SFN 能恢复 COPD 患者肺泡巨噬细胞的细菌识别和吞噬功能。

3. 抗氧化作用　　ITCs 具有较强的自由基清除活性，被广泛添加于一般食品、营养强化食品和功能食品中。此外，ITCs 提取物的温度稳定性和贮藏稳定性均优于维生素 C。与维生素 C 和维生素 E 的抗氧化机制不同，PEITC 和 SFN 能够通过诱导Ⅱ型解毒酶的生成，在一定程度上延缓甚至抑制组织器官的氧化损伤。

4. 其他作用　　有研究发现，异硫氰酸酯的抗血小板聚集能力是阿司匹林的数倍。此外，异硫氰酸酯能够通过清除血管和机体自由基延缓衰老，同时具有抗菌、抗病毒、降血脂和降血糖等活性。异硫氰酸酯还用作食品中的调味剂和酿酒中的抗发酵剂，也被批准用作食品添加剂（防腐剂），用于延长食品的货架期。异硫氰酸酯还表现出对昆虫、软体动物、水生无脊椎动物和线虫的生物杀灭活性，由于这些特性，它们在农业中被用作杀虫剂或除草剂。

第六节　有机硫化物

（一）基本性质

有机硫化物的基本骨架为 C—S—C（图 3-18）。其基本性质类似于醚，但挥发性较小，熔融性较高，亲水性较弱。挥发性有机硫化物为大蒜带来了独特的风味特征。

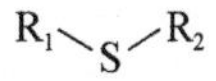

$$R_1\diagdown S\diagup R_2$$

图 3-18　有机硫化物

（二）来源

大蒜中主要脂溶性硫化物为阿藿烯、二烯丙基硫代亚磺酸酯（大蒜辣素）、二烯丙基一硫化物（DAS）、二烯丙基二硫化物（DADS）和二烯丙基三硫化物（DATS）等。大蒜中主要水溶性硫化物为 S-烯丙基半胱氨酸（SAC）、S-烯丙基巯基半胱氨酸（SAMC）和 S-甲基半胱氨酸（SMC）等。其中，脂溶性硫化物有特殊刺激性臭味，而水溶性硫化物无特殊臭味。

（三）生物学作用

大蒜是世界上广泛食用的香料，其含有的有机硫化物具有抗氧化、抗炎、抗菌、免疫调节、心血管保护、抗癌、保肝、保护消化系统、抗糖尿病、抗肥胖、保护神经和保护肾的作用。其中，富含的有机硫化物在开发功能性食品或保健食品以预防和控制某些疾病方面具有广阔的应用前景。接下来以大蒜为例介绍有机硫化物的生物活性。

1. 抑菌作用　　有机硫化物具有抑制和杀灭革兰氏阳性菌和革兰氏阴性菌的作用。大蒜中的有机硫化物阿藿烯主要通过减少细菌的养分摄取，抑制蛋白质、核酸和脂质的合成，降低细胞膜中脂质的含量和破坏细胞壁结构，来抑制革兰氏阳性菌、革兰氏阴性菌和真菌细胞的生长。有机硫化物可用于治疗多种细菌和真菌引起的感染性疾病。

2. 抗氧化　　大蒜中的有机硫化物具有清除自由基和活性氧、抑制脂质过氧化、增强抗氧化酶活性和升高抗氧化物水平的作用。

3. 调节脂代谢　　临床研究表明，食用大蒜可降低高脂血症和冠状动脉疾病患者的总胆固醇和血脂水平。大蒜中的有机硫化物具有降低血液中血清总胆固醇（TC）、甲状腺球蛋白（TG）、低密度脂蛋白（LDL）和极低密度脂蛋白（VLDL）水平，提高高密度脂蛋白（HDL）水平的作用。其调节脂代谢的作用机理包括抑制肠道中胆固醇的吸收、促进胆固醇转化为胆汁酸和加快胆固醇排泄来降低血清胆固醇水平，以及减少血管壁的胆固醇沉积和动脉粥样硬化斑块的形成，来抑制低密度脂蛋白的氧化。

4. 抗癌作用　　流行病学研究证实，富含大蒜膳食可降低多种癌症的患病风险，大蒜成分（尤其脂溶性成分）对多种肿瘤具有明显抑制作用。作用机制主要包括抗氧化、抗突变、提高机体免疫力、对外源性物质的解毒作用、影响细胞周期、抑制细胞增殖、诱导细胞凋亡、影响组蛋白乙酰化、抑制端粒酶活性、诱导细胞分化和抑制肿瘤转移等。此外，大蒜能阻断化学致癌物亚硝胺的合成。

5. 降血压、预防心血管疾病　　在高血压患者中，大蒜补充剂有明显的降血压作用。每日补充陈化大蒜提取物，4 周即能显著降低高血压患者的收缩压。此外，大蒜粉可通过促进血栓溶解、阻止血栓形成和促进血管舒张或抑制收缩，来调节血压和预防心血管疾病。大蒜中的有机硫化物阿藿烯可调节血小板的黏附作用，抑制血小板聚集。阿藿烯和大蒜提取液可抑制环氧合酶活性，抑制血栓素 A 的释放。

6. 免疫调节作用　　大蒜中的某些有机硫化物可以激活中性粒细胞的功能活性，提高巨噬细胞的吞噬率及淋巴细胞的转化率，加强细胞免疫、体液免疫和非特异性免疫，从而提高机体的免疫能力。

第七节　植物雌激素

（一）基本性质

植物雌激素（phytoestrogen）的分子结构与哺乳动物雌激素结构相似，是一类具有类似动物雌激素生物活性的植物成分，其可通过与雌激素受体（ER）以低亲和度结合而发挥类雌激素或抗雌激素效应。植物雌激素根据其化学结构主要分为四大类：异黄酮类（染料木素、大豆苷元、大豆苷等）、木脂素类（落叶松树脂酚、穗罗汉松树脂酚等）、香豆素类（香豆雌醇、4-甲氧基香豆雌醇等）、二苯乙烯苷类（白藜芦醇等）。

（二）来源

微课
大豆中的
植物雌
激素

异黄酮类主要来源于豆科植物中，大豆中含量为 0.1%～0.5%；木脂素类主要来源于油籽、谷物、蔬菜和茶叶中，亚麻籽中含量可达 370 mg/100 g；香豆素类主要来源于黄豆芽、绿豆芽和苜蓿中，干豆芽中含量可达 7 mg/100 g；白藜芦醇主要来源于葡萄、葡萄酒和花生中，葡萄中含量可达 1 mg/100 g。

（三）生物学作用

1. 治疗围绝经期综合征　　女性绝经后，雌激素缺乏会导致卵巢功能衰退，产生潮热、骨痛、睡眠障碍、焦虑和抑郁等围绝经期综合征。植物雌激素可安全有效地改善围绝经期综合征。如大豆异黄酮能够通过促进血管生成和伤口愈合及加强免疫反应来抑制雌激素缺乏导致的潮热出汗和抵抗力下降等症状，还可通过增加透明质酸、胶原蛋白和细胞外基质蛋白的产生来调节皮肤生理状态，延缓雌激素缺乏导致的皮肤萎缩等围绝经期症状。流行病学研究发现，与西方女性（80%）相比，亚洲女性（20%）报告潮热的频率更低。这些差异的原因之一就是亚洲人的饮食往往含有丰富的豆类。

2. 预防骨质疏松　　雌激素是骨形成的重要促进剂，缺乏可导致骨质疏松的发生。植物雌激素具有雌激素活性，食用含有植物雌激素的食品，可提高骨密度、骨钙素和骨桥蛋白的水平，从而预防雌激素缺乏引起的骨质疏松。每天摄入一定量的异黄酮对妇女骨骼系统有保护作用，可改善腰椎骨和脊椎骨密度。

3. 保护心血管系统　　植物雌激素具有一定的心血管系统保护作用，可预防或避免心肌梗死、心绞痛和高血压等心血管疾病的发生。其心血管保护作用机制主要包括降血脂、抗脂质过氧化、抑制血小板聚集、改善血管内皮细胞功能、抗动脉粥样硬化及舒张冠状动脉等。例如，大豆异黄酮和槲皮素等可通过降低低密度脂蛋白胆固醇（LDL-C）水平、提高高密度脂蛋白胆固醇（HDL-C）水平及减轻 ROS 引起的组织损伤等途径延缓动脉粥样硬化，还可通过抑制血管平滑肌细胞增殖和血栓生成发挥保护心血管系统的功能。食用大豆有助于降低血栓栓塞症的发病率和心血管疾病的死亡率。

4. 抗癌作用　　植物雌激素对乳腺癌、前列腺癌、子宫癌、结肠癌、卵巢癌和白血病等具有预防和抑制作用。其抗癌机制主要有抑制癌基因表达、抑制酪氨酸激酶活性、诱导肿瘤细胞凋亡、抑制癌细胞转移和抗氧化作用等。流行病学和病例对照研究表明，食用富含异黄酮的豆制品与女性乳腺癌发病率呈显著的负相关。与欧美男性相比，亚洲男性饮食中丰富的异黄酮等植物雌激素是其前列腺癌发病率远低于欧美男性的主要原因之一。

5. 抗炎　　炎症反应离不开炎症介质和细胞因子的参与，植物雌激素可以通过调节不同炎症介质和细胞因子的表达起到抗炎作用。例如，植物雌激素可通过抑制 COX-2 和基质金属蛋白酶（MMPs）活性，下调 NF-κB 表达等途径发挥抗炎作用。

6. 对神经损伤的保护作用　　植物雌激素还具有抗阿尔茨海默病和改善记忆力的生物活性。作用机制主要有增强胆碱能神经细胞功能、拮抗 β-淀粉样蛋白毒性、减轻脑细胞氧化损伤、抑制脑细胞凋亡及保护脑缺血损伤等。

[小结]

本章对多种植物化学物的基本性质、来源和生物学功能进行了阐述。需要注意的是，植物化学物的很多内容都处在研究阶段，其与人类健康的关系及深入的作用机制尚未全面阐明。由于研究资料有限，植物化学物的 SPL 值甚至是 RNI 值多是缺失的。

[课后练习]

1. 简述多酚的概念及分类。
2. 简述花青素的生物学作用。
3. 简述类胡萝卜素的来源及生物学作用。
4. 简述大蒜中主要的生物活性成分及其生物学作用。

[知识链接]

吃蔬菜排毒是什么原理？

[思维导图]

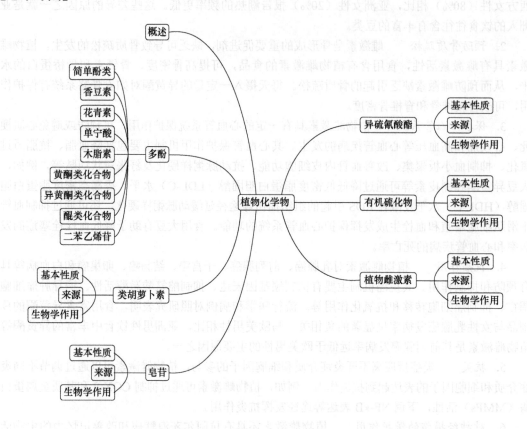

第四章　各类食物的营养价值

[兴趣引导]

　　人体所需要的各种营养素，归根结底要靠各种食物来提供。食物所含有的营养素及其消化吸收特性，均与食物的加工方式密切相关。你知道稻米的碾磨精度与其营养素含量之间的关系吗？你知道我们日常饮食中哪些食物需要进行营养强化吗？你知道豆制品发酵后其内在成分和特性都发生哪些变化吗？本章将一一揭开谜底。

[学习目标]

　　1. 掌握食品营养价值的定义及评价指标；认识食物营养价值的相对性。

　　2. 重点熟悉各大类天然食物的营养价值特点，整体把握其在膳食中的意义和作用。

　　3. 掌握不同加工措施对食物营养价值的影响，以及如何采取有效措施来减少损失甚至增加食物营养价值。

　　食物是人类赖以生存和繁衍的物质基础，是维持人体正常代谢所需的能量和各种营养素的主要来源。食物种类繁多，按其性质和来源可分为动物性食物、植物性食物和以天然食物为原料加工制成的食品。《中国居民膳食指南（2022）》中将食物分为五大类，分别为谷薯类（全谷物和杂豆、薯类）、蔬菜水果类、畜禽鱼蛋奶类、大豆和坚果类、烹调用油盐类。食物营养价值是指某种食物所含的营养素及能量能满足人体需要的程度。食物的营养价值高低，取决于食物中营养素的种类是否齐全，数量及相互比例是否适宜，以及是否易于消化、吸收等。食物的营养价值是相对的，即使是同种食物由于其产地、品种、加工工艺、烹调方式和储藏等条件的不同，其营养价值也有所不同。通过了解各大类天然食物营养价值的特点及各类食物中代表性营养素的优势，为选择食物并合理搭配膳食打下基础。

第一节　食物营养价值评定

一、食物营养价值评价指标

　　1. **营养素的种类及含量**　对食物中营养素种类的分析及含量的测定是评定食物营养价值的前提。一般来说，食物中所提供的营养素的种类及含量越接近人体的营养需要，该食物的营养价值越高。在评定食物的营养价值时，可采用各种分析方法对营养素的种类进行分析，并确定其含量。此外，还可以通过查阅食物成分表来初步评定食物的营养价值。

　　2. **营养素质量**　食物中所含营养素的质与量对食物营养价值的评定有重要意义，质的优劣体现在人体对食物所含营养素消化、吸收及利用的程度。例如，蛋白质的优劣体现在其氨基酸组成及可被消化利用的程度；脂肪的优劣体现在脂肪酸的组成、脂溶性维生素的含量等方面。食物营养素质量的评定可通过动物试验结合人体试食临床观察结果得出结论。

微课
食物营养
价值评价
的重要
指标

3. **营养素质量指数**　在评价食物的营养价值时，可以营养质量指数（index of nutritional quality，INQ）为指标，即食物中某营养素与能量密度之比。其中，营养素密度是指食物中某营养素的含量与该营养素的供给量之比；能量密度是指食物所产生的能量与能量供给量之比。

INQ 的主要优点是可以对食物营养价值的优劣一目了然，是评定食品营养价值的一种简明指标。INQ＝1，表示食物中该营养素与能量含量达到平衡；INQ＞1，说明食物中该营养素的供给量高于能量的供给量，食物的营养价值较高；INQ＜1，说明食物中该营养素的供给量少于能量的供给量，食物的营养价值较低，长期食用此种食物，可能发生该营养素的不足或能量过剩。

以成年男子轻体力劳动者的营养素供给量为标准，计算鸡蛋、大豆、大米中几种营养素的 INQ 值（表 4-1）。

表 4-1　鸡蛋、大米、大豆中几种营养素的 INQ

食物类型	能量（kJ）	蛋白质（g）	视黄醇（μg）	硫胺素（mg）	核黄素（mg）
成年男子轻体力劳动参考摄入量	2400	75	800	1.4	1.4
鸡蛋 100 g	144	13.3	234	0.11	0.27
INQ		2.96	4.88	1.31	3.21
大米 100 g	347	8.0	—	0.22	0
INQ		0.74	—	1.09	0.25
大豆 100 g	359	35.0	37	0.41	0.20
INQ		3.12	0.31	1.96	0.96

资料来源：孙长颢，2017

二、食物营养价值评价意义

1. **评价食物营养价值的意义**　评定食物营养价值的意义体现在以下几个方面。

（1）全面了解各种食物的天然组成成分，包括营养素、非营养素类物质、抗营养因子等，了解营养素的种类和含量及非营养素类物质的种类和特点，解决抗营养因子问题，充分利用食物资源。

（2）了解食物在收获、储存、加工、烹调过程中营养素的变化，以便采取相应的有效措施来最大限度地保存食物中营养素，提高食物的营养价值。

（3）指导合理选购食物和科学配膳。

2. **食物营养价值的相对性**　食物营养价值是相对的。因此在评价食物营养价值时应注意以下几个问题。

（1）每一种食物都含有人体所需的一种以上的营养素，都有其独特的营养价值，任何一种食物都不能满足人体对所有营养素的需求，但喂养 4 个月以内婴儿的母乳及某些特殊设计的食物除外。例如，牛乳虽然是一种营养价值较高的食物，但是其中铁的含量和利用率都较低；胡萝卜也是一种被公认的营养价值较高的蔬菜，但其蛋白质含量很低。被称为"营养价值高"的食物通常是指多数人容易缺乏的某些营养素含量较高，或多种营养素都较丰富的食物。

（2）不同食物中能量和营养素的含量不同，同一种食物的不同品种、不同部位、不同产地、不同成熟程度之间也有较大的差别。例如，大棚生产与自然生产的番茄果实维生素 C 含量不同。食物成分表中的营养素含量只是这种食物的一个代表值（参考值）。

（3）食物的营养价值也受储存、加工和烹调的影响，有些食物经过烹调加工处理后会损失原有的营养成分。例如，蔬菜经热加工处理后，维生素 C 损失较大；但是也有些食物经过加工烹调提高了营养素的吸收利用率，如大豆制品、发酵制品等蛋白质的消化利用率升高。

（4）有些食物中存在一些天然抗营养成分或有毒物质。例如，菠菜中的草酸会影响钙的吸收；生大豆中的抗胰蛋白酶影响蛋白质的吸收；生蛋清中的生物素结合蛋白影响生物素的利用；生扁豆中的毒物化合物会引起中毒等。这些物质会对食物的营养价值和人体健康产生不良影响，适当的加工烹调方法使之失活或减轻不良影响。

（5）食物的安全性是首要的问题。如果食物受到来自微生物或化学毒物的污染，对人体造成了明显的危害，就无法考虑其营养价值。

（6）食物还具有感官功能，可以促进食欲，并带来饮食的享受，但非天然的风味与营养价值没有必然的联系，因此片面追求感官享受往往不能获得营养平衡的膳食。食物的生理调节功能不仅与营养价值相关，还取决于一些非营养素的生理活性成分（及植物化学物），与其营养价值的概念并非完全一致。

第二节　谷类食物的营养价值

谷类（grain）主要包括稻米、小麦、玉米、高粱、燕麦等，在我国居民的膳食构成中占有重要的地位。谷类食物是蛋白质和能量的重要来源，也是矿物质和 B 族维生素的主要来源。

一、谷类结构

谷类种子的基本结构大致相似。谷壳一般在加工时被去除，谷粒去壳后的结构由谷皮、糊粉层、胚乳及胚芽四个部分组成（图 4-1）。

1. 谷皮　谷皮为谷粒外面的数层被膜，约占谷粒总重量的 6%，主要由纤维素、半纤维素构成，含较多的矿物质、脂肪和维生素。谷皮不含淀粉，其中纤维和植酸在加工中作为糠麸除去。

2. 糊粉层　糊粉层介于谷皮与胚乳之间，占谷粒总重量的 6%～7%，含丰富的蛋白质、脂肪、矿物质和 B 族维生素，营养价值高。但在高精度碾磨加工时，易与谷皮同时被除去而混入糠麸中，影响谷类食品的营养价值。

3. 胚乳　胚乳占谷粒总重量的 83%～87%，含大量的淀粉和一定量的蛋白质。靠近糊粉层部分的蛋白质含量较高。胚乳中的脂肪、矿物质、维生素、粗纤维的含量则较低。

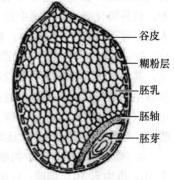

图 4-1　谷类结构图

谷皮
糊粉层
胚乳
胚轴
胚芽

4. 胚芽　胚芽占谷粒总重量的 2%～3%，富含脂肪、蛋白质、矿物质、B 族维生素和维生素 E，是营养价值最高的部分。胚芽在加工过程中易损失，与糊粉层一起混入糠麸，造成谷类营养价值的降低。胚芽中还含有大量酶且活性较强，因此谷粒加工时保留胚芽多容易变质。

二、谷类营养价值

（一）谷类的营养成分

1. 蛋白质　谷类的蛋白质含量一般在 7%～15%，主要分为白蛋白、球蛋白、醇溶蛋白、谷蛋白四类，其中醇溶蛋白和谷蛋白为谷类所特有（表 4-2）。谷类蛋白质的必需氨基酸组成不平衡，通常都以赖氨酸为其第一限制氨基酸。有些谷类中苏氨酸、色氨酸、苯丙氨酸、蛋氨酸也偏低，因此谷类蛋白质的营养价值低于动物性食物。

微课
谷类的
营养价值

表 4-2　几种谷类的蛋白质组成　　　　　　　　　　　　　　　　　（单位：%）

谷物	白蛋白	球蛋白	醇溶蛋白	谷蛋白
大米	5	10	5	80
小麦	3～5	6～10	40～50	30～40
大麦	3～4	10～20	35～45	35～45
玉米	4	2	50～55	30～45
高粱	1～8	1～	50～60	32

资料来源：石瑞，2012

谷类是膳食蛋白质的重要来源，因此提高谷类蛋白质的营养价值具有重要意义。为改善谷类蛋白质的营养价值，常采用对第一限制性氨基酸进行强化（如面粉用 0.2%～0.3%的赖氨酸强化），或通过蛋白质互补作用来提高其营养价值；也可利用基因工程方法改善谷类蛋白质的氨基酸组成，如降低高赖氨酸玉米品种的醇溶蛋白，使玉米蛋白质的氨基酸组成得到了改善，从而提高了玉米蛋白质的营养价值。

2. 碳水化合物　　谷类碳水化合物的含量为 70%～80%，主要包括淀粉、糊精、戊聚糖、葡萄糖和果糖等。谷类淀粉容易为人体消化吸收，是人类最广泛、最经济的能量来源。依据结构和葡萄糖分子聚合方式的不同，谷类淀粉包括直链淀粉和支链淀粉，分别占 20%～30%和 70%～80%，两者的比例因品种不同而有差异，并可直接影响谷类食物的风味及营养价值。直链淀粉是由葡萄糖通过 α-1,4 糖苷键线性连接而成；支链淀粉则是由葡萄糖通过 α-1,4 糖苷键连接构成主链，支链再通过 α-1,6 糖苷键与主链连接。籼米中含直链淀粉多，米饭胀性大而黏性差，较易消化吸收；糯米中绝大部分是支链淀粉，胀性小而黏性强，不易消化吸收，幼儿、老人及肠胃不好的人不宜多食；粳米处于二者之间。

3. 脂肪　　谷类食物的脂肪一般为 1%～4%，燕麦中可达 7%，主要集中在糊粉层和胚芽里，其中不饱和脂肪酸含量较高，主要为油酸、亚油酸和棕榈酸。在谷类加工时，脂肪易转入糠麸中，从米糠中可提取与健康有密切关系的米糠油、谷维素和谷固醇。从玉米和小麦胚芽中可提取出玉米油和麦胚油，营养价值高。在谷类长期储藏时，空气中的氧会使脂肪发生氧化而酸败，导致谷类食品的香气逐渐减少或消失，并产生令人不快的游离脂肪酸气味。

4. 维生素　　谷类中的维生素以 B 族为主，主要存在于谷皮、糊粉层及胚芽中，如维生素 B_1、维生素 B_2、烟酸、泛酸和维生素 B_6 等（表 4-3）。加工精度越高，维生素的损失越多。玉米中的烟酸为结合型，人体不易吸收，须经过适当加工使之变成游离型才能被吸收利用，因此长期以玉米为主食地区的居民容易发生烟酸缺乏症，即癞皮病。

表 4-3　常见谷类维生素含量　　　　　　　　　　　　　　　（单位：mg/100 g）

食物名称	维生素 B_1	维生素 B_2	烟酸	维生素 E
小麦粉（标准）	0.46	0.05	1.91	0.32
小麦胚粉	3.50	0.79	3.70	23.20
稻米（代表值）	0.15	0.04	2.00	0.43
玉米面（黄）	0.07	0.04	0.80	0.98
糯米	0.11	0.04	2.3	1.29
大麦	0.43	0.14	3.90	1.23
小米	0.33	0.10	1.50	3.63

资料来源：杨月欣，2019

5. 矿物质　　谷类的矿物质含量为 1.5%～3%，主要是钙和磷，大部分以植酸盐形式集中于谷皮、糊粉层，加工时容易损失且不易被人体消化吸收。谷类中还含有铁、锌、铜及钾、镁、氯等元素，但铁含量很少。小麦粉在发酵过程中，其中的植酸可以被水解消除，因此小麦粉做成馒头、面包后可以提高铁、锌等矿物质的吸收率。

（二）谷类中的植物化学物

在谷类的谷皮中还存在多种植物化学物，如酮类化合物、酚酸类物质、植物固醇、类胡萝卜素、植酸、蛋白酶抑制剂等，在一些杂粮中含量较高。谷类中黄酮类化合物主要与糖结合成苷类，以配基的形式存在。芦丁在槐米中含量最高，其次为荞麦。花色苷在黑米、黑玉米等黑色谷物中广泛存在。在谷物麸皮中，酚酸的含量由高到低的顺序为玉米＞小麦＞荞麦＞燕麦。玉米黄素在黄玉米中含量最高。植酸是谷物种子中磷酸盐和肌醇的主要贮存形式，在麸皮中含量较高。

（三）主要谷类食物的营养价值

1. 稻米的营养价值　　稻米在我国产量最大，脱壳后淀粉含量在 75%以上，蛋白质含量为 7%～12%，主要为谷蛋白。稻米中脂类含量与加工精度有关。大米胚芽油中含 6%～7%的磷脂，主要是卵磷脂和脑磷脂。稻米几乎不含有胡萝卜素，B 族维生素含量较其他谷物低，精白米是各种谷物主食中 B 族维生素含量最低的一种，因此以精白米为主食的地区，应注意预防维生素 B 族缺乏。精白米中矿物质含量很低且磷的比例最高，属于成酸性食品，不利于维持人体的酸碱平衡。黑色、紫色、红色等有色稻米中的矿物质含量均高于白色大米。

2. 小麦的营养价值　　小麦是世界上种植最广泛的作物之一，主要用于生产小麦面粉。小麦中蛋白质含量为 12%～14%，面筋占总蛋白质的 80%～85%，主要是麦胶蛋白和麦麸蛋白，为面粉中筋质的主要成分。例如，硬粒小麦面筋含量较高，适合作为面包、面条、饺子等食品的原料；软粒小麦面筋含量较低，适合制作糕点类产品。小麦面粉中还含有脂肪、B 族维生素、维生素 E 及矿物质，主要分布在胚芽和糊粉层中。小麦粉加工精度越高，面粉越白，所含的淀粉越多，而维生素和矿物质含量就越低，营养价值降低。

3. 玉米的营养价值　　玉米蛋白质含量为 8%～9%，主要是玉米醇溶蛋白，其中的赖氨酸、色氨酸及苏氨酸含量较低。玉米胚芽中含有较丰富的油脂，不饱和脂肪酸的含量达 85%，除甘油三酯外，还含有卵磷脂、维生素 E 和一定量的维生素 C（嫩玉米）。玉米油的亚油酸和维生素 E 的含量较高。玉米中的淀粉含量高达 70%以上，含有较多的膳食纤维。未经精制的玉米，其中 B 族维生素得以充分保留，维生素 B_1 和维生素 B_2 较为丰富。玉米中的矿物质以磷、钾、镁等为主，钾含量高于大米和白面。

4. 小米的营养价值　　小米的淀粉含量与其他谷类食物相当，蛋白质、脂肪及铁的含量都高于大米。蛋白质含量为 9%～10%，主要为醇溶蛋白，缺乏赖氨酸，但蛋氨酸、色氨酸和苏氨酸含量要较其他谷类高。小米中的脂肪和铁含量比玉米高，含有较多的核黄素和 β-胡萝卜素等。小米脱壳后无需精磨即可食用，因此含有较丰富的膳食纤维及 B 族维生素。

5. 高粱的营养价值　　高粱米中蛋白质的含量为 9.5%～12%，主要是醇溶谷蛋白，其中亮氨酸含量较高，赖氨酸、苏氨酸含量低，是一种不完全的蛋白质，人体不易吸收，可与其他粮食混合食用来提高其营养价值。高粱米中的脂肪及铁含量高于大米，淀粉含量约为 60%，不易糊化，煮熟后其消化性不及大米和面粉。

6. 燕麦的营养价值　　燕麦是公认的高营养价值杂粮之一。燕麦中所含的蛋白质和脂肪较一般谷类高，蛋白质中含有人体需要的全部必需氨基酸，其中赖氨酸含量较高，是小麦、稻米的 2 倍以上。燕麦中 80%的脂肪为不饱和脂肪酸，其中亚油酸占脂肪含量的 38%～52%，可降低心血管中胆固醇的含量，其消化吸收率也较高。燕麦含糖少，蛋白质多，纤维素和矿物质含量高，是心血管疾病、糖尿病患者的理想保健食品。燕麦纤维是一种优质的膳食纤维，占燕麦的 18%～21%，有明显降低胆固醇和预防心血管疾病的作用。

三、加工和烹调对谷类营养价值的影响

（一）加工对谷类营养价值的影响

1. 碾磨及精制　　谷类碾磨的目的是去除谷壳，产生无杂质的、可食用的并具有不同粒度的粉末。谷类的营养成分分布不均匀，其外部含有大量的营养成分，如膳食纤维、植酸、单宁、多酚、矿物质、维生素等，碾磨或精制会导致谷类中的营养成分丢失。谷类通过加工去除谷皮和杂质后，不仅可以改善谷类感官性状，还有利于消化吸收。谷类所含的矿物质、维生素、蛋白质、脂肪多分布在谷粒周围和胚芽内，并向胚乳中心逐渐减少，因此加工精度与谷类营养素保留程度有很大关系。加工精度越高，出米（粉）率越低，谷胚、糊粉层大部分或全部转入到副产品中，营养素损失越大，以 B 族维生素含量的改变较为显著；加工精度越低，出米（粉）率越高，虽然营养素损失减少，但感官性状较差且消化吸收率也相应降低。全谷物中含有丰富的植物化学物，在消化过程中酶可将其从纤维复合物中释放出来。谷物中的矿物质与维生素主要分布在糊粉层和胚组织中，碾磨能使其含量降低，碾磨越精，矿物质和维生素损失的越多。表 4-4 为小麦磨粉后某些微量元素的损失。

表4-4　碾磨对小麦微量元素的影响

名称	小麦（mg/kg）	白面粉（mg/kg）	损失率（%）
锰	46	6.5	85.8
铁	43	10.5	75.6
钴	0.026	0.003	88.5
铜	5.3	1.7	67.9
锌	35	7.8	77.7
钼	0.48	0.25	48.0
铬	0.05	0.03	40.0
硒	0.63	0.53	15.9
镉	0.26	0.38	—

资料来源：刘志皋，2004

蒸谷米是稻谷经过浸泡、汽蒸、干燥和冷却等处理之后再碾磨制成的米，其中的维生素和矿物质等营养素向内部转移，因此碾磨后营养素损失少，而且容易消化吸收。"含胚精米"可以保留米胚达 80%以上，从而保存了较多的营养成分。营养强化米是在普通大米中添加营养素的成品米，通常用造粒方式将营养素混入免淘米中，以强化维生素 B_1、维生素 B_2、尼克酸、叶酸、赖氨酸、苏氨酸、铁和钙等营养素。

2. 发酵　　发酵通过增加营养素的含量、提高营养物质的生物利用度或降低抗营养因子的含量来影响食品的营养价值。天然谷物通过发酵可以提高赖氨酸、蛋氨酸和色氨酸的含量，也可以提高 B 族维生素的利用率。谷物中的植酸会与铁、锌、钙等结合，而在发酵过程中，微生

物分泌的植酸酶将植酸水解成肌醇和磷酸盐，因此可使金属离子从植酸中分离出来，增加了可溶性铁、锌、钙离子的含量。馒头、面包、发糕、包子等属于发酵谷类加工品，在制作过程中经过酵母发酵，增加了 B 族维生素的含量，并使钙、铁、锌等各种微量元素的生物利用率提高。发酵还能够延长发酵型谷物饮料的货架期，改善其口感和风味，在发酵过程中产生的多种挥发性成分，如乙酸、丁酸等会赋予产品独特的风味。相较于传统发酵乳制品，以谷物为基质的发酵食品更具有高膳食纤维、低脂肪和低胆固醇等优点。

3. 挤压膨化　　挤压膨化是通过热能、剪切和压力等综合作用的一个短时高温、高压的加工过程。在此过程中能最大限度保存原料的营养成分，如大部分的谷物经挤压后，其总酚、总黄酮、维生素等活性物质的含量略有降低或基本不变。挤压过程中谷类约有 70%的维生素 C 被保留下来，而采用加热处理或热力杀菌，其保存率低于 40%。谷物中的一些抗营养物质如胰蛋白酶抑制因子等，在挤压过程中也可被破坏，从而提高谷类产品的营养价值。与其他加工方式相比，挤压加工不仅能够有效提高食品中营养素的生物利用率，还能提高食物的消化率。由于淀粉、脂肪、蛋白质可在挤压过程中发生降解，更加有利于消化酶的作用及人体吸收。淀粉经过挤压发生糊化后，其吸水性变大，易受淀粉酶作用，提高了其在人体内的消化吸收率。

（二）烹调对谷类营养价值的影响

食物在烹调时要发生物理和化学变化，从而增加色、香、味，刺激食欲，利于食品的消化和吸收，但同时也会使一些营养素受到破坏。合理烹调应尽量减少营养素的损失，既最大限度地保存营养素，又要使食物的色、香、味俱佳，才能达到合理营养的要求。我国的烹调方法多种多样，不同的烹调方法对食物原料的营养素造成的影响往往不同，这些影响直接关系到营养素的损失程度和人体对食物的消化吸收率。

1. 烹调前处理　　一般来说，原料在烹调加工前都要进行一定的前处理。为除去混在谷类中的沙石、谷皮和尘土等杂质，许多谷类在烹调前必须经过淘洗，在淘洗时水溶性营养素和矿物质易流失，如维生素 B_1 损失 30%～60%，维生素 B_2 与烟酸损失 23%～25%等。淘米时水温越高，搓洗次数越多，浸泡时间越长，营养素的损失就越大。

2. 煮　　在煮的过程中，用水量较多且加热时间长，原料中的矿物质和维生素部分会溶于水中，且不耐热的维生素损失较大。煮时的水或汤汁具有传热和良好的溶解作用，因此汤液中会存在较多的水溶性成分，如维生素 B_1、维生素 C 等。煮面条时，有 30%～40%的营养素会转入汤中，如维生素 B_1、B_2 及尼克酸等物质。煮沸时间的长短对维生素的损失也有影响，延长煮沸时间，维生素 C 的损失会增加；食物的表面积越大，水溶性维生素损失也越大。

3. 蒸　　在蒸制的过程中，由于谷物不直接与水进行接触，减少了水溶性生理活性物质的损失，实现了谷物中活性物质最大程度的保留。由于笼内的温度较高，水蒸气压力和渗透压较大，所以原料质地变化快，易成熟，部分蛋白质、糖类被水解，利于人体吸收。但部分不耐热的维生素损失较大，如蒸饭使大米的维生素 B_1 含量损失 38.1%，其他成分如水、矿物质、蛋白质的水解物不易流失，可以保持原汁原味。

4. 烤　　糕点、饼干类食品主要是以面粉、糖、油脂为原料，再添加其他风味辅料制作而成。添加牛乳、鸡蛋等配料可提高其营养价值，但由于糖的添加量较高，使得营养素密度较低，能量较高。在焙烤过程中，蛋白质中的赖氨酸 ε-氨基与羰基化合物发生反应产生褐色物质，称为美拉德反应，该反应可使赖氨酸失去效能。因此应该注意焙烤温度和糖的用量，如饼干的厚度越薄，焙烤温度越高，焙烤时间越长，可利用氨基酸的损失率就越大。

5. 炸　　炸一般都是油量较多且油温较高，因此对原料中所含的营养素会有不同程度的破坏。如在制作油条时，因为碱和高温的作用，使维生素 B_2 和尼克酸被破坏达 50% 左右，维生素 B_1 几乎损失殆尽，故炸是各种烹饪方式中营养损失最大的一种。尤其是在油反复多次使用的情况下，油中的必需脂肪酸损失殆尽，还会受到严重的氧化和热降解、聚合作用，造成油脂的败坏变质，甚至产生有毒物质。

四、储藏对谷类营养价值的影响

1. 常温储藏　　常温储藏是谷类最常用的保藏方法。影响谷类储藏品质的条件还有水分含量，且与种子细胞酶活性、微生物繁殖等有关，因此在常温储藏期间，控制谷物储藏期间的水分含量对延长其储藏期及保持良好品质有着重要作用。蛋白质、维生素、无机盐等营养素的含量在适宜的储藏条件下，其变化及损失程度均不大。在储藏初期，由于淀粉酶活性较高，蛋白质水解为氨基酸，维生素消耗减少，如果含水量增加，则蛋白质及维生素的损失程度增大。水分含量越低，谷类的储藏时间越长，若储藏条件发生变化，特别是相对湿度增大、温度升高时，谷类会吸收水分，种子呼吸作用加强，营养成分损失较多，同时容易引起霉菌生长繁殖，严重时腐烂变质。例如，小麦常温下储藏 5 个月，当水分含量在 12% 时，维生素 B_1 损失 12%；当水分含量在 17% 时，维生素 B_1 损失 30%。当谷类中的水分含量超过 15% 时，还原糖将氧化为二氧化碳与水；如果水分继续增加，糖将受到微生物的作用产生醇、乙酸而致使粮食出现酸味，降低了谷类的营养价值。谷类粮食储藏期间的水分含量一般控制在 11%～14%，小麦、玉米的安全水分含量在 13% 以下。在常温储藏中，温度升高会促进谷类粮食中的脂类水解，因其分解为游离脂肪酸与甘油而发生酸败变质，降低谷类的营养价值。

2. 低温储藏　　低温储藏是指储藏谷类粮食时的温度低于 15℃ 或者保持在 15～20℃，机械通风、空调调温是实现谷类低温储藏的常用方法。利用低温限制害虫、微生物的活动，降低粮食的呼吸作用，减少营养成分发生反应而造成流失。在低温储藏时，谷物的陈化速率会降低、品质变化速度变慢；脂肪酶的活性受到抑制，脂肪水解速度降低；抑制微生物的繁殖生长速度，减少有毒代谢产物的生成。合理的低温储藏能够延缓稻谷品质下降，保持其营养价值。

3. 气调储藏　　谷物的气调储藏包括充 CO_2、N_2 及真空等措施，均是通过降低氧气浓度达到抑制或者降低谷物的呼吸作用及其酶活性的目的，从而达到减少营养物质的损失、防霉、防虫、降低陈化速度、保持谷物品质的目的。谷物中的脂类含量低于淀粉和蛋白质，但脂肪对谷类的陈化有较大的影响，在脂氧合酶的催化作用下发生氧化，且其产物较不稳定，会分解成醛类和酮类物质，使稻谷产生不良的气味；此外，脂类发生水解会导致游离脂肪酸的含量增加。气调储藏相对于常规储藏，脂肪含量下降速率较慢，脂肪酸值上升缓慢，过氧化氢酶活性变化较慢，羰基值变化小。温度和水分含量均是影响稻谷脂肪酸值变化的重要因素，即温度和水分含量越高，脂肪酸值的增加越快。气调储藏通过降低环境的氧气浓度，抑制酶活性，减缓脂质的氧化，对品质有较好的保护作用。

4. 辐照处理　　辐照处理能够减少微生物的生长、有效杀灭谷物中的害虫，延长易腐食品的货架寿命。在辐照杀虫的剂量范围内，辐照处理对谷类的营养素没有或只有很少的影响，如低辐射剂量（1 kGy 以下）即可杀灭大米、小麦、谷物中的寄生虫和象鼻虫等；但在较高的辐照剂量下，辐照处理会对营养品质产生一定的影响。当面粉用 0.3～0.5 kGy 辐射时可有少量烟酸损失；用辐射过的面粉烤制面包时烟酸的含量可有增高，可能是面粉经过辐射、加热处理时烟酸从结合型变成游离型所致。

第三节　蔬菜和水果的营养价值

蔬菜和水果含水分和酶类较多，富含人体所必需的维生素、矿物质，含有一定量的碳水化合物，但蛋白质、脂肪含量偏少。蔬菜和水果中富含膳食纤维，所以可以刺激胃肠的蠕动和消化液的分泌，能够促进食欲和帮助消化。蔬菜、水果中含有多种有机酸、芳香物质和色素等成分，使其具有良好的感官特性，对赋予食物多样化具有重要的意义。此外，蔬菜和水果中还富含多种植物化学物，对人体健康具有较多有益的生物学作用。

一、蔬菜的营养价值

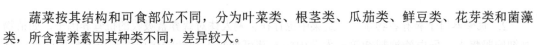

微课
蔬菜的
营养价值

（一）蔬菜的营养成分

蔬菜按其结构和可食部位不同，分为叶菜类、根茎类、瓜茄类、鲜豆类、花芽类和菌藻类，所含营养素因其种类不同，差异较大。

1. 蛋白质　　大部分蔬菜蛋白质含量很低，一般为 1%～2%，鲜豆类平均可达 4%。但菌藻类中发菜、香菇和蘑菇的蛋白质含量可达 20%以上，必需氨基酸含量较高且组成均衡。

2. 碳水化合物　　蔬菜所含碳水化合物包括单糖、双糖、淀粉及膳食纤维，含量一般为4%左右，如胡萝卜、西红柿、南瓜等含有较多的单糖和双糖。蔬菜所含的纤维素、半纤维素和果胶是膳食纤维的主要来源，如叶菜类和茎类蔬菜中含有较多的纤维素和半纤维素，南瓜、胡萝卜、番茄中等则含有一定量的果胶。蘑菇、香菇和银耳等菌藻类含有多糖物质。

3. 脂肪　　蔬菜中的脂肪含量极低，大多数蔬菜的脂肪含量不超过 1%，属于低能量食品。

4. 矿物质　　蔬菜中含有丰富的钙、磷、铁、钾、钠、镁和铜等多种矿物质，其中以钾含量最多，其次为钙和镁，是我国居民膳食中矿物质的重要来源。如菠菜、雪里蕻、油菜、苋菜等绿叶蔬菜中的钙、铁含量较高。蔬菜中锰的含量高于肉类食品，对维持人体内的酸碱平衡有重要的作用。但有些蔬菜中含有大量的草酸，不仅会影响本身所含钙和铁的吸收，而且还影响其他同食食物中钙和铁的吸收。因此在选择蔬菜时，不能只考虑其钙的绝对含量，还应注意其草酸的含量，如菠菜、苋菜及鲜竹笋等蔬菜中的草酸含量较高。

5. 维生素　　蔬菜中除维生素 A、维生素 D 外，其他维生素均广泛存在，其中维生素 C 和胡萝卜素含量丰富，也是维生素 B_2 和叶酸的重要来源。蔬菜中的维生素含量与品种、鲜嫩程度和颜色有关，一般叶部含量较根茎部高，嫩叶比枯老叶高，深色菜叶比浅色菜叶高。嫩茎、叶、花菜类蔬菜富含 β-胡萝卜素、维生素 C、维生素 B_2，且绿色的叶、茎类蔬菜维生素 C 含量与叶绿素的分布平行。胡萝卜素在绿色、黄色或红色蔬菜中含量较多，如胡萝卜、南瓜、苋菜等。菌类蔬菜中含有维生素 B_{12}。菌类和海藻类蔬菜的维生素 C 含量不高，但维生素 B_2、尼克酸和泛酸等含量较高。蔬菜还是维生素 K 的主要来源，其含量与叶绿素呈正相关。

（二）蔬菜中的特殊成分

1. 芳香物质、有机酸及色素　　蔬菜中含有机酸比较少，主要为乳酸及琥珀酸，一般蔬菜均含有草酸。蔬菜中含有各种不同的色素物质，主要有叶绿素、花青色素、叶黄素等，使蔬菜表现出多种颜色。蔬菜中常含有各种芳香物质，其油状挥发性化合物称为精油，主要成分为醇、酯、醛、酮、烃等（表 4-5）。有些植物的芳香物质是以糖苷或氨基酸状态存在的，如大蒜油须经酶的作用分解为精油才有香气，芳香物质有助于刺激食欲。

表 4-5　某些蔬菜的香气成分

蔬菜类	化学成分	气味
萝卜	甲基硫醇、异硫氰酸丙烯酯、二丙烯基二硫化物	刺激辣味
葱类	甲基硫醇、二丙烯基二硫化物、二丙基二硫化物	香辛气味
花椒	天竺葵醇、香茅醇、硫氰酸酯	蔷薇香气
姜	姜酚、水芹烯、姜萜、茨烯	香辛气味
蒜	甲基丙烯基二硫化物、丙烯硫醚、丙基丙烯基二硫化物	辛辣气味
芥类	异硫氰酯、二甲基硫醚	刺激性辣味
叶菜类	叶醇、壬二烯-2,6-醛	青草臭
黄瓜	壬烯-2-醛、乙烯-2-醛	青臭气

资料来源：蒋爱民和赵丽芹，2007

2. 抗营养因子和有害物质　　蔬菜中也存在影响人体对营养素吸收的抗营养因子，如植物血细胞凝集素、蛋白酶抑制剂等；木薯中的氰苷可抑制人和动物体内细胞色素酶的活性；甘蓝、萝卜和芥菜中的硫苷化合物在大剂量摄入时可致甲状腺肿；茄子和马铃薯表皮含有的茄碱可引起喉部瘙痒和灼热感；有些毒蕈中含有能引起中毒的毒素等；一些蔬菜中硝酸盐和亚硝酸盐含量较高，尤其在不新鲜和腐烂的蔬菜中更高。

此外，蔬菜还是多种植物化学物的主要来源，详见第三章。

二、水果的营养价值

（一）水果的营养成分

根据果实的形态和生理特征，水果可分为仁果类、核果类、浆果类、柑橘类和瓜果类等。新鲜水果的营养价值和新鲜蔬菜相似，是人体矿物质、维生素和膳食纤维的重要来源之一。

1. 水分　　一般鲜果含水分 73%～90%，干果含水分 3%～4%。正常的含水量是衡量新鲜蔬菜、水果鲜嫩程度的重要特征。水果新鲜无腐败时，营养价值高。

2. 蛋白质及脂肪　　新鲜水果水分含量多，营养素含量相对较低，蛋白质及脂肪含量均不超过1%。

3. 碳水化合物　　水果中所含碳水化合物在 6%～28%，主要是果糖、葡萄糖和蔗糖，还富含纤维素、半纤维素和果胶。水果中的碳水化合物含量因种类和品种的不同而存在较大差异，如苹果和梨以含果糖为主，桃、李、柑橘以含蔗糖为主，浆果类的葡萄、草莓则以葡萄糖和果糖为主（表 4-6）。水果含糖较蔬菜多而具甜味，主要是随着水果成熟，可溶性糖增高，甜味增加，如香蕉在成熟过程中淀粉由 20%降到 5%，而可溶性糖由 8%增至 17%。水果中的纤维素、半纤维素、木质素及果胶是人们膳食纤维的主要来源。水果中的果胶含量较多，对果酱、果冻的加工有重要意义。

表 4-6　常见水果中碳水化合物的种类及含量

名称	转化糖（%）	蔗糖（%）	总糖（%）
苹果	7.35～11.62	1.27～2.99	8.62～14.61
梨	6.52～8.00	1.85～2.00	8.37～10.00
桃	1.77～3.67	8.61～8.74	10.38～12.41

续表

名称	转化糖（%）	蔗糖（%）	总糖（%）
李	5.84～9.05	1.01～1.85	6.85～10.70
杏	3.00～3.45	5.45～8.45	8.45～11.90
甜樱桃	13.18～16.57	0.17～0.43	13.35～17.00
葡萄	16.83～18.04	—	16.83～18.04
甜橙	4.82	3.01	7.99
橘子	2.14	4.53	6.67
草莓	5.56～7.11	1.48～1.76	7.41～8.59
枣	56.00	8.00	64.00
香蕉	10.00	7.00	17.00
菠萝	3.0	8.00	11.00

资料来源：蒋爱民和赵丽芹，2007

4. 矿物质　　水果含有人体所需的各种矿物质，如钙、磷、铁、钾、钠、镁、铜等，其中以钾、钙、镁、磷含量较多。除个别水果外，矿物质含量相差不大。草莓、大枣和山楂中的铁含量较高，因其富含维生素 C 和有机酸，因此铁的生物利用率较高。经过脱水处理得到的果干，其中的矿物质含量因得到浓缩而大幅度提高，杏干、葡萄干、干枣、桂圆、无花果干等均为钾、铁、钙等矿物质的膳食补充来源之一。

5. 维生素　　新鲜水果中含维生素 C 和胡萝卜素较多，但维生素 B_1、维生素 B_2 含量不高。常见水果中三种维生素的含量见表 4-7。

表 4-7　常见水果中三种维生素的含量（每 100 g）

水果种类	维生素 C（mg）	胡萝卜素（μg）	维生素 B_2（mg）
鲜枣	243	240	0.09
猕猴桃	62	130	0.02
橙	33	160	0.04
芒果	23	897	0.04
苹果	3	50	0.02
葡萄	4	40	0.02
桃	10	20	0.02
草莓	47	30	0.03

资料来源：杨月欣，2019

（二）水果中的特殊成分

水果因含有多种有机酸而呈酸味，其中柠檬酸、苹果酸、酒石酸相对较多，还有少量的苯甲酸、水杨酸、琥珀酸和草酸等。柠檬酸是柑橘类水果所含的主要有机酸，仁果类及核果类含苹果酸较多，而葡萄的有机酸主要为酒石酸。在同一种果实中，通常同时存在多种有机酸，如苹果中主要为苹果酸，同时也含有少量的柠檬酸和草酸。有机酸与所含的糖配合形成特殊的水果风味，果酸可以起到增加食欲及帮助消化的作用。

水果中普遍含有挥发性芳香油，由于成分不同，表现出其特有的芳香气味，如苹果中含有乙酸戊酯和微量苹果油。水果固有的色泽是品种的特征，是鉴定其品质的重要指标。

此外，水果还是多种植物化学物的主要来源，详见第三章。

三、加工对蔬菜和水果的营养价值的影响

1. 加工前处理　　果蔬加工前必须进行修整、清理和漂洗等前处理，可造成不同程度的营养素丢失。修整果蔬时，外叶、块茎和果实的外层营养素一般要高于内层。莴苣外部的青叶比内部的嫩叶老，但其钙、铁和胡萝卜素的含量比嫩叶高；胡萝卜表皮层的烟酸含量比其他部位高；苹果皮中抗坏血酸的含量比果肉高；凤梨心比食用部分含有更多的维生素C。

在清洗加工阶段也会对维生素造成一定程度的损失。蔬菜应坚持先洗后切的原则，以新鲜绿叶蔬菜为例，先洗后切其维生素仅损失 1%，而切后浸泡 10 min，维生素 C 损失达 16%～18.5%，且浸泡时间越长，维生素损失越大。一些蔬菜及水果切片或切碎后，在空气中放置一段时间，维生素 C 有一定损失，如圆白菜、黄瓜、苹果及桃子切片后，在室温下放置 1 h，维生素 C 的损失率分别为 6%、35%、20%和 34%。

2. 烫漂　　烫漂是水果和蔬菜加工中一种温和的处理方法，以使有害的酶失活、减少微生物的污染、稳定色泽、改善风味，以及排除组织中的空气，便于装罐。烫漂可使果蔬装罐时的低分子碳水化合物，甚至膳食纤维受到一定损失，如在烫漂胡萝卜和芜菁甘蓝时，其低分子碳水化合物如单糖和双糖的损失分别为 25%和 30%。青豌豆的损失较少，仅约为 12%，烫漂时的维生素损失较大，主要是因为维生素会从食物的切面或者其他易受影响的表面中被萃取出来，以及水溶性维生素的氧化和加热破坏所引起的。烫漂可导致维生素 C、维生素 B_1、叶酸产生较大程度的分解损失和溶水损失，同时造成钾元素的溶水流失。

采用蒸汽烫漂，然后在空气中冷却可减少水溶性维生素因沥滤所造成的损失，如菠菜用蒸汽烫漂 2.5 min，维生素 C 的损失率仅为 3%。烫漂可除去 2/3 以上的草酸、硝酸盐、亚硝酸盐和有机磷农药，从而对提高营养素的利用率、提高食品安全性均有利。烫漂还可钝化氧化酶和水解酶类，减少在以后的加工和储藏过程中营养素的损失。

3. 脱水干燥　　食品脱水即脱去原料中的水分而达到抑制微生物腐败的作用，单位重量的干制食品中各营养成分的含量高于新鲜食品，但有些营养素会有一定程度的损失。蔬菜在失水过程中，部分营养成分会在酶的作用下分解成简单物质，如淀粉分解成葡萄糖，双糖转化成单糖，蛋白质和多肽分解成氨基酸，原果酸分解成果胶酸。这一变化可以使蔬菜脱水后风味有所提高，鲜味和甜味均有所增加，可溶性和不稳定的成分损失较大，而不溶性成分、矿物质的损失较小，色泽也会发生很大的变化。

果蔬中的维生素在脱水过程中很不稳定，损失程度因干燥方法的不同而异，如维生素 C 在迅速干燥时损失率小于缓慢干燥，长时间的晾晒或烘烤则带来较大的损失，维生素 C 损失率最高可达 100%，胡萝卜素大部分被氧化。采用阳光或自然风使果蔬干燥脱水的方式，由于长时间与空气接触，某些容易被氧化的维生素损失率大于人工脱水的损失，如杏用晒干、阴干和人工脱水法制成杏干，维生素 C 的损失率分别为 29%、19%和 12%，β-胡萝卜素损失率分别为30%、10.1%和9.2%。

4. 烹调　　蔬菜烹调一般用炒、煮、炸等方式，因在烹调过程中出现失水、细胞壁破裂等现象，会导致营养成分不同程度的损失。烹调过程中还要注意水溶性维生素及矿物质的破坏和损失，特别是维生素 C。烹调对蔬菜中维生素的影响与烹调过程中洗涤方式、切碎程度、用水量、pH、加热的温度及时间有关。蔬菜经烹调后，维生素的损失率因品种不同而有差异（表 4-8）。

表 4-8 炒菜时不同蔬菜中总维生素 C 和胡萝卜素的损失率

蔬菜	烹调方法（时间）	总维生素 C 损失率（%）	胡萝卜素损失率（%）
绿豆芽	油炒（9～13 min）	41	—
豇豆	成段油炒（23～26 min）	33	7
韭菜	成段油炒（5 min）	48	6
油菜	成段油炒（5～10 min）	36	24
小白菜	成段油炒（11～13 min）	31	6
甘蓝	成段油炒（11～14 min）	32	—
雪里蕻	成段油炒（7～9 min）	31	21
菠菜	成段油炒（9～10 min）	16	13
大白菜	成段油炒（12～18 min）	43	—
青椒	成丝油炒（1.5 min）	22	10
番茄	成块油炒（3～4 min）	6	—
胡萝卜	成片油炒（6～12 min）	—	21
马铃薯	成丝油炒（6～8 min）	46	—

资料来源：杨月欣，2019

注：—代表未检出

不同烹调方法导致维生素 C 损失率也不同，维生素 C 损失率一般急炒小于煮菜，若在烹调上加少许醋调味，有利于对维生素 C、B₁、B₂ 的保存。凉拌生吃时的维生素损失最少。蔬菜烹调主要造成维生素 C 和叶酸的损失，在快炒或一般炖煮情况下，其损失率通常为 20%～50%。在同样加热时间下，微波烹调的维生素 C 损失高于普通烹调方法，但由于微波加热所需时间较短，总体的营养素损失率与普通烹调方法基本相当。使用合理的加工烹调方法，即先洗后切、急火快炒、现做现吃是降低蔬菜中维生素损失的有效措施。

四、储藏对蔬菜和水果的营养价值的影响

蔬菜和水果在储存过程中，仍会不断发生生理、化学和物理变化，如呼吸、发芽、抽薹、后熟、老化等。当储藏条件不当时，蔬菜、水果的鲜度和品质会发生改变，使营养价值和食用价值降低。

1. 常温储藏 在储藏过程中，蔬菜和水果的组织仍在进行呼吸作用，实质上是酶参与的缓慢氧化过程。旺盛的有氧呼吸会加速氧化过程，使蔬菜、水果中某些物质，尤其是维生素 C 发生氧化分解而造成损失，从而降低蔬菜和水果的风味和营养价值。在储藏过程中应避免蔬菜和水果进行厌氧呼吸和过旺的有氧呼吸，减少营养素的损失。水果中的酶参与呼吸作用，尤其在有氧存在下会加速水果中的碳水化合物、有机酸、糖苷、鞣质等的分解，从而降低其营养价值。有些蔬菜在储存过程中会打破休眠期而发生发芽、抽薹等，这将大量消耗蔬菜体内的营养成分，降低其营养价值。有些水果在脱离果树后会有一个成熟过程，称为后熟。水果经过后熟，进一步增加芳香和风味，果肉逐步软化且宜食用，对改善水果质量有重要作用。香蕉、菠萝蜜等水果只有达到后熟才有较高的食用价值，但后熟以后的水果不宜储藏。因此，水果需要储藏时，应保证果实处于未完全成熟期进行采收，并储藏在适宜温度和条件下，延缓其后熟过程，便于储藏和运输。

2. 低温储藏 低温可以有效抑制蔬菜和水果的呼吸强度及微生物的生长繁殖，减缓果蔬

的后熟过程，延长其储存期。低温储藏时还应控制储存温度，否则会出现冷伤害现象，如果肉发生褐变、非正常成熟等。低温储藏以不使蔬菜和水果受冻为原则，根据其不同特性进行储藏，如绿色香蕉（未完全成熟）应储藏在 12℃以上，柑橘在 2～7℃，而秋苹果可在−1～1℃久藏。储藏温度保持在 0～10℃可以有效保持蔬菜和水果的营养成分，保持果蔬的外观在一段时间内良好。环境温度越低，蔬菜和水果的生命活动进行得就越缓慢，营养素消耗得也越少，保鲜效果越好。但当温度降低到某一程度时会发生冷害，即代谢失调，会产生异味并加重褐变等。经过烫漂后的蔬菜在冷冻过程中除了维生素外，蛋白质、脂肪、碳水化合物等的损失几乎为零。冷藏温度对维生素 C 的影响很大，青豆、花椰菜、豌豆等蔬菜在−18～7℃的温度范围内冷藏，每升温 10℃，维生素 C 的降解速率就会提高 6～20 倍；水果中维生素 C 的影响更为明显，如某些桃和草莓等，在−18～7℃内冷藏，每升温 10℃，维生素降解速率就会提高 30～70倍。冷冻蔬菜维生素 B_6 的损失为 37%～56%，冷冻水果和果汁平均损失 15%。

3. 气调储藏　　气调储藏是指改良环境气体成分的冷藏方法，利用一定浓度的二氧化碳（或其他气体如氮气等）使蔬菜和水果的呼吸作用变慢，延缓其后熟过程，以达到保鲜的目的，是目前国际上公认的最有效的果蔬储藏保鲜方法之一。环境中氧气的存在及含量直接决定着果蔬的呼吸作用、酶促褐变、脂肪氧化等自身理化过程和微生物的呼吸繁殖等，而二氧化碳的存在对引起食品变质腐败的微生物起到了抑制呼吸的作用。通过改变蔬菜和水果储藏环境中的气体组成，提高二氧化碳浓度，降低氧气浓度，以达到延长食品寿命、延长货架期的目的。此外还要注意各种果蔬的"临界需氧量"，保证储藏环境中的氧浓度不低于临界需氧量；同时也要防止二氧化碳浓度过高而引起果蔬伤害。如过低的氧浓度会引起马铃薯黑心症状；当氧气浓度低于 1%时，由于发酵作用会使果蔬失去原有的风味；部分品种苹果的果肉较为致密，在储藏过程中很容易出现果实内部二氧化碳扩散并逐渐积聚的情况，出现果肉褐变现象。

4. 减压储藏　　减压储藏指的是在冷藏基础上将密封环境中的气体压力由正常的大气状态降至负压，造成一定的真空度后，再对新鲜的蔬菜和水果进行储藏的一种方法。根据果蔬特性和储藏温度，压力可降至 1.33～10.64 kPa 不等。当环境的气压降至比植物组织内气压低时，植物组织内的乙烯会向外扩散，从而使内源乙烯的含量降低，进而延缓蔬菜和水果的后熟作用，延缓其腐败变质。其他挥发性物质如乙醛、乙醇等的向外扩散，则可减少因其存在而造成的果实生理伤害。减压储藏的低压排气在延缓成熟、保持蔬菜绿色、防止组织软化、减轻冷害和一些储藏生理病害上发挥巨大作用，如菠菜、生菜、青豆、青葱、水萝卜、蘑菇等在减压储藏中都有保色作用。

5. 辐照储藏　　辐照储藏是利用 γ 射线或高能（低于 10 kGy）电子束辐照食品以达到抑制生长（如蘑菇可防止开伞，延长储藏期）、防止发芽（如马铃薯、洋葱）、杀虫（如干果）、杀菌、便于长期保藏的目的。在辐照剂量恰当的情况下，食物的感官性状及营养成分很少发生改变，但高剂量照射可使营养成分尤其是维生素 C 造成很大的损失。低剂量下再结合低温、低氧条件，能够较好地保存食物的外观和营养素。辐照能使水果中的化学成分发生变化，如原果胶变成果胶质及果胶酸盐、纤维素及淀粉的降解、某些酸的破坏及色素变化等。辐照延长水果的后熟期，对香蕉、木瓜、芒果等热带水果十分有效：对绿色香蕉的辐照剂量常低于 0.5 kGy，但对有机械伤的香蕉一般无效；用 2 kGy 剂量即可延迟木瓜成熟；用 0.4 kGy 剂量辐照芒果可延长保藏期 8 d，剂量达 1.5 kGy 可完全杀死果实中的害虫。水果的辐照处理，除可延长保藏期外，还能增加水果的加工性能，如使涩柿提前脱涩和增加葡萄的出汁率等。

6. 腌渍　　腌渍是指将食盐、糖等渗入组织内，降低水分活度，提高渗透压，控制微生物的生长、发育，防止食品腐败变质，延长贮存期的一种方法。在蔬菜腌制过程及后熟期间，所含的蛋白质因微生物的作用和蔬菜原料本身所含蛋白质水解酶的作用而被分解为氨基酸。但蔬菜腌制前往往要经过反复的洗、晒或热烫，其水溶性维生素如维生素 C 和矿物质损失严重。传统酱菜的盐含量可达 10%以上，低盐酱菜为 7%左右。一些腌菜在生产过程中会产生亚硝酸盐，进一步降低维生素 C 的含量。

7. 罐藏　　蔬菜和水果在罐藏过程中会造成营养素和微量元素的损失，其损失程度取决于食品预处理的条件、罐头的杀菌方法、罐头的贮藏温度等。罐装的蔬菜和水果应在低于 5℃的温度下储藏，这种低温罐藏的方法不仅能提高维生素等营养物质的保存率，还可以保持罐头内食品的色泽和外观。罐藏蔬菜经过热烫、热排气、灭菌等工艺后，水溶性维生素和矿物质可能受热降解和随水流失，如蔬菜中维生素 B_6 的损失为 57%～77%。蔬菜的 pH 值比水果高，酸性较低，导致其中维生素 C 的加工稳定性较差。但罐藏蔬菜仍是膳食纤维和矿物质的良好来源，蔬菜汁通常由多种蔬菜调配而成，包含了蔬菜中的主要矿物质营养成分和胡萝卜素，但除去了蔬菜中的大部分不可溶性膳食纤维。

第四节　豆类及其制品的营养价值

一、豆类的营养价值

豆类品种较多，可分为大豆类和其他豆类。大豆类包括黄豆、黑豆及青豆，含有较高的蛋白质和脂肪，碳水化合物相对较少；其他豆类包括红豆、豌豆、蚕豆、绿豆、小豆、芸豆等，碳水化合物含量较高，蛋白质含量中等，脂肪含量较少。豆制品是指以大豆或绿豆等为原料加工制作而成的产品。豆类食物营养价值很高，是我国居民膳食中植物性蛋白质和植物性脂肪的主要来源，也可提供部分膳食纤维、矿物质及 B 族维生素。

（一）豆类的营养成分

1. 蛋白质　　豆类蛋白质含量高，为 20%～36%。其中，大豆类蛋白质含量在 30%以上，赤小豆、豇豆、芸豆、绿豆、豌豆和蚕豆等蛋白质含量在 20%～25%。大豆蛋白质含有丰富的赖氨酸和亮氨酸，但蛋氨酸含量较少，是大豆蛋白的限制性氨基酸（表 4-9）。大豆蛋白质的氨基酸组成接近人体需要，为优质蛋白质的重要来源。大豆蛋白质中还含有丰富的天冬氨酸、谷氨酸及微量胆碱，能够促进脑神经系统的发育和增强记忆。

表 4-9　大豆、绿豆、蚕豆的氨基酸组成　　　　（单位：mg/100 g 可食部）

必需氨基酸	大豆	绿豆	蚕豆
异亮氨酸	1853	976	859
亮氨酸	2819	1761	1433
赖氨酸	2237	1626	1379
蛋氨酸＋胱氨酸	902	489	322
苯丙氨酸＋酪氨酸	3013	2101	1613
苏氨酸	1435	779	815
色氨酸	455	246	167
缬氨酸	1726	1189	1053

资料来源：杨月欣，2019

2. 碳水化合物　　大豆碳水化合物含量为 34%，绿豆、豌豆、赤小豆等其他豆类的碳水化合物含量在 65%左右。大豆碳水化合物组成比较复杂，含有丰富的膳食纤维和可溶性多糖，几乎不含淀粉。大豆碳水化合物中约有一半是棉子糖和水苏糖，不能很好地被人体消化吸收，它们在肠道微生物的作用下发酵而产酸产气，引起腹胀。

3. 脂肪　　豆类含脂肪丰富。其中，大豆类含量最高，约占 16%，且含多不饱和脂肪酸，油酸占 32%~36%，亚油酸占 51.7%~57.0%，亚麻酸为 2%~10%。而其他豆类的脂肪含量较低，如绿豆、赤小豆、扁豆等脂肪含量低于 1%。

4. 矿物质　　豆类含钾、钠、钙、镁、铁等矿质元素，含量为 2%~4%。大豆的矿物质元素含量略高于其他豆类，在 4%左右。大豆中含铁量虽高，但其吸收率却较低。

5. 维生素　　大豆中 B 族维生素的含量较高，比谷类的含量高。大豆中含有具有较强抗氧化能力的维生素 E，还含有维生素 K 和胡萝卜素等。

（二）大豆中的特殊成分

1. 植物化学物

（1）大豆异黄酮及皂苷。大豆异黄酮主要分布于大豆种子的子叶和胚轴中，可分为游离型的苷元和结合型的糖苷两大类，含量为 0.1%~0.3%。大豆皂苷在大豆中的含量为 0.62%~6.12%。大豆异黄酮和皂苷具有多种生物学作用。

（2）甾醇。大豆甾醇主要来源于大豆油脂，含量为 0.1%~0.8%，在体内的吸收方式与胆固醇相同，但是吸收率远远低于胆固醇，只有胆固醇的 5%~10%。大豆甾醇可以阻碍胆固醇吸收及抑制血清胆固醇上升，故可作为降血脂的原料。

（3）卵磷脂。大豆卵磷脂是豆油在精炼过程中得到的一种淡黄色至棕色、无臭或略带有气味的黏稠状或粉末状物料，不溶于水，易溶于多种有机溶剂。大豆卵磷脂在预防营养相关慢性病方面具有一定的作用。

微课
大豆卵
磷脂

（4）植酸。植酸在大豆中占 1%~3%，是金属离子螯合剂，在肠道内可与锌、钙、镁、铁等矿物质螯合，影响其吸收利用。植酸还具有抗氧化的作用，可螯合过渡态金属离子，抑制活性氧形成。在 pH 4.5~5.5 的溶液中，大豆中的植酸可被浸泡溶解 35%~75%，从而提高矿物质元素的利用率而不对蛋白质的利用产生影响。

2. 抗营养因子

（1）蛋白酶抑制剂。蛋白酶抑制剂存在于大豆、棉籽、花生、油菜籽等植物中，是能抑制人体中胰蛋白酶、糜蛋白酶、胃蛋白酶等一类物质的总称。大豆中的蛋白酶抑制剂以胰蛋白酶抑制剂为主，抑制人体对蛋白质的消化吸收，降低了大豆的营养价值。蛋白酶抑制剂对热不稳定，常压蒸汽加热 30 min 或 0.1 MPa 加热 10~25 min，可破坏胰蛋白酶抑制剂。因大豆中脲酶的抗热能力较蛋白酶抑制剂强，且测定方法简单，故常用脲酶实验来判定大豆中蛋白酶抑制剂是否已经被破坏。

（2）植物红细胞凝集素。植物红细胞凝集素是能凝集人和动物红细胞的一种蛋白质，集中在子叶和胚乳的蛋白体中，含量随植物成熟的程度而增加，发芽时含量迅速下降。大量食用数小时后可引起头晕、头痛、恶心、呕吐、腹痛、腹泻等症状。适当的湿热处理可使这种蛋白质失活，蛋白酶处理也可使之分解，即可消除其对人体的不利影响。

（3）豆腥味。生食大豆有豆腥味和苦涩味，是因为豆类中的不饱和脂肪酸经酶氧化降解，产生了醇、酮、醛等小分子挥发性物质。为减少和除去豆腥味，应尽可能在加工过程中去除脂肪氧化酶或降低酶活性。通常采用 95℃以上加热 10~15 min，再用乙酸处理后减压蒸发，可以较好地去掉豆腥味。此外，通过生物发酵、酶处理、微波辐射、有机溶剂萃取等方法也可去除掉豆腥味。在日常生活中，将豆类加热、煮熟后即可去除豆腥味。

（4）胀气因子 指占大豆糖类 50%的水苏糖和棉子糖等低聚糖，因人体消化酶无法对其分解，易在大肠中被微生物发酵产生过多的气体而引起胀气。未经消化的大豆低聚糖直接进入大肠，被大肠双歧杆菌所利用并促进其繁殖，被用于开发功能性食品。

二、豆制品的营养价值

豆制品是由大豆类作为原料制作的非发酵性豆制品和发酵豆制品，是膳食中优质蛋白质的重要来源。豆制品除去了大豆内的抗营养因子，使大豆蛋白质结构从密集变成疏松状态，提高了大豆蛋白质的消化率，从而提高了大豆的营养价值。

1. 未发酵豆制品

（1）豆浆。大豆用水浸泡，再经过磨碎、过滤、煮沸后可制成豆浆。豆浆的蛋白质含量与牛乳相似，必需氨基酸种类较齐全，铁含量是牛乳的 4 倍，是富含多种营养素的传统食物。豆浆必须经过充分煮沸后才可食用，否则会因为豆中的胰蛋白酶抑制剂破坏不充分，蛋白质难以消化吸收，产生恶心、呕吐等不良症状。

（2）豆腐。豆腐是大豆经过浸泡、磨浆、过滤、煮浆等工序加工而成的，由于去除了大量的粗纤维和植酸，破坏了胰蛋白酶抑制剂和植物血细胞凝集素，营养素的利用率有所提高。豆腐含蛋白质 5%~6%，脂肪 0.8%~1.3%，碳水化合物 2.8%~3.4%。在制作豆腐的过程中，大豆中的水溶性维生素如维生素 B_1、维生素 B_2 及尼克酸的含量下降。大豆自身含钙较多，且豆腐以钙盐为凝固剂，故豆腐的钙含量很高，是膳食中钙的重要来源。

2. 发酵豆制品 豆豉、豆瓣酱、腐乳、酱油等是发酵豆制品。在发酵过程中，蛋白质部分降解，提高了其消化率；产生的游离氨基酸增加了豆制品的鲜美口味；且维生素 B_2、维生素 B_6 及维生素 B_{12} 的含量增高。大豆经过发酵，其中的棉子糖、水苏糖被根霉分解，故发酵豆制品不引起胀气。豆豉营养价值高，特别是维生素 E 的含量高于其他食物。豆腐乳中的大豆蛋白经霉菌发酵后，可产生多种氨基酸和多肽等，有利于人体的吸收。

3. 豆芽 豆芽是以大豆、绿豆为原料，在适宜的水分和温度下发芽而生成。在发芽过程中，蛋白质被分解成氨基酸或多肽，淀粉转化成单糖和低聚糖，同时还破坏了抗胰蛋白酶因子，提高了蛋白质的生物利用率。由于酶的作用，使矿物质和维生素含量倍增，尤其是维生素 C，发芽前几乎为零，发芽后可达 6~8 mg/100 g，因此当新鲜蔬菜缺乏时，豆芽可作为维生素 C 的良好来源。几种豆制品的主要营养素含量见表 4-10。

表4-10 几种豆制品每100 g中主要营养素含量

豆制品	蛋白质（g）	脂肪（g）	碳水化合物（g）	硫胺素（mg）	核黄素（mg）	抗坏血酸（mg）
豆浆	3.0	1.6	1.2	0.02	0.02	0
豆腐	6.6	5.3	3.4	0.06	0.02	0
黄豆芽	4.5	1.6	4.5	0.04	0.07	8
绿豆芽	1.7	0.1	2.6	0.02	0.02	4

资料来源：杨月欣，2019

4. 大豆蛋白制品 在食品加工业中，以大豆及其他油料（如花生、葵花籽）作为原料制成的蛋白质制品主要有四种。

（1）大豆分离蛋白。蛋白质含量约为 90%，可用以强化和制成多种食品。

（2）大豆浓缩蛋白。蛋白质含量在 65% 以上，其余为纤维素等不溶成分。

（3）大豆组织蛋白。将油粕、分离蛋白质和浓缩蛋白质除去纤维，加入各种调料或添加剂，经高温高压膨化而成。

（4）油料粕粉。用大豆或脱脂豆粕碾碎而成，有粒度大小不一、脂肪含量不同的各种产品。

大豆及其他油料的蛋白质制品，其氨基酸组成和蛋白质功效比值较好，目前已广泛应用于肉制品、烘焙食品、乳类制品等食品加工业。

三、加工对大豆及其制品的营养价值的影响

1. 加热　　加热处理会使蛋白质变性，可提高蛋白质的消化率，这是因为蛋白质遇热变性以后，维持蛋白质立体结构的作用力被破坏，原来紧密地挤在一起的肽键变得松弛，容易被蛋白酶水解，从而提高消化率。如干炒大豆蛋白质消化率只有 50% 左右，整粒煮熟大豆的蛋白质消化率为 65%，加工成豆浆后为 85%～90%，制成豆腐后可提高到 92%～96%。经过热处理的大豆的营养价值远远超过生大豆，而且在添加一定量的蛋氨酸后，其蛋白质功效比值更高，但加热过度则会降低蛋白质的营养价值。豆类在加热初期，其蛋白质功效比值随着加热时间的增加而提高，但当加热到一定程度时，若再继续加热，其蛋白质功效比值则会迅速降低。大豆、花生、菜豆、蚕豆和苜蓿等的种子或叶片中存在蛋白酶抑制剂，降低了蛋白质的利用及营养价值，加热后可破坏蛋白酶抑制剂。豆腐加工中也有一部分 B 族维生素损失，可能与凝固时随析出的水分流失及加热降解有关。

2. 发酵　　大豆经发酵工艺可制成豆腐乳、豆瓣酱、豆豉等，发酵过程中酶的水解作用可提高营养素的消化吸收利用率，并且某些营养素和有益成分含量也会增加。豆豉在发酵过程中，在微生物的作用下合成维生素 B_2，如豆豉中维生素 B_2 可达 0.61 mg/100 g；活性较低的糖苷型异黄酮转变为活性更高的游离态异黄酮。另外，生物发酵可以提高植物蛋白质的生物利用率，由于生成一些游离的呈味氨基酸而呈现特殊的风味，如酱油、食醋和酱类的原料主要是豆类和谷物，原料中的蛋白质、碳水化合物、油脂等在各种微生物酶的催化作用下水解，先后生成氨基酸、低分子糖、甘油和有机酸等呈味物质，以及醇、酶、酮等挥发性成分，形成了酿造所赋予的特有色、香、味。豆类在发酵过程中可以使谷氨酸游离，增加发酵豆制品的鲜味口感。

3. 挤压膨化　　大豆细胞壁中的木质素在挤压的高温高压下融化，部分氢键发生断裂，结晶度降低，纤维的空心结构被破坏。挤出物在模口处瞬间减压喷出，由于速度及方向的改变，产生较大的内摩擦力，同时由于水分的快速蒸发而产生巨大胀力，进一步胀破细胞壁，形成松散结构。挤压膨化过程中全脂大豆粉受到剪切、挤压、膨化的作用，钝化了大豆中的有害因子，提高了蛋白质利用率及其中脂肪的稳定性。大豆挤压膨化提高了浸出油的速度及提油率，减少浸油过程中溶剂的使用量，相对减少成本。

四、储藏对大豆及其制品的营养价值的影响

1. 常温储藏　　在豆类的储藏过程中，由于其生命活力没有得到抑制，营养成分会慢慢降低，特别是富含油脂的豆类，极易因为油脂的氧化而降低其营养价值，所以不宜长时间储存。大豆因自身含有特殊的豆腥味，因此对常见储粮害虫有较强的抵抗能力。储藏过程中，大豆易吸附水分子，新收获的大豆还具有较长的后熟期，会产生大量的水分及热量等，导致大豆在储藏过程中较易遭受霉菌的侵染，而大豆中丰富的蛋白质和脂肪又为微生物的生长和繁殖提供了良好的基质。因此当水分及温度适宜时，附着在大豆表面的孢子及微生物便会迅速生长，产生

严重霉变，使大豆丧失食用价值。大豆中脂肪含量较高，而脂肪的导热性较差，因此当出现高温但难以及时降温时，豆堆内长期积聚的热量便会出现"浸油"现象，降低大豆的营养价值。脂肪中的色素沉淀及一系列复杂化学反应的共同作用还会导致赤变及褐变等现象，并对大豆的外观及营养价值产生影响。

2. 准低温密封储藏 大豆的准低温密闭储藏技术是利用各种降温及保温的方式，使得仓内全年平均粮温不超过 20℃，最高粮温不超过 25℃，从而有效延缓大豆的品质劣变，降低储藏过程中的自然损耗。密闭条件有利于保持大豆储藏品质、降低营养成分损失。新入仓大豆还有较长的后熟期，呼吸作用旺盛，在密闭条件下易形成低氧环境，会抑制大豆自身的呼吸作用及霉菌生长，因此保障了大豆在储藏过程中的品质安全，降低了自然消耗。空气中 CO_2 和 NO 含量的增加会使大豆中异黄酮的含量发生变化，产生真菌，对大豆储藏及营养成分产生不利影响。

3. 气调储藏 充氮气调可以较好地保持大豆储藏品质，尤其对大豆水溶性蛋白质及脂肪酸值的升高有明显的延缓作用，而对于粗脂肪和粗蛋白质的含量变化影响不明显。充氮气调能显著地延缓油脂的酸败劣变，充氮对抑制低水分含量的大豆油脂酸值升高与油脂过氧化值升高作用不明显，但对抑制高水分含量的大豆油脂酸值升高与油脂过氧化值升高作用明显。气调储藏不仅是一项绿色、环保的储藏技术，同时还能较好地保持大豆及其制品的品质及营养价值。

4. 干燥储藏 水分含量是影响大豆储藏品质的主要因素之一，储藏环境湿度的高低直接影响着大豆的水分含量。在大豆生长及收获的过程中，大豆粮粒上会附着各种田间真菌及储藏真菌，当水分及温度适宜时，附着在大豆上的真菌就会迅速增殖并分泌各种胞外酶，将大豆中难以吸收的大分子营养物质分解为可直接利用的小分子物质，并释放出大量热量。真菌产生的热量会不断累积并引起粮堆温度升高，降低品质；高水分大豆的呼吸作用也更加剧烈，更易引起粮堆发热、浸油、赤变等现象，严重影响储粮品质。在储藏过程中，适时选择不同的通风条件和通风方式能够有效降低大豆的温度和调控水分，可通过晾晒、通风干燥、机械烘干及倒仓风扬等方式，使大豆中的水分低于临界水分，进而有效抑制储藏真菌的生长，同时降低大豆自身的呼吸强度，延缓储存品质的变化，保持其营养价值。

第五节 畜禽肉类及其制品的营养价值

动物性食品包括畜禽肉及其内脏类、水产类、乳类和蛋类及其制品。《黄帝内经》谓"五畜为益"，其在日常膳食占有重要组成部分。畜禽肉类及其制品主要提供人体所需的优质蛋白质、脂肪、矿物质和维生素，具有较高的营养价值；且味道香美，具有较高的食用价值，是重要的食物资源。

一、畜肉

畜肉类是指猪、牛、羊等大型牲畜的肌肉、内脏、头、蹄、骨、血及其制品。畜肉的肌肉呈暗红色，颜色较深，故称之为"红肉"。其主要提供人体所需的蛋白质、脂肪、糖原、矿物质和维生素。

营养素的分布受动物的种类、年龄、性别、饲养条件、营养状况、肥瘦程度及部位不同的影响。营养状况好的肉畜，其体脂比例较高，水分较少。脂肪除储存在皮下，也会沉积在肌肉中，这样肉的横切面呈现大理石花纹状，此性状是影响肉的食用品质的重要指标之一，特别是牛肉，一般优质牛肉都需要有较丰富的大理石花纹。

动物胴体主要由肌肉、脂肪、结缔组织、骨骼四部分组成，其中肌肉和脂肪变化比较大。肥度不同的肉中，脂肪和蛋白质差异较大。专门的肉用型畜，肌肉发达，瘦肉占胴体的比例也高，肉牛、瘦型猪、肉用山羊均可达 60%以上。瘦肉型猪的肌肉脂肪含量就低于一般品种的猪。动物内脏脂肪含量少，蛋白质、维生素、矿物质和胆固醇含量较高。

（一）蛋白质

畜肉蛋白质含量较高，为 10%～20%。各种畜肉中，肥猪肉蛋白质含量较低，在 14.5%左右；牛肉较高，在 20.1%左右；羊肉蛋白质含量介于猪肉和牛肉之间（表 4-11）。动物不同部位的肉，肥瘦程度、蛋白质含量差异较大。如肥猪肉蛋白质含量为 14.5%，而瘦猪肉蛋白质含量为 20.1%。各种家畜内脏中，肝含蛋白质量（18%～20%）最高，心、肾为 14%～17%。畜肉蛋白质中含有的人体必需氨基酸数量充足，且种类和比例上与人体相接近，消化、吸收、利用率高，所以蛋白质营养价值很高，属于优质蛋白质。不同的蛋白质，必需氨基酸组成不同，如结缔组织蛋白质中的胶原蛋白含有大量的甘氨酸、脯氨酸和羟脯氨酸。

表 4-11　100 g 鲜肉蛋白质的氨基酸组成　　　　　　　　　　（单位：%）

必需氨基酸	牛肉	猪肉	羊肉
异亮氨酸	5.1	4.9	4.8
亮氨酸	8.4	7.5	7.4
赖氨酸	8.4	7.8	7.6
蛋氨酸	2.3	2.5	2.3
苯丙氨酸	4.0	4.1	3.9
苏氨酸	4.0	5.1	4.9
色氨酸	1.1	1.4	1.3
缬氨酸	5.7	5.0	5.0
组氨酸	2.9	3.2	2.7

资料来源：周光宏，2012

此外，畜肉中含有溶于水的含氮浸出物，如游离氨基酸、磷酸肌酸、核苷酸类（ATP、ADP、AMP、IMP）及肌苷、尿素等；以及非含氮可浸出的有机化合物，包括糖类化合物（糖原、葡萄糖、麦芽糖、核糖、糊精）和有机酸（主要是乳酸及少量的甲酸、乙酸、丁酸、延胡索酸）等。这些物质能增加肉的香味，尤其能使肉汤具有鲜味，可刺激胃液分泌，促进消化。成年动物含量较幼年动物高。

（二）脂肪

动物的脂肪可分为蓄积脂肪和组织脂肪两大类，蓄积脂肪有皮下脂肪、肾周围脂肪、大网膜脂肪及肌肉间脂肪等；组织脂肪为肌肉及脏器内的脂肪。肌肉组织内脂肪比例由于品种和肥育程度不同差异很大，如瘦肉型猪约为 25%，而肥猪则可高于 40%。畜肉脂肪含量为 6%～60%，平均为 15%，不同品种、部位和年龄的畜肉中所含脂肪具有差异性，一般为猪肉＞羊肉＞牛肉。畜肉脂肪含量因牲畜肥瘦程度及部位不同有较大差异。如猪肥肉脂肪达 90%，猪里脊肉为 7.9%，猪硬肋为 57.1%，猪五花肉为 35.3%；牛背部为 12.4%，牛肩肉为 31.7%。畜肉类脂肪组织 90%为中性脂肪，7%～8%为水分，蛋白质占 3%～4%。

1. 中性脂肪　　中性脂肪即甘油三酯是由 1 分子甘油与 3 分子脂肪酸化合而成的。畜肉类脂肪以饱和脂肪酸为主，其主要成分是三酰甘油酯，熔点和凝固点高，脂肪组织比较硬、坚挺。如果不饱和脂肪酸含量多，则熔点和凝固点低，脂肪组织比较软。因此，脂肪酸的性质决定了脂肪的性质。畜肉脂肪含有 20 多种脂肪酸，其中饱和脂肪酸类别主要是硬脂酸 C18：0、软脂酸（棕榈酸）C16：0；不饱和脂肪酸主要是油酸 C18：1，其次是亚油酸 C18：2。不同品种畜类脂肪中脂肪酸组成差异较大，一般反刍动物硬脂酸含量较高，亚油酸含量低；猪脂肪含不饱和脂肪酸较多，牛脂肪和羊脂肪含饱和脂肪酸多些。因此牛、羊脂肪比猪脂肪硬度大。肌肉组织和内脏含有多不饱和脂肪酸，如猪瘦肉中亚油酸的含量比牛肉和羊肉都高出许多，肾和肝上差异也如此。

2. 磷脂　　畜肉类脂肪还含有少量卵磷脂、胆固醇和游离脂肪酸，组织脂肪中磷脂比例较高。磷脂结构为中性脂肪的 1～2 个脂肪酸被磷酸取代，且磷脂的不饱和脂肪酸比中性脂肪多，可高达 50%以上。磷脂主要包括卵磷脂、脑磷脂、神经磷脂及其他磷脂类，卵磷脂主要存在于内脏，脑磷脂多存在于脑神经和内脏器官，肌肉中含有的这两种磷脂较少。

3. 胆固醇　　胆固醇广泛分布在动物体内，在脑中存在较多。畜肉或其内脏中胆固醇的含量因肥育程度和器官不同有很大的差别，如瘦猪肉为 75 mg/100 g，肥猪肉为 114 mg/100 g；瘦牛肉为 67 mg/100 g，肥牛肉为 192 mg/100 g。内脏中胆固醇含量较高，如猪心为 158 mg/100 g，猪肝为 368 mg/100 g，猪肾为 405 mg/100 g。脑含量最高，猪脑可达 3100 mg/100 g。畜肉类脂肪含量高，能量高，含有大量的饱和脂肪酸和胆固醇，如果摄入过多可增加肥胖、高血脂、心脑血管等慢性病风险，但瘦肉中脂肪含量较低，因此应选择瘦肉适量摄入。

（三）碳水化合物

畜肉中碳水化合物含量极少，主要以糖原形式存在于肌肉（0.3%～0.8%）和肝（2%～8%）中。在贮存过程中，畜肉糖原含量会由于酶的分解作用逐渐下降。

（四）矿物质

畜肉类矿物质的含量与种类及成熟度有关，肥猪肉和瘦猪肉分别为 70 mg/100 g 和 110 mg/100 g；肥牛肉和中等肥度牛肉分别为 97 mg/100 g 和 120 mg/100 g。畜肉含有丰富磷、铁、锌、铜、硒、锰等矿物质，是铁和磷的良好来源。铁主要以血红素铁的形式存在，消化吸收率较高，不易受膳食因素的影响，生物利用率高，是膳食铁的良好来源。肉中钾含量低于植物性食物，钙的含量比较低，含量为 7～11 mg/100 g。畜肉类内脏富含多种矿物质，其含量高于瘦肉。此外，内脏也是微量元素的良好来源，如锌、铜、硒等。

经烹调后，畜肉类含有的矿物质增加，这主要原因是水分减少和添加调味料中含有矿物质。由于牛肉中肌红蛋白的含量高于羊肉和猪肉，牛肉中铁的含量最高。内脏中肾和肝的铁、铜和锌的含量远高于肌肉组织。猪的肾和肝中铁和铜含量高于牛和羊。

（五）维生素

畜肉主要提供 B 族维生素（尤其是尼克酸）和维生素 A，内脏含量高于肌肉，其中肝的含量最为丰富，特别富含维生素 A 和核黄素。牛肝和羊肝中的维生素 A 含量最高，猪肝中含量维生素 B 最丰富。

二、畜类副产物

（一）猪血

猪血中蛋白质含量（19%）高于牛肉、瘦猪肉和鸡蛋，且极易消化吸收。脂肪的含量极少

（0.4%），是瘦猪肉脂肪量的 1/10，属低热量、低脂肪、高蛋白质食品。

1. 蛋白质 猪血蛋白质约含 19%，其中猪血浆含的蛋白质占猪血总质量不到 7%。另外血细胞中蛋白质含量约 12%，而红细胞中血红蛋白约占干物质总量的 95%。

2. 矿物质 猪血中铁元素含量丰富，以二价铁血红素铁的形式存在，与非血红素铁相比，人体吸收利用率高，具有良好的补血功能。研究表明，小肠血红素铁吸收率为 23%～37%，而蔬菜、水果、豆类等植物性食物中所含非血红素铁的吸收率仅为 9%左右。

猪血中含铁量高达 45 mg/100 g，比猪肝高 2 倍，比猪肉高 20 倍，比鸡蛋高 18 倍。铁是重要的造血材料，如果机体中铁元素不足将会发生缺铁性贫血，因此，常吃猪血可以起到补血的功效。生长发育期的儿童和孕妇或乳母多食用含有动物血的菜肴，能够有效防治缺铁性贫血。

猪血中还含有锌、铜等微量元素，具有提高免疫及抗衰老的功能。此外，动物血中含有微量元素钴，对其他贫血病如恶性贫血也有一定的防治作用，并可防止发展性肿瘤。

3. 卵磷脂 猪血含有的卵磷脂，能有效减少低密度胆固醇含量，有助于防治动脉硬化，是老年人及高血压、冠心病、高脂血症及脑血管病等慢性病患者理想的食物来源。

（二）骨

畜类骨骼由骨膜、骨质和骨髓等构成，主要含有蛋白质、脂肪、钙、磷和水等。各种家畜骨骼占整个酮体重量比：猪占 12.9%，牛占 20.5%～30%，羊约占 24.3%，瘦羊约占 40.5%。重量比因畜类的品种及体膘膘度不同有差异。

1. 蛋白质 畜骨可以作为高营养价值的食品添加剂。猪骨中蛋白质和脂肪含量分别为12.0%和 9.5%，猪肉中分别为 17.5%和 15.1%；牛骨中蛋白质和脂肪含量分别为 11.5%和8.5%，牛肉中分别为 18.0%和 16.4%。

骨骼中的蛋白质 90%为胶原、骨胶原及软骨素，有加强皮层细胞代谢和防止衰老的作用。骨中含有构成蛋白质的所有氨基酸，人体必需的氨基酸都被测出，且氨基酸比例均衡、必需氨基酸水平高，属于优质蛋白质。

2. 脂肪 骨头脂肪酸中含有人体唯一的最重要的必需脂肪酸（即亚油酸）和其他多种脂肪酸，可作为优质食用油。

3. 矿物质和维生素 骨中含有大量矿物质（钙、镁、钠、铁、锌、钾）和维生素（维生素 A、维生素 D、维生素 B_1、维生素 B_2、维生素 B_{12}）等。钙有助于儿童生长发育，骨骼中钙、磷含量高，分别为 19.3%和 9.39%，钙、磷比值近似 2∶1，是人体吸收钙、磷的最佳比例；胶原质在人体骨质中呈纤维状，增加骨髓弹性；多糖类是骨骼中矿物质的黏合剂，具有强化骨骼的作用，并且是关节腔和神经膜的润滑剂。骨髓中有大脑不可缺少的磷脂质、磷蛋白等。

三、禽肉

禽肉包括鸡、鸭、鹅、鸽、鹌鹑等的肌肉、内脏及制品，统称为"白肉"，与"红肉"（畜肉）相比，在脂肪含量和脂肪酸营养方面具有优势（表 4-12）。食用的禽类中鸡最多。

表 4-12 常见畜禽肉的营养成分含量

食物	蛋白质（%）	脂肪（%）	胆固醇（mg/100 g）
猪肉（瘦）	20.3	6.2	81
猪肉（肥）	2.4	88.6	109
牛肉（瘦）	20.2	2.3	58

续表

食物	蛋白质（%）	脂肪（%）	胆固醇（mg/100 g）
羊肉（瘦）	20.5	3.9	60
鸡肉	19.3	9.4	106
鸭肉	15.5	19.7	94
鹅肉	17.9	19.9	74
兔肉	19.7	2.0	59
猪肝	19.3	3.5	288
鸡肝	16.6	4.8	356
鸭肝	14.5	7.5	341
猪心	16.6	5.3	151
牛心	15.4	3.5	115
羊心	13.8	5.5	104
猪肾	16.0	8.1	430
牛肾	15.6	2.4	295
猪脑	10.8	9.8	2571
牛脑	12.5	11.0	2447

资料来源：耿越，2013

1. **蛋白质**　蛋白质含量为15%～20%，其中鸡肉的含量最高，鹅肉次之，鸭肉相对较低。

禽肉必需氨基酸组成种类和比例与人体相近，属于优质蛋白质，所含有的结缔组织较柔软，含氮浸出物较多，故禽肉比畜肉鲜嫩、味美，且易于消化和吸收。

2. **脂类**　禽肉脂肪分布均匀，脂肪含量与畜肉相比较少，一般在20%以下。其所含必需脂肪酸高，脂肪酸组成优于畜类脂肪，禽肉中的脂肪酸以单不饱和脂肪酸油酸（30%）为主，其次为亚油酸（20%）、棕榈酸。因此，选择禽肉应优先于畜肉。

内脏中含有的饱和脂肪酸和胆固醇含量较高，禽类肝中胆固醇含量一般达350 mg/100 g，比肌肉中高2倍。

3. **矿物质和维生素**　内脏中矿物质含量较高，铁在肝和血液中的含量丰富，高达10～30 mg/100 g，并且铁元素以血红蛋白形式存在，消化吸收率较非血红素铁高。

禽肉中锌、硒等的含量均高于猪、牛、羊肉，且硒含量明显高于畜肉。

维生素含量和分布与人体相似。维生素主要以维生素A和B族维生素为主，内脏中维生素的含量比肌肉多，肝部位含量最高。

常见的动物内脏有肝、肾、心和血等食物，含有丰富的维生素A和维生素D等脂溶性维生素、B族维生素、铁、硒和锌等，适量摄入可弥补日常膳食营养素的不足。

四、畜禽肉制品

1. **烹调**　畜禽肉常用的烹饪方法有炒、烧、爆、炖、蒸、熘、焖、炸、煨等。在油炸、滑炒或爆炒前可挂糊上浆，可减少营养素损失，还能增加口感。

尽量减少烤和炸，多采用蒸煮方法。肉类在油炸或炙烤时，高温加热导致维生素等营养素遭受破坏或损失；高温加工蛋白质和脂肪，容易产生杂环胺等多环芳烃类致癌化合物，影响人体健康。

煲汤的肉也要吃掉。我国南方地区居民煲汤，有弃肉喝汤的习惯，这种吃法丢弃食物中大部分营养素，不能使食物营养得到充分利用，造成食物资源极大的浪费（表 4-13）。科学研究表明，肌肉部分比汤具有更高的营养价值。

表 4-13 瓦罐鸡肉和汤主要营养素含量（每 100 g）

营养素	鸡肉	鸡汤	营养素	鸡肉	鸡汤
能量（kJ）	795	111	烟酸（mg）	0.5	0
蛋白质（g）	20.9	1.3	钙（mg）	16.0	2.0
脂肪（g）	9.5	2.4	钠（mg）	201	251
维生素 A（μg RE）	63.0	0	铁（mg）	1.9	0.3
核黄素（mg）	0.21	0.07	锌（mg）	2.2	0

资料来源：杨月欣，2019

2．加工肉制品　肉制品加工可能使某些氨基酸利用率下降，如牛肉在 70℃加热时的氨基酸利用率为 90%，而 160℃加热的利用率只有 50%；又如牛肉罐头，可利用赖氨酸的损失量和加工的程度存在线性关系。罐装食品保存时间过长，氨基酸利用率会降低。

3．烟熏和腌制肉制品　根据《食品安全国家标准　腌腊肉制品》（GB 2730—2015），腌腊肉制品是指以畜禽肉或其可食用副产品为原料，经腌制、烘干（或晒干，风干）等工艺加工而成的非即食肉制品。常见的产品有火腿、腊肉、咸肉、香（腊）肠等。

烟熏和腌制肉制品自古以来是保存食物的方法，熏或腌制的过程中赋予了食物特殊的风味，延长鲜肉的保存时间。但是这些加工方法不仅增加了食盐的含量，同时也存在一些食品安全隐患，长期食用增加患癌症的风险。过量摄入畜肉能增加男性全因死亡、2 型糖尿病和结直肠癌发生的风险。烟熏肉可增加胃癌和食管癌的发病风险。

第六节　水产品的营养价值

水产品是海洋和淡水渔业生产的水产动植物产品及其加工产品的总称。水产品包括：捕捞和养殖生产的鱼类，虾、蟹、贝等甲壳类，以及藻类等鲜活品；经过冷冻、腌制、干制、熏制、熟制、罐装和副产物综合利用的加工产品。水产品营养丰富，是蛋白质、脂类、矿物质和维生素等良好的膳食来源。

一、鱼类的营养价值

鱼类分淡水鱼和海产鱼，营养价值较高，与畜肉类相似。鱼体含有的水分、蛋白质、脂肪及呈味成分等随季节（渔期）而变化。鱼体不同部位的营养成分，特别是脂肪的差异明显。此外，鱼龄、鱼体大小也影响营养成分。

鱼肉的营养成分主要包括水分、蛋白质（占 10%～20%）、脂肪（占 0.5%～30%）、碳水化合物（含量小于 1%）、含氮浸出物、矿物质（占 1%～2%）和维生素等。

（一）蛋白质

微课
鱼类蛋白质的营养价值

鱼类蛋白质含量、氨基酸组成与畜禽肉相近。鱼类蛋白质中赖氨酸和亮氨酸含量丰富，色氨酸偏低，营养价值仅次于鸡蛋。鱼肉肌纤维细短，结缔组织和间质蛋白质含量少，水分含量较多，因此组织细腻而软嫩。与畜禽肉相比，鱼肉消化吸收率为 95%。

　　鱼类含氮浸出物主要是胶原蛋白和黏蛋白，存在于结缔组织和软骨中，该物质在鱼汤冷却后能够形成凝胶。

（二）脂肪

　　鱼类脂质的含量与品种、部位、性别、鱼龄及环境有关。一般情况下，红肉鱼的脂质要比白肉鱼的含量高。

　　鱼类脂肪含量平均为15%，比畜禽肉低。鱼脂肪主要存在于皮下和内脏周围，在鱼肉中含量很少。

　　鱼体脂质的种类主要有三酰甘油、磷脂、固醇（甾醇）、烃类、蜡等。组织细胞中磷脂和固醇等具有特殊生理功能的称为组织脂质，鱼肉中的含量为0.5%~1%。多脂鱼肉中作为能源的贮藏物质而存在的大量脂质主要为三酰甘油，称为贮存脂质。贮存脂质在饵料多的季节含量增加；在饵料少或产卵洄游季节，即被消耗而减少。深海中层和底层栖息的鱼类，高级醇形成的蜡取代三酰甘油作为贮存脂质，且蜡的含量与其生长的环境有关。

　　鱼类脂质的脂肪酸组成和畜禽肉类不同，二十碳以上的长链多不饱和脂肪酸含量很高（表4-14）。海水鱼脂肪中的 C_{18}、C_{20} 和 C_{22} 的不饱和脂肪酸较多；而淡水鱼脂肪所含 C_{20} 和 C_{22} 不饱和脂肪酸较少，而 C_{16} 饱和脂肪酸和 C_{18} 不饱和脂肪酸含量较多。

表4-14　鱼类多不饱和脂肪酸的含量

种类	脂肪酸总量（g）	EPA（mg）	DHA（mg）
金枪鱼	20.12	1972	2877
鰤	12.48	893	1784
鲌	13.49	1214	1781
秋刀鱼	13.19	844	1398
鳝	19.03	742	1332
沙丁鱼	10.62	1381	1136
虹鳟	6.34	247	983
鲑	6.31	492	820
竹荚鱼	5.16	408	748
鲣	1.25	78	310
鲷	2.70	157	297
鲤	4.97	159	288
鲽	1.42	210	202
比目鱼	0.84	108	176
乌贼	0.39	56	152

资料来源：彭增起等，2010

　　鱼类脂肪中多不饱和脂肪酸占80%，熔点低，常温呈现液态。海鱼脂肪中富含 n-3 长链多不饱和脂肪酸二十碳五烯酸（EPA）和二十二碳六烯酸（DHA），不饱和度可达到5~6个之多，不仅为人体提供必需脂肪酸和脂溶性维生素等营养功能，而且还有很多生理功能，尤其是EPA和DHA，具有降低血脂、防治心血管疾病、防治动脉粥样硬化、抗炎症、抗癌及促进大脑发育等功效。

鱼肉胆固醇含量不高，为 50～70 mg/100 g；鱼子胆固醇含量高达 1070 mg/100 g。

（三）碳水化合物

鱼肉中碳水化合物含量一般在 1%以下，受鱼品种、生长阶段、营养状态、饵料组成及鱼的致死方式影响。鱼肉中的碳水化合物包括单糖、双糖和多糖。多糖主要为糖原和黏多糖。与畜禽相似，鱼类的糖原作为能量贮存，分布在肌肉和肝中，且红色肌肉比白色肌肉含量略高。黏多糖分布在软骨、皮、结缔组织等结构中，常见存在形式为蛋白多糖复合物。

（四）矿物质

鱼体中的矿物质含量较多，包括钙、钾、镁、磷、硫、氯、钠等。

鱼肉中钙、铁和硒等元素含量明显高于畜肉。鱼肉中钙的含量为 60～1500 mg/kg，较畜肉高；鱼肉中铁含量为 5～30 mg/kg，含肌红蛋白多的红色肉鱼类含铁量更高，如金枪鱼、鲣、鲐和沙丁鱼等。锌对儿童的生长发育、性成熟和生殖等起到重要作用。鱼肉中锌的平均含量为 11 mg/kg，是良好的锌的食物资源。人体必需的微量元素硒，具有抗氧化、抗衰老、抗毒性、抗癌等重要生理功能。鱼肉中硒的含量达 1～2 mg/kg，比畜肉含量高 1 倍，尤其是食草鱼类含量更高。海水鱼的钙、碘含量比淡水鱼高。鱼肉中微量元素的生物利用率也较高。

然而，水产类往往具有富集重金属污染的特性，极易富集汞、镉等重金属，所以食用水产品应适量，特别是食用金枪鱼、鲨鱼等（图 4-2）。

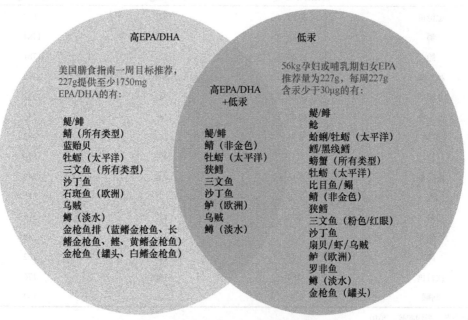

图 4-2　海产品中 EPA/DHA 和汞含量

资料来源：Frances Sienkiewicz Sizer，2013

（五）维生素

鱼肉中脂溶性维生素含量均高于畜肉，有的含维生素 B 较高，但维生素 C 含量很低。海鱼肝和鱼油中富含维生素 A 和维生素 D，常作为生产药用鱼肝油的重要来源。在海鳗、河鳗、油鲨等肌肉中维生素 D 含量高达 10 000～100 000 IU/kg；长鳍金枪鱼的鱼油中，维生素 D 的含量高达 250 000 IU/kg；维生素 D 在多脂的中上层鱼类肉中含量高于低脂的底层鱼类，如沙丁鱼、鲣、鲐、鰤、秋刀鱼等的含量在 3000 IU/kg 以上。鱼肉中维生素 B_1、维生素 B_2 较少，大多数鱼类鱼肉中维生素 B_1 含量为 15～49 mg/g，而在肝、心脏含量较多。一些生鱼中含有硫胺素酶，当生鱼存放或生吃时可破坏维生素 B_1，因此大量食用生鱼可能造成维生素 B_1 缺乏，可加热使酶失活。鱼肉维生素 C 含量很少，而鱼卵和脑中含量较多。

鱼肉中含有的牛磺酸是能够促进胎儿和婴儿大脑和眼睛发育的有益物质，适合儿童食用。

二、虾蟹类的营养价值

1. 蛋白质　虾蟹类可食部分蛋白质含量为 14%～21%。蟹类的蛋白质含量略低于虾类，对虾蛋白质含量高于其他虾类。

因种类的差异，蛋白质的氨基酸组成中，色氨酸与精氨酸含量差异明显，其余氨基酸含量的差异不大；与鱼肉蛋白质相比，虾蟹类的缬氨酸含量偏低，赖氨酸含量略低，虾类色氨酸含量明显低，蟹类色氨酸含量明显高。

2. 脂肪　虾蟹类的脂肪含量较低，在 6%以下。蟹类的脂肪含量明显高于虾类，特别是中华绒螯蟹脂肪含量高达 5.9%，而虾类脂肪含量在 2%以下。

虾蟹类胆固醇含量较低，远低于鸡蛋蛋黄（1030 mg/100 g）。虾的胆固醇含量比蟹高 1 倍，如蟹为 50～80 mg/100 g，短沟对虾为 156 mg/100 g，东方对虾为 132 mg/100 g、日本对虾为 164 mg/100 g。但是胆固醇在虾籽、蟹黄中含量较高，如虾籽为 896 mg/100 g，蟹黄为 500 mg/100 g。

3. 碳水化合物　虾蟹类碳水化合物含量大多在 1%以下，中华绒螯蟹含量高达 7.4%。虾蟹壳中含有丰富的甲壳素，其衍生物广泛应用于食品、医药、美容、建筑等行业。

4. 维生素　因为脂肪含量低，虾蟹类中脂溶性的维生素 A 和维生素 D 与鱼类相比，含量极少，中华绒螯蟹维生素 A 含量为 389 µg/100 g。维生素 E 的含量却与鱼类没有差异。

5. 矿物质　虾蟹类可食用部分钙的含量远高于畜禽肉，为 50～90 µg/100 g。铁含量与种类有关，与鱼类差别不大，一般为 0.5～2.0 µg/100 g。虾蟹类铜含量高于鱼肉，一般为 1.3～4.8 µg/100 g。

6. 抽提物成分　虾蟹类抽提物的量比鱼类的高，这是虾蟹类比鱼类味道更鲜美的主要原因之一。虾蟹类游离氨基酸尤其是甘氨酸（600～1300 mg/100 g）、丙氨酸（40～190 mg/100 g）、脯氨酸（100～350 mg/100 g）、精氨酸（70～950 mg/100 g）的含量较高。

虾蟹类 ATP 的降解模式与鱼类一致，因此降解产物之一的肌苷酸（IMP）在其呈味方面也有重要贡献。虾蟹类含有丰富的甘氨酸甜菜碱（300～750 mg/100 g）、龙虾肌碱、砷甜菜碱及葡萄糖（3～32 mg/100 g）等。

三、贝类的营养价值

贝类身体全由柔软的肌肉组成，外部大多数有壳。贝类的种类很多，有海产贝类和淡水产贝类两大类。海产贝类比较普遍的有牡蛎、贻贝、扇贝、文蛤、蛏、香螺等。淡水产贝类主要有螺、蚌和蚬。

贝类胆固醇含量较高。贝类富含钙、铁、锌等多种矿物质，如海产品牡蛎中锌、铜含量最高。

1. 蛋白质　贝肉蛋白质包括肌浆蛋白、肌原纤维蛋白及基质蛋白；贝类体内存在内源蛋白酶，能将不溶性肌肉蛋白质如肌原纤维蛋白转变为水溶性蛋白。与鱼肉相比，贝类蛋白质缬氨酸、赖氨酸、色氨酸等含量略低。

2. **脂肪**　与鱼类一样，贝肉或内脏含有非极性脂肪（甘油三酯、固醇、固醇脂等）和极性脂肪（卵磷脂、鞘磷脂等）。脂类种类与含量因贝类品种不同而不同。如翡翠贻贝 EPA 和 DHA 总量占总脂肪酸的 26.01%，具有较高的利用价值。胆固醇含量活性相对较高，一般贝类为 60～80 mg/100 g，与鱼肉接近。

3. **碳水化合物**　主要碳水化合物为糖原和黏多糖。与鱼类不同，糖原是贝类尤其是双壳贝的主要能量贮存物质。贝肉糖原含量一般高于鱼肉，如蛤蜊为 2%～6.5%，牡蛎干为 20%～25%，扇贝为 7%，红海鞘高于 10%。贝类糖原含量一般与其肥满期一致，存在明显的季节性。

4. **矿物质**　贝肉中钙和铁含量较为丰富。如文蛤含有的钙可达 140 μg/100 g，比虾蟹类高 1 倍；蛤蜊、文蛤和牡蛎的铁含量最高，分别达到 7.0 μg/100 g、5.1 μg/100 g 和 3.6 μg/100 g。

深海贝类含铜较高，牡蛎与蛤蜊、乌贼与章鱼分别为 1.08～15.80 μg/g 和 0.78～12.30 μg/g，比鱼肉和甲壳类肉高几倍到数十倍。铜元素主要存在于血蓝蛋白中。

5. **维生素**　贝类中脂溶性的维生素 A 和维生素 D 含量极低；但维生素 E 含量较高，如蝶螺、巨虾夷扇贝和赤贝分别含 1.44 mg/100 g、0.51 mg/100 g、0.38 mg/100 g，且其中 80%以上为 α-生育酚。贝类也含有各种水溶性维生素。

6. **抽提物成分**　贝类抽提物的含量比鱼类的多，这是贝类更鲜美的主要原因。

贝类游离氨基酸含量高，尤其是甘氨酸（150～2000 mg/100 g）、丙氨酸（90～300 mg/100 g）、精氨酸（80～400 mg/100 g）及牛磺酸（500～1000 mg/100 g）。

一般贝类牛磺酸含量更高，如蛤蜊、巨虾夷扇贝和黑鲍的含量分别达到 664 mg/100 g、784 mg/100 g 和 946 mg/100 g；巨虾夷扇贝的游离甘氨酸含量可高达 1925 mg/100 g。

一般情况下，贝类只含少量氧化三甲胺。

贝类在核苷酸的代谢分解途径不同，与鱼类和虾蟹类具有显著区别：贝肉中积累的是鸟苷酸（AMP），而鱼类和虾蟹肉中积累的是 IMP。AMP 本身无味，但它却能显著增强谷氨酸的鲜味，因此，贝类具有很强的鲜味。特别是贝类含有较多的琥珀酸，该成分是贝类特征呈味成分，缺氧或死后会在体内大量积累，对贝类的鲜美是必不可少的。

干贝的蛋白质、脂肪、碳水化合物含量分为 56%、3%、15%；矿物质总量为 5%，其中钙和磷含量分别为 77 mg/100 g、504 mg/100 g。干贝含有少量琥珀酸，使其具有特殊鲜味。

四、藻类的营养价值

藻类食物有海带、紫菜、螺旋藻、发菜等。其中，海带被日本人称为长寿菜、健康菜。藻类含有丰富的蛋白质、维生素、矿物质和各种微量元素。海带的蛋白质含有褐藻氨酸，有预防白血病和胃癌的功效，还可以降血压、降血脂。海带中钠、钾、镁、铁、硒、铜、碘的含量均丰富，特别是其碘含量在陆生与水生植物中都是最高的。

（一）碳水化合物

海藻的碳水化合物包括支撑细胞壁的骨架多糖、细胞间质的黏多糖及原生质的贮藏多糖，其中黏多糖类研究最多、应用最广泛，如褐藻胶、琼胶、卡拉胶等。

碳水化合物是海藻中的主要成分，占其干重的 40%～60%。其中，多糖成分为主，还包括低聚糖和单糖。因生理功能不同，海藻多糖种类及单糖组成表现出较大的差异。位于细胞壁中，构成细胞壁骨架的多糖主要为海藻纤维素、木聚糖、甘露聚糖等，组成这些多糖的单糖有葡萄糖、木糖、甘露糖等；位于细胞间质中，参与代谢的多糖有琼胶、卡拉胶、杂多糖、褐藻胶等，其单糖组成主要有 L-古罗糖醛酸、D-甘露糖醛酸、D-半乳糖及 L-半乳糖等；位于细胞质中的多糖主要是淀粉，是维持生命所必需的能量物质。

（二）脂类

海藻的脂肪含量比蔬菜低，大多数低于 4%。绿藻中的石药、浒苔脂肪含量最低，为 0.3%；褐藻中的海带为 1.3%，长海带为 1.7%，狭叶海带为 2.1%。

海藻脂肪中的脂肪酸构成因种类不同差异较大。绿藻饱和脂肪酸中软脂酸占 20%；不饱和脂肪酸中十八碳酸较多（占 10%～30%），二十碳以上的高不饱和脂肪酸含量甚微。褐藻的软脂酸含量约为 10%；不饱和脂肪酸中 EPA 含量最高（占 30%），油酸、亚麻酸含量最低（占 1%～4%）。红藻的软脂酸高达 20%～30%，不饱和脂肪酸 EPA 含量也较高（尤其是紫菜），占 26%～56%，因此，在贮藏加工中红藻容易发生脂肪氧化。水产品中藻类脂肪含量相对较低，且含有较多的不饱和脂肪酸，对预防血脂异常和心血管疾病等有一定作用，可首选食用。

海藻脂类可分为两类，一类是可被 NaOH 皂化的组分，如游离脂肪酸及其脂类；另一类是不能被 NaOH 皂化的组分，包括烃类、甾酸类和色素部分。海藻的脂质含量较少（<1%），且因海藻的种类不同，脂质含量的差异较大，由高至低依次为：褐藻＞红藻＞绿藻。如海萝的脂质含量为 0.04%～0.22%，真江蓠为 0.02%～0.83%，石花菜为 0.04%～0.49%，海带为 0.64%～2.03%，浒苔为 0.85%～2.31%，马尾藻为 0.76%～9.59%。海藻总脂还受藻体的成熟程度、营养状况及季节等因素的变化而变化。

1. 中性脂类　海藻含有的中性脂质主要为甘油三酸酯，也有少量甘油单酸酯和甘油二酸酯。其脂肪酸大多是以结合状态存在的偶数碳的直链脂肪酸。不同种类的海藻，其脂肪酸的组成差异较大。

2. 极性脂类　海藻的极性脂质主要有糖脂（代谢中间产物）、磷脂（磷脂酰胆碱、磷脂酰乙醇胺、磷脂酰甘油、磷脂酰丝氨酸、磷脂酰肌酸、鞘磷脂酰肌醇）和其他一些特殊极性脂质（直接参与代谢）。

3. 固醇类　海藻中存在少量的固醇类化合物，属于重要的代谢中间产物。以干物质计，绿藻为 0.05～0.2 mg/g，大部分是 28-异岩藻固醇，而 β-谷固醇、24-亚甲基胆固醇及胆固醇含量则较少；褐藻为 0.5～1.4 mg/g，主要由岩藻固醇和24-亚甲基胆固醇构成；红藻为 0.10 mg/g，主要由胆固醇和菜籽固醇构成。海带等褐藻中已测出褐藻固醇、胆固醇和 24-亚甲基胆固醇等 7 种固醇和 1 种类固酮；紫菜和石花菜等红藻中测出胆固醇、22-脱氢胆固醇和 24-脱氢胆固醇等 14 种固醇和 1 种类固酮；绿藻中以 28-异褐藻固醇、谷固醇和胆固醇为主。

（三）蛋白质

大多数海藻中，粗蛋白质占干物质的 10%～20%，紫菜的蛋白质含量最高（占 48%）。因产地、采集时期和养殖方法的不同，海藻的蛋白质含量有很大差异。海藻蛋白质含量峰值时间分别为：紫菜为 12 月至次年 4 月间的其中 1 月期或 2 月期内；浒苔的峰值可达 30%，出现在 12 月份；石药的峰值在 5 月下旬。

因种类、季节、产地的不同，海藻蛋白质氨基酸的组成不同。与蔬菜相似，海藻蛋白质中的中性和酸性氨基酸含量较多，如丙氨酸、天冬氨酸、谷氨酸、甘氨酸、脯氨酸等；海藻蛋白质中的精氨酸含量比其他植物要高。海藻蛋白质中含量较丰富的氨基酸分别是：海带的谷氨酸；羊栖菜的谷氨酸和天冬氨酸；裙带菜的亮氨酸；甘紫菜的丙氨酸、天冬氨酸和缬氨酸；礁膜的谷氨酸、天冬氨酸和亮氨酸。

通过检测海藻中的氮含量来衡量海藻蛋白质含量变化，此指标是研究海藻含氮化合物的重要依据。海藻含氮化合物一般占干物质重的 5%～15%，其中蛋白氮占 70%～90%；非蛋白氮为 10%～30%，包括多肽、游离氨基酸、核酸及其他低分子含氮化合物，这些成分具有很多生理活性功能，是构成海藻特殊风味的重要成分之一。

（四）矿物质

海藻具有吸收和积蓄海水中矿物质的功能，因此，海藻含有多种金属和非金属元素。可以说，海藻几乎是所有微量元素的优良供给源。一般而言，羊栖菜、裙带菜富含钙，为 1100～1600 mg/100 g 干物质；羊栖菜、浒苔、紫菜含铁丰富，分别为 63.7 mg/100 g 干物质、13.0 mg/100 g 干物质和 11.0 mg/100 g 干物质；海带、羊栖菜、裙带菜等褐藻富含碘，分别为 193 mg/100 g 干物质、40 mg/100 g 干物质、35 mg/100 g 干物质。

海藻具有富集海水中所有的无机元素的特点，包括金属离子和非金属离子。其中，含量较多的元素有 Na、K、Ca、Mg、Sr、Cl、I、S、P 等（称为常量元素），而 Cu、Fe、Mn、Cr、Zn、Ni 等（称为微量元素）含量相对较少。海藻中的无机盐，大部分与多糖等有机物的羧基和羟基以酯键形式结合，一部分以游离的盐类形式存在。

与其他海藻相比，绿藻和褐藻的灰分含量较高，占 15%～20%，而红藻所含灰分相对较少，占 10%～15%。其中，海藻中含量较高的元素是钙、镁、钠、钾。比较钙和钾的含量，褐藻＞绿藻＞红藻；比较镁的含量，绿藻＞褐藻＞红藻；比较铁的含量，绿藻＞红藻＞褐藻。

由于季节、部位和生长环境不同，藻类中的无机成分变化较大，且不同元素的变化规律不同。研究发现，海藻对许多无机元素具有较强的富集作用，用富集因子（K）表示，即藻体细胞膜具有逆浓度差将海水中的无机元素转移进入细胞内的功能。不同海藻对无机元素的富集能力差异很大，有些品种对 Fe、I、Mn、Zn、P、V、As、Co、Cu 的富集能力特别强，达到几千甚至几万倍。其中，不同藻类对 K、Mg 的富集和排出情况差异很大，Na 则以向细胞外排出为主。

（五）维生素

与蔬菜一样，海藻含有丰富的维生素，尤其是 B 族维生素。海藻的维生素 C 含量不高，但核黄素、烟酸和泛酸等 B 族维生素的含量较高。海藻收获后多数在陆地干燥和长时间地贮藏，这会大量损失维生素，与蔬菜差异很大。

1. 水溶性维生素　海藻中含有丰富的维生素，如脂溶性的维生素 A、维生素 D 的前体及维生素 E、维生素 K，水溶性的维生素 B₁、维生素 B₂、维生素 B₆、维生素 H、烟酸及维生素 C 等。且海藻不同类别，富含的维生素不同。如红藻中维生素 C、维生素 B₁、维生素 B₂ 等最为丰富，干藻的维生素 C 含量一般高于 1 mg/g。我国北方几类海藻中维生素 C 的含量最高达到了 420 mg/g，比橘子（0.11～0.29 mg/g）与草莓（0.30～0.41 mg/g）中的含量高许多。蓝绿微藻含有大量的维生素 A 原（β-胡萝卜素），同时含有丰富的维生素 C、维生素 B₁、维生素 B₂等。但海藻中的维生素极易被破坏，应引起高度注意。

维生素 B₁ 在干海藻中的含量为 0.3～4.6 μg/g。其中，红藻类中维生素 B₁ 含量较高，褐藻类中较少。一般的海藻中维生素 B₂ 含量低于 10 μg/g，但在甘紫菜中的含量与酵母中的含量相当。海藻的 B 族维生素中，维生素 B₁₂ 含量丰富。维生素 B₁₂ 在不同藻类中含量差别很大，大多数海藻的维生素 B₁₂ 含量相当于一般动物内脏的维生素 B₁₂ 含量。

2. 脂溶性维生素　大部分北欧产海藻只含有 α-生育酚（7～92 μg/g）。而褐藻中墨角藻科的海藻中存在 α-生育酚、γ-生育酚、δ-生育酚三种，而且维生素 E 的总量也多，但其含量的季节性变化很明显。

（六）色素

海藻是自养植物，必须通过光合作用维持生命，具有不同色泽，含有各种不同的色素。海藻中的色素含量一般占干藻重的 7%～8%。所有海藻都含有生产光合作用的基本色素——叶绿素 a。其他辅助色素有叶绿素 b、叶绿素 c、叶绿素 d 和类胡萝卜素、藻胆色素等。辅助色素吸收光能，获得激发的能量并传递给叶绿素 a，显示红、黄、绿、蓝等颜色，使得各种海藻具有特征性的颜色。藻类生产的色素有荧光色素和非荧光色素两类；按溶解性分类，可分为脂溶性色素（如叶绿素、类胡萝卜素）和水溶性色素（如藻胆蛋白）。

（七）常见藻类的营养成分

1. 紫菜　　紫菜中蛋白质含量高达 25%，中性、酸性氨基酸较多。紫菜中的脂肪含量不到 1%，但含有较多的不饱和脂肪酸，如亚油酸、亚麻酸，尤其 EPA 含量丰富，有很好的保健作用。紫菜中含有较多的胡萝卜素和 B 族维生素。碘、钙、铁、磷、锌、硒等矿物质的含量也很丰富。

2. 螺旋藻　　螺旋藻是一种世界各地均有分布的热带和亚热带性的单细胞藻类，海水和淡水中均有生长，在我国的海南沿海和云南省内陆均有养殖和加工。螺旋藻富含营养物质，蛋白质含量高达 60%～70%（干重），是牛肉的 3 倍、猪肝的 4 倍、鸡蛋的 6 倍、大米的 10 倍，所含蛋白质由 18 种氨基酸组成，其中有 8 种必需氨基酸，可提供身体组织重建、调整肝代谢功能的重要元素。

螺旋藻中含有维生素 A、维生素 B_1、维生素 B_2、维生素 B_6、维生素 B_{12}、维生素 E、维生素 K、烟酸、泛酸、叶酸等多种维生素，几乎所有的维生素都可以在螺旋藻中找到。维生素 B_2 含量最高，比猪肝高 3 倍。螺旋藻中总脂含量低，γ-亚麻酸含量高，微量元素丰富，硒含量尤其高。此外，螺旋藻还含有大量的多糖、叶绿素和 β-胡萝卜素。用于生产的螺旋藻主要有钝顶螺旋藻和巨人螺旋藻。

3. 小球藻　　小球藻是微藻类中产量最大的一类单细胞藻类，生长受环境温度和 pH 等因素影响。其在美国、墨西哥、我国和日本沿海均有分布，其中我国台湾地区产量较高。小球藻含有丰富的营养物质，蛋白质含量高达 40%～50%，含 8 种必需氨基酸。与陆生植物相比，其维生素 A 和维生素 C 要高出 500 倍和 800 倍。小球藻含有大量的微量元素，是一种优良的功能性食品资源。

菌藻类食物具有多种保健功能，具有增强机体免疫力、抗疲劳、降低血脂、抑制肿瘤细胞活性、延缓衰老、防止便秘等作用。

五、海珍品的营养价值

1. 鱼翅　　鱼翅中蛋白质含量高达 85.5%，主要成分为软骨黏蛋白、胶原蛋白和弹性蛋白。鱼翅蛋白中必需氨基酸组成缺少色氨酸、胱氨酸、酪氨酸，属于不完全蛋白质，不易为人体消化吸收利用，营养价值不高。

鱼翅中脂肪含量很低，为 0.3%；糖类含量约为 0.2%；矿物质含量约为 2.2%，其中钙含量为 146 mg/100 g，铁含量为 15.2 mg/100 g。

2. 海参　　海参的营养价值较高，具有高蛋白、低脂肪、低胆固醇的特点。每百克干海参中各营养素含量为：蛋白质 50～75 g，脂肪 5 g，碳水化合物 13.2 g，矿物质 4.2 g，其中含有丰富的硒和碘。

海参含有大量的糖蛋白，其中包括硫酸软骨素，具有延缓衰老的功效；含有的海参素，具有抑制癌细胞生长的功效，对脑卒中产生的后遗症有辅助治疗作用；含有的刺参酸性多糖具有抗放射损伤、促进造血功能、降血脂和抗凝血等生物活性。

3. 甲鱼　甲鱼又称团鱼、鳖等。甲鱼具有高蛋白质、低脂肪、多胶质的特点。每百克甲鱼肉中含粗蛋白质 18 g、粗脂肪约 4 g、钙 70 mg、磷 114 mg 及多种维生素，尤以维生素 A、维生素 D 含量较为丰富。甲鱼肉质特别鲜美可口，是大病初愈的良好补品，具有养筋、滋阴、清血等功效。常食甲鱼可降低胆固醇，其肉、甲、头、血、胆、脂肪等各部位均可入药。

六、加工烹调对畜禽肉类及鱼类营养价值的影响

1. 加工方法对营养价值的影响　畜、禽、鱼类食品可加工制成罐头食品、熏制食品、干制品、熟食制品等。与新鲜食品比，加工后制品更易保藏且具有独特风味。加工过程对蛋白质、脂肪、矿物质影响不大，因处理方式不同，脂肪含量可能有较大的变化。

维生素的损失程度受加工方法的影响。例如，高温制作时会损失部分 B 族维生素（如维生素 B_1、维生素 B_2 和烟酸）。冷冻干燥肉及制品对营养素质量的影响较少，故冷冻是肉类保藏中最好的方法。

2. 烹饪方法对营养价值的影响　畜、禽、鱼等肉类的烹调方法，常用炒、焖、蒸、炖、煮、煎、炸、熏、烤等。蛋白质含量在烹调过程中变化不大，且蛋白质经烹调后变性，更有利于消化吸收。但如果温度高于 200℃时，蛋白质会发生交联、脱硫、脱氨基等变化，使生物效价降低。温度过高时蛋白质会焦糊，产生有毒物质，并失去营养价值。

不同的烹调方法引起营养素损失的程度不同，主要是对 B 族维生素的影响。如猪肉切丝用炒的方法，维生素 B_1 可保存 87%；用蒸肉丸方法，维生素 B_1 保存率为 53%；用清炖猪肉方式时（用大火煮沸后用小火煨 30 min），维生素 B_1 仅保存 40%。

肉类和鱼类食品的贮藏应在 -18℃ 以下，且时间不可过长。时间长或温度不够则会导致蛋白质的分解、脂肪的氧化、B 族维生素的损失等。尤其是脂肪氧化问题较严重。

第七节　乳及乳制品的营养价值

一、乳类的营养价值

微课
乳的营养价值

乳类是营养成分齐全、各营养素组成比例适宜、易消化吸收、高营养价值的天然食品。其不仅能满足初生婴儿迅速生长发育的全部需要，也是婴幼儿、老年人、各年龄组健康人群及特殊人群（如病患人群等）的理想食品。

乳类包括人乳、牛乳、羊乳和马乳及其制品，牛乳食用最为普遍。乳类主要是由水、脂肪、蛋白质、乳糖、矿物质、维生素等成分组成的一种复杂乳胶体，其中水分含量占 86%～90%。因此与其他食品比，乳的营养素含量相对较低。

（一）蛋白质

牛乳蛋白质平均含量为 3.0%，主要由酪蛋白、乳白蛋白和乳球蛋白组成。酪蛋白占牛乳蛋白的 80% 以上，属于结合蛋白，与钙、磷等结合，以酪蛋白酸钙-磷酸钙复合物形式存在，遇酸或凝乳酶则发生凝固，降低消化吸收率。

乳类蛋白质中必需氨基酸种类及比例接近鸡蛋蛋白质，消化吸收率和生物价很高，属于优

质蛋白质。

牛乳蛋白质含量虽比人乳高，其乳白蛋白和酪蛋白的比例与人乳相反。与牛乳相比，人乳蛋白质含量较低，为 1.3%；以乳白蛋白为主，酪蛋白少；在胃酸作用下形成细小而柔嫩的凝块，有利于婴儿的消化吸收。

（二）脂肪

乳类含有脂肪 3.2%～3.5%，以微粒状的脂肪球形式、小且均匀地分布在乳中，吸收率达97%。乳中脂肪酸为中短链脂肪酸，如丁酸、己酸、辛酸含量较高，这是乳脂肪风味良好且易于消化的原因。乳中还有少量卵磷脂、胆固醇等。

（三）碳水化合物

牛乳碳水化合物以乳糖为主，占乳类中碳水化合物总量的 99.8%。牛乳中乳糖含量（4.6%）较人乳（7.4%）低。乳糖促进钙吸收，具有调节胃酸、促进胃肠蠕动和消化液分泌的作用，还能促进肠内乳酸杆菌等有益菌的生长繁殖，抑制腐败菌生长。

体内乳糖酶能分解乳糖为葡萄糖和半乳糖，部分人的肠道中缺乏乳糖酶，食用牛乳后发生腹胀、腹泻等症状，称为乳糖不耐受。这部分人群可以食用酸乳或添加乳糖酶、将乳糖水解的乳制品。

（四）矿物质和维生素

牛乳中矿物质含量为 0.7%～0.75%，钙、磷、钾等含量丰富。牛乳含钙高（含量为110 mg/100 mL），且吸收率高，是钙的良好来源。乳类铁含量低，以牛乳为主喂养的 4 个月以上的婴儿，应注意补充铁。

人乳中钙、磷比例约为3：1，牛乳中钙、磷比例约为4：3，两者差异较大。人乳钙、磷比值更适合人体利用。

牛乳含有各种人体所需维生素，其含量与牛品种、喂养方式等有关，如放牧期牛乳中维生素 A、维生素 D、维生素 C 的含量，较在棚内喂养期明显增加。牛乳中维生素 D 含量不高，如作为婴儿主要食品时应进行强化。3 种乳的营养素含量见表 4-15。

表 4-15　3 种乳的营养素含量比较

营养素含量	牛乳	人乳	羊乳
蛋白质（g/100 g）	3	1.3	1.5
脂肪（g/100 g）	3.2	3.4	3.5
糖类（g/100 g）	3.4	7.4	5.4
维生素 B_1（mg/100 g）	0.03	0.01	0.04
维生素 B_2（mg/100 g）	0.14	0.05	0.12
维生素 A（μgRE/100 g）	24	11	84
维生素 C（mg/100 g）	1	5	—
Ca（mg/100 g）	104	30	82
P（mg/100 g）	73	13	98
Fe（mg/100 g）	0.3	0.1	0.5
Zn（mg/100 g）	0.42	0.28	0.29

资料来源：杨月欣，2019

二、乳制品的营养价值

乳制品加工中最常见的工艺是均质、杀菌和灭菌，有的产品甚至要经过加工前和加工后两次杀菌处理。还有的制品需要进行发酵处理或脱水处理等。合理加工对乳类蛋白质的影响不大，但维生素会有不同程度的损失。

乳制品是指以生鲜牛（羊）乳及其制品为主要原料，经加工而制成的各种产品。乳制品分七大类：①液体乳类主要包括杀菌乳、灭菌乳、酸牛乳、配方乳。②乳粉类主要包括全脂乳粉、脱脂乳粉、全脂加糖乳粉、调味乳粉、婴幼儿乳粉、其他配方乳粉。③炼乳类主要包括全脂无糖炼乳、全脂加糖炼乳、调味炼乳、配方炼乳等。④乳脂肪类主要包括稀奶油、奶油、无水奶油等。⑤干酪类主要包括原干酪、再制干酪等。⑥乳冰淇淋类主要包括乳冰淇淋、乳冰等。⑦其他乳制品类主要包括干酪素乳糖、乳清粉、浓缩乳白蛋白等。

乳制品种类繁多、成分各异，其营养价值和食用对象也不相同。市场上销售的乳制品多为牛乳制品，常见的有消毒鲜乳、乳粉、酸乳、干酪、炼乳、奶油等。

（一）巴氏杀菌乳

根据《食品安全国家标准　巴氏杀菌乳》（GB 19645—2010），巴氏杀菌乳（pasteurized milk）是仅以生牛（羊）乳为原料，经巴氏杀菌等工序制得的液体产品。巴氏杀菌乳除维生素 B 和维生素 C 有损失外，营养价值损失不大。市售的巴氏杀菌乳中常强化维生素 A、维生素 D 等营养素。

（二）乳粉

根据《食品安全国家标准　乳粉》（GB 19644—2010），乳粉（milk powder）是以生牛（羊）乳为原料，经加工制成的粉状产品。乳粉包括全脂乳粉、脱脂乳粉、部分脱脂乳粉和调制乳粉。

1. 全脂乳粉　　全脂乳粉是鲜乳经加热浓缩、喷雾干燥而制成的乳制品，对蛋白质性质，乳色、香、味及其他营养成分影响均很小。全脂乳粉可按质量 1:8 或按体积 1:4 加开水冲调成均匀的乳液。

2. 脱脂乳粉　　脱脂乳粉的生产工艺同全脂乳粉，但原料乳经过脱脂过程，脂肪含量不超过 1.3%。脱脂使脂溶性维生素损失较多。此乳粉适合于消化能力弱、反复腹泻的胃肠道疾病患者和高脂血症患者饮用。

3. 调制乳粉　　调制乳粉（formulated milk powder）以生牛（羊）乳或其加工制品为主要原料，添加其他原料，可添加或不添加食品添加剂和营养强化剂，经加工制成粉状产品，其中乳固体含量不低于 70%。此乳粉适合作为婴儿食用的婴儿配方乳粉及特殊需要人群（如孕妇、老年人）乳粉等。

（三）发酵乳

根据《食品安全国家标准　发酵乳》（GB 19302—2010），发酵乳（fermented milk）包括发酵乳和风味发酵乳。发酵乳是以生牛（羊）乳或乳粉为原料，经杀菌、发酵后制成的 pH 值降低的产品。其中，酸乳（yoghurt）是以生牛（羊）乳或乳粉为原料，经杀菌、接种嗜热链球菌和保加利亚乳杆菌（德氏乳杆菌保加利亚亚种）发酵制成的产品。

经过乳酸菌发酵后，乳糖变成乳酸，蛋白质凝固和脂肪不同程度水解，形成独特风味。该制品营养丰富，易消化吸收，还可刺激胃酸分泌，适合于消化功能不良的婴幼儿、老年人饮用，深受各类人群的喜爱。

乳酸菌中乳酸杆菌和双歧杆菌为肠内益生菌，在肠内生长增殖，可抑制肠内腐败菌生长繁殖，改善肠道菌群，防止腐败胺类对人体产生不利影响，对维护人体健康有重要作用。此外，牛乳中的乳糖已被发酵成乳酸，缓解乳糖不耐患者食用乳及乳制品出现的腹痛、腹泻等现象。

（四）干酪

根据《食品安全国家标准　干酪》（GB 5420—2021），干酪（cheese）是成熟或未成熟的软质、半硬质、硬质或特硬质、可有涂层的乳制品，其中乳白蛋白/酪蛋白的比例不超过牛乳中的相应比例。在凝乳酶或其他适当的凝乳剂的作用下，使乳、脱脂乳、部分脱脂乳、稀奶油、乳清稀奶油、酪乳中一种或几种原料的蛋白质凝固或部分凝固，排出凝块中的部分乳清而得到干酪。制作 1 kg 的干酪大约需要 10 kg 牛乳。

干酪含有丰富的营养成分，蛋白质、脂肪、钙、维生素 A、维生素 B_1 是鲜乳的 7～8 倍。由于发酵作用，干酪乳糖含量降低，蛋白质被分解成肽和氨基酸等产物。干酪不仅具有独特风味，也利于消化吸收，蛋白质消化率高达 98%。因此，干酪是可供乳糖不耐和糖尿病患者选择的乳制品之一。

（五）炼乳

根据《食品安全国家标准　炼乳》（GB 13102—2010），炼乳分为淡炼乳（evaporated milk）、加糖炼乳（sweetened condensed milk）和调制炼乳（formulated condensed milk）。

淡炼乳是以生乳和（或）乳制品为原料，可添加或不添加食品添加剂和营养强化剂，经加工制成的黏稠状产品。生乳或乳制品在低温真空条件下蒸发浓缩至原量 40%～50%后，装罐密封、加热灭菌而制成淡炼乳。淡炼乳除维生素 C 和维生素 B 略受损失，其营养价值与鲜乳几乎相同，适合于喂养婴儿。

加糖炼乳是以生乳和（或）乳制品、食糖为原料，可添加或不添加食品添加剂和营养强化剂，经加工制成的黏稠状产品。添加约 16%的蔗糖，然后采用与淡炼乳同样工艺浓缩到原体积 40%左右。成品蔗糖含量 40%～60%，渗透压增大，保质期较长。加糖炼乳主要供家庭制作甜食或冲入咖啡、红茶饮用，不宜作为主食喂养婴儿。

（六）奶油

根据《食品安全国家标准　稀奶油、奶油和无水奶油》（GB 19646—2010），奶油分为稀奶油、奶油和无水奶油。

稀奶油（cream）是以乳为原料，分离出的含脂肪的部分，可添加或不添加其他原料、食品添加剂和营养强化剂，经加工制成的脂肪含量 10.0%～80.0%的产品。

奶油（butter）也称之为黄油，是以乳和（或）稀奶油（经发酵或不发酵）为原料，可添加或不添加其他原料、食品添加剂和营养强化剂，经加工制成的脂肪含量不小于 80.0%的产品。将牛乳中的脂肪成分经过浓缩而得到的半固体产品，含水量低于 16%，脂肪含量比牛乳增加 20～25 倍，蛋白质、乳糖含量较低。奶油主要含有饱和脂肪酸，在室温下呈固态。其主要用于涂抹面包和馒头，或制作蛋糕和糖果。

第八节　蛋类及蛋制品的营养价值

蛋类主要包括鸡蛋、鸭蛋、鹅蛋、鹌鹑蛋、鸽蛋、火鸡蛋等。各品种蛋的结构和营养价值基本相似，是一类营养价值高、容易消化、食法多样的优质食品来源。鸡蛋的食用最普遍、销量最大。蛋类与乳、畜禽肉类一样，主要提供蛋白质营养。蛋类由蛋壳、蛋清、蛋黄 3 部分构成。以鸡蛋为例，蛋清占蛋可食部分的 2/3，蛋黄占 1/3。蛋壳的颜色、深度与鸡品种相关，由白到棕色，与蛋营养价值无关。

一、蛋类的营养价值

（一）蛋白质

不同蛋类的蛋白质含量略有差异，一般为 13%～15%，蛋黄中蛋白质含量比蛋清高。蛋类的蛋白质含有各种人体必需的氨基酸，且数量和比例与人体模式接近，其生物价高达 95%，易被人体消化吸收和利用，是最理想的优良蛋白质。食物蛋白质营养评价时，常以鸡蛋蛋白作为参考蛋白。

（二）脂肪

蛋类脂肪含量为 11%～15%，主要集中在蛋黄，不饱和脂肪酸占 58%～62%，蛋清中含量甚微。蛋类中的脂肪呈乳融状，为液态，易被人体消化吸收。

蛋的胆固醇含量较高，1 只鸡蛋含胆固醇 200～300 mg。蛋类尤其是蛋黄中含有一定量的对人体生长发育非常重要的卵磷脂和脑磷脂。蛋黄富含的乳化剂——卵磷脂，使胆固醇和脂肪颗粒乳化成悬浮于血液中的细微粒子，不沉积在血管壁上，且能顺利通过血管壁被细胞利用，减少血液中的胆固醇，促进胆固醇代谢。因此，普通人每天吃 1～2 个鸡蛋不会导致胆固醇升高。正常健康人群食用鸡蛋时，不要丢弃蛋黄。

（三）维生素和矿物质

蛋类含丰富的维生素和矿物质，主要存在于蛋黄中。蛋黄中含有各种维生素，尤其是维生素 A 和维生素 B_1 含量较大，但维生素 C 含量较少。蛋黄的颜色与禽类摄入的胡萝卜素、叶黄素、维生素 B_2 的含量有关，蛋黄颜色的深浅受季节和饲料的影响。蛋中维生素含量也随季节、饲料营养和接受日光照射的时间长短而有一定的变化。

蛋黄是多种矿物质良好的食物来源，其中含有钙、磷、铁、锌等。但蛋中铁以非血红素铁形式存在，且受卵黄高磷蛋白的干扰，其生物利用率仅为3%。

二、加工烹调对蛋类营养价值的影响

蛋类经加工制成的蛋制品有皮蛋（松花蛋）、咸蛋、糟蛋、冰蛋和蛋粉等。皮蛋制作过程中加入烧碱产生化学变化，使蛋清呈暗褐色的透明体，蛋黄呈褐绿色。烧碱使蛋含有的 B 族维生素被破坏。制作咸蛋对营养素的含量影响不大，食用咸蛋增加膳食中钠盐的含量。糟蛋在加工过程中产生的乙酸，可软化蛋壳，使蛋壳中的钙渗入蛋内，故糟蛋的含钙量比普通蛋高出数倍。冰蛋是将鲜蛋液搅匀、预处理，冷冻后制成的蛋制品。蛋液经真空喷雾、急速脱水干燥后制成蛋粉。冰蛋和蛋粉用于食品工业，作为辅料使用。

　　蛋类的烹调方法有煮整蛋、油煎、油炒、蒸蛋等，除 B 族维生素少量损失外，一般烹调方法对蛋的营养价值影响较小。加热不仅杀菌，而且具有提高其消化吸收率的作用。加热破坏生蛋清中的抗生物素蛋白和抗胰蛋白酶因子，从而使蛋白质的消化吸收和利用率升高。

　　大量研究证实，鱼、畜、禽肉和鸡蛋与人体健康有密切的关系，适量摄入有助于增进健康；但摄入过多，可增加心血管疾病、肥胖和某些肿瘤的发生风险。

第九节　食品营养强化

一、概述

　　平衡膳食/饮食多样化、应用营养素补充剂和食品营养强化（food nutrition fortification）是 WHO 推荐的改善人群营养素缺乏的 3 个主要措施。食品营养强化的优点是不需要改变消费者的饮食习惯，就可以纠正营养素缺乏、改善健康，是一种经济、便捷、高效的改善营养的方式。目前，食品营养强化在全世界被广泛应用。

　　（一）相关概念

　　食品营养强化是指根据营养需要，向食品中添加一种或多种天然或人工合成的营养素及其他营养成分，以提高食品营养价值的过程，简称食品强化。被强化的食品称为强化食品（fortified foods），添加的营养素或其他营养成分称为营养强化剂（nutrition fortification substances）。《食品安全国家标准　食品营养强化剂使用标准》（GB 14880—2012）将营养强化剂定义为："为了增加食品的营养成分（价值）而加入到食品中的天然或人工合成的营养素和其他营养成分"。

　　（二）目的及意义

　　食品营养强化的目的主要有以下几方面。

　　1. 弥补天然食物营养缺陷　　几乎没有一种天然食物能够满足机体所需的全部营养素，尽管膳食多样化可弥补这一不足，但由于饮食习惯等因素，人群往往可能出现某种或多种营养素摄入不足或缺乏，如以米、面为主食的地区，可能存在维生素、赖氨酸的含量缺乏。此外，由于居住地区不同，生物化学因素可能导致当地食物中一种或多种营养素含量低，如内地和山区食物易缺碘，某些地区的食物缺硒等。为改善营养素摄入低或缺乏导致的健康影响，有必要有针对性地进行食品营养强化，增补缺乏的营养素，提高食物营养价值和增进人群健康。

　　2. 弥补食物在加工和储存过程中的营养素损失　　食物在食用前往往需要加工和储存，可能造成食物中一种或多种营养素损失。

　　（1）关于加工的影响。加工精度越高，损失程度越大，如碾米和小麦磨粉后会造成多种维生素损失。果蔬加工过程中，一些水溶性和热敏性维生素均有损失。赖氨酸是小麦等谷物的第一限制氨基酸，当用小麦面粉制作面包时会损失 10%的赖氨酸，当用其烤制饼干时损失的赖氨酸高达 50%以上。

　　（2）关于储存的影响。果汁饮料若储存在冰箱（4℃）中，7 d 后可损失 10%～20%。透氧容器可促进维生素 C 的降解，如橘汁饮料在聚苯乙烯容器中，于室温下存放一年，维生素 C 可全部损失；若存放于纸质容器中，2 个月即可全部损失。为了弥补食物在加工和储存过程中的营养素损失，适当添加一些营养素是很有意义的。

3. 适应不同人群生理或职业的需要　　由于年龄、性别、职业、生理或病理状况不同，营养需求可有所不同，这就需要有针对性地进行食品营养强化，以满足不同人群的营养需要。

（1）适应不同人群生理的需要。婴儿是人一生中生长发育最快的时期，需要充分的营养素供应，最适合婴儿的食品为母乳。母乳一旦缺乏某种营养素或出现问题，则需要"代乳食品"。婴儿配方奶粉就是以人乳的营养素组成为目标，通过提取和添加某些营养成分，使其营养成分在数量和质量上均接近母乳，如改变乳白蛋白和酪蛋白比例、适当增加不饱和脂肪酸、可溶性多糖和维生素。针对孕妇和乳母，除了注意提供高质量的膳食外，还要考虑钙、叶酸和铁的强化。

（2）适应不同人群职业的需要。不同职业人群，其营养需求可有不同。针对接触铅的工作人员，由于铅能通过呼吸道和消化道进入人体，引起急性或慢性铅中毒，可以给予维生素 C 强化过的食品，有效减少铅中毒的情况。针对接触苯的工作人员，可以给予维生素 C 和铁强化过的食品，预防贫血和减轻苯中毒。针对钢铁厂高温作业人员，在增补维生素 B_2（0.5 mg/d）、维生素 C（50 mg/d）和维生素 A（2000 IU/d）后，其血清中相应维生素水平升高，营养情况大大改善，可减轻疲劳，增加工作能力。

4. 简化膳食处理、方便摄食　　为满足机体对营养素的需求，应平衡膳食和多样化膳食，然而，这在膳食处理上非常繁琐。尤其是一家一户的家庭烹调，不仅浪费时间，还耗费精力，为了适应现代化生活节奏，同时满足人群营养素需求和嗜好，现已涌现出多种营养强化方便食品和快餐食品。此外，特殊人群膳食处理往往比较复杂，如 6 个月后的婴儿膳食，除了母乳外，还要增添许多辅食，包括蛋黄、肝酱、肉末、米粥、菜汤、菜泥和果泥等，用于补充维生素和矿物质的不足，该膳食原材料购买及处理繁琐、易疏忽，因而易影响婴儿的生长发育。若在婴幼儿食品中强化维生素（维生素 A、维生素 D、维生素 E、维生素 K、维生素 C、B 族维生素、烟酸、叶酸、泛酸等）和矿物质（钙、铁、镁、磷、锌）等营养素，既可以满足婴幼儿营养需要，又可简化手续、方便摄食。军事人员由于常行军作战，膳食既要快速简便，又要能够保障营养全面和美味。因而，世界各国军粮采用营养强化食品的比例很高。地质勘探或野外探险等人员也应采用营养强化食品。

5. 预防、保健及其他作用　　食品营养强化对预防和减少营养相关疾病（尤其是地方性营养缺乏病）有重要意义，如食盐加碘可将地方性甲状腺肿的发病率降低 40%～95%，食品强化维生素 B_1 后可防治食米地区的脚气病，食品强化维生素 C 后可防治坏血病，食品强化维生素 D 可防治小儿佝偻病等。近年来，研究者们发现维生素 E 和维生素 A 具有防癌、抗癌作用，这可能与其具有清除自由基的抗氧化作用有关。

除了增加食品营养价值外，营养强化剂还可提升食品感官质量和改善食品保存性能。如 β-胡萝卜素和核黄素既具有维生素作用，又可作为食品着色剂使用，改善食品色泽。维生素 C 和维生素 E 在食品加工中还可以作为抗氧化剂使用，在肉制品加工中与亚硝酸盐并用时可阻止亚硝胺的生成。

二、强化食品的基本要求

食品的营养强化应充分考虑营养、卫生和经济效果，同时还要符合本国国情，通常在营养强化时应注意以下问题。

1. 有明确的针对性　　在对食品进行营养强化前，要对本国或本地区食物种类和人群营养状况做全面细致的调查分析。根据本国或本地区人群摄入的食物种类和数量，针对缺少的营养成分，选择需要强化的食品（载体）及营养强化剂的种类和数量。针对地方性营养缺乏症和职业病等患者的营养强化，载体的选择需要更加仔细的调查分析。例如，我国地方性碘缺乏较为严重，政府决定进行碘强化，选择了与人群膳食息息相关的食盐作为强化载体，在全国范围内实行加碘食盐的统一销售，成效显著。

2. 易被机体吸收利用　　在食品营养强化时，要尽量选择吸收好、生物利用率高的强化剂品种，强化剂的溶解度、粒径大小等也会影响其吸收和利用。如钙强化剂包括氯化钙、柠檬酸钙、磷酸钙、乳酸钙、葡萄糖酸钙等，其中人体对乳酸钙吸收最好，而草酸钙、植酸钙难吸收；胶体碳酸钙粒径小，为 $0.03\sim0.05$ μm，其吸收率高于轻质碳酸钙（粒径为 5 μm）和重质碳酸钙（粒径为 $30\sim50$ μm）。此外，营养强化时还要考虑各强化剂间的协同和拮抗作用，以提高强化剂的利用率。

3. 符合营养学原理　　人体所需的营养素在数量上是有一定比例的。在食品营养强化时，除了考虑强化剂剂量、吸收利用率外，还要考虑各营养素间的平衡，以适应人体的需要。平衡包括必需氨基酸间的平衡，生热营养素间的平衡，钙、磷平衡，维生素 B_1、维生素 B_2、烟酸与能量间的平衡。

4. 稳定性高　　很多营养强化剂会因光、热、氧化等作用而被破坏，或在加工和贮存等过程中造成一定量的损失。故在强化时，还要考虑到如何提高强化剂的稳定性。通常应用的方法如下。

（1）改变强化剂的结构。在不改变营养素的生理活性的情况下，可以通过改变强化剂的结构来增强其稳定性，如合成维生素 B_1 衍生物硫胺素硝酸盐、硫胺素硫代氰酸盐、二苄基硫胺素等形式，大大增加了维生素 B_1 对热稳定性，其中用二苄基硫胺素强化的面粉烤面包后仍保存80%左右。

（2）添加稳定剂。某些营养素对氧化十分敏感，尤其是维生素，如维生素 C 在空气中极易被破坏。故对氧化不稳定的营养素可以适当添加抗氧化剂或螯合剂作稳定剂，如在维生素 C 强化剂中添加乙二胺四乙酸（EDTA）。

（3）其他。还可通过改进加工工艺、改善包装和贮存条件等方法提高强化剂的稳定性，如加工中通过烫漂来钝化酶，保护食品中的营养素免遭酶破坏；通过去除水中金属离子，减少营养素的氧化催化作用；通过缩短加热时间、采取新设备和新方法，提高营养素对热稳定性等。通常食品在密封包装和低温贮存时，营养素损失较小。

5. 安全、卫生　　食品营养强化剂（包括衍生物）应有自己的质量与卫生标准，其生产和应用应遵照国家相关规定进行，且强化剂需经过卫生评价后，方可应用。特别是脂溶性维生素和某些微量元素，易在组织中蓄积而引起中毒，如硒所需剂量很小且易中毒，我国特别规定"硒强化剂必须在省级部门指导下使用"。

6. 不影响食品原有的色、香、味等感官性状　　许多营养强化剂本身具有色、香、味特点，在强化时要注意不可损害食物原有的色、香、味，而使消费者不能接受。如甲硫氨酸强化时易产生异味，目前已很少使用；大豆强化时易产生豆腥味，故常用大豆浓缩蛋白或分离蛋白强化食品。

7. 经济合理，有利推广　　营养强化剂不宜成本过高，否则不利于推广，发挥不了应有的作用。

三、食品营养强化方法

1. 在加工过程中添加　　在加工过程中添加营养强化剂是最普遍的强化方法。此法优点为在加入强化剂后随食品进行若干道加工程序，其可与食品其他组分充分混合，尽可能减少对食品色、香、味的影响。缺点是往往加工过程中存在光、热、金属等影响，易造成营养素的损失，如烘焙面包时，赖氨酸可损失 9%～24%。故采用此法强化时，要注意控制工艺条件和强化条件，选择适宜的添加时间。

2. 在原料和必需食物中添加　　此法简单、易操作，适用于国家法令规定添加强化剂的食品，及具有公共卫生意义的强化食品。如我国某些地方为预防甲状腺肿大，在食盐中添加碘；一些国家为预防脚气病，在粮食中添加维生素 B_1。此法缺点是储藏条件和包装状况易造成强化剂的较大损失。

3. 在成品中混入　　在成品的最后工序中混入强化剂，可有效避免上述两种方法中加工和储藏过程对营养素损失的影响，如婴幼儿配方奶粉在制成品中混入强化剂。

4. 生物化学强化法　　生物化学强化法指使食品中原来含有的某些成分转化为人体需要的营养成分。如谷类中植酸与锌结合形成不溶性盐类，使锌的吸收利用率下降；将面粉通过酵母发酵后，产生活性植酸酶，植酸可减少 13%～20%，而锌的利用率增加了 30%～50%。此外，还可采用物理化学方法进行强化，如经紫外线照射后，牛乳中的麦角固醇可转化为维生素 D_2，增加了牛乳中维生素 D 的含量。

四、食品营养强化剂与强化食品

（一）食品营养强化剂

食品营养强化剂主要包括维生素、矿物质、氨基酸及含氮化合物三类。近年来，增加了低聚糖和某些脂肪的食品营养强化。

1. 维生素　　用于食品营养强化的维生素种类众多，为了适应不同食品加工工艺的需要和提升稳定性，同一种维生素营养强化剂有多种形式可供选择，如维生素衍生物在使用时应按卫生标准进行一定的折算。

（1）水溶性维生素。

1）维生素 C。维生素 C 也称抗坏血酸，是最不稳定的维生素之一，因而实际应用中常使用其衍生物以增加稳定性，如 L-抗坏血酸钠、L-抗坏血酸钾、L-抗坏血酸钙。而抗坏血酸棕榈酸酯和维生素 C 磷酸酯酶的稳定性更高，可用作高温加工时的营养强化剂。

2）硫胺素。硫胺素不稳定，其衍生物的水溶性比硫胺素低、不易流失，更稳定。常用的有盐酸硫胺素、硝酸硫胺素等，日本还允许使用硫胺素硫氰酸盐、硫胺素鲸蜡硫酸盐、硫胺素月桂基磺酸盐、硫胺素萘-1，5-二磺酸盐。

3）核黄素。1998 年，FAO/WHO 食品添加剂专家委员会（JECFA）认为遗传改性枯草芽孢杆菌生产的核黄素也可用作营养强化剂，其用量与核黄素、核黄素-5'-磷酸钠同为 0～5 mg/kg。此外，硫胺素及其衍生物还可用作着色剂。

4）烟酸。烟酸稳定性好，常用的有人工合成的烟酸和烟酰胺，美国还准许使用烟酰胺抗坏血酸酯。此外，烟酸还具有促进肉制品中亚硝酸盐的发色作用，因而也可用作发色助剂。

5）维生素 B_6 和维生素 B_{12}。维生素 B_6 营养强化常用人工合成的盐酸吡哆醇和 5'-磷酸吡哆醇。维生素 B_{12} 营养强化常用氰钴胺和羟钴胺。

6）叶酸。食物中叶酸含量甚微且生物利用率低，人群易发生叶酸缺乏，尤其是婴幼儿、孕妇和乳母，有必要进行一定的食物叶酸营养强化。

7）其他。肌醇、胆碱、生物素、泛酸、L-肉碱等也常用于婴幼儿配方奶粉的营养强化。

（2）脂溶性维生素。脂溶性维生素包括维生素 A、维生素 D、维生素 K 及维生素 E。

1）维生素 A。常用强化品种为维生素 A 油，多由鱼肝油经真空蒸馏浓缩精制而成，也可由视黄醇与棕榈酸或乙酸制得棕榈酸维生素 A 或乙酸维生素 A 后，加入植物油用于强化。其常用于人造奶油、植物油等油脂、调制乳和乳粉等的营养强化。兼具着色作用的 β-胡萝卜素也可用于维生素 A 的营养强化，强化量计算为：1 μg β-胡萝卜素＝0.167 μg 视黄醇。

2）维生素 D。强化品种主要有维生素 D_2 和维生素 D_3，二者分别由麦角固醇和 7-脱氢固醇经紫外线照射制成，维生素 D_3 活性更大。

3）维生素 K。一般维生素 K 很少缺乏，但人乳中维生素 K 含量偏低（约 2 μg/L），且婴儿胃肠道功能不全，故常用植物甲萘醌对婴幼儿食品进行适当强化。

4）维生素 E。维生素 E 有较强的抗氧化作用，故除了用作营养强化剂还可作为抗氧化剂使用。维生素 E 强化剂有很多品种，包括 *dl*-α-生育酚、*d*-α-生育酚、*dl*-α-乙酸生育酚和 *d*-α-乙酸生育酚，强化量以 *d*-α-生育酚计，1 mg 维生素 E＝1 IU（国际单位）维生素 E，但不同品种的维生素 E 生物活性不同，应予以换算。

$$1 \text{ mg } dl\text{-α-乙酸生育酚}＝1 \text{ IU}$$
$$1 \text{ mg } d\text{-α-乙酸生育酚}＝1.36 \text{ IU}$$
$$1 \text{ mg } dl\text{-α-生育酚}＝1.1 \text{ IU}$$
$$1 \text{ mg } d\text{-α-生育酚}＝1.49 \text{ IU}$$

2. 矿物质　　矿物质强化剂种类繁多，且每种矿物质都有多个品种，如我国钙和铁强化剂品种达 30 多种。在每个品种的选择上除了考虑其矿物质含量外，还要考虑其生物利用度。

（1）钙。钙强化剂包括无机钙盐和有机钙化合物，无机钙盐通常钙含量较高，主要有碳酸钙、乙酸钙、葡萄糖酸钙、柠檬酸钙、乳酸钙等，不同无机钙盐吸收程度相似。有机钙化合物指氨基酸钙等，吸收利用度较高。维生素 D 可以促进钙的吸收利用度，酪蛋白磷酸肽等亦可促进钙的吸收。钙强化剂主要用于谷类食物和婴幼儿食品等。

（2）铁。铁强化剂品种包括有机铁、无机铁、还原铁和电解铁等。通常二价铁比三价铁易吸收，故常用亚铁盐。血红素铁比非血红素铁易吸收，故我国近年研制并批准氯化高铁血红素和铁卟啉等用于食品强化。

（3）锌。我国目前批准使用的锌强化剂品种有氯化锌、氧化锌、硫酸锌、乳酸锌、乙酸锌、柠檬酸锌、甘氨酸锌、碳酸锌和葡萄糖酸锌等。其常用于婴幼儿食品和乳制品的强化。

（4）其他。我国还允许使用碘化钾和碘酸钾等碘强化剂，亚硒酸钠、硒酸钠和富硒酵母等硒强化剂，以及硫酸铜、硫酸镁和葡萄糖酸钾等营养强化剂。

3. 氨基酸及含氮化合物　　氨基酸（尤其是必需氨基酸）是食品营养强化剂的重要组成部分，除了氨基酸之外，还有许多含氮化合物，如含氮维生素、核苷酸等。氨基酸强化常用的品种一般为限制性氨基酸，如甲硫氨酸、色氨酸、赖氨酸、苏氨酸等。

（1）赖氨酸。赖氨酸是人体必需氨基酸，也是谷类的第一限制氨基酸，对于以谷类为主食，且动物性食品无法摄入充足的人群，有必要对谷类进行赖氨酸强化。应用中常使用更稳定的赖氨酸衍生物，如 L-氨酸盐、L-赖氨酸-L-谷氨酸盐、L-赖氨酸-L-天冬氨酸盐等，用于谷类食品的强化。

（2）甲硫氨酸。甲硫氨酸是大豆、花生的第一限制氨基酸，多用于此类食品的强化。

（3）组氨酸。组氨酸多用于婴幼儿奶粉的营养强化。

（4）L-丙氨酸。L-丙氨酸除了用于营养强化剂外，还可用作增味剂。

（5）牛磺酸。牛磺酸也称牛胆酸，可在体内通过半胱氨酸或甲硫氨酸的中间代谢产物磺基丙氨酸脱羧而成，也可由膳食摄取。牛磺酸在促进大脑发育、脂肪消化吸收及维护视觉功能等方面有重要作用。人乳中牛磺酸含量随着泌乳天数的增加而下降，且婴儿体内磺基丙氨酸脱羧酶活性低，牛磺酸合成速度受限。牛乳中牛磺酸含量也很低，故有必要对婴幼儿配方食品进行牛磺酸营养强化。

4. 脂肪酸　　食品强化的脂肪酸为多不饱和脂肪酸，如亚油酸、γ-亚油酸、花生四烯酸及二十二碳六烯酸（DHA）。亚油酸是机体必需脂肪酸，γ-亚油酸和花生四烯酸可经亚油酸在体内转化而成。婴幼儿因生理功能不全、转化不足，γ-亚油酸和花生四烯酸合成受限，故有必要在婴幼儿配方食品中强化。

（1）γ-亚油酸。食品中 γ-亚油酸强化剂多由微生物发酵制得，可用于植物油、饮料类（固体饮料涉及品种除外）及调制乳粉。

（2）花生四烯酸。花生四烯酸亦可由微生物发酵制得，我国允许将其用于特殊膳食食品的营养强化。

（3）DHA。DHA 具有重要生物学作用，我国已允许其作为特殊膳食用品的强化剂，应用中多由海产品鱼油浓缩精制而成。

5. 低聚糖　　低聚糖又称寡糖，是一种具有广阔应用前景和广泛适用范围的新型功能性糖源。我国已允许将低聚果糖用作食品强化剂，而低聚果糖（菊苣来源）、低聚半乳糖（乳糖来源）、多聚果糖（菊苣来源）、聚葡萄糖及棉子糖（甜菜来源）仅允许应用于部分特殊膳食用食品。

（二）强化食品

强化食品根据不同情况可有不同分类。日本将强化食品分为以普通人为对象的强化食品和以特殊人群及患者为对象的强化食品。其他分类方式包括：按食用对象分为普通食品、孕妇和乳母食品、儿童食品、老年人食品及其他特殊需要的食品；按食用情况分为主食品和副食品等；按强化剂种类分为蛋白质和氨基酸强化食品、矿物质强化食品、维生素强化食品等；按富含营养素的天然食物分为大豆粉（富含蛋白质）、脱脂奶粉和酵母（富含 B 族维生素）。

1. 强化谷类食品　　谷类食品品种众多，人们主要食用大米和小麦。谷类食品经碾磨后会损失大量营养素，尤其是大米，经淘洗和烹饪后会进一步损失营养素（水溶性维生素），故许多国家都对大米、面粉和面包进行营养强化。我国允许在谷类食品中可强化 L-盐酸赖氨酸（$1\sim2$ kg）、维生素 B_1（烟酸硫胺素）、维生素 B_2（核黄素，$3\sim5$ mg/kg）、烟酸或烟酰胺（$40\sim50$ mg/kg），及钙、铁、锌等。2012 年，我国再次规定在即食早餐谷类食品中还可强化维生素 A、维生素 B_6、维生素 B_{12}、维生素 C、维生素 D、维生素 E、泛酸、叶酸等。

2. 婴儿配方奶粉　　婴儿对能量和营养素的需求比成人多 $2\sim3$ 倍，且牛乳与人乳在营养素组成上有很大差异，故以牛乳为原料制作婴儿奶粉，需对其进行营养强化，如向奶粉中添加适量的维生素 A、维生素 D、钙、铁、锌等营养素。为了更适合婴儿喂养，以牛乳和脱盐乳清粉为原料，以接近人乳的营养素组成为目标，调整乳白蛋白与酪蛋白的比例，添加亚油酸等必要脂肪酸，添加微量营养成分、减少无机盐含量、添加乳糖或可溶性多糖，制备婴儿配方奶粉。

3. 强化副食品

（1）芝麻油、色拉油、人造奶油。我国允许在芝麻油、色拉油和人造奶油中强化维生素 A（$4000\sim8000$ μg/kg）、维生素 E（$100\sim180$ μg/kg），人造奶油还可强化维生素 D（$125\sim156$ μg/kg）。

（2）乳制品。乳制品可强化维生素 A、维生素 E、维生素 D、铁、锌、铜、镁、锰等矿物质元素。

（3）饮料和固体饮料。饮料和固体饮料是良好的强化载体，我国允许在固体饮料中强化多种维生素，如维生素 A、维生素 B_1、维生素 B_2、维生素 C、维生素 D 等。还可根据需要强化一定量的矿物质，如强化硫酸镁的饮料、强化铁饮料、强化锌饮料等。在配制酒中还可强化 L-盐酸赖氨酸、牛磺酸、维生素 B_6、烟酰胺等。

（4）夹心糖。夹心糖可强化维生素 C 和铁等。

4. 混合型强化食品　　根据营养素互补作用，将不同营养特点的天然食物混合，也可视为营养强化食品。如我国北方某些地区的"杂合面"、果汁和牛乳混合而成的果奶、牛乳和豆乳混合而成的复合奶等。

5. 其他强化食品　　为防治职业病或慢性非传染性疾病，可配制强化食品，如高纤维食品、高维生素食品等。针对特殊人群（孕妇、老人、慢性病患者等），可配置不同强化食品，如叶酸强化孕妇、乳母专用食品。

[小结]

本章介绍了食物营养价值的评价指标及意义，谷类、蔬菜、水果类、豆类及其制品等各类食品不同的营养成分、种类及特点，以及加工贮藏过程中，营养素发生的变化，对于营养价值影响的因素。最后对食品营养强化内容、基本方法及常见的强化食品进行了阐述。

[课后练习]

1. 食品营养价值的评价内容包括哪些方面？
2. 食物营养价值有何意义？
3. 如何理解食物营养价值的相对性？
4. 为什么提倡吃全谷类，精白米面在膳食中的比例不能过高？
5. 如何提高谷类食物的营养价值？
6. 蔬菜中有哪些特殊成分？（举例简单介绍说明）
7. 烫漂对蔬菜和水果中的营养成分有什么影响？
8. 气调储藏是如何保护蔬菜和水果的营养成分的？
9. 大豆加工成为豆制品之后，营养价值上有哪些变化？
10. 豆类食物中含有哪些抗营养因子？加工中如何处理可以消除其影响？
11. 畜禽肉主要提供哪些对人体有益的营养素？
12. 水产类食物和畜禽肉类食物相比，在营养素方面有什么优势？
13. 乳及乳制品有哪些营养特点？
14. 蛋类制品的营养成分主要包括哪些？蛋清和蛋黄营养成分有何不同？
15. 简述食品营养强化的作用。
16. 简述食品营养强化的基本原则。

[知识链接]

小坚果，"大"营养

[思维导图]

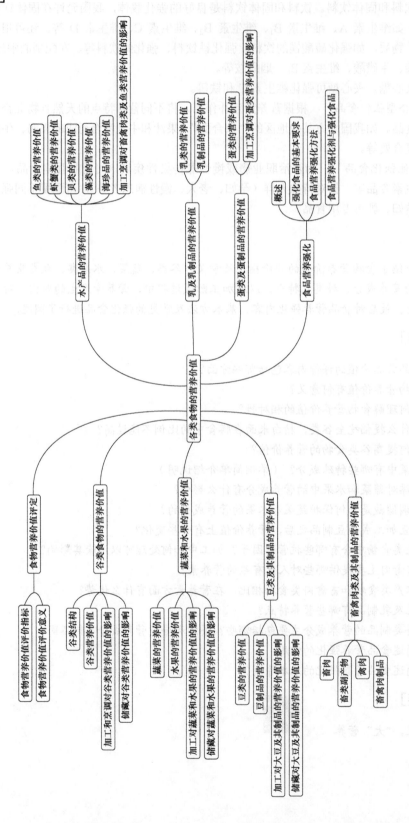

第五章 特殊食品

[兴趣引导]

特殊食品是一大类能够满足特定人群的营养需要，介于普通食品和药品之间的食品。为了促进特殊食品对于特定消费群体的个性化健康管理效果，我们需要了解特殊食品的注册申报、审批、生产和质量管理的规范，并掌握检测方法和评价标准。本章内容有助于培养学生研究和开发生物活性成分及产品的能力。

[学习目标]

1. 熟悉保健食品的主要生物活性成分和机理，掌握保健食品功能的评价方法。

2. 熟悉特殊医学用途配方食品的质量评价方法、婴幼儿配方乳粉的加工技术，掌握运动营养食品的设计目标、辅食营养补充品的技术要求。

普通食品是能满足人体营养需求和（或）口味需求的产品，与药品具有本质的差别。特殊食品则是介于普通食品和药品之间，在成分、含量、营养素的比例上与普通食品不同，根据我国的相关管理规范，可以归结为保健食品（功能性食品）和特殊膳食用食品。

《食品安全国家标准　预包装特殊膳食用食品标签》（GB 13432—2013）将特殊膳食用食品定义为："为了满足特殊的身体或生理状况和（或）满足疾病、紊乱等状态下的特殊膳食需求，专门加工或配方的食品。"这类食品的营养素和（或）其他营养成分的含量与可类比的普通食品有显著不同。特殊膳食用食品的类别主要包括以下四类：婴幼儿配方食品（如婴儿配方食品、较大婴儿和幼儿配方食品、特殊医学用途婴儿配方食品）；婴幼儿辅助食品（如婴幼儿谷类辅助食品、婴幼儿罐装辅助食品）；特殊医学用途配方食品（特殊医学用途婴儿配方食品涉及的品种除外）；除上述类别外的其他特殊膳食用食品（包括辅食营养补充品、运动营养食品，以及其他具有相应国家标准的特殊膳食用食品）。《食品安全国家标准　特殊医学用途配方食品通则》（GB 29922—2013）将特殊医学用途配方食品定义为："为了满足进食受限、消化吸收障碍、代谢紊乱或特定疾病状态人群对营养素或膳食的特殊需要，专门加工配制而成的配方食品。"该类产品必须在医生或临床营养师指导下，单独食用或与其他食品配合食用。《食品安全国家标准　特殊医学用途婴儿配方食品通则》（GB 25596—2010）将特殊医学用途婴儿配方食品定义为："针对患有特殊紊乱、疾病或医疗状况等特殊医学状况婴儿的营养需求而设计制成的粉状或液态配方食品。"在医生或临床营养师的指导下，单独食用或与其他食物配合食用时，其能量和营养成分能够满足0～6月龄特殊医学状况婴儿的生长发育需求。

第一节　保健食品

一、概述

（一）保健食品的定义和分类

1. 保健食品的定义　《食品安全国家标准　保健食品》（GB 16740—2014）将保健食品

定义为:"声称并具有特定保健功能或者以补充维生素、矿物质为目的的食品。即适用于特定人群食用,具有调节机体功能,不以治疗疾病为目的,并且对人体不产生任何急性、亚急性或慢性危害的食品。"

根据定义可以得知,保健食品应该具有以下条件:首先它是食品;但与普通食品有区别,保健食品含有功能因子成分,具有明确的生理调节目标;与药品有本质的区别,目的不是追求短期临床疗效,保健食品有特定的质量检测指标与方法,不仅要验证其特定功能,并且要验证在正常食用量条件下的安全。

2. 保健食品的分类　　保健食品可以从不同的角度进行分类。

(1) 根据调节人体机能的作用分类。《保健食品管理办法》自 1996 年发布以来,在 1997 年、1999 年和 2003 年经历三次调整。根据中华人民共和国卫生部 2003 年发布的《保健食品检验与评价技术规范》,保健食品的功能调整为 27 种。2012 年 6 月,国家食品药品监督管理局发布《保健食品功能范围调整方案(征求意见稿)》,对 27 种功能进行组合,调整后的功能为 18 项;在功能表述上,增加了"有助于"字样,部分功能范围进行了合并或删除。2020 年 11 月,国家市场监督管理总局发布《允许保健食品声称的保健功能目录　非营养素补充剂(2020 年版)(征求意见稿)》,将功能调整为 24 项。三者对比见表 5-1。

表 5-1　保健食品功能范围对比

2003 年文件	2012 年文件	2020 年文件
增强免疫力	有助于增强免疫力	有助于增强免疫力功能
辅助降血脂	有助于降低血脂	有助于维持血脂健康水平(胆固醇/甘油三酯)功能
辅助降血糖	有助于降低血糖	有助于维持血糖健康水平功能
抗氧化	抗氧化功能	有助于抗氧化功能
辅助改善记忆	有助于改善记忆	辅助改善记忆功能
缓解视疲劳	有助于缓解视疲劳	缓解视觉疲劳功能
促进排铅	有助于排铅	有助于排铅功能
清咽	清咽	清咽润喉功能
辅助降血压	—	有助于维持血压健康水平功能
改善睡眠	有助于改善睡眠	有助于改善睡眠功能
促进泌乳	有助于泌乳	—
缓解体力疲劳	有助于缓解运动疲劳	缓解体力疲劳功能
提高缺氧耐受力	有助于提高缺氧耐受力	耐缺氧功能
增加骨密度	有助于增加骨密度	有助于改善骨密度功能
减肥	有助于减少体内脂肪	有助于调节体内脂肪功能
对辐射危害有辅助保护	—	对电离辐射危害有辅助保护功能
改善生长发育	—	—
去痤疮		有助于改善痤疮功能
改善营养性贫血	有助于改善缺铁性贫血	改善缺铁性贫血功能
祛黄褐斑		有助于改善黄褐斑功能
通便		有助于润肠通便功能
对化学肝损伤有辅助保护	有助于降低酒精性肝损伤危害	对化学性肝损伤有辅助保护功能

续表

2003 年文件	2012 年文件	2020 年文件
改善皮肤水分	—	有助于改善皮肤水分状况功能
改善皮肤油分	—	—
调节肠道菌群	—	有助于调节肠道菌群功能
促进消化	—	有助于消化功能
对胃黏膜损伤有辅助保护	—	辅助保护胃黏膜功能
—	有助于改善胃肠功能	—
—	有助于促进面部皮肤健康	—

注：一代表无相关声称

（2）根据功能性因子的种类分类。保健食品根据所含有的功能性因子进行分类，见表 5-2。

表 5-2 保健食品分类（基于功能性因子种类）

功能性因子种类	成分
活性多糖类	膳食纤维，抗癌、调节免疫功能的多糖，调节血糖水平的多糖等
功能性甜味剂类	功能性单糖、功能性低聚糖及多元糖醇等
功能性油脂	n-3 多不饱和脂肪酸、必需脂肪酸、复合脂质等
矿物质元素类	常量矿物质元素与微量活性元素
醇、酮、酚与酸类	黄酮类化合物、二十八烷醇、谷维素、茶多酚、L-肉碱及潘氨酸等
低能量或无能量基料	油脂替代物与强力甜味剂等
其他基料	褪黑素、皂苷、叶绿素等

（3）根据原料分类。保健食品宏观上可以分为植物类、动物类和微生物（益生菌）类。

（4）根据产品的形态分类。保健食品主要包括饮料类、口服液类、酒类、冲剂类、片剂类、胶囊类和微胶囊类。

（二）发展趋势

保健食品的发展是随着研究和消费者认知的深入而逐步加速的。各国对具有保健功能的食品进行规范化管理，立法确保了保健食品行业的健康发展。日本对保健食品的称谓最初是"功能性食品"，1990 年更改为"特定保健用食品"，并作为"特定营养食品"进行管理。在欧美，保健食品被称为"functional food"或"health food"，特别地，在德国被称为"改良食品"。

在 20 世纪 90 年代中期，许多保健食品相似词汇出现，包括保健营养品（nutraceuticals）、医药食品（pharmafoods）、医疗食品（medifoods）、维生素食品（vitafoods）等，以及如膳食补充剂（dietary supplements）、强化食品（fortified foods）等更传统的称呼。这些词汇在含义上有所不同。无论从何种角度定义，保健食品的概念属于营养学，而不是药理学；是食品而不是药品。

我国保健食品市场从 20 世纪 80 年代起逐步发展，在法规逐步完善之后，行业进入高速发展阶段。随着消费者对保健食品和健康管理的认知在逐渐增强，对保健食品的需求持续增加。我国保健食品近年来出现了以下特点：一是植物源原料的兴起；二是调整肠道功能的产品快速发展；三是产品形式多样化。

虽然各国对于保健食品管理的法规在细节上有所不同，但全球市场的共同趋势是发展迅速。世界保健食品的发展趋势，主要呈现如下特征：一是全球化；二是在食品行业中的份额逐渐增加；三是品类逐渐丰富；四是定制化程度提高。健康管理已经进入私人定制阶段，营养学、医学、运动科学、心理学、行为学及人工智能的介入，个人健康状况的评估、健康管理方案的设计和制订，膳食行为干预都已经具备实现条件。保健食品的作用，可以从更为系统的角度、更为深远的时间进行评估。可以预计，保健食品会随着定制健康管理而进一步发展。

二、保健食品评价方法

（一）功能性评价

功能性评价是功能性食品科学研究的核心内容，主要针对产品宣称的生理功效进行动物学和人体试验。下面简要介绍各种功能宣称需要测定的项目。

1. **有助于增强免疫力功能**　测定项目包括：①体重；②脏器/体重比值测定；③细胞免疫功能测定；④体液免疫功能测定；⑤单核–巨噬细胞功能测定；⑥NK 细胞活性测定。

2. **有助于抗氧化功能**　测定项目包括动物试验和人体试食试验两部分（表 5-3）。

表 5-3　抗氧化功能测定项目

类别	测定项目
动物试验	①体重；②脂质氧化产物：丙二醛（MDA）或血清 8-表氢氧异前列腺素（8-Isoprostane）；③蛋白质氧化产物（蛋白质羰基）；④抗氧化酶：超氧化物歧化酶（SOD）或谷胱甘肽过氧化物酶（GSH-Px）；⑤抗氧化物质：还原型谷胱甘肽
人体试食试验	①脂质氧化产物；②超氧化物歧化酶；③谷胱甘肽过氧化物酶

3. **辅助改善记忆功能**　测定项目包括动物试验和人体试食试验两部分（表 5-4）。

表 5-4　辅助改善记忆功能测定项目

类别	测定项目
动物试验	①体重；②跳台实验；③避暗实验；④穿梭箱实验；⑤水迷宫实验
人体试食试验	①指向记忆；②联想学习；③图像自由回忆；④无意义图形再认；⑤人像特点联系回忆；⑥记忆商

4. **缓解视觉疲劳功能**　测定项目为人体试食试验项目，包括：①试食前后进行眼部症状及眼底检查，血、尿常规检查，肝、肾功能检查，症状询问、用眼情况调查；②在试验前进行一次胸片、心电图、腹部B超检查；③检查明视持久度、视力。

5. **清咽润喉功能**　测定项目包括动物试验和人体试食试验两部分（表 5-5）。

表 5-5　清咽润喉功能测定项目

类别	测定项目
动物试验	①体重；②大鼠棉球植入实验；③大鼠足趾肿胀实验；④小鼠耳肿胀实验
人体试食试验	①咽部症状；②体征

6. **有助于改善睡眠功能**　测定项目为动物试验项目，包括：①体重；②延长戊巴比妥钠睡眠时间实验；③戊巴比妥钠（或巴比妥钠）阈下剂量催眠实验；④巴比妥钠睡眠潜伏期实验。

7. **缓解体力疲劳功能**　测定项目为动物试验项目，包括：①体重；②负重游泳实验；③血乳酸；④血清尿素；⑤肝糖原或肌糖原。

8. **耐缺氧功能** 测定项目为动物试验项目，包括：①体重；②常压耐缺氧实验；③亚硝酸钠中毒存活实验；④急性脑缺血性缺氧实验。

9. **有助于调节体内脂肪功能** 测定项目包括动物试验和人体试食试验两部分（表5-6）。

表5-6 调节体内脂肪功能测定项目

类别	测定项目
动物试验	①体重；②体重增重；③摄食量；④摄入总热量；⑤体内脂肪重量（睾丸及肾周围脂肪垫）；⑥脂/体比
人体试食试验	①体重；②腰围；③臀围；④体内脂肪含量

10. **有助于改善骨密度功能** 测定项目为动物试验项目，包括：①体重；②骨钙含量；③骨密度。

动物试验分为方案一（补钙为主的受试物）和方案二（不含钙或不以补钙为主的受试物）两种。

11. **改善缺铁性贫血功能** 测定项目包括动物试验和人体试食试验两部分（表5-7）。

表5-7 改善缺铁性贫血功能测定项目

类别	测定项目
动物试验	①体重；②血红蛋白；③红细胞比容/红细胞游离原卟啉
人体试食试验	①血红蛋白；②血清铁蛋白；③红细胞内游离原卟啉/血清运铁蛋白饱和度

12. **有助于改善痤疮功能** 测定项目为人体试食试验项目，包括：①痤疮数量；②皮损状况；③皮肤油分。

13. **有助于改善黄褐斑功能** 测定项目为人体试食试验项目，包括：①黄褐斑面积；②黄褐斑颜色。

14. **有助于改善皮肤水分状况功能** 测定项目为人体试食试验项目，包括皮肤水分。

15. **有助于调节肠道菌群功能** 测定项目包括动物试验和人体试食试验两部分（表5-8）。

表5-8 有助于调节肠道菌群功能测定项目

类别	测定项目
动物试验	①体重；②双歧杆菌；③乳杆菌；④肠球菌；⑤肠杆菌；⑥产气荚膜梭菌
人体试食试验	①双歧杆菌；②乳杆菌；③肠球菌；④肠杆菌；⑤拟杆菌；⑥产气荚膜梭菌

16. **有助于消化功能** 测定项目包括动物试验和人体试食试验两部分（表5-9）。

表5-9 有助于消化功能测定项目

类别	测定项目
动物试验	①体重；②体重增重；③摄食量和食物利用率；④小肠运动实验；⑤肠杆菌消化酶测定
人体试食试验	①儿童方案测定食欲、食量、偏食状况、体重、血红蛋白含量；②成人方案为临床症状观察、胃/肠运动实验

17. **有助于润肠通便功能** 测定项目包括动物试验和人体试食试验两部分（表5-10）。

表 5-10 有助于润肠通便功能测定项目

类别	测定项目
动物试验	①体重；②小肠运动实验；③排便时间；④粪便重量；⑤粪便粒数；⑥粪便性状
人体试食试验	①症状体征；②粪便性状；③排便次数；④排便状况

18. **辅助保护胃黏膜功能** 测定项目包括动物试验和人体试食试验两部分（表 5-11）。

表 5-11 辅助保护胃黏膜功能测定项目

类别	测定项目
动物试验	①体重；②胃黏膜损伤大体观察；③胃黏膜组织病理学检查
人体试食试验	①临床症状；②体征；③胃镜观察

19. **有助于维持血脂健康水平（胆固醇/甘油三酯）功能** 根据受试样品的作用机制，分成三种情况：①有助于维持血脂健康水平功能，即同时维持血总胆固醇和血甘油三酯健康水平；②有助于维持血胆固醇健康水平功能，即单纯维持血胆固醇健康水平；③有助于维持血甘油三酯健康水平功能，即单纯维持血甘油三酯健康水平。

测定项目：有助于维持血脂健康水平（胆固醇/甘油三酯）功能，按照不同的血脂异常分型，设立分类的动物试验和人体试食试验两部分（表 5-12）。

表 5-12 维持血脂健康水平功能测定项目

类别	测定项目
动物试验	①体重；②血清总胆固醇；③血清甘油三酯；④血清高密度脂蛋白胆固醇；⑤血清低密度脂蛋白胆固醇
人体试食试验	①血清总胆固醇；②血清甘油三酯；③血清高密度脂蛋白胆固醇；④血清低密度脂蛋白胆固醇

20. **有助于维持血糖健康水平功能** 测定项目包括动物试验和人体试食试验两部分（表 5-13）。

表 5-13 维持血糖健康水平功能测定项目

类别	测定项目
动物试验	①方案一（胰岛损伤高血糖模型）：测定体重、空腹血糖、糖耐量；②方案二（胰岛素抵抗糖/脂代谢紊乱模型）：测定体重、空腹血糖、糖耐量、胰岛素、总胆固醇、甘油三酯
人体试食试验	①空腹血糖；②餐后 2 h 血糖；③糖化血红蛋白（HbA_{1c}）或糖化血白蛋白；④总胆固醇；⑤甘油三酯

21. **有助于维持血压健康水平功能** 测定项目包括动物试验和人体试食试验两部分（表 5-14）。

表 5-14 维持血压健康水平功能测定项目

类别	测定项目
动物试验	①体重；②血压；③心率
人体试食试验	①临床症状与体征；②血压；③心率

22. **对化学性肝损伤有辅助保护功能** 测定项目为动物试验项目，分为方案一（四氯化碳肝损伤模型）和方案二（酒精肝损伤模型）两种（表 5-15）。

表 5-15　化学性苷酸辅助保护作用测定项目

类别	测定项目
方案一	①体重；②谷丙转氨酶（ALT）；③谷草转氨酶（AST）；④肝组织病理学检查
方案二	①体重；②丙二醛（MDA）；③还原型谷胱甘肽（GSH）；④甘油三酯（TG）；⑤肝组织病理学检查

23. 对电离辐射危害有辅助保护功能　　测定项目为动物试验项目，包括：①体重；②外周血白细胞计数；③骨髓细胞 DNA 含量或骨髓有核细胞数；④小鼠骨髓细胞微核实验；⑤血/组织中超氧化物歧化酶活性实验；⑥血清溶血素含量实验。

24. 有助于排铅功能　　测定项目包括动物试验和人体试食试验两部分（表 5-16）。

表 5-16　排铅功能测定项目

类别	测定项目
动物试验	①体重；②血铅；③骨铅；④肝组织铅
人体试食试验	①血铅；②尿铅；③尿钙；④尿锌

（二）安全性评价

保健食品的安全性评价包括评价食品生产、加工、贮藏、运输和销售过程中使用的化学和生物物质，在这些过程中产生和污染的有害物质，食品新资源及其成分，以及新资源食品。安全性评价分为毒理学评价和卫生学评价。卫生学评价与普通食品相似。

1. 毒理学评价试验的目的和内容

（1）急性经口毒性试验。了解受试物的急性毒性强度、性质和可能的靶器官，测定 LD_{50}，为进一步毒性试验的剂量、毒性观察指标的选择提供依据，并根据 LD_{50} 进行急性毒性剂量分级。

（2）遗传毒性试验。了解受试物的遗传毒性，以及筛查受试物的潜在致癌作用和细胞致突变性。

（3）28 d 经口毒性试验。在急性毒性试验的基础上，进一步了解受试物毒作用性质、剂量-反应关系和可能的靶器官，得到 28 d 经口未观察到有害作用的剂量，初步评价受试物的安全性，并为下一步较长期毒性和慢性毒性试验剂量、观察指标、毒性重点的选择提供依据。

（4）90 d 经口毒性试验。观察受试物以不同剂量水平经较长期喂养后对实验动物的毒作用性质、剂量-反应关系和靶器官，得到 90 d 经口未观察到有害作用剂量，为慢性毒性试验剂量选择和初步制定人群安全基础限量标准提供科学依据。

（5）致畸试验。了解受试物是否具有致畸作用和发育毒性，并得到致畸作用和发育毒性的未观察到有害作用剂量。

（6）生殖毒性试验和生殖发育毒性试验。了解受试物对实验动物繁殖及对子代的发育毒性，如性腺功能、发情周期、交配行为、妊娠、分娩、哺乳和断乳及子代的生长发育等。得到受试物的未观察到有害作用剂量水平，为初步制定人群安全接触限量标准提供科学依据。

（7）毒物动力学试验。了解受试物在体内的吸收、分布和排泄速度等相关信息；为选择慢性毒性试验的合适实验动物种、系提供依据；了解代谢产物的形成情况。

（8）慢性毒性试验和致癌试验。了解经长期接触受试物后出现的毒性作用及致癌作用；确定未观察到有害作用剂量，为受试物能否应用于食品的最终评价和制定健康指导值提供依据。

2. 卫生学评价试验的目的和内容　　食品卫生学评价试验的目的是检查食品中是否含有被污染或有毒有害物质，判断其是否符合卫生标准，从而保证食品的安全性。一般的卫生指标包括砷、铅、汞、菌落总数、大肠菌群、致病菌、霉菌、酵母菌。

三、保健食品生产技术

（一）功能性成分提取技术

保健食品原料包括已知化学组成与结构且对人体生理代谢起调节作用的功效成分，以及含有这些成分的植物类、动物类和微生物类天然食物资源。根据我国对保健食品原料资源的管理办法，天然保健食品原料资源包括根茎类、叶类、果类、种子类、花草类、蕈类、藻类、动物类。

功能性成分的制备工艺要根据原料的特点进行设计。现有的各类原料具有如下特点：原料成分复杂，化合物的分子特征和理化性质存在一定差异，可能还含有其他未知成分；目标物可能在制备过程中发生变化；成分含量普遍较低，需要复杂的富集过程；成分之间存在协同作用，单独一种成分的纯度提升与其功能性改善/降低之间的关系较弱。功能性成分的分离纯化主要依据分子量、分子形状、电荷、极性、溶解度和配体特异性差异来进行。常见的分离纯化技术包括离心、超临界、膜分离、凝胶过滤、离子交换等。

（二）保健食品产品开发

在食品专业领域，食品产品开发主要包括产品配方设计和工艺开发及相关的工厂设计。在现实的商业环境中，食品产品开发包含一系列相关工作内容，包括市场研究、产品设计、工艺开发、工厂设计、营销策略等。相比于普通食品，特殊食品产品的开发具有特定的细节要求，消费者的需求具有明确的指向性。开发者需要将所有活动进行有机组合、有序安排，明确产品开发过程，掌握开发行为的关键步骤和相关指标，确保研发工作的正确方向。产品开发需要注意以下三点。

（1）目标人群需求及市场。为增加产品成功的概率，开发者需要对目标人群的需求及市场进行系统研究。一方面，由于消费群体的复杂性，需要对消费者进行细分；另一方面，消费者的需求是全方位的，在不同产品品类中，每一种需求待实现的程度是不同的。在产品开发中，有一个潜在的问题需要注意，即消费者没有对需求进行准确的表达。从促进健康的角度出发，产品设计应该具备一定的前瞻性和引导性。

（2）配方和工艺研究。在保健食品（特殊食品的配方和工艺研究过程类似）开发过程中，开发者需要在产品功能性目标基础上，结合其他约束条件，确定产品的配方和工艺。配方优化和工艺开发包含了生产、营销及相关环境设计。

配方和工艺开发过程中，需要考虑以下要点：①原材料和添加成分是确保产品质量的根本；②开发人员应充分利用或借鉴供应商的研发信息和技术；③工艺量化技术是工艺和配方优化的关键，有助于缩短产品开发时间、提高效率，优化的结果便于降低产品成本或获得较优品质的产品。

（3）产品必须符合国家相关质量标准。

第二节 特殊医学用途配方食品

一、概述

特殊医学用途配方食品（food for special medical purposes，FSMP）即特医食品，是指为满足进食受限、消化吸收障碍、代谢紊乱或者特定疾病状态人群对营养素或者膳食的特殊需要，专门加工配制而成的配方食品，包括适用于 0～6 月龄的特殊医学用途婴儿配方食品和适用于 1 岁以上特殊人群的特殊医学用途配方食品。特医食品可以作为营养补充途径，对治疗、康复及机体功能维持等方面有重要的营养支持作用。特医食品不是药品，不得声称对疾病的预防和治疗功能。

我国的相关国家标准包括：《食品安全国家标准 特殊医学用途婴儿配方食品通则》（GB 25596—2010）、《食品安全国家标准 特殊医学用途配方食品通则》（GB 29922—2013）、《食品安全国家标准 特殊医学用途配方食品良好生产规范》（GB 29923—2013），以及《特殊医学用途配方食品生产许可审查细则》《特殊医学用途配方食品稳定性研究要求（试行）（2017 修订版）》《特殊医学用途配方食品临床试验质量管理规范（试行）》。

二、特殊医学用途配方食品的种类和质量评价

（一）特殊医学用途配方食品的种类

在《食品安全国家标准 预包装特殊膳食用食品标签》（GB 13432—2013）中，特殊医学用途配方食品包括特殊医学用途婴儿（0～6 月龄）配方食品，以及目标人群为 12 月龄以上的全营养配方食品、特定全营养配方食品和非全营养配方食品。

1. 特殊医学用途婴儿配方食品　此类产品适用于 0～12 月龄婴儿，包括无乳糖配方或低乳糖、乳蛋白部分水解配方、乳蛋白深度水解配方或氨基酸配方、早产/低出生体重婴儿配方、母乳营养补充剂、氨基酸代谢障碍配方。

2. 全营养配方食品　此类产品可以作为单一营养来源，适用于营养素需要全面补充且对特定营养素没有特别要求的人群。此类产品按照年龄细分为 1～10 岁和 10 岁以上人群两类，应在医生或营养师指导下选择使用，作为口服或管饲患者的饮食替代或营养补充。

3. 特定全营养配方食品　此类产品是在相应年龄段的全营养配方食品基础上，依据特定疾病的病理、生理特征，对部分营养素进行适当调整后制成的配方食品。其可作为目标人群的单一营养源，有针对性地适应不同疾病的特异代谢状态。

常见特定全营养配方食品包括糖尿病全营养配方食品，呼吸系统疾病全营养配方食品（针对慢性阻塞性肺疾病），肾病全营养配方食品、肿瘤（恶病质状态）全营养配方食品，肝病全营养配方食品，肌肉衰减综合征全营养配方食品，创伤、感染、手术及其他应激状态全营养配方食品，炎性肠病全营养配方食品，食物蛋白过敏全营养配方食品，难治性癫痫全营养配方食品，胃肠道吸收障碍、胰腺炎全营养配方食品，脂肪酸代谢异常全营养配方食品，肥胖及减脂手术全营养配方食品等。

4. 非全营养配方食品　此类产品满足目标人群部分营养需求，不能作为单一营养来源。同时，其应在医生或临床营养师的指导下，按照患者的特殊医学状况，与其他特医食品或普通食品配合使用。常见类别包括蛋白质（氨基酸）组件、脂肪（脂肪酸）组件、碳水化合物组件、电解质配方、增稠组件、流质配方和氨基酸代谢障碍配方等。

（二）特殊医学用途配方食品的质量评价方法

1. 质量指标

（1）营养成分。特医食品通则中规定的可加入其中的营养成分包括蛋白质、脂肪、碳水化合物、维生素、矿物质和胆碱、牛磺酸等，并对可选择性成分含量、卫生指标、污染物和毒素限量、非法添加物等进行了规定。

适用于 1～10 岁人群及 10 岁以上人群的全营养配方食品营养成分指标（维生素和矿物质）和检测方法见表 5-17。

表 5-17 维生素和矿物质指标

营养素	最小值～最大值（每 100 kJ）		检测方法来源
	1～10 岁	10 岁以上	
维生素 A/（μg RE）[a]	17.9～53.8	9.3～53.8	GB 5009.82—2016
维生素 D/（μg）[b]	0.25～0.75	0.19～0.75	GB 5009.82—2016
维生素 E/（mg α-TE）[c]	0.15～N. S.	0.19～N. S.	GB 5009.82—2016
维生素 K$_1$/（μg）	1～N. S.	1.05～N. S.	GB 5009.158—2016
维生素 B$_1$/（mg）	0.01～N. S.	0.02～N. S.	GB 5009.84—2016
维生素 B$_2$/（mg）	0.01～N. S.	0.02～N. S.	GB 5009.85—2016
维生素 B$_6$/（mg）	0.01～N. S.	0.02～N. S.	GB 5009.154—2016
维生素 B$_{12}$/（μg）	0.04～N. S.	0.03～N. S.	GB 5009.285—2022
烟酸（烟酰胺）/（mg）[d]	0.11～N. S.	0.05～N. S.	GB 5009.89—2016
叶酸/（μg）	1.0～N. S.	5.3～N. S.	GB 5009.211—2022
泛酸/（mg）	0.07～N. S.	0.07～N. S.	GB 5009.210—2016
维生素 C/（mg）	1.8～N. S.	1.3～N. S.	GB 5413.18—2010
生物素/（μg）	0.4～N. S.	0.5～N. S.	GB 5009.259—2016
钠/（mg）	5～20	20～N. S.	GB 5009.91—2017
钾/（mg）	18～69	27～N. S.	GB 5009.91—2017
铜/（μg）	7～35	11～120	GB 5009.13—2017
镁/（mg）	1.4～N. S.	4.4～N. S.	GB 5009.241—2017
铁/（mg）	0.25～0.50	0.20～0.55	GB 5009.90—2016
锌/（mg）	0.1～0.4	0.1～0.5	GB 5009.14—2017
锰/（μg）	0.3～24.0	6.0～146.0	GB 5009.242—2017
钙/（mg）	17～N. S.	13～N. S.	GB 5009.92—2016
磷/（mg）	8.3～46.2	9.6～N. S.	GB 5009.87—2016
碘/（μg）	1.4～N. S.	1.6～N. S.	GB 5009.267—2020
氯/（mg）	N. S.～52	N. S.～52	GB 5009.44—2016
硒/（μg）	0.5～2.9	0.8～5.3	GB 5009.93—2017

注：N. S. 为没有特别说明

a RE 为视黄醇当量。1 μg RE＝3.33 IU，维生素 A＝1 μg 全反式视黄醇（维生素 A）。维生素 A 只包括预先形成的视黄醇，在计算和声称维生素 A 活性时不包括任何的类胡萝卜素组分

b 钙化醇，1 μg 维生素 D＝40 IU 维生素 D

c 1 mg α-TE（α-生育酚当量）＝1 mg d-α-生育酚

d 烟酸不包括前体形式

1～10 岁人群及 10 岁以上人群全营养配方食品可选择成分指标及检测方法见表 5-18。

表 5-18 全营养配方食品可选择成分指标及检测方法

可选择性成分	最小值～最大值（每 100 kJ）		检验方法
	1～10 岁	10 岁以上	
铬/（μg）	0.4～5.7	0.4～13.3	GB 5009.123—2014
钼/（μg）	1.2～5.7	1.3～12.0	—
氟/（mg）[a]	N.S.～0.05	N.S.～0.05	GB/T 5009.18—2003
胆碱/（mg）	1.7～19.1	5.3～39.8	GB 5413.20—2022
肌醇/（mg）	1.0～9.5	1.0～33.5	GB 5009.270—2016
牛磺酸/（mg）	N.S.～3.1	N.S.～4.8	GB 5009.169—2016
左旋肉碱/（mg）	0.3～N.S.	0.3～N.S.	—
二十二碳六烯酸（%总脂肪酸）[b]	N.S.～0.5	—	GB 5009.168—2016
花生四烯酸（%总脂肪酸）[b]	N.S.～1	—	GB 5009.168—2016
核苷酸/（mg）	0.5～N.S.	0.5～N.S.	—
膳食纤维/（g）	N.S.～0.7	N.S.～0.7	GB 5413.6—2010 或 GB 5009.88—2014

注：N.S.为没有特别说明；—代表暂无数据
a 氟的化合物来源为氟化钠和氟化钾，核苷酸、膳食纤维及其他成分的化合物来源参考 GB 14880—2012
b 总脂肪酸指 C4～C24 脂肪酸的总和

（2）感官指标。产品的感官特征是人的感觉器官对产品性质的主观反映，包括口味、风味、色泽、组织状态、质地等。

特医食品的感官指标主要包括具有特定的色泽、气味、滋味、组织状态和冲调性。由于特医食品使用目的的特殊性，在《食品安全国家标准 特殊医学用途配方食品通则》（GB 29922—2013）中，对产品的要求是"具有符合自身产品的相应特征"，这是由特医产品的应用情境和意义所决定的，没有对于消费者偏好性的过多迎合。感官指标并非特医食品产品开发的决定性因素。

（3）安全性。目前特医食品的安全性评价主要参照国外相关法规及我国婴幼儿配方食品中污染物指标的技术要求，制定了污染物限量要求。此外，安全性指标还包括毒素限量、微生物指标和非法添加物等。铅、硝酸盐与亚硝酸盐、真菌毒素、微生物指标和非法添加物参照相关国家标准进行管理。

（4）其他质量指标。根据产品特性的差异，在某些情况下还需测定净含量、pH 值、渗透压、黏度、均匀度、崩解时间、溶出度、脆碎度、粒度等，具体方法参考相应国标进行。

2. 稳定性　稳定性是关乎产品质量和安全的重要特征，稳定性研究的目的是获得产品质量特性在各种环境因素影响下随时间变化的规律，为配方、工艺、使用、包装、贮存提供数据。

国家食品药品监督管理总局 2017 年 9 月发布《特殊医学用途配方食品稳定性研究要求（试行）》，规定了稳定性研究要求、试验方法、结果评价。根据该要求，产品应当进行影响因素试验、加速试验和长期试验，并依据产品本身的特性、包装和使用情况，设计其他试验。

3. 临床评价　临床试验观察指标包括安全性（耐受性）指标、营养充足性和特殊医学用途临床效果观察指标。耐受性指标包括胃肠道反应、生命体征、血常规、尿常规、血生化指标等；营养性和特殊医学用途临床效果包括保证适用人群基本生理功能维持的营养需求、维持和改善营养状况，控制或缓解特殊疾病状态的指标。

三、特殊医学用途配方食品生产和管理规范

（一）特殊医学用途配方食品注册管理方法

《中华人民共和国食品安全法》（2021 年修订）第八十条规定："特殊医学用途配方食品应当经国务院食品药品监督管理部门注册。注册时，应当提交产品配方、生产工艺、标签、说明书，以及表明产品安全性、营养充足性和特殊医学用途临床效果的材料。"

（二）特殊医学用途配方食品的良好生产规范

2013 年，《食品安全国家标准　特殊医学用途配方食品良好生产规范》（GB 29923—2013）发布，即 FSMP-GMP 开始实施。特医食品本质上是食品，可以通过营养补充途径起到营养支持作用。FSMP-GMP 也适用于特殊医学用途婴儿配方食品企业的生产，对生产过程中原料采购、加工、贮存和运输等环节的场所、设备、设施、清洁及人员的要求和管理，做出强制性要求。

第三节　婴幼儿配方乳粉

一、母乳的生物活性物质

母乳的生物活性物质可以减少胎儿从宫内到宫外的特殊环境变化带来的影响。这些生物活性成分包括大量的特异性和非特异性抗菌因子、细胞因子和抗炎物质，如激素、生长调节因子和消化酶。因为婴儿消化系统和宿主防御尚未成熟，这些生物活性物质可能对婴儿有重要的作用，如降低易感性。生长因子包括表皮生长因子（EGF）、转化生长因子-α（TGF-α）、胰岛素样生长因子（IGF）。表皮生长因子是一种有丝分裂的、抗分泌的、细胞保护的肽，存在于羊水和初乳中。其对围生期适应宫外营养和肠道功能起重要作用，对激活黏膜功能，减少胃对有生理活性的大分子的水解，以及保护肠道上皮不被自身消化都有作用。表皮生长因子可诱导乳糖酶分泌、抑制蔗糖酶活性。

二、婴儿乳粉配方与加工技术

（一）婴儿乳粉的配方设计

婴儿在出生 6 个月后，在下列情况下通常选用婴儿配方乳粉作为母乳的补充或替代物：不用母乳喂养或者不能只用母乳喂养；医学上禁止使用母乳喂养或婴儿患有先天代谢性疾病；单纯依靠母乳不足以支持婴儿健康生长。

20 世纪初，婴儿配方乳粉是在牛乳基础上进行改进设计的。为了使配方乳粉更适合婴儿食用，需要降低蛋白质和矿物质含量，通过添加乳白蛋白改变牛乳蛋白的比例，并将钙、磷的比例由 1.2∶1 增加至 2∶1。同时，婴儿配方乳粉必须增加碳水化合物、脂肪和维生素的含量。

牛乳基配方乳粉的配方设计，是在牛乳中添加植物油、维生素、矿物质等成分，使其适用于大多数健康足月婴儿；大豆基配方食品的配方设计，是在大豆蛋白中添加植物油、玉米糖浆或蔗糖等成分，使其适用于乳糖不耐受婴儿或者对牛乳基配方乳粉中完整蛋白质过敏的婴儿。但是，低出生体重儿或早产儿，疝气或者是对豆类过敏的婴儿，不宜使用此类产品。低出生体重儿或早产儿、患有代谢性疾病的婴儿和肠胃畸形的婴儿等小部分新生儿需要特制的专用配方

乳喂养。

随着对母乳组成研究和食品科学技术的发展，向配方乳粉中添加新成分有了更多的理论依据和技术保障。婴儿配方乳粉在营养成分和功能方面，必将越来越接近母乳，发挥促进不同阶段的生长潜力。目前，在婴儿配方乳粉中应用的功能性原料包括益生元、益生菌、维生素、棕榈酸、核苷酸、肉碱和牛磺酸等。

核苷酸可以促进细胞的快速增殖。婴儿在生长发育时期，处于感染、外伤及疾病等情况时，膳食核苷酸是婴儿康复的必需营养物质。科学研究已经证实，在婴儿配方乳粉中补充核苷酸可以促进婴儿肠道及免疫功能的发育和成熟。新生儿血浆中的磷脂酰胆碱比成年人含量低，磷脂酰胆碱是脑组织、肝和其他组织中主要磷脂，在膜结构、信号系统、血液中胆固醇和脂肪的运输，以及正常的脑发育中扮演重要角色。欧盟（2003）规定在所有类型的婴儿配方乳粉中，都可以选择性地添加牛磺酸，最大限量为 2.87 mg/100 kJ。n-3 与 n-6 多不饱和脂肪酸的比例平衡对于预防儿童过敏反应有益处，孕妇膳食和婴儿配方乳粉中添加特定比例的 n-3 与 n-6 多不饱和脂肪酸很重要。母乳中含有磷脂和胆固醇，卵磷脂常用作膳食脂肪的乳化剂和婴儿配方乳粉中多不饱和脂肪酸的来源，乳脂中含有胆固醇。婴儿配方乳粉中仅允许添加乳糖、麦芽糖、蔗糖、麦芽糖糊精、玉米糖浆粉和预糊化淀粉，婴儿配方乳粉中碳水化合物提供的能量占比在 28%～56%。通过调整膳食，可以改善婴儿肠道健康，在配方中补充益生元，可以使配方乳粉更加接近于母乳的功能特性。益生菌不仅影响婴儿抵抗致病菌的能力，而且影响能量利用和肥胖发生。母乳中已经得到分析确认的低聚糖超过 130 种，而牛乳和牛乳基配方产品中仅有微量低聚糖。

随着营养学的发展，婴儿营养需求信息，尤其是 6～12 月龄的数据将逐渐丰富，推动婴儿配方乳粉产品设计不断创新。

（二）婴儿乳粉的加工技术

婴儿配方乳粉有两种生产工艺，分为湿法混合（喷雾干燥法）和干法混合。最为普遍采用的喷雾干燥法工艺流程包括原料乳的验收、标准化、均质、杀菌、真空浓缩、干燥、出粉、冷却、包装等过程。湿法混合优点是蒸发浓缩和喷雾干燥过程都能更加有效地控制。湿法混合过程包含了液态成分热处理，如巴氏杀菌或者灭菌。成品在微生物、物理及化学方面的质量得到提高。

干法混合过程包括配料准备、热处理、干燥、混合。干法工艺的优点是节约能源，设备投入、建筑和维护较少，不用水。缺点是没有通过热处理，成品的微生物数量很大程度上取决于干物料中的微生物数量。供应商提供的原料仍然可能存在沙门氏菌和肠杆菌，包括阪崎肠杆菌，这是热处理后的再污染造成的。另外，在运输和储存过程中，各种成分密度不同，导致产品不均匀。产品的吸湿性和溶解度不如喷雾干燥产品。也有产品同时使用两种处理方法，一部分成分用湿法处理，其他成分用干法添加。

三、婴幼儿配方乳粉的质量控制

（一）国内外婴幼儿配方乳粉相关法规

1. 我国相关法规　　我国婴幼儿配方食品的质量安全，总体上是由国家食品药品监督管理总局进行监督和管理。相关标准见表 5-19。

表 5-19　我国婴幼儿食品相关标准

标准	主要内容
《食品安全国家标准　食品添加剂使用标准》（GB 2760—2014）	提供了婴儿配方食品和各种食品添加剂的使用范围和剂量要求
《食品安全国家标准　食品营养强化剂使用标准》（GB 14880—2012）	说明了维生素和矿物质的来源、品种和用量
《食品安全国家标准　预包装特殊膳食用食品标签》（GB 13432—2013）	对预包装特殊膳食用食品标签提出基本要求，对营养成分、摄入量、强制标示内容及可选择标示内容有明确规定
《食品安全国家标准　婴儿配方食品》（GB 10765—2021）	适用于 0～6 月龄婴儿。对婴儿配方食品提出了相关要求。对原材料的选择、感官需求、必需成分、可选择成分、微生物含量、真菌毒素及污染物限量等内容，规定了一般的技术要求；同时对营养成分的含量及其他内容，如标签、使用说明、包装都提出了详细的规定
《食品安全国家标准　较大婴儿配方食品》（GB 10766—2021）	适用于 6～12 月龄较大婴儿
《食品安全国家标准　幼儿配方食品》（GB 10767—2021）	适用于 12～36 月龄幼儿
《食品安全国家标准　婴幼儿谷类辅助食品》（GB 10769—2010）	制定了谷类辅助食品的技术要求，如产品类别、原料和感官要求、基本和可选择的营养成分指标、污染物、真菌毒素、微生物限量
《食品安全国家标准　婴幼儿罐装辅助食品》（GB 10770—2010）	为婴幼儿罐装辅助食品规定的一般的技术要求及限量标准，如产品分类、原料和感官要求、理化指标、污染物限量、微生物要求
《食品安全国家标准　预包装特殊膳食用食品标签》（GB 13432—2013）	要求婴儿配方食品必须注明强制标识内容，包括食品名称、营养和成分标准、储存条件、使用方法和适宜人群等，还有可选择标识内容的一般要求。婴儿配方乳粉的标签应标明"婴儿最理想的食品是母乳，在母乳缺失或不充足的情况下可以使用本产品"

2. 国际相关法规　　美国负责食品安全的机构是美国食品药品监督管理局、美国农业部的食品安全检验局和环境保护局。相关法规包括《联邦食品、药物和化妆品法案》《联邦法规汇编》等。

日本负责监管食品安全的主要部门是食品安全委员会、厚生劳动省和农林水产省。安全法律体系包含《食品卫生法》《食品安全基本法》一系列法律法规。相关法规还包括《健康增进法》和《婴儿食品自愿标准》（第四版）等。

韩国食品药品管理局负责食品质量与安全管理，主要的婴儿配方食品法规包括《食品卫生法》《食品法典》《韩国食品添加剂法典》《食品标识标准》和《转基因食品标识体系》。

欧洲食品安全局负责整个食品链，为欧洲委员会、欧洲议会和欧盟成员国提供风险评估，也对公众提供风险信息。欧盟委员会规定了婴儿配方乳粉和婴儿食品的成分、标签、农药残留的标准。

澳大利亚和新西兰政府共同制定了《澳大利亚-新西兰食品标准法典》，对婴儿食品等相关问题做了定义。《新西兰动物产品法案》规定了乳制品生产中的一些原料、生产和包装等要求。

（二）婴幼儿配方乳粉标识

婴幼儿配方乳粉标签使用要符合《食品安全国家标准　预包装特殊膳食用食品标签》（GB 13432—2013）和（或）有关规定，必需成分和可选择成分含量标识应增加"100 千焦（kJ）"含量的标示。标签中应注明产品的类别、属性（如乳基或豆基产品及产品状态）和适用年龄。根据《食品安全国家标准　较大婴儿配方食品》（GB 10766—2021），对于较大婴儿配方食品，应标明"须配合添加辅助食品"。特殊医学用途婴儿配方食品应标明类别和适用的特殊医学状况。早产儿、低出生体重儿配方食品，还应标示产品渗透压。可供 6 月龄以上婴儿食用的特殊医学用途配方食品，应标明"6 月龄以上特殊医学状况婴儿食用本品时，应配合添加辅助食品"，并且在标签上明确标识"应在医生或临床营养师指导下使用"。根据《食品安全国家标准 婴儿配方食品》（GB 10765—2021）、《食品安全国家标准 较大婴儿配方食品》（GB 10766—2021）、《食品安全国家标准 特殊医学用途婴儿配方食品通则》（GB 25596—2010），在标签上不能有婴儿和妇女的形象，不能使用"人乳化""母乳化"或近似术语表述。

（三）婴幼儿配方乳粉的质量控制

《食品安全国家标准 粉状婴幼儿配方食品良好生产规范》（GB 23790—2010）对婴儿配方乳粉制造商提出的要求包括人员健康、工厂设施及设备的设置和管理、生产流程所采购原材料的产品质量、生产加工、包装、存储和运输流程，以确保提供安全的产品。《危害分析与关键控制点（HACCP）体系 乳制品生产企业要求》（GB/T 27342—2009）对乳制品生产企业，包括婴儿配方乳粉生产企业，规定了 HACCP 体系的通用要求。

2021 年，国家市场监督管理总局发布《婴幼儿配方乳粉生产许可审查细则》（2021 版、征求意见稿），内容包括生产场所、设备设施、设备布局与工艺、人员管理、管理制度等，要求从原辅料到产品的整个生产实施全过程管理。

第四节 其他特殊食品

其他特殊膳食用食品包括辅食营养补充品、运动营养食品及其他具有相应国家标准的特殊膳食用食品。

一、运动营养食品

（一）运动人群的生理特点及营养需求

1. 运动类型 各种不同的运动对运动员的肌肉系统有不同的代谢要求。按照能量释放的方式，运动项目可以分为高强度爆发型与力量型、耐力型及爆发力与耐力结合型。高强度爆发型与力量型项目的特点是要求运动员在短距离内达到较高的力量和速度，如田径项目的短跑类、跳跃类和投掷类，以及 100～400 m 游泳、摔跤、体操、美式橄榄球、健美、棒球和冰球等。耐力型项目特点是关注长距离、长时间内快速移动，如公路自行车、长距离游泳、马拉松、铁人三项和长跑等。爆发力与耐力结合型项目的运动强度呈不规则变化，需要爆发力与耐力结合，包括足球、篮球、排球、橄榄球和手球等。

2. 运动人群的生理特点 无论是训练还是比赛，运动的个体处于生理应激和极限负荷状态，机体的变化会引起营养素代谢和需求的改变。改变包括：心血管系统的改变，血容量明显增大；神经系统改变，超负荷的刺激可引起大脑皮质兴奋和抑制过程不协调，神经体液调节紊乱，交感神经过度兴奋，迷走神经相对抑制，导致身体各系统功能下降；胃肠道和消化腺血流量减少，对营养素消化、吸收能力减弱；机体免疫功能可能出现抑制，免疫力低下，疲劳感增强，呼吸道感染率增加；内分泌系统改变，女性体内激素水平改变，出现月经不调、闭经。

3. 运动人群的营养需要特点 运动人群的能量代谢特点包括代谢强度大、消化率高，恢复期氧消耗过量（oxygen debt）。除基本生理特征外，项目种类、训练水平、强度、持续时间、体内能源物质储备、骨骼肌纤维构成及膳食结构也是影响能量消耗的因素。运动员的能量需要量在 15.47～19.66 MJ/d，按体重计，在 210～280 kJ/kg。

蛋白质的需要量受到运动强度、频率尤其是运动类型的影响。运动可以增加机体蛋白质分解代谢而排出增加，加速支链氨基酸（缬氨酸、亮氨酸和异亮氨酸）的氧化供能；另一方面，运动后恢复期蛋白质的合成代谢增强。蛋白质补充不足影响运动损伤的修复、运动能力提高，甚至拉低运动成绩。蛋白质摄入过多可加重肝、肾负担，增加酸性代谢产物，提前疲劳感的出现时间，导致脱水、脱钙及矿物质代谢异常。我国推荐运动员蛋白质摄入量占总能量的 12%～15%，优质蛋白质至少占到 1/3，建议在运动营养师的指导下，适量补充支链氨基酸。

脂肪能量密度高，符合某些运动对能量的要求，但过量脂肪可导致酸性代谢产物蓄积，导致运动员耐力降低和体力恢复速度减慢。我国推荐运动员脂肪供能占总能量的 25%～30%，游泳、滑雪和滑冰可增加至 35%。饱和脂肪酸、多不饱和脂肪酸和单不饱和脂肪酸比例为 1：1：（1～1.5），同时注意控制胆固醇摄入量。

碳水化合物产能效率比脂肪高 4.5%，是运动中的重要能量来源。高强度短时间运动的能量主要来自碳水化合物，长时间低强度或中等强度运动的初期也是碳水化合物供能为主，在糖原储备下降后，脂肪或蛋白质供能的比例逐渐增高。碳水化合物的储备是决定耐久力的重要因素。我国推荐运动员碳水化合物供能占总能量的 55%～65%，高强度、高耐力和缺氧运动项目可增加至 70%。

运动时机体产热增加，排汗可以引起水分、矿物质和维生素流失，出现水、电解质平衡失调。水供给量受个体情况、运动项目特点、训练和比赛环境等因素影响。原则上，补水应该少量多次并根据项目特点选择补充频率，以免加重心脏、肾和胃肠道负担；同时需补充适量的矿物质和维生素，促进水分和电解质平衡。

汗液是电解质流失的主要途径，钠、钾、钙、镁、锌和铜等矿物质丢失增加，尿中钠、钾、磷、氯排出量减少。我国推荐运动员钠的适宜摄入量为<5 g/d，高温环境下为<8 g/d。补充方式可以是通过普通膳食或运动饮料进行。运动员钾的适宜摄入量为 3～4 g/d；镁为 400～500 mg/d；钙为 1.0～1.2 g/d；铁为 20 mg/d，大运动量训练或高温环境下为 25 mg/d；锌为 20 mg/d，大运动量训练或高温环境下为 25 mg/d。

运动会增加维生素需要量，项目之间有差别。我国推荐运动员维生素 B_1 适宜摄入量为 3～5 mg/d；维生素 B_2 的适宜摄入量为 2～2.5 mg/d；训练期维生素 C 的适宜摄入量为 140 mg/d，比赛期间为 200 mg/d；维生素 A 适宜摄入量为 1000 μg RE/d，视力活动紧张的项目为 1800 μg RE/d。

（二）专项运动的营养需求

1. 高强度爆发型与力量型运动员的无氧代谢

（1）健美。健美运动以肌肉线条评分，低体脂是决定比赛成绩的关键因素之一。若皮下脂肪超过身体脂肪 50%，将会影响肌肉展示。为达到高水平的肌肉外形，必须对每个肌群进行高强度的重复刺激（常用自由重量和抗阻器械）。在准备比赛阶段，运动员通过高强度训练和超量的能量消耗来增加肌肉量或减少脂肪量。通常运动员的膳食富含蛋白质，还会选用蛋白质营养补充剂和肌酸。

肌肉量增加后，运动员以减少能量摄入为主，并结合少量有氧训练，以降低皮下脂肪，使肌肉线条明显。赛前一周，健美运动员通常减少总能量摄入，并通过增加碳水化合物的摄入来增加肌肉的糖原储备，还需控制体内水分和钠盐来协助肌肉定型。

健美运动员的蛋白质摄入量应为 1.5～1.7 g/kg 体重，能量摄入的大部分应该来自碳水化合物。理想的饮食中，碳水化合物占总能量的 55%～60%，脂肪占 15%～20%，蛋白质占 25%～30%。

（2）田径。短跑、跨栏等是短距离依赖无氧供能获得爆发力的项目。短跑主要靠磷酸肌酸和糖原供能。补充一水肌酸（creatine monohydrate）可以增强肌肉储存磷酸肌酸的能力，并增加去脂体重，从而提高短跑能力。碳水化合物的摄入也影响短跑的体能，高碳水化合物摄入者的最初冲刺能力高于低碳水化合物摄入者。肉类中含有大量的肌酸，短跑运动员在以碳水化合物为主的饮食中定期加入少量瘦肉是有益的。

（3）游泳。游泳项目的成绩提高速度比其他项目慢。游泳运动员需要在水中进行长时间训练来提高技术，以便更好地克服阻力，提高有氧和无氧能力。在较短距离的游泳项目中，大部分能量来自磷酸肌酸和糖原的无氧代谢。游泳运动员通常在早晨进行训练，并且需要控制时间，在训练前保证摄入的碳水化合物已经从胃排出。晨练后，应进食高碳水化合物含量的早餐进行补充，并为下午训练进行储备。练习冲刺时，总冲刺时间达到 2 min 时，应进行 4 min 的恢复，让细胞有时间补充已经消耗的磷酸肌酸。游泳运动员膳食以碳水化合物为主，需要达到 125.5 kJ/kg 体重，蛋白质 1.5～2.0 g/kg 体重。游泳运动员需要注意补水，少量多次地饮水或运动饮料。

2. 耐力型运动的有氧代谢

（1）长跑。长跑主要依赖有氧代谢，必须要有计划地在跑步中摄入碳水化合物，避免低血糖或低肌糖原储备的发生，否则会因为过早的肌肉疲劳而影响耐力。在营养上，需要注意补充钙。强化耐力训练常常引起女性闭经，增加骨折的风险。比赛前减少运动量，可以增加肌肉的糖原储备。运动员应该及时补水，每隔 10～15 min 进行一次，摄入的饮料类型同样重要。在所有耐力型运动员中，铁的营养状况是影响体能的一个关键因素。

（2）长距离游泳。长距离游泳需要大量的时间训练，影响成绩的关键因素是不提高血乳酸水平前提下的加速能力，或者使用较低的最大摄氧量百分比强度运动时的加速能力。运动员需要注意钙和维生素 D 的摄入。训练过程需要补充足够的水分，长时间比赛期间需摄入碳水化合物。

（3）自行车。自行车比赛运动员需要注意在长时间的比赛中体能的恢复。长时间的比赛能量消耗很大，需要仔细做膳食计划。相比脂肪，碳水化合物提供的能量低，因此运动员要频繁摄入大量碳水化合物，尤其是淀粉类。运动员在长时间骑行训练中，需要及时摄入食物和水分，并将能量摄取时间看作是训练时间的一部分。运动饮料可以补水，也可以作为能量补充的来源。与同等量的脂肪相比，运动后补充碳水化合物更容易促进肌肉蛋白的合成。

（4）铁人三项。铁人三项（triathlon）运动中的每一部分都以不同的肌肉群为运动中心，需要摄取足够的能量。游泳运动员比自行车运动员需要更强壮的上肢，而铁人三项运动员要求绝大部分肌肉力量输出。铁人三项运动员为更好地补水，需要找到一种耐受性好的运动饮料，制定一个碳水化合物-电解质饮料摄取计划（常用的是每 15 min 饮用 0.25～0.5 L）。铁人三项运动员对碳水化合物的要求远超过体内的储备量，应该制定一套碳水化合物的摄入计划，通常是每小时摄入 1～1.5 g/kg 体重。避免过度训练，充足的休息与充分的训练同样重要。

3. 爆发力与耐力结合项目的需求

（1）足球。足球运动大部分时间是有氧运动，也包括一部分无氧运动。下半场的表现无法与上半场相比，主要是肌糖原储备不足。足球运动员训练的饮食结构建议包括：碳水化合物占总能量的 55%～65%，蛋白质占总能量的 12%～15%，脂肪占总能量的 30%。足球是持续运动，需要及时补水。比赛过程中没有机会进行有规律的补充，赛前补水很重要。选择运动饮料来补充液体和碳水化合物。赛前应进行糖原储备，运动员平时应该摄入足量的碳水化物和液体。赛前加餐也以碳水化合物类食物品为主。

（2）篮球。有关间歇性高强度运动的研究表明，在比赛前后和过程中，补充适当食物和液体能够增进机能。激烈的体育运动会导致细胞间脂质氧化产物自由基的增加，应该多吃新鲜水果和蔬菜，这些食品中含有大量抗氧化物质。篮球运动员应该利用中场休息，补充液体和碳水化合物。运动员应进食足量的碳水化合物，确保总能量摄入，并保证最佳糖原储备。

（3）网球。网球运动通常在室外场地进行，环境温度高。如果不能及时补水，热将很快引发相关问题，包括口渴、乏力、视线模糊、无法正常讲话。碳水化合物补充能提高比赛最后阶段的击球能力，饮料中含有适量碳水化合物是有益的。传统观念认为超过 1 h 才需要补充含有碳水化物的运动饮料，否则只需补水。力量与耐力相结合的运动相关研究表明，即使时间短于 1 h，适当补充碳水化合物也能够有效增强体能。

（三）运动营养食品的设计与开发

1. 运动营养食品的定义及分类　　在《食品安全国家标准　运动营养食品通则（含第 1 号修改单）》（GB 24154—2015）中，对运动营养食品的定义是"为满足运动人群（每周参加体育锻炼 3 次及以上、每次持续时间 30 min 及以上、每次运动强度达到中等及以上的人群）的生理代谢状态、运动能力及对某些营养成分的特殊需求而专门加工的食品。"

运动营养食品可以按照特征营养素分为三类，即补充能量类、控制能量类和补充蛋白质类；或者按照运动项目分为三类，即速度力量类、耐力类和运动后恢复类。

2. 运动营养食品的设计目标　　运动营养食品的设计，应该符合 GB 24154—2015 中所设定的技术要求。

运动营养食品中所使用的原料应符合相应的标准和/或相关规定，不得添加世界反兴奋剂机构禁用物质。在感官方面，产品的色泽、滋味、气味、组织状态、冲调性应符合相应产品的特性，不应有正常视力可见的外来异物。

根据分类方法不同，按特征营养素分类的各类产品需满足的技术指标包括 6 个方面。指标包括：能量、碳水化合物提供的能量占总能量比例、蛋白质、蛋白质提供能量占总能量的比例、脂肪、脂肪提供能量占总能量比例。

在产品具体类别中按照产品状态细分，补充能量类的固态产品能量要求≥1500 kJ/100 g，半固态或液态≥150 kJ/100 g，碳水化合物提供的能量≥60%。控制能量类产品细分为两类，分别为促进能量消耗（固态形式能量≤300 kJ/100 g，半固态或液态≤80 kJ/100 g）和能量替代（部分代餐为 835～1670 kJ/餐，完全代餐为 3350～5020 kJ/d），控制能量类脂肪提供能量占总量≤25%。补充蛋白质类产品要求按照固态（蛋白质≥15 g/100 g，脂肪≤15 g/100 g）、半固态或液态（蛋白质≥4 g/100 g，脂肪≤1.5 g/100 g）及粉状（蛋白质≥15 g/100 g，脂肪≤6 g/100 g，需冲调后食用）管理，优质蛋白质所占比例不低于 50%。

在产品具体类别中按照运动项目分类，速度力量类必须添加肌酸，建议添加谷氨酰胺、β-羟基-β-甲基丁酸钙、1,6-二磷酸果糖；耐力类必须添加维生素 B_1、维生素 B_2，建议添加肽类、左旋肉碱、咖啡因、维生素 B_6；运动后恢复类必须添加肽类，建议添加谷氨酰胺、L-亮氨酸、L-异亮氨酸、L-缬氨酸。

各类运动项目产品中营养成分的每日使用量有明确规定，其中咖啡因是 20～100 mg，肌酸 1～3 g，谷氨酰胺 3.5～15.0 g，肽类 1～6 g，β-羟基-β-甲基丁酸钙 1～3 g，1,6-二磷酸果糖 0.3 g，L-亮氨酸 1.5～3 g，L-异亮氨酸 0.75～1.5 g，L-缬氨酸 0.75～1.5 g。

GB 24154—2015 中对于铅和总砷、真菌毒素和微生物标注了限量。

3. 产品形式　　运动营养食品产品形式多样，参照 GB 24154—2015，可以分为固态、半固态或液态。其中，固态产品可以是粉状，冲调后食用，如"蛋白粉""增肌粉"类产品；也可以是条块状，直接食用，如"蛋白棒""能量棒""谷物棒"。半固态产品是凝胶状态，可以直接食用,如"能量胶"等。液体产品可以直接食用。

每种产品的形态是根据特定的使用场景及目的,在产品原料和加工工艺的基础上进行设计的。以马拉松等运动所使用的能量胶为例,胶体状态中能量物质浓度高于液体状态,便于携带;外包装进行了人体工学优化,便于在跑动过程中快速、安全地摄入。而粉类产品可以在冲调过程中控制最终的浓度,满足运动人群的口味和口感偏好。固态产品外观更接近天然或普通加工产品,口感丰富,接近普通烘焙类制品。使用最为方便的是液体状态产品,无需用户冲调,减少咀嚼。

产品按照特征营养素分类时,产品设计主要通过控制供能营养素的配比来实现细分类别的差异;按照运动项目细分时,产品设计主要通过添加的成分来保证特定运动的需求。

4. 加工技术与特征　粉状的产品根据原料种类和产品要求,可以选择喷雾干燥或干混方式生产。条块状产品的加工技术与烘焙类产品相似。液体产品按照饮料的加工工艺生产。

二、辅食营养补充品

(一)辅食营养补充品的定义和分类

《食品安全国家标准　辅食营养补充品》(GB 22570—2014)对辅助食品(辅食)和辅食营养补充品的定义如下:"辅食是婴幼儿在 6 月龄后继续母乳喂养的同时,为了满足营养需要而添加的食品,包括家庭配制的和工厂生产的。辅食营养补充品是一种含多种微量营养素(维生素和矿物质等)的补充品,其中含或不含食物基质和其他辅料,添加在 6~36 月龄婴幼儿即食辅食中食用,也可用于 37~60 月龄儿童。"

目前常用的形式有辅食营养素补充食品、辅食营养素补充片、辅食营养素撒剂。三者的差异在于形态和基质,以便满足不同方式的使用需要。

(二)辅食营养补充品的技术要求

三种形式的辅食营养补充品在每日份推荐量上存在差异,其中,辅食营养素补充食品为 10.0~20.0 g;辅食营养素补充片为 1.5~3.0 g;辅食营养素撒剂为 0.8~2.0 g。

GB 22570—2014 对产品感官的要求包括色泽、滋味、气味、组织状态,要求应符合相应产品的特性,不应有正常视力可见的外来异物。相对而言,辅食营养补充品的产品设计,在感官特征上需要更好地符合目标人群即婴幼儿的感官偏好,尤其是滋味和气味不能具有令人不适的感觉。

在辅食营养素补充食品的产品技术要求中,强调蛋白质含量应不低于 25 g/100 g。必需成分指标包括钙、铁、锌、维生素 A、维生素 D、维生素 B_1、维生素 B_2。可选择成分包括钙、维生素 K_1、烟酸(烟酰胺)、维生素 B_6、叶酸、维生素 B_{12}、泛酸、胆碱、生物素、维生素 C、二十二碳六烯酸。钙在辅食营养素补充食品中是必须添加的,在另外两种产品形式是可选添加。

技术要求中规定了污染物限量、真菌毒素限量、微生物限量,以及食品添加剂和营养强化剂,脲酶活性(含有大豆成分的产品)。

[小结]

本章主要讲述了保健食品的功能性评价方法;针对特医食品的种类和用途进行了分析;比较了不同阶段婴幼儿配方乳粉的差异,并讲述了产品设计方法。对于运动营养品、辅食营养补充品的适用人群和产品特点进行了总结。

[课后练习]

1. 保健食品如何分类？
2. 简述未来保健食品的发展趋势。
3. 特殊医学用途配方食品临床试验评价指标包括哪些？
4. 母乳中的生物活性物质有哪些？
5. 不同运动种类对营养素的需求有什么不同？
6. 相关特殊食品的国家标准有哪些？

[知识链接]

1. 如何为父母挑选保健品
2. 少喝或不喝含糖饮料

[思维导图]

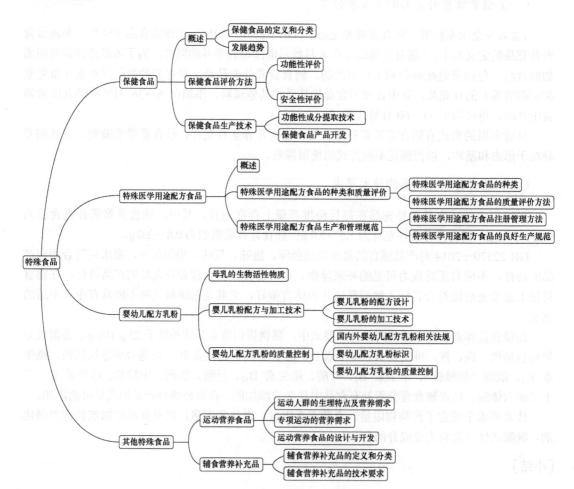

第六章　特殊人群营养

[兴趣引导]

　　你想了解从出生到老年，身体发生哪些生理代谢变化吗？你了解不同生长阶段都需要哪些营养和需要摄入多少吗？你了解不同营养素对身体的作用吗？你知道运动者、特殊职业者和处于极端环境下的人们如何补充营养素吗？本章将会系统地解答这些疑惑，帮助你和身边的人做到合理膳食，保持身体健康。

[学习目标]

　　1. 熟悉各种特殊人群（孕妇、乳母、婴幼儿、学龄前儿童、学龄儿童和青少年、老年人、运动者）及处于特殊环境（高温、低温、高原）人群的生理代谢特点；
　　2. 掌握部分特殊人群的营养需要和膳食指南；提出合理的膳食建议，实现平衡营养。

第一节　孕妇、乳母的营养与膳食

一、孕妇营养

　　从妊娠开始到分娩，由于胎儿生长发育的需要，孕妇生理特点发生较大变化，对营养素的需要增加。妊娠一般分为 3 个时期：妊娠 12 周末及以前称为妊娠早期（孕早期）；妊娠第 13～27 周称为妊娠中期（孕中期）；妊娠第 28 周及其以后称为妊娠晚期（孕晚期）。

　　（一）孕期生理特点

　　1. 内分泌及代谢的变化　　孕期内分泌的改变主要与妊娠相关激素水平的变化有关。随着妊娠时间的增加，胎盘增大，母体内雌激素、孕激素及胎盘激素的水平相应升高，尤其是胎盘生乳素，其分泌增加的速率与胎盘增大的速率相平行。其中最重要的是孕酮和雌激素。孕酮可以给胎儿的早期生长及发育提供支持和保障，可松弛平滑肌，有助于子宫扩张；降低胃肠道活性，有利于营养的吸收；蓄积脂肪。雌激素对甲状腺激素的合成及基础代谢的调节有重要作用。

　　在各种激素影响下，孕期母体的合成代谢增加，基础代谢率升高；对碳水化合物、脂肪和蛋白质的利用也有所改变。蛋白质代谢呈正氮平衡，以储备较多的蛋白质，作为子宫、胎儿、乳腺发育所需。对脂肪的吸收增加，且体内有较多的脂肪积存，以利于泌乳和分娩过程的能量消耗。

　　2. 消化系统功能的变化　　妊娠期间雌激素增加，孕妇出现牙龈充血肿胀、易出血症状，即妊娠期牙龈炎。

　　孕早期由于激素的变化常伴有胃肠道平滑肌张力降低，胃肠蠕动减慢，胃排空时间延长，加之胃酸及消化液分泌减少，影响孕妇对食物的消化，常出现胃肠胀气及便秘。由于贲门括约肌松弛，导致胃内酸性内容物反流至食管下部产生"烧心感"，在孕早期有一半以上的孕妇有恶心、呕吐、食欲不振等妊娠反应。

3. 肾功能的变化 妊娠期间,孕妇和胎儿的代谢产物均由孕妇经肾排出,孕妇肾小球滤过率增加约 50%,肾血浆流量增加约 75%,但是肾小管的吸收能力不能相应地增加,因此,有时会出现妊娠期糖尿病。

4. 血液容积及血液成分的变化 妊娠第 6 周开始,孕妇的血容量开始增加,到孕晚期增加 45%~50%,红细胞和血红蛋白的量到分娩时约增加 20%。血容量增加的幅度大于红细胞增加的幅度,致使血液相对稀释,血红蛋白浓度下降,出现生理性贫血。

5. 体重的变化 孕期一般体重增加 9~13 kg,个体差异较大。体重增加包括两部分:一部分是妊娠的产物,包括胎儿、胎盘和羊水;另一部分是母体组织的增长,包括血容量、细胞外液和间质液,以及子宫、乳房的发育、孕妇泌乳储备的脂肪组织和其他营养物质。

流行病学资料显示,孕期体重增加过多或过少均不利,不同体重指数(body mass index,BMI)的孕妇在孕期的适宜增重量应有所不同。孕妇孕前的身高和体重是影响其适宜增重量的重要因素。一般孕前消瘦者孕期体重的增加高于正常体重的妇女,而矮小并超重或肥胖者体重增加值则较低。

(二)孕期营养需要

孕妇需要比平时摄入更多的营养素。妊娠不同时期,由于胎儿的生长速度及母体对营养的储备不同,营养的需求也不同。

1. 能量 孕妇对能量的需要量比平时要大,主要是由于要额外负担胎儿的生长发育、胎盘和母体组织的增长所需。妊娠早期孕妇的基础代谢无明显变化,妊娠中期开始逐渐升高,至妊娠晚期增加 15%~25%。中国营养学会建议妊娠中、晚期推荐摄入量在非孕基础上分别增加 1.26 MJ/d 和 1.88 MJ/d。

2. 蛋白质 孕妇对蛋白质的需要量增加。蛋白质缺乏不仅影响胎儿的生长发育,还会使孕妇自身发生妊娠毒血症、贫血和营养性水肿等症状。建议孕妇膳食中优质蛋白质应占蛋白质总量的一半以上,孕早期、孕中期及孕晚期推荐摄入量分别为 55 g/d、70 g/d 和 85 g/d。

3. 脂类 脂类是胎儿神经系统的重要组成部分,在脑细胞的增殖和生长过程中需要一定量的必需脂肪酸。建议孕妇平均需要储存脂肪 2~4 kg,并且脂肪提供的能量占总能量的 20%~30%。同时需要考虑脂肪的来源及组成,特别是磷脂、花生四烯酸(arachidonic acid,AA)和二十二碳六烯酸(docosahexenoic acid,DHA)等。

4. 碳水化合物 为保持血糖的正常水平,碳水化合物每日摄入量应至少占总能量的 50%~65%。为防止孕妇便秘,应摄入一定量的膳食纤维。

5. 矿物质

(1)钙。妊娠全过程均需补钙,孕妇对钙的需求除了维持自身各项生理功能外,还应满足胎儿骨骼和牙齿发育的需要。当孕妇缺钙严重或长期缺乏时,血钙浓度下降,会出现小腿抽筋或手足抽搐,严重时导致骨质软化症;胎儿可发生先天性佝偻病。

据调查,我国孕妇膳食钙的实际摄入量偏低,容易发生钙缺乏。因此,孕妇应多摄入含钙丰富的食物,膳食摄入不足时也可补充钙制剂。孕早期、孕中期和孕晚期推荐摄入量分别为 800 mg/d、1000 mg/d 和 1000 mg/d。

(2)铁。增加铁的吸收率,以满足胎儿和自身需要。膳食中影响铁吸收的因素较多,且我国膳食中铁的来源多数为植物性食物中的非血红素铁,估计吸收率不足 10%。因此,膳食难以满足孕妇对铁的需要,应适当补充铁强化食品或铁制剂。如果妊娠期间膳食铁摄入不足,易导致孕妇缺铁性贫血，且影响胎儿铁的储备，使婴儿较早地出现缺铁或缺铁性贫血。孕早期、孕中期和孕晚期推荐摄入量分别为 20 mg/d、24 mg/d 和 29 mg/d。

（3）锌。锌与 DNA 聚合酶、RNA 聚合酶及蛋白质的生物合成关系密切，缺锌会引起生长发育停滞和代谢障碍。流行病学调查显示，孕妇锌摄入量充足可促进胎儿正常的生长发育和预防先天畸形。推荐摄入量为 9.5 mg/d。

（4）碘。碘是合成甲状腺激素所必需的元素。甲状腺素对大脑的正常发育和成熟非常重要。孕妇甲状腺机能旺盛，碘的需要量增加。孕妇碘缺乏（特别是在孕早期）可致胎儿甲状腺功能低下，引起以严重的智力发育迟缓和生长发育迟缓为主要表现的克汀病（也叫呆小病）。推荐摄入量为 230 μg/d。

6. 维生素

（1）维生素 A。妊娠早期维生素 A 的增加量不宜过多，否则可能导致自发性流产和胎儿先天畸形。维生素 A 原（主要是胡萝卜素）在体内可转变成维生素 A，且相同剂量的胡萝卜素无此不良作用。因此，WHO 和中国营养学会均建议孕妇通过摄取富含类胡萝卜素的食物来补充维生素 A。推荐摄入量为孕早期 700 μg RAE/d，孕中期和孕晚期均为 770 μg RAE/d，可耐受最高摄入量为 3000 μg RAE/d。

（2）维生素 D。维生素 D 的需要量增加。维生素 D 可促进钙的吸收和沉积。妊娠期间，维生素 D 缺乏可导致孕妇和婴儿出现钙代谢紊乱。推荐摄入量为 10 μg/d。

（3）叶酸。叶酸对正常红细胞的形成有促进作用，缺乏时红细胞的发育与成熟受到影响，造成巨幼红细胞贫血。叶酸参与嘌呤和胸腺嘧啶的合成，进一步合成 DNA 和 RNA。研究表明，孕期叶酸摄入量是神经管畸形危险性的重要决定因素。叶酸摄入量不足会出现低出生体重儿、胎盘早剥和胎儿神经管畸形。推荐摄入量为 600 μg DFE/d，可耐受最高摄入量为 1000 μg DFE/d。

（4）维生素 B_1。维生素 B_1 主要与能量代谢有关，还与食欲、肠蠕动和乳汁分泌有关。妊娠期间孕妇自身新陈代谢增高，维生素 B_1 的需要量增加。维生素 B_1 缺乏时，孕妇易发生便秘、呕吐、肌肉无力、分娩困难，尤其对胎儿影响较大，可能使胎儿出现先天性脚气病。推荐摄入量为孕早期 1.2 mg/d，孕中期为 1.4 mg/d，孕晚期为 1.5 mg/d。

（5）维生素 B_6。维生素 B_6 与体内氨基酸、脂肪酸和核酸代谢有关。孕期核酸和蛋白质合成旺盛，故维生素 B_6 缺乏会导致孕妇出现多部位皮肤炎症、贫血和神经精神症状。推荐摄入量为 2.2 mg/d。

（6）维生素 B_{12}。缺乏维生素 B_{12} 会发生巨幼红细胞贫血，也可导致胎儿神经系统受损。推荐摄入量为 2.9 μg/d。

（7）维生素 C。维生素 C 有利于胎儿骨骼和牙齿正常发育、造血系统的健全，并提高胎儿的抵抗力。孕妇缺少维生素 C 可能造成流产或早产，胎儿出生后也易患贫血与坏血病。推荐摄入量为孕早期 100 mg/d，孕中期和孕晚期为 115 mg/d。

（三）孕期营养不良对母体及胎儿的影响

1. 对母体健康的影响

（1）贫血。贫血包括生理性贫血和营养性贫血两种。生理性贫血是由于血容量增加的幅度大于红细胞增加的幅度，导致血液相对稀释，血中血红蛋白浓度下降造成的，孕结束则会恢复正常。营养性贫血包括缺铁性贫血、缺乏叶酸和（或）维生素 B_{12} 引起的巨幼红细胞贫血。妊娠期贫血以缺铁性贫血为主，在妊娠末期患病率最高。

（2）骨质软化症。维生素 D 缺乏可影响钙的吸收，导致血钙浓度下降。为了满足胎儿生长发育所需要的钙，必须动用母体骨骼中的钙，导致母体骨钙不足，引起脊柱、骨盆骨质软化，骨盆变形，重者甚至造成难产。

（3）营养不良性水肿。孕妇蛋白质严重摄入不足可导致营养不良性水肿。此外，维生素 B_1 严重缺乏亦可引起浮肿。

（4）妊娠高血压综合征。这是威胁孕妇健康的主要疾病之一，以高血压、水肿、蛋白尿、抽搐、昏迷、心肾功能衰竭，甚至发生母婴死亡为临床特点。

2. 对胎儿的影响

（1）胎儿和新生儿死亡率增高。据 WHO 统计，新生儿死亡率及死产率较高的地区，母亲营养不良也较普遍。营养不良导致胎儿和新生儿的生命力较差。

（2）低出生体重。即新生儿出生体重<2500 g，这与母亲的营养状况有密切关系，如孕期热量及蛋白质摄入量不足、贫血等。

（3）早产儿及小于胎龄儿。早产儿是指妊娠期少于 37 周出生的婴儿。小于胎龄儿是指出生体重在同胎龄儿平均体重的第 10 百分点以下或低于平均体重 2 个标准差的新生儿。在发展中国家，多数低出生体重儿属于与妊娠月份不符的小于胎龄儿，反映了胎儿在母体内生长停滞，宫内发育迟缓。

（4）脑发育受损及出生缺陷。孕妇在孕期若营养不良，胎儿脑细胞的发育迟缓，DNA 合成速度减慢，影响了脑细胞的增殖及以后的智力发育。

（5）巨大儿。巨大儿是指新生儿出生体重>4000 g。其与以下因素有关：妊娠后期孕妇血糖升高；孕妇盲目进食或进补，造成能量与某些营养素摄入过多；妊娠期增重过多，导致胎儿生长过度。巨大儿不仅在分娩中易致产伤，造成分娩困难，而且还与成年后慢性病的发生密切相关。

（四）备孕及孕期膳食指南和合理膳食

为保证孕育质量，夫妻双方都应做好充分的孕前准备，使健康和营养状况尽可能达到最佳后再怀孕。孕前应将体重调整至正常范围，即 BMI 为 18.5～23.9 kg/m²，并确保身体健康和营养状况良好，特别关注叶酸、碘、铁等重要营养素的储备。备孕妇女至少应从计划怀孕前 3 个月开始每天补充叶酸 400 μg，坚持食用碘盐，每天摄入鱼肉、禽畜瘦肉和蛋类共计 150 g，每周至少摄入 1 次动物血和肝替代瘦肉。

早孕反应不明显的孕早期妇女可继续维持孕前平衡膳食，早孕反应严重影响进食者，不必强调平衡膳食和规律进餐，应保证每天摄入至少含 130 g 碳水化合物的食物。孕中期开始，应适当增加食物的摄入量，特别是富含优质蛋白质、钙、铁、碘等营养素的食物。孕中期和孕晚期每天饮乳量应增至 500 g；孕中期鱼肉、禽畜肉及蛋类合计摄入量增至 150～200 g，孕晚期增至 175～225 g；建议每周食用 1～2 次动物血或肝、2～3 次海产鱼类。

定期测量体重，合理安排膳食和身体活动，有助于维持孕前体重正常和孕期体重适宜增长，获得良好妊娠结局。健康孕妇每天应进行不少于 30 min 的中等强度身体活动，保持健康生活方式。母乳喂养对孩子和母亲都是最好的选择，夫妻双方应尽早了解母乳喂养的益处，学习正确哺乳的方法，为产后尽早开奶和成功母乳喂养做好各项准备。

备孕是指育龄夫妇有计划地怀孕并对优孕进行必要的前期准备，夫妻双方均应通过健康检查发现和治疗潜在疾病，避免在患病及营养不良状况下受孕，并保证充足的叶酸、碘、铁等微量营养素的储备。体重是反映营养状况最实用的简易指标，定期测量体重，保证孕前体重正常、孕期体重适宜增长，可减少妊娠并发症和不良出生结局的发生。

孕期胎儿的生长发育、母体乳腺和子宫等生殖器官的发育及为分娩后乳汁分泌进行必要的营养储备，都需要额外的营养。妊娠期妇女应在孕前平衡膳食的基础上，根据胎儿生长速率及母体生理和代谢变化适当调整进食量。孕早期胎儿生长发育速度相对缓慢，孕妇所需营养与孕前差别不大。孕中期开始，胎儿生长发育逐渐加速，母体生殖器官的发育也相应加快，营养需要增加，应在一般人群平衡膳食的基础上，适量增加乳、鱼、禽、蛋和瘦肉的摄入，食用碘盐，合理补充叶酸和维生素 D，以保证对能量和优质蛋白质、钙、铁、碘、叶酸等营养素的需要。孕育新生命是正常的生理过程，要以积极的心态适应孕期的变化，学习孕育相关知识，为产后尽早开奶和成功母乳喂养做好充分准备。

随着经济的发展和生活方式的改变，育龄妇女超重、肥胖问题日益突出，孕期膳食摄入不合理、活动量不足、能量过剩和体重增长过多的现象较为普遍，铁、钙、碘、叶酸、维生素 D 等微量营养素缺乏在部分人群中依然存在，这些问题都会影响母婴双方的近期和远期健康。

《中国居民膳食指南（2022）》建议在一般人群膳食指南的基础上，备孕期和孕期妇女还应遵从以下 6 条核心推荐，合理安排日常饮食和身体活动。①调整孕前体重至正常范围，保证孕期体重适宜增长。②常吃含铁丰富的食物，选用碘盐，合理补充叶酸和维生素 D。③孕吐严重者，可少量多餐，保证摄入含必需量碳水化合物的食物。④孕中期和孕晚期适量增加乳、鱼、禽、蛋、瘦肉的摄入。⑤经常户外活动，禁烟酒，保持健康生活方式。⑥愉快孕育新生命，积极准备母乳喂养。

二、乳母营养

（一）生理特点

母乳是婴儿出生至 4～6 个月最理想的食物。乳汁分泌是一个十分复杂的神经内分泌调节过程。哺乳期妇女表现出以下生理特点。

1. 激素水平改变 分娩后，雌激素和孕激素水平突然下降，同时垂体分泌的催乳素水平增加，乳汁开始分泌。

2. 乳汁分泌量逐渐增多 新生儿在出生 8 h 后应开始得到母乳的哺育，即摄入初乳。初乳为浅黄色，呈较稠状态，产后第一天泌乳约 50 mL，第二天约泌乳 100 mL。第二周分泌的乳汁为过渡期乳，此时泌乳量增加到 500 mL/d 左右。第三周分泌的乳汁为成熟期乳，呈乳白色，一般分泌量在 750～850 mL/d。泌乳量在不同个体之间变化较大，一般在 500～1000 mL/d。泌乳量主要取决于婴儿的需求、喂养方式及乳母的营养状况。

3. 哺乳有利于母体的健康 哺乳有利于产妇子宫、乳房及乳腺等更快地恢复，降低产妇发生乳腺癌和卵巢癌的风险。另外，乳母在哺乳期间会消耗孕期贮存的脂肪，有利于减肥和体型恢复。

（二）营养需要

1. 能量 乳母一方面要满足自身对能量的需要包括产后恢复等，另一方面要供给乳汁所含热能和乳汁分泌活动本身所消耗的能量。中国营养学会对轻体力活动乳母的能量推荐量为 9.62 MJ/d，中体力活动为 10.88 MJ/d，重体力活动为 12.13 MJ/d。乳母摄入的能量是否适宜，可以通过泌乳量和乳母体重来判断。当乳母能量摄入适当时，其分泌的乳汁量应既能满足婴儿的需要，又有利于自身体重的恢复。

2. 蛋白质　　母乳蛋白质含量为 1.1%～1.3%，若每天泌乳 800 mL/d，所含蛋白质为 8.8～10.4 g。乳母每日需额外增加一定数量的蛋白质以保证泌乳之需。推荐摄入量为 80 g/d，其中一部分应为优质蛋白质。

3. 脂类　　乳母膳食中脂肪的构成可影响乳汁中的脂肪成分，如乳中各种脂肪酸的比例随乳母膳食脂肪酸摄入状况而改变。建议膳食脂肪的摄入量以其能量占总热能的 20%～30%为宜。

4. 矿物质

（1）钙。不论乳母膳食中钙是否充足，乳汁中钙含量较为稳定。当膳食钙摄入不足时，为了维持乳汁中钙含量的恒定，就要动用母体骨骼中的钙，此时乳母常因缺钙而出现腰腿酸痛、抽搐，甚至发生骨质软化症。为保证乳汁中正常钙含量并维持母体钙平衡，乳母应增加钙的摄入量。建议摄入量为 1000 mg/d。

（2）铁。铁几乎不能通过乳腺输送到乳汁，因此人乳中铁含量很少。膳食中铁的吸收率仅为 10%左右，建议适宜摄入量为 24 mg/d。

（3）碘和锌。这两种微量元素与婴儿神经的生长发育和免疫功能关系较为密切。建议推荐摄入量分别为 240 μg/d 和 12 mg/d。

5. 维生素

（1）脂溶性维生素。维生素 A 能少量通过乳腺进入乳汁。推荐摄入量为 1300 μg RAE/d。

由于维生素 D 几乎不能通过乳腺，故人乳中含量很低。为增加钙的吸收和利用，乳母仍需要充足的维生素 D，推荐摄入量为 10 μg/d。维生素 E 促进乳汁的分泌，推荐摄入量为 17 mg α-TE/d。

（2）水溶性维生素。多数水溶性维生素可通过乳腺进入乳汁。膳食中维生素 B_1 对乳母极为重要，能增进食欲，促进乳汁分泌；若乳母维生素 B_1 严重摄入不足，则婴儿易患脚气病，其推荐摄入量为 1.5 mg/d。维生素 B_2 也能自由通过乳腺进入乳汁，其推荐摄入量亦为 1.5 mg/d。

据 WHO 报告，全球母乳中维生素 C 含量平均为 5.2 mg/100 mL，我国的平均值为 4.7 mg/100 mL，推荐摄入量为 150 mg/d。

（三）膳食指南和合理膳食

微课
哺乳期膳食对泌乳的影响

乳母的营养是泌乳的基础，尤其是那些母体储备量较低、容易受膳食影响的营养素。动物性食物可提供丰富的优质蛋白质和一些重要的矿物质及维生素，建议乳母每天摄入 200 g 鱼、禽、蛋和瘦肉（其中包括蛋类 50 g）。为满足蛋白质、能量和钙的需要，乳母还要摄入 25 g 大豆（或相当量的大豆制品）、10 g 坚果、300 g 牛乳。为保证乳汁中碘和维生素 A 的含量，乳母应选用碘盐烹调食物，适当摄入海带、紫菜、鱼、贝类等海产品和动物肝、蛋黄等动物性食物。

乳母的心理及精神状态是影响乳汁分泌的重要因素，哺乳期间保持愉悦心情可以提高母乳喂养的成功率。坚持哺乳、适量的身体活动，有利于身体复原和体重恢复正常。吸烟、饮酒会影响乳汁分泌，其含有的尼古丁和酒精也可通过乳汁进入婴儿体内，影响婴儿睡眠及精神运动发育，哺乳期间应忌烟、酒。茶和咖啡中的咖啡因会引起婴儿兴奋，乳母应限制饮用浓茶和大量咖啡。

乳母既要分泌乳汁、哺育后代，还需要逐步补偿妊娠、分娩时的营养素损耗并促进各器官、系统功能的恢复，因此比一般育龄妇女需要更多的营养。与非哺乳妇女一样，乳母的膳食也应该是由多样的食物组成的平衡膳食。除保证哺乳期的营养需要外，乳母的膳食还会影响乳汁的滋味和气味，对婴儿未来接受食物和建立多样化膳食结构会产生重要影响。

产褥期是指孕妇从胎儿、胎盘自身娩出，直到除乳腺外各个器官恢复或接近正常未孕状态所需的一段时期，一般需 6～8 周。在中国民间，产褥期也称为"月子"或"坐月子"。产褥期饮食常被过分重视，期间乳母往往过量摄入肉类和蛋类，以致能量和脂肪摄入过剩；许多地区月子风俗甚至还保留着不同的食物禁忌，如不吃或少吃蔬菜、水果、海产品等，容易造成微量营养素摄入不足。满月过后又恢复到一般饮食，不利于乳母获得充足营养，以持续进行母乳喂养。应纠正这种饮食误区，做到产褥期食物种类多样并控制膳食总量的摄入，坚持整个哺乳阶段（产后 2 年）营养均衡，以保证乳汁的质与量，为持续进行母乳喂养提供保障。

随着经济发展和生活方式的改变，哺乳期特别是产褥期（坐月子）妇女的营养和健康面临新的挑战，如膳食结构不尽合理，动物性食物摄入过多，导致产后体脂含量及体重滞留率较高；也存在某些食物摄入不足或不均衡，导致乳汁分泌不足及母乳成分中某些微量营养素缺乏，进而影响到母乳喂养的持续和婴儿生长发育；乳母身体活动不足和不健康生活方式将影响母婴健康。

《中国居民膳食指南（2022）》建议在一般人群膳食指南基础上，哺乳期妇女还要遵从以下 5 条核心推荐。①产褥期食物多样、不过量，坚持整个哺乳期营养均衡。②适量增加富含优质蛋白质及维生素 A 的动物性食物和海产品，选用碘盐，合理补充维生素 D。③家庭支持，愉悦心情，充足睡眠，坚持母乳喂养。④增加身体活动，促进产后恢复健康体重。⑤多喝汤和水，限制浓茶和咖啡，忌烟、酒。

第二节　婴幼儿及学龄前儿童的营养与膳食

一、婴幼儿的营养与膳食

微课
婴幼儿的
营养与
膳食

（一）生长发育特点

婴儿期指从出生至满 2 周岁前，从完全依赖母乳的营养到依赖母乳外食物的过渡时期。该时期具有如下生长发育特点。

1. **出生后生长发育的第一高峰期**　　婴儿期是人类生长发育的第一高峰期。该时期是脑发育的关键期，主要是神经细胞体积的增大、突触的数量和长度增加及神经纤维的髓鞘逐步完成。1 周岁时，婴儿体重约增加至出生时的 3 倍，身长约为出生时的 1.5 倍。

2. **生理发育不完全**　　此阶段生理发育尚不完全，尤其是消化器官尚未发育成熟，胃容量很小，各种消化酶活性较低，特别是胰淀粉酶和胰脂肪酶，肝分泌的胆盐较少，脂肪的消化与吸收较差。

3. **体内营养素的储备量相对较小，适应能力低**　　此阶段对某些物质容易发生过敏，其最基本的表现之一是腹泻，易导致营养素的丢失。

（二）营养需要

1. **能量**　　以单位体重表示，0～6 个月的婴幼儿参考摄入量为 377 kJ/（kg·d），7～12 个月为 335 kJ/（kg·d），是成人的 3 倍多，1～2 岁的参考摄入量为 3766 kJ/d（男）和 3347 kJ/d（女）。婴幼儿需要较多的能量，主要是由于婴幼儿的基础代谢率较高及对生长发育的特殊需要。婴幼儿生长发育对能量的需要量与生长速度呈正相关。

2. **蛋白质**　　由于生长发育的需要，婴幼儿需要优质、足量的蛋白质。婴幼儿早期肝功能还不成熟，除成人的 8 种必需氨基酸外，还需要由食物供给组氨酸、半胱氨酸、酪氨酸及牛磺酸。

若蛋白质长期摄入不足，会影响婴幼儿的生长发育，但供给过多会造成浪费，且会增加肾负担。中国营养学会建议 0~6 个月婴幼儿适宜摄入量为 9 g/d，7~12 个月参考摄入量为 20 g/d，1~2 岁为 25 g/d。

3. 脂肪　　婴幼儿的胃容积小，新陈代谢速度快，生长发育迅速，因而需要高热量的营养素，脂肪正符合此条件，而且脂肪在提供能量的同时，不增加肾溶质负荷（蛋白质），也不降低小肠中水的高渗效应。脂肪除供能外，还可促进脂溶性维生素的吸收，避免必需脂肪酸的缺乏。脂肪中的多不饱和脂肪酸如 DHA 和二十碳五烯酸（eicosapentaenoic acid，EPA）对促进婴幼儿的生长、视觉、神经发育及心血管功能均有重要作用。

4. 碳水化合物　　婴幼儿的乳糖酶活性较成年人高，有利于对乳中乳糖的消化吸收。但 4 个月以内的婴幼儿消化淀粉的能力尚未成熟，故淀粉类食物应在 4~6 个月后添加。推荐婴幼儿碳水化合物供能占总能量的 40%~50%，随着年龄增长，比例逐渐上升至 50%~60%。

5. 矿物质　　母乳喂养的婴儿一般不会引起明显的钙缺乏。婴幼儿钙的推荐摄入量为 200~600 mg/d，母乳和牛乳中钙的含量及吸收率均较高，6 个月内可基本满足婴儿需要。

正常新生儿储存的铁可以满足 4~6 个月的需要。虽然母乳中的铁易被婴幼儿有效地吸收，但乳中铁含量较低。因此，母乳喂养的婴儿在 4~6 个月后应注意添加含铁的辅食。推荐摄入量为 0.3~10 mg/d。

婴幼儿缺锌会出现生长发育迟缓、食欲不振、味觉异常、性发育不全、大脑和智力发育受损等现象。推荐摄入量为 2.0~4.0 mg/d。

婴儿期碘缺乏可引起以智力低下、体格发育迟缓为特征的不可逆智力损害。

6. 维生素　　母乳中含有丰富的维生素 A，母乳喂养的婴儿一般不需要额外补充。牛乳中的维生素 A 仅为人乳含量的一半。用牛乳喂养的婴儿需要额外补充 150~200 μg/d。推荐摄入量为 300~350 μg RAE/d。

正常母乳中含有婴幼儿所需要的各种维生素，基本能满足婴幼儿的需要，只是维生素 D 稍低，推荐摄入量为 10 μg/d。婴幼儿是容易缺乏维生素 D 的人群，且维生素 D 的膳食来源相对较少，主要来源是户外活动时通过紫外光照射皮肤合成维生素 D；另外，也可适量补充鱼肝油或维生素 D 制剂。

7. 水　　婴幼儿需要摄入足够的水，每天建议摄入 0.9~1.3 L，用于皮肤和肺的蒸发、尿液、粪便和组织生长等。

（三）膳食指南和合理膳食

婴儿喂养方式分为母乳喂养、人工喂养和混合喂养 3 种。

1. 母乳喂养的优点

（1）母乳营养齐全。母乳中的营养素能全面满足婴儿生长发育的需要，且适合于婴儿的消化能力。母乳含优质蛋白质，且以乳白蛋白为主，酪蛋白含量相对较少，乳白蛋白和酪蛋白的比例为 8∶2，在婴儿胃内能形成柔软的絮状凝块，易于消化吸收。母乳蛋白质中必需氨基酸的组成被认为是最理想的，与婴儿体内必需氨基酸的组成比较一致，能被婴儿最大程度地利用。此外，母乳中的牛磺酸含量丰富，能满足婴儿脑组织发育的需要。

母乳含丰富的必需脂肪酸。在构成上以不饱和脂肪酸为主，尤其是亚油酸含量较高。母乳中 AA 和 DHA 的含量也很高，对大脑发育有重要作用。

母乳含丰富的乳糖。乳糖是母乳中唯一的碳水化合物，其在肠道中可促进钙的吸收，并能诱导肠道正常菌群的生长，从而有效地抑制致病菌或病毒在肠道中的生长繁殖，有利于婴儿的肠道健康。

母乳中钙、磷比例适宜，加上乳糖的作用，可满足婴儿对钙的需求。母乳中其他矿物质和微量元素齐全，含量既能满足婴儿生长发育需要又不会增加婴儿肾的负担。

（2）母乳中含有丰富的免疫物质，可增加婴儿的抗感染能力。母乳尤其是初乳含多种免疫物质（如淋巴细胞、抗体、巨噬细胞、乳铁蛋白、溶菌酶等），可以保护并健全消化道黏膜，保护婴幼儿消化道及呼吸道抵抗细菌及病毒的侵袭，增强婴幼儿的抗病能力。

（3）不容易发生过敏。牛乳蛋白质被肠黏膜吸收后可作为过敏原引起过敏反应，约有 2% 的婴儿对牛乳蛋白过敏，表现为湿疹、支气管哮喘及胃肠道症状，如呕吐、腹泻等，而母乳喂养极少发生过敏。

（4）以母乳喂养婴儿经济、方便、温度适宜、不易污染，而且哺乳行为可增进母子的情感交流，促进婴儿的智力发育，也有利于母体健康和产后康复。

2. 人工喂养　　不能用母乳喂养婴儿时，可采用牛乳、羊乳等动物乳或其他代乳品喂养。这种喂养婴儿的方法称为人工喂养。完全人工喂养的婴儿最好选择母乳化的配方乳粉。

婴儿配方乳粉是调整牛乳中营养成分、使之接近母乳后制成的乳粉。人乳（蛋白质、脂肪和碳水化合物供能比依次为 6%、55%、39%）和牛乳（蛋白质、脂肪和碳水化合物供能比依次为 20%、50%、30%）在成分构成上有较大的差别。人乳蛋白质 70%为白蛋白，30%为酪蛋白；而牛乳蛋白质 18%为白蛋白，82%为酪蛋白。婴儿配方乳粉需要调配尽量接近母乳。婴儿配方乳粉较易消化吸收，是人工喂养良好的营养来源。

3. 混合喂养　　不能完全母乳喂养时，在坚持用母乳喂养的同时，用婴儿代乳品补充母乳的不足。母乳不足，也应坚持母乳喂养，让婴儿吸空乳汁，有利于刺激乳汁的分泌。混合喂养时，代乳品补充量应以婴儿吃饱为止，具体用量应根据婴儿体重、母乳缺少的程度而定。

4. 0～6 月龄婴幼儿喂养指南　　6 月龄内是人一生中生长发育的第一个高峰期，对能量和营养素的需要相对高于其他任何时期，但婴儿的胃肠道和肝、肾功能发育尚未成熟，功能不健全，对食物的消化吸收能力及代谢废物的排泄能力仍较低。母乳既可提供优质、全面、充足和结构适宜的营养素，满足婴儿生长发育的需要，又能完美地适应其尚未成熟的消化能力，促进其器官发育和功能成熟，且不增加其肾的负担。6 月龄内婴儿需要完成从宫内依赖母体营养到宫外依赖食物营养的过渡，来自母体的乳汁是完成这一过渡最好的食物，用任何其他食物喂养都不能与母乳喂养相媲美。母乳中丰富的营养和活性物质是一个复杂系统，为婴儿提供全方位呵护和支持，助其在离开母体保护后，仍能顺利地适应自然环境、健康成长。

6 月龄内婴儿处于生命早期 1000 d 健康机遇窗口期的第二个阶段，营养作为最主要的环境因素对其生长发育和后续健康持续产生至关重要的影响。母乳中适宜的营养既能为婴儿提供充足而适量的能量，又能避免过度喂养，使婴儿获得最佳的、健康的生长速率，为一生的健康奠定基础。一般情况下，母乳喂养能够完全满足 6 月龄内婴儿的能量、营养素和水的需要，6 月龄内的婴儿应给予纯母乳喂养。

针对我国 6 月龄内婴儿的喂养需求和可能出现的问题，《中国居民膳食指南（2022）》提出 6 月龄内婴儿母乳喂养指南，包括以下 6 条准则。①母乳是婴儿最理想的食物，坚持 6 月龄内纯母乳喂养。②生后 1 h 内开奶，重视尽早吸吮。③回应式喂养，建立良好的生活规律。④适当补充维生素 D，母乳喂养无需补钙。⑤一旦有任何动摇母乳喂养的想法和举动，都必须咨询医生或其他专业人员，并由他们帮助做出决定。⑥定期监测婴儿体格指标，保持健康生长。

5. 7～24 月龄婴幼儿喂养指南　　对于 7～24 月龄婴幼儿，母乳仍然是重要的营养来源，但单一的母乳喂养已经不能完全满足其对能量及营养素的需求，必须引入其他营养丰富的食物。

7～24 月龄婴幼儿消化系统、免疫系统的发育，感知觉及认知行为能力的发展，均需要通过接触、感受和尝试，来体验各种食物，逐步适应并耐受多样的食物，从被动接受喂养转变到自主进食。这一过程从婴儿 7 月龄开始，到 24 月龄时完成。父母及喂养者的喂养行为对 7～24 月龄婴幼儿的营养和饮食行为也有显著的影响。回应婴幼儿摄食需求，有助于健康饮食行为的形成，并具有长期而深远的影响。

7～24 月龄婴幼儿处于生命早期 1000 d 健康机遇窗口期的第三阶段，适宜的营养和喂养不仅关系到婴幼儿近期的生长发育，也关系到长期的健康。针对我国 7～24 月龄婴幼儿营养和喂养的需求及现有的主要营养问题，《中国居民膳食指南（2022）》提出 7～24 月龄婴幼儿的喂养指南，包括以下 6 条膳食指导准则。①继续母乳喂养，满 6 月龄起必须添加辅食，从富含铁的泥糊状食物开始。②及时引入多样化食物，重视动物性食物的添加。③尽量少加糖、盐，油脂适当，保持食物原味。④提倡回应式喂养，鼓励但不强迫进食。⑤注重饮食卫生和进食安全。⑥定期监测体格指标，追求健康生长。

（四）婴幼儿常见营养缺乏病

1. 佝偻病 佝偻病是婴幼儿常见的一种营养缺乏病，以 3～18 个月的婴幼儿最多见，主要是由于缺乏维生素 D 及钙、磷代谢紊乱引起的。预防佝偻病，新生婴儿自 2 周开始，可添加鱼肝油，以每日摄入维生素 D 10 μg 为宜，亦可服用强化维生素 D 的牛乳。辅食添加时可多选用含维生素 D 丰富的食物。适当晒太阳，同时增加含钙食物的摄入。

2. 缺铁性贫血 缺铁性贫血是由于体内储铁不足和食物缺铁造成的一种营养性贫血，多见于 6 个月至 2 岁婴幼儿。其发病原因如下：一是母亲在妊娠期营养不良或早产，使新生儿体内铁储备不足；二是婴儿时期生长过快，需铁量增加，但未能得到及时补充；三是有些较大幼儿因营养供应不足或急慢性疾病感染等都能引起此病。预防婴幼儿缺铁性贫血，要做好母亲的孕期保健，添加含铁丰富的辅食，如肝泥、肉末、蛋黄等食物，同时应增加蔬菜、水果等富含维生素 C 的食物以促进铁吸收。

3. 锌缺乏症 一生中最需要锌的时期是胚胎期、新生儿期和幼儿期。锌缺乏是婴幼儿的常见病。母乳不足、未能按时添加辅食、锌吸收利用不良、偏食等均可造成锌缺乏。为防止婴幼儿缺锌，一是应提倡母乳喂养，人乳中的锌易为婴儿所吸收；二是在婴幼儿饮食中，增加富含锌的各种动物性食品，如瘦肉、肝、鱼、海产品等。

二、学龄前儿童的营养与膳食

（一）生长发育特点

学龄前儿童是指 2～6 岁的儿童。学龄前期是人的一生中体格和智力发育的关键时期。在此期间的营养和发育状况决定了人的一生的体质和智力的发展水平。

1. 身高、体重稳步增长 与婴幼儿相比，此时期儿童的体格发育速度相对减慢，但仍保持稳步增长。这一时期体重每年增长约 2 kg，身高每年增长 5～7 cm。

2. 神经系统发育逐渐完善 3 岁时神经细胞的分化已基本完成；4～6 岁时，脑组织进一步发育，达成人脑重的 86%～90%。

3. 咀嚼及消化能力仍有限 消化器官尚未完全发育成熟，特别是咀嚼和消化能力远不如成人，易发生消化不良，尤其是对固体食物需要较长时间的适应，不能过早进食家庭成人膳食。

4. 心理发育特点 具有短暂地控制注意力的能力，但注意力分散仍然是学龄前儿童的行为表现特征之一。这一行为特征在饮食行为上的反应是不专心进餐，吃饭时边吃边玩，使进餐时间延长，食物摄入不足而导致营养素缺乏。

（二）营养需要

1. 能量 基础代谢率高，生长发育迅速，活动量比较大，故所需要的能量（按每千克体重计）接近或高于成人。男孩和女孩的能量需要量分别为 5.23～5.86 MJ/d 和 5.02～5.44 MJ/d。

2. 蛋白质、脂类和碳水化合物 蛋白质参考摄入量平均为 25～35 g/d，其中约 50% 应来源于动物性蛋白质、豆类蛋白质和乳类蛋白质等优质蛋白质。每日膳食脂肪推荐摄入量应占总热量的 20%～35%。每日膳食中碳水化合物推荐的热能摄入量应占总热能的 50%～65%。膳食纤维可促进肠蠕动，防止幼儿便秘，但是蔗糖等纯糖摄取后被迅速吸收，容易以脂肪的形式储存，从而引起肥胖、龋齿和行为问题。因此，学龄前儿童不宜食用过多糖和甜食。

3. 矿物质 学龄前儿童正处于生长发育阶段，骨骼增长迅速，在这一过程中需要大量的钙质，推荐摄入量为 600～800 mg/d。铁供给不足可引起缺铁性贫血，严重时可损害神经系统、消化系统和免疫系统等的功能，影响儿童的智力发育，推荐摄入量为 9～13 mg/d。此外，还要注意碘、锌的摄入，推荐摄入量分别为 90 μg/d、4.0～7.0 mg/d。

4. 维生素 维生素 A 和维生素 D 的推荐摄入量分别为 310～500 μg RAE/d、10 μg/d；维生素 B_1、维生素 B_2 和维生素 C 的推荐摄入量分别为 0.6～1.0 mg/d、0.6～1.0 mg/d、40～65 mg/d；维生素 E 的适宜摄入量为 6～9 mg α-TE/d。

（三）合理膳食原则

在《中国居民膳食指南（2022）》的基础上，学龄前儿童的膳食指南增加了以下 5 条核心推荐：①食物多样，规律就餐，自主进食，培养健康饮食行为；②每天饮乳，足量饮水，合理选择零食；③合理烹调，少调料、少油炸；④参与食物选择与制作，增进对食物的认知和喜爱；⑤经常户外活动，定期体格测量，保障健康成长。

家庭和托幼机构应遵循食物丰富、规律就餐原则安排学龄前儿童的膳食和餐次，注重合理烹调，控制高盐、高脂、高糖食品及含糖饮料摄入。有意识地培养儿童使用餐具、自主进食，养成每天饮乳、足量饮水、正确选择零食和不挑食、不偏食的良好饮食习惯。引导儿童参与食物选择和制作，增进对食物的认知和喜爱。积极鼓励儿童进行身体活动尤其是户外活动，限制久坐和视屏时间，保证充足睡眠，定期体格测量，保障儿童健康成长。

学龄前儿童的均衡营养应由多种食物构成的平衡膳食提供，规律就餐是儿童获得全面充足的食物摄入、促进消化吸收和建立健康饮食行为的保障。鼓励儿童反复尝试新食物的味道、质地，提高对食物的接受度，强化之前建立的多样化膳食模式。随着儿童自我意识、模仿力和好奇心增强，容易出现挑食、偏食和进食不专注，需引导儿童有规律地自主、专心进餐，保持每天三次正餐和两次加餐，尽量固定进餐时间和座位，营造温馨进餐环境。

乳类是优质蛋白质和钙的最佳食物来源，应鼓励儿童每天饮乳，建议每天饮乳量为 300～500 mL 或相当量的乳制品。2～5 岁儿童新陈代谢旺盛、活动量大、出汗多，需要及时补充水分，建议每天水的总摄入量为（含饮水和汤、乳等）1300～1600 mL，其中饮水量为 600～800 mL，并以饮白水为佳，少量多次饮用。零食作为学龄前儿童全天营养的补充，应与加餐相结合，以不影响正餐为前提。多选营养素密度高的食物如乳类、水果、蛋类和坚果等作零食，不宜选高盐、高脂、高糖食品及含糖饮料。

从小培养儿童淡口味有助于形成终身的健康饮食行为，烹制儿童膳食时应控制盐和糖的用量，不加味精、鸡精及辛辣料等调味品，保持食物的原汁原味，让儿童首先品尝和接纳食物的自然味道。建议多采用蒸、煮、炖，少用煎、炒的方式加工烹调食物，有利于儿童消化吸收食物、控制能量摄入过多及淡口味的培养。

家庭和托幼机构应有计划地开展食育活动，为儿童提供更多接触、观察和认识食物的机会；在保证安全前提下鼓励儿童参与食物选择和烹调加工过程，增进对食物的认知和喜爱，培养尊重和爱惜食物的意识。

积极规律的身体活动、较少的久坐及视屏时间和充足的睡眠，有利于学龄前儿童的生长发育和预防超重肥胖、慢性病及近视。应鼓励学龄前儿童经常参加户外活动，每天至少120 min。同时减少久坐行为和视屏时间，每次久坐时间不超过 1 h，每天累计视屏时间不超过1 h，且越少越好。保证儿童充足睡眠，推荐每天总睡眠时间10~13 h，其中包括1~2 h午睡时间。家庭、托幼机构和社区要为学龄前儿童创建积极的身体活动支持环境。

学龄前儿童的身高、体重能直接反映其膳食营养和生长发育状况，应定期监测儿童身高、体重等体格指标，及时发现儿童营养健康问题，并做出相应的饮食和运动调整，避免营养不良和超重肥胖，保障儿童健康成长。

第三节 学龄儿童的营养与膳食

一、生长发育特点

学龄儿童是指从 6 周岁到不满 18 周岁的未成年人。其中，6~12 岁进入小学阶段的儿童，体格仍维持稳步的增长，身体各器官逐步发育，每年体重增加2~3 kg，身高每年可增高4~7 cm。身高在该阶段的后期增长较快，但各系统器官的发育快慢不同，神经系统发育较早，生殖系统发育较晚，皮下脂肪年幼时较发达，肌肉组织到学龄期发育才加速。青少年期一般指的是 12~18 岁，包括青春发育期和少年期，相当于初中和高中阶段。这一时期是身高和体重的第二次高峰期，身高每年可增加 5~7 cm，体重每年可增加 2~5 kg；青春期生殖系统迅速发育，第二性征逐渐明显，心理发育也已成熟。因此，充足的营养是此时期体格及性征迅速生长发育、增强体质的物质基础。

二、营养需要

学龄儿童处于生长发育阶段，基础代谢率高，活泼爱动，体力、脑力活动量大，故需要的能量（按每千克体重计）接近或超过成人。由于学龄儿童学习任务繁重，思维活跃，认识新事物多，必须保证供给充足的蛋白质。青春期是发育旺盛时期，体组织增长很快，性器官逐渐发育成熟。蛋白质是身体各组织的基本物质，因此应摄入足够的蛋白质以满足迅速生长发育的需求，其推荐摄入量为 1.5~2.0 g/(kg·d)。此外，在食物选择上还要注意优质蛋白质的摄入，动物性蛋白质和大豆蛋白质应占 1/2，以提供丰富的必需氨基酸。

脂肪和碳水化合物的适宜摄入量分别占总能量的20%~30%、55%~65%为宜。

由于学龄儿童骨骼生长发育快，各种矿物质需要量明显增加，为使各组织器官达到正常的生长发育水平，必须保证供给充足的矿物质。由于学龄儿童体内三大营养物质代谢反应十分活跃，学习任务重，用眼时间长，有关能量代谢、蛋白质代谢和维持正常视力、智力的维生素必须保证充足供给，尤其要重视维生素 A、B 族维生素和维生素 C 的供给。

三、合理膳食原则

学龄儿童正处于生长发育阶段，对能量和营养素的需要量相对高于成年人。全面、充足的营养是其正常生长发育，乃至一生健康的物质保障。因此，更需要强调合理膳食。

学龄期是建立健康信念和形成健康饮食行为的关键时期。学龄儿童应积极学习营养健康知识，主动参与食物选择和制作，提高营养健康素养。在一般人群膳食指南的基础上，应吃好早餐，合理选择零食，不喝含糖饮料，积极进行身体活动，保持体重适宜增长。家长应学习并将营养健康知识应用到日常生活中，同时发挥言传身教的作用；学校应制订和实施营养健康相关政策，开设营养健康教育相关课程，配置相关设施与设备，营造校园营养健康支持环境。家庭、学校和社会要共同努力，帮助学龄儿童养成健康的饮食行为和生活方式。在《中国居民膳食指南（2022）》的基础上，学龄儿童的膳食指南增加了以下 5 条核心推荐。①主动参与食物选择和制作，提高营养素养。②吃好早餐，合理选择零食，培养健康饮食行为。③天天喝乳，足量饮水，不喝含糖饮料，禁止饮酒。④多户外活动，少视屏时间，每天 60 min 以上的中高强度身体活动。⑤定期监测体格发育，保持体重适宜增长。

学龄儿童处于获取知识、建立信念和形成行为的关键时期，家庭、学校和社会等因素在其中起着至关重要的作用。营养素养与膳食营养摄入及健康状况密切相关。学龄儿童应主动学习营养健康知识，建立为自己的健康和行为负责的信念；主动参与食物选择和制作，并逐步掌握相关技能。家庭、学校和社会应构建健康食物环境，帮助他们提高营养素养、养成健康饮食行为、做出正确营养决策、维护和促进自身营养与健康。

一日三餐、定时定量、饮食规律是保证学龄儿童健康成长的基本要求。应每天吃早餐，并吃好早餐，早餐食物应包括谷薯类、蔬菜水果、乳、动物性食物、豆、坚果等食物中的三类及以上。适量选择营养丰富的食物作为零食。在外就餐时要注重合理搭配，少吃含高盐、高糖和高脂菜肴。做到清淡饮食、不挑食偏食、不暴饮暴食，养成健康的饮食行为。

乳制品营养丰富，是钙和优质蛋白质的良好食物来源。足量饮水是机体健康的基本保障，有助于维持身体活动和认知能力。饮酒有害健康。常喝含糖饮料会增加患龋齿、肥胖的风险。学龄儿童应每天至少摄入 300 g 液态乳或相当量的乳制品；要足量饮水，少量多次，首选白开水。学龄儿童正处于生长发育阶段，应禁止饮酒及含酒精饮料；应不喝含糖饮料，更不能用含糖饮料代替白开水。

积极规律的身体活动、充足的睡眠有利于学龄儿童的正常生长发育和健康。学龄儿童应每天累计进行至少 60 min 的中高强度身体活动，以全身有氧活动为主，每周至少进行 3 d 的高强度身体活动。身体活动要多样，其中包括每周 3 d 增强肌肉力量和/或骨健康的运动，至少掌握一项运动技能。多在户外活动，每天的视屏时间应限制在 2 h 内，保证充足睡眠。家庭、学校和社会应为学龄儿童创建积极的身体活动环境。

营养不足和超重肥胖都会影响儿童生长发育和健康。学龄儿童应树立科学的健康观，正确认识自己的体型，定期测量身高和体重，通过合理膳食和充足的身体活动保证适宜的体重增长，预防营养不足和超重肥胖。对于已经超重肥胖的儿童，应在保证体重适宜增长的基础上，控制总能量摄入，逐步增加身体活动时间、频率和强度。家庭、学校和社会应共同参与儿童肥胖防控。

第四节 老年人的营养与膳食

近年来，随着社会经济和医学保健事业的发展，人类寿命将逐渐延长，老年人口比例不断增大，我国进入老龄社会。截至 2021 年 5 月，我国 60 周岁及以上人口为 2.64 亿，占总人口比重的 18.7%；65 周岁及以上人口约为 1.91 亿，占总人口的比重为 13.5%。均衡合理的膳食营养有助于延缓老年人的衰老进程、促进健康和预防慢性退行性疾病，提高生命质量。

一、老年人的生理特点

1. 基础代谢降低　　进入老年期后，由于基础代谢率降低，体力活动减少，身体瘦体组织减少而脂肪组织比例增加，人体能量需求往往会减少。因此，随着年龄的增长，老年人的能量供给应适当减少。

2. 消化系统功能衰退　　包括牙齿的松动或丢失，唾液分泌和咀嚼能力的下降，感觉器官灵敏度降低，消化液、消化酶分泌量减少和消化吸收能力的减退，直肠肌肉萎缩导致排便能力降低等，这些都会影响老年人对食物种类和烹调方式的选择。

3. 内分泌功能改变　　老年人腺体逐渐萎缩，内分泌功能也相应减弱，与中青年相比体内激素水平降低。这些变化使得老年人营养缺乏和慢性非传染性疾病发生的风险增加。如性激素水平下降，使得骨钙丢失较多，尤其女性在更年期之后骨密度快速下降，易发生骨质疏松；胰岛素分泌不足，发生高血糖症或糖尿病的风险增加。

此外，老年人脂质代谢能力降低、心脑功能衰退、免疫功能下降，容易患有高血脂、高血压等慢性疾病，在膳食及运动方面更需要特别关注。

二、老年人的营养需要

1. 能量　　BMR 随年龄增长每 10 年下降约 2%，并且其下降并非线性，在 50 岁左右会有一个拐点，此外，老年人体力活动一般也相应减少。因此，与青年和中年时期相比，老年人对能量的需求降低，所以膳食能量的摄入应该以维持标准体重为目标，避免体重过高或过低而影响健康。

2. 蛋白质　　老年人机体的个体差异远高于青年人，国内外对老年人蛋白质需要量是否增加还有争议。当前我国 DRIs 中老年人的蛋白质需要量与中青年相比没有增加，但对蛋白质质量有更高要求，优质蛋白质应占 50%左右。

3. 脂肪　　老年人新陈代谢减缓，体脂肪成分增加，对膳食脂肪的消化吸收功能下降，因此，脂肪的摄入不宜过多。另一方面，老年人也需要摄入足够的必需脂肪酸，并限制饱和脂肪和反式脂肪的摄入。我国现在推荐老年人膳食脂肪供能与成人相同，占膳食总能量的 20%～30%。

4. 碳水化合物　　老年人糖耐量常有降低趋势，血糖调节能力差，容易发生血糖增高。可消化糖摄入过多还会引起肥胖、高脂血症等慢性疾病。老年人碳水化合物宏量营养素可接受范围（acceptable macronutrient distribution ranges，AMDR）应在总能量 50%～65%为宜，还应尽量避免简单糖和甜食的摄入，增加膳食纤维的摄入。这将有利于减缓血糖上升、促进胃肠蠕动，预防多种慢性病的产生。

5. 矿物质

（1）钙。随着年龄的增长，老年人对钙的吸收和储存能力下降，而户外活动的减少和缺乏日照又使维生素 D 的来源减少，也不利于钙的吸收和利用，因此容易发生钙摄入不足或缺乏而导致骨质疏松。老年人膳食钙的 RNI 高于普通成人，为 1000 mg/d。考虑到随着钙强化食品增多和钙补充剂使用越来越普遍，为避免钙摄入过量带来的不良后果，中国营养学会建议钙的 UL 为 2000 mg/d。

（2）铁。老年人膳食质量和对铁的吸收利用率均有所下降，且造血功能减退，血红蛋白含量减少，易出现缺铁性贫血；另一方面，铁摄入过多对健康也会带来不利的影响。老年人铁的

RNI 男女均为 12 mg/d，UL 为 42 mg/d。

（3）钠。钠摄入过多增加高血压、脑卒中、心血管疾病的风险。有关老年人膳食中钠的 AI，65～80 岁为 1400 mg/d，80 岁以上为 1300 mg/d。《老年人膳食指导》（WS/T 556—2017）推荐老年人每日食盐摄入量不超过 5 g。

此外，硒、锌、铜等微量元素也需要有一定的供给量，以满足机体的需要。

6. 维生素

（1）维生素 A。老年人由于代谢减缓、机体消化吸收功能减退、食量减少及高脂肪食物摄入控制，更容易出现维生素 A 缺乏。血清视黄醇水平又会影响老年人的血脂水平，还与骨质疏松、阿尔茨海默病、代谢综合征和糖尿病等慢性病的发生有相关性。因此，老年人应补充足量的维生素 A。中国营养学会建议老年人中男性和女性的 RNI 分别为 800 μg RAE/d 和 700 μg RAE/d。

（2）维生素 D。许多老年人户外活动减少，很少或根本不接触阳光，使皮肤合成维生素 D 的功能下降。此外，随着年龄的增长，肝和肾功能衰退也会导致活性维生素 D 生成减少，对维生素 D 的利用率降低，从而导致维生素 D 缺乏。维生素 D 的补充有助于老年人维持骨量和减少骨质流失，预防骨质疏松的发生。我国老年人维生素 D 的 RNI 为 15 μg/d。

（3）维生素 E。维生素 E 是非酶抗氧化系统中重要的抗氧化剂，对维持正常免疫功能、延缓衰老有重要作用。我国老年人维生素 E 的 AI 为 14 mg α-TE/d。

（4）维生素 C。具有抗氧化作用，并对保持血管壁的弹性、降低血浆胆固醇及预防动脉粥样硬化等有良好的效果。我国老年人维生素 C 的 RNI 为 100 mg/d。

（5）B 族维生素。由于老年人的能量需要量较低，如按能量需要量推算，维生素 B_1 和 B_2 的 RNI 应适当下调，但考虑到一些研究结果及维持老年人抗氧化等生理功能的需要，中国老年人维生素 B_1 和 B_2 的 RNI 与成人一致，男性和女性分别为 1.4 mg/d 和 1.2 mg/d。此外，老年人也容易出现维生素 B_{12} 缺乏，可引起巨幼红细胞贫血、神经系统损害和高同型半胱氨酸血症。目前我国老年人维生素 B_{12} 的 RNI 与成人相同，为 2.4 μg/d。

总之，老年人对各种维生素的摄入量充足，对促进机体新陈代谢、调节生理节律、增强免疫功能、延缓机体功能衰退具有重要意义。

三、老年人的合理膳食原则

与成年人相比，老年人膳食在能量和营养素摄入量，以及食物的种类、数量、加工方式上都有着特殊的要求，《中国居民膳食指南（2022）》发布了老年人膳食指南，分为 65～79 岁的一般老年人和 80 岁及以上的高龄老年人两部分。

一般老年人膳食指南有 4 条核心推荐。①食物品种丰富，动物性食物充足，常吃大豆制品。②鼓励共同进餐，保持良好食欲，享受食物美味。③积极户外活动，延缓肌肉衰减，保持适宜体重。④定期健康体检，测评营养状况，预防营养缺乏。因此，一般老年人膳食指南的实践应用原则包括以下 10 点。①食物品种丰富，合理搭配。②摄入足够量的动物性食物和大豆类食品。③营造良好氛围，鼓励共同制作和分享食物。④努力增进食欲，享受食物美味。⑤合理营养是延缓老年人肌肉衰减的主要途径。蛋白质的推荐摄入量为 1.0～1.5 g/（kg·d），有利于延缓老年人的肌肉衰减，其中来自动物性食物和大豆类食物的蛋白质占一半以上。⑥主动参加身体活动，积极进行户外运动。⑦减少久坐静态时间。⑧保持适宜体重。目前形成的基本共识是老年人的体重不宜过低，BMI 在 20.0～26.9 kg/m^2 更为适宜。⑨参加规范体检，做好健康管理。⑩及时测评营养状况，纠正不健康饮食行为。

高龄老年人膳食指南有 6 条核心推荐。①食物多样，鼓励多种方式进食。②选择质地细软、能量和营养素密度高的食物。③多吃鱼、禽、肉、蛋、乳和豆，适量蔬菜配水果。④关注体重丢失，定期营养筛查评估，预防营养不良。⑤适时合理补充营养，提高生活质量。⑥坚持健身与益智活动，促进身心健康。因此，高龄老年人膳食指南的实践应用原则包括以下 7 点。①多种方式鼓励进食，保证充足食物摄入。②选择适当加工方法，使食物细软易消化。③经常监测体重，进行营养评估和膳食指导。④衰弱及其测评。⑤合理使用营养品。⑥吞咽障碍老年人选用及制作易食食品。⑦坚持身体活动和益智活动。

第五节　运动员的营养与膳食

随着国民经济发展和人民生活水平提高，体育运动在增强人民体质和健康水平方面的作用越来越引起重视，从事各类项目的职业运动员数量也不断增多。在体育运动开展和人体机能改善过程中，除去遗传和后天锻炼的因素对不同项目运动员的训练状态或竞技能力的影响，合理的膳食营养是运动员增强身体素质、完成高强度大运动量训练、提高竞技成绩的重要基础，并对竞技后消除疲劳、加速体力恢复、加快修复受损组织、维持人体机能最佳状态等具有重要意义。

一、运动员的生理特点

运动训练和比赛时，运动员机体处于高度的生理应激状态，从而引起一系列的生理生化改变。剧烈运动时，由于肌肉组织局部血管舒张，血流阻力下降，交感神经兴奋性增强，胃肠道和消化腺体血流量减少，导致对营养素消化吸收能力减弱，而 CO_2、磷酸、乳酸、丙酮酸等酸性代谢产物逐渐在体内堆积，造成机体内环境的特殊改变。此外，运动员在强化训练期间、减重期间和从事长距离比赛后等特殊时期会出现暂时性的免疫功能下降，而中小强度的运动、日常的周期性训练及有氧运动等活动能提高机体免疫力。根据这些情况，针对不同运动项目运动员的特殊需求，提供特殊的营养供给，才能满足运动员的营养需要。

二、运动员的营养需要

1. 能量　　运动员在日常训练或比赛期间的能量代谢具有强度大、短时间内集中及伴有氧债（oxygen debt）等特点。其所需能量应考虑到机体能量的供需平衡，即运动员摄入的能量要满足日常生活、运动及与增加和/或修复肌肉组织相关的能量消耗。不同运动项目一日能量的平均需要量差异较大，具体应用时除了项目分类带来的运动强度、动作频率和持续时间差别，还要根据运动员自身生理状况造成的个体差异进行调整。近年来，对能量、物质进行科学合理的优化分布以支持不同强度与持续时间的训练引起极大关注。

2. 蛋白质　　运动员在训练和比赛过程中，肌糖原减少时，一方面，用于提供能量的蛋白质分解代谢增强，尿液及汗液中蛋白质流失增加；另一方面，对高强度运动造成的肌肉组织损伤进行修复也需要增加蛋白质供给。因此，运动员对蛋白质的需要量要高于一般人，优质蛋白质对于运动员补充损耗、增加肌肉力量、加速疲劳恢复具有重要意义。然而，蛋白质的摄入也不是越多越好，高蛋白质膳食会使氨、尿素等代谢产物大量积累，加重肝、肾负担，还会引起机体水分、矿物质尤其是钙的损失。我国推荐运动员蛋白质的适宜摄入量为总能量的 12%～15%，力量项目增加到 15%～16%，其中优质蛋白质应占 1/3 以上。在实际应用中，应结合运动员的训练状态、训练类型、训练强度和频率等情况调整蛋白质的摄入量，必要时可适量补充氨基酸强化食品。

3. 脂肪　　与碳水化合物相比，脂肪作为主要的能量营养素和贮能形式具有产生能量高、能量密度大、体积小的优势，是运动员进行运动尤其是长时间持久运动的重要能量来源。在耐久运动中过多摄入脂肪时，由于大比例脂肪代谢耗氧量增加，以及酸性代谢产物在体内蓄积，导致运动员耐力降低和体力恢复时间延长。我国推荐运动员膳食中适宜的脂肪量为总能量的25%～30%，确定脂肪摄入量还应考虑到运动项目的特点，如游泳和冬季项目中机体散热量大，膳食中脂肪比例可适当提高，但不宜超过 35%；高原训练或登山项目中机体经常处于缺氧状态，膳食中脂肪比例可比其他运动项目适当降低一些。

4. 碳水化合物　　碳水化合物是运动中的重要能源物质，由于其氧化时耗氧量少、代谢速度快、产能效率高，有助于运动员维持运动表现、延缓疲劳，从而发挥最佳的运动能力。碳水化合物的利用会受到运动员的生理状况、饮食习惯，以及从事的运动项目、运动强度和持续时间等因素影响。此外，不同种类碳水化合物的吸收与利用情况也不一样，合理选择碳水化合物的类型、浓度、剂量、口感和补充时间等也是提高其效果的重要前提。我国推荐运动员膳食碳水化合物摄入量占总能量的 55%～65%，耐力项目、缺氧项目可以增加到 70%，但应注意增加谷类和薯类食物。

5. 维生素　　由于运动员能量需要量较一般人更高，物质代谢速度加快，同时运动训练使维生素在消化道内吸收率降低，还有运动中排汗量增大等原因造成了机体需求量增加，这些因素使得运动员更容易出现维生素缺乏的情况。科学合理地补充机体所需的维生素，对维持运动员身体健康、增强运动竞技水平、加速体能恢复和延长运动寿命具有重要意义。运动员自身的生理状况、营养水平和从事项目的运动量情况不同，对维生素的需要量也不相同。

（1）水溶性维生素。运动员大量排汗时维生素 B_1、维生素 B_2 的损失量增加，这两种维生素是参与机体能量代谢的重要辅酶。维生素 B_1 缺乏引起运动后机体内丙酮酸和乳酸蓄积，对体操、游泳、乒乓球等需要保持神经系统高度紧张的项目应适当增加维生素 B_1 摄入量，以避免机体的有氧运动能力受到损害。维生素 B_2 缺乏会使运动员的有氧运动和无氧运动能力都受到损害，表现为肢体无力、耐久力下降、容易疲劳，对于年龄偏小、体能消耗大、需要控制体重和以吃素食为主的运动员都应特别注意补充维生素 B_2。维生素 C 对防止运动中肌细胞受损、缓解疲劳、组织细胞损伤的修复及改善机体免疫力等方面均有帮助。这几种水溶性维生素在赛前 10 d 应逐渐开始增加，达到饱和后再按常规需要量供给，以使其赛前在运动员体内处于饱和状态。

（2）脂溶性维生素。维生素 A 与运动员的正常视觉功能和应激反应密切相关，因此对从事射击、乒乓球和击剑等需要较高视力要求和快速敏捷反应能力的项目更为重要。维生素 A 的前体 β-胡萝卜素作为一种强氧化剂，也能有效缓解运动后肌肉酸痛，帮助机体恢复，并且相对维生素 A 还具有潜在毒性相对较小的优点。维生素 E 可以保护细胞膜不被过氧化物破坏，一些研究指出，适量增加维生素 E 的摄入能减少机体过氧化物损伤，高原训练项目可适当增加其摄入量。由于脂溶性维生素过量摄入会造成体内蓄积，严重者还会发生中毒反应，影响到机体的正常生理功能和运动能力，因此运动员应在专业人员指导下严格控制维生素补充剂的摄入量。

6. 矿物质　　运动员在高强度的运动训练或比赛时，机体大量出汗，电解质损失增加，体内酸碱平衡失调。这些导致耐力水平降低、肌肉运动协调性变差等问题，此时矿物质的需要量增加。

（1）常量元素。①运动员在常温训练时，通常不会发生钠盐和钾盐缺乏的情况，但在高气温下、大强度耐力训练时，大量的钠和钾盐通过汗液丢失。钠盐轻度缺乏会出现肌肉无力、食欲减退及消化不良等表现；严重缺乏时，可发生恶心、呕吐、头痛、腹痛、腿痛及肌肉抽搐等症状。②钾盐缺乏会使碳水化合物的利用受到抑制，ATP 合成减少，同时神经、肌肉兴奋性降低，出现食欲减退、肌肉无力和心律不齐等症状。③镁离子参与人体能量代谢过程，是维持神经、肌肉兴奋性和心脏正常节律所必需的元素；镁缺乏比较少见，如果发生会导致肌肉痉挛、食欲不振、神志不清等症状。④钙离子在维持神经和肌肉细胞兴奋性、骨骼肌收缩、细胞内第二信使作用和机体运动能力等方面具有重要作用。运动员在高温环境中训练和比赛大量出汗，极易出现钙缺乏，维持钙平衡对于保持运动能力具有重要意义。此外，运动有促进钙在骨骼中沉积的作用，很多运动员服用钙补充剂是为了提高骨密度、减少骨折的风险，而不是提高运动成绩。长期钙营养不良的运动员（尤其是女性）可出现肌肉抽搐、骨密度下降，易患骨质疏松和应激性骨折等缺乏症。

（2）微量元素。①铁对氧的运送能力及其参与氧化酶功能与运动员的耐氧能力、耐久力和运动能力紧密相关。在膳食摄入量不足、食物铁吸收率低、机体铁的丢失增加、组织储备减少等情况下，极易导致缺铁性贫血的发生，长时间耐力训练、高原低氧环境训练会加重铁缺乏的程度，尤其是女运动员和需要控制体重的运动员。运动员可以适当增加动物性食物、绿色蔬菜、豆类及其他强化铁的食物的摄入，必要时可在专职人员指导下选用铁补充剂，避免过量服用铁剂带来的副作用。②锌与维持运动员的肌肉正常代谢、提高肌肉力量密切相关。运动可明显影响锌的代谢，引起机体内锌的重新分布，使血清中锌含量发生变化，且其变化与运动类型、强度和时间等多种因素有关。长时间大运动量训练可使运动员血清锌含量处于比较低的水平，原因可能与运动中锌代谢速率加快、随汗液和尿液排出增多、膳食锌吸收率下降等因素有关。锌缺乏会出现伤口愈合速度减慢、免疫功能障碍、食欲减退、肌肉生长发育缓慢和重量减轻等症状，运动员可以通过选择富含锌的动物性食物来满足机体需要。③另外，其他矿物质如碘、硒、铬等对机体也具有重要作用，可通过合理摄入食物满足对矿物质的需求，必要时也可以通过摄入含电解质的运动饮料或含盐量较多的食物进行补充。

7. 水　运动员出汗量多少与运动强度、持续时间、热辐射、环境的温度与湿度及机体的适应能力成正比。通常在高温、高湿度的环境中进行大运动量、高强度的运动或比赛，会增加出汗量，通过呼吸道排出的水量和代谢产生的水量也增多，而排尿量却会减少。另外，若是寒冷季节，由于交感-肾上腺系统的作用，机体排尿量增多，从呼吸道、皮肤丢失的水分也会增加，也可能会造成机体的脱水。由于运动而引起体内水分和电解质丢失过多的现象称为运动性脱水（exercise induced dehydration）。水供给量应依据运动员个体情况、运动特点、训练和比赛的环境等因素制订。大量出汗后，少量多次是补液方法中最重要的一个依据，不可一次性暴饮，补液量要大于丢失水的数量。同时，还要注意补充适量的矿物质（尤其是钠离子和钾离子）和水溶性维生素，可选择合适的运动饮料（sports drink）。在运动前、运动中和运动后进行合理补液，可使运动员机体水分和电解质达到生理平衡状态。

三、不同运动项目的营养需要

肌肉的力量、耐久力和爆发力决定了运动员的体力，而神经和肌肉的协调性和反应速度决定其技巧。根据不同运动项目的特定需求，有针对性地制订膳食方案，以保证运动员在训练和比赛时保持健康状态和运动能力，从而获得最佳成绩。

1. 力量型运动项目　在举重、投掷、短跑、划船、摔跤和武术等依赖肌肉力量和肌肉爆发力完成的项目中，应最大程度地提高相对力量和神经、肌肉系统协调控制能力，并以最小体重在短时间内产生最强的爆发力。这类运动持续时间比较短，强度较大，肌肉活动过程中缺氧严重，氧债大，以 ATP-磷酸肌酸系统无氧供能为主。我国建议力量型运动项目的运动员每日蛋白质推荐摄入量为 2.0 g/kg 体重，其中优质蛋白质应占总蛋白质摄入量的 30%～50%。日蛋白质摄入量过高会引起体液酸碱平衡紊乱、尿钙丢失增多，以及肝、肾负担加重等问题。

2. 耐力型运动项目　马拉松跑、长跑、长距离自行车、长距离滑雪和长距离游泳等耐力型运动项目持续时间长、过程中无间歇，运动强度相对较小，耐力要求高，出汗量大，运动所需能量主要来源于能量物质的有氧代谢，消耗较大。影响耐力型项目训练效果和比赛成绩的主要因素为运动过程中能源物质（尤其是肌糖原）含量减少、体温升高和体液丢失等。膳食首先要满足糖类和脂肪等能量物质的补充，其中日常饮食中糖类摄入量为 8～10 g/kg 体重或占总能量摄入的 60%～70%；还应含有适量脂肪摄入，以缩小食物体积，减轻肠胃负担，脂肪供能应占总能量的 25%～30%。膳食中还应含有丰富的蛋白质、铁、钙、维生素 E、维生素 C 和维生素 B_6 等营养素，如鸡蛋、绿叶菜、瘦肉等，以保证血红蛋白和呼吸酶维持较高水平，增强机体耐力，促进疲劳消除，避免发生缺铁性贫血。此外，为促进肝中的脂肪代谢，应摄入一些富含蛋氨酸的食物，如牛乳、乳酪和牛羊肉等。应该特别注意以运动饮料和菜汤等补充形式适量补充水分，可根据训练或比赛的时间、气温等因素确定体液补充的时机、数量、频率和补液构成模式。

3. 灵敏技巧型运动项目　体操、跳水、乒乓球、花样滑冰、击剑等灵敏技巧型运动项目需要较高的协调运动能力、良好的力量、爆发力和快速适应性，能量消耗相对较少。运动过程中动作多变，需要运动员精力高度集中，造成运动员长时间处于神经活动紧张状态。此外，由于灵敏性、技巧性多与体重有关，一般情况下该类项目运动员为控制体重和体脂水平，膳食中总能量摄入较低，日常训练蛋白质摄入量占总能量的 12%～15%，减重训练期间可适当增加到 15%～20%，维生素、钙和磷等矿物质供给应充分。此外，射击、击剑和乒乓球等项目的训练常伴有运动员紧张的视觉活动，因此日常膳食中应提供富含维生素 A 或 β-胡萝卜素的食物，必要时可服用适量维生素 A 补充剂，维生素 A 的适宜摄入量为 1800 μg RAE/d。

4. 团队型运动项目　篮球、足球、排球、橄榄球和冰球等团队型运动项目形式复杂多变、运动强度大、持续时间长、团队协作要求高、能量消耗较大，要求运动员具备良好的灵敏、速度、耐力、爆发力、技巧和力量等多方面的素质。日常膳食需要根据训练和比赛运动量大小，以糖类为核心实施全面的营养补充，并在运动前、中、后期及时补充糖类和水分。

四、运动员的合理膳食原则

1. 运动员膳食指南　为了适应竞技体育的发展要求，改善我国运动员营养状况，我国专家根据运动员训练和比赛情况下的生理代谢特点、营养需要特点和存在的主要问题提出了简明扼要的膳食指南。①食物多样，谷类为主，营养平衡。②食量和运动量平衡，保持适宜体重和体脂。③多吃蔬菜、水果、薯类、豆类及其制品。④每天喝牛乳或酸奶。⑤肉类食物要适量，多吃水产品。⑥注重早餐和必要的加餐。⑦重视补液和补糖。⑧在医学指导下，合理食用营养素补充品。

2. 合理饮食要求　运动员为保持良好的竞技状态、提升运动能力，需进行长期高强度训练，机体代谢水平高于常人。其合理饮食的主要目标是维持身体良好的体能状态、取得最佳的训练效果和竞技能力，以获得优异的成绩。其合理饮食要求有：①膳食中应供应足够的能量，食物种类要多样化，膳食组成应包括《中国食物成分表》中各大类食物。②摄入营养素的数量和质量应全面满足运动员训练和比赛的需求，保证全面营养需要和适宜的比例。③运动前用餐应选择体积小、能量密度高且易消化吸收的食物，避免肠胃负担过重，并以谷类食物为主，动物性食物为辅，一般情况下每日摄入食物总重量不宜超过 2500 g。④建立合理饮食制度，三餐分配比符合运动项目训练或比赛的需要，进食时间和餐次应有规律，与训练或比赛时间相适应。

3. 运动员膳食维生素和矿物质的供给 我国运动营养学家建议的运动员膳食维生素和矿物质适宜摄入量见表6-1。

表6-1 中国运动员每日维生素和矿物质适宜摄入量

维生素	适宜摄入量	矿物质	适宜摄入量
维生素 B_1	3~5 mg	钾	3~4 g
维生素 B_2	2~2.5 mg	钠	<5 g（高温训练<8 g）
维生素 B_6	2.5~3 mg	钙	1000~1500 mg
维生素 B_{12}	2 μg	镁	400~500 mg
烟酸	20~30 mg	铁	20 mg（大运动/高温下 25 mg）
维生素 C	140 mg（赛期增至 200 mg）	锌	20 mg（大运动/高温下 25 mg）
叶酸	400 μg	硒	50~150 μg
维生素 A	1500 μg RE（视力紧张 1800 μg RE）	碘	150 μg
维生素 D	10~12.5 μg		
维生素 E	15~20 mg（高原训练 30~50 mg）		

资料来源：孙长颢，2017

4. 营养素补充剂的合理使用 运动员在进行大负荷的运动训练或比赛过程中需要消耗大量的能源物质和各种营养素，为了维持运动能力和促进运动后身体功能快速恢复，可以根据不同的运动项目特点有选择性地使用一些营养素补充剂或制剂。运动员常见的营养补充剂主要包括：①必需营养素，如蛋白质类、氨基酸类、维生素类和矿物质类。②必需营养素的中间代谢物。③条件性必需营养素，如谷氨酰胺、肌酸、左旋肉碱和铬元素等。④天然植物化学物及其提取物或混合营养液。

我国卫生部（现国家卫生健康委）在 2008 年发布了《运动营养食品中食品添加剂和食品营养强化剂使用规定》，规范了添加剂和营养强化剂在运动营养食品中使用，保障了该类食品中的添加剂和强化剂使用的合理性和安全性。在运动训练实践中，运动员应在专业人员指导下，根据身体功能的不同状态、运动训练的不同要求，遵循营养素补充适量、均衡的原则，有针对性地选择合适的营养素补充剂并合理搭配，避免过量补充出现副作用的情况。

第六节 特殊环境人群的营养与膳食

特殊环境人群是指因工作、旅游或其他原因的需要而进入一些存在着酷暑、寒冷、低氧、低气压等不利气候地理因素的特殊环境地区（如高温、低温及高原等极端环境）的人群。为了适应外部环境的变化、维持体内环境的稳定，机体在生理、生化和营养素代谢和需要上会发生一系列应激性调节反应，如不采取有效的干预措施将导致特异性病理改变或疾病。特殊环境人群需要通过合理营养与平衡膳食来增强机体对特殊环境的习服和适应能力，以维持机体的生活或作业状态。

一、高温环境人群的营养与膳食

高温环境是指在工作环境中具有产生与散发热量的设备，且工作地点平均湿球黑球温度（wet black globe temperature，WBGT）$\geqslant 25℃$（32℃以上，或气温在30℃以上、相对湿度超过80%）的生产劳动工作环境，35℃以上的生活环境也被视为高温环境。高温环境分为 3 种类型，包括夏季露天环境（如夏季田间劳动、集训和行军等露天作业）、高温强辐射环境（如炼钢、炼铁、炼焦和铸造）、高温高湿环境（如印染、造纸及夏季潜艇舱室等）。高温环境作业时，人体只能依赖大量出汗蒸发散热，以调节和维持正常体温。因此，机体在生理、生化及代谢等方面出现一系列适应性变化，进而导致对营养素代谢及需要量的特殊需求。

1. 高温环境下生理与代谢特点

（1）体液平衡。高温环境对体液平衡的影响与热辐射强度、劳动强度及湿度有关。环境温度越高、劳动强度越大，机体出汗就越多。一般高温作业工人出汗量可达 3~8 L/d。汗液中99%以上为水，0.3%~0.8%为矿物质，其中丢失最多的为钠盐（可达 20~25 g），其次为钾盐，还有钙、镁、锌、铁、铜等。此外，大量出汗丢失的还有维生素 C 和维生素 B_1、维生素 B_2 等水溶性维生素。

（2）消化系统。高温引起机体交感神经兴奋，导致胃肠道相对缺血，胃肠道蠕动功能减弱，消化腺分泌功能减退，消化液分泌量减少；由于出汗引起氯化钠大量丢失，影响了胃液中盐酸的生成，从而使胃酸的酸度降低，引起营养素的消化、吸收与利用降低；此外，高温作为热应激源对摄食中枢产生抑制，为维持机体散热，大量血液回流体表，内脏血流减少，导致食欲下降。

（3）心血管系统。高温环境下从事体力劳动时，大量出汗导致体液丢失增多，引起血液浓缩，转移到肌肉的有效血容量减少，使得心血管循环系统处于高应激状态，心率加快，心排出量往往不能维持血压与肌肉血流灌注。同时，高温可致体温升高，皮肤血管扩张，末梢阻力下降，出现血压降低，容易导致热衰竭。

（4）神经系统。高温使中枢运动神经细胞的兴奋性降低，肌肉收缩能力和协调能力下降，表现出注意力下降、反应迟钝，容易发生疲劳。

（5）泌尿系统。大量水分经汗腺排出后，肾血流量和肾小球滤过率下降，经肾排出的尿液量减少。严重时会引起水电解质平衡失调，可致肾功能不全。

2. 高温环境对能量和营养素代谢的影响

（1）能量。持续在高温环境下工作和生活，体温上升可引起机体基础代谢率增高，耗氧量加大，能量消耗增加；同时，机体在对高温进行应激适应时通过大量出汗、心率加快等进行体温调节，也会使能量消耗增加。

（2）蛋白质。高温环境下人体大量出汗，汗液中可溶性氮含量为 0.2~0.7 g/L，其中主要是氨基酸，此外还有肌酸酐、肌酸、尿素、氨等含氮物。同时，由于失水和体温升高，机体蛋白质处于高分解状态，汗液和尿液中含氮物质排出量增加，易出现负氮平衡。热习服后，蛋白质分解代谢与合成代谢趋向平衡，汗液和尿液中含氮物质排出减少，蛋白质需要量相应减少。因此，高温环境中蛋白质的需要量稍高于正常人，应增加供给量，但不宜过高，以免增加肾负担。

（3）脂肪和碳水化合物。高温环境可能通过降低食欲和消化能力影响膳食脂肪和碳水化合物的摄入。动物试验显示，高糖饲料可促进热习服与提高热耐受力，因此推荐选择富含碳水化合物而脂肪量较少的食物，以进食者接受为适宜。

（4）水和矿物质。高温环境下机体水分和矿物质丢失严重，这也是导致高温中暑的原因之一。机体失水会引起血液浓缩、循环血量减少、脉搏加快、体温增高、机体耐受力下降。汗液中含有钠、钾、钙、镁、锌、铁、铜等多种矿物质。如果大量出汗而又不及时补充，可导致机体出现矿物质缺乏和脱水。

（5）维生素。高温环境下汗液和尿液中排出水溶性维生素较多，其中维生素 C 丢失最多，其他 B 族维生素也有相应量丢失。同时，由于高温条件下能量消耗增加，与能量代谢相关的维生素 B_1、维生素 B_2 和烟酸等需要量也相对增加，高温产生的热应激还会引起维生素 C 消耗增多且需要量增加。

3. 高温环境下的营养需要与合理膳食　　高温环境人群的能量及营养素供给要适当增加，考虑到高温下消化功能及食欲有所下降，应控制脂肪的摄入量，注意选择清淡易消化的食物。

（1）满足能量和产能营养素需要。根据国家卫生健康委员会颁布实施的《高温作业人员膳食指导》（WS/T 577—2017），作业环境中 WBGT 指数超过 25℃时，工作地点温度每增加 1℃，能量摄入量应比一般人群增加 0.5%，并要求班中餐能量应达到总能量的 30%。蛋白质的推荐摄入量为 72～79 g/d，碳水化合物占总能量的 55%～65%，脂肪占总能量的 20%～30%。应适量增加优质蛋白质摄入，优质蛋白质占膳食总蛋白质的 50% 为宜，多吃鱼虾、蛋、乳、瘦肉与大豆等食物，建议每天乳类摄入不低于 300 g，每天摄入相当于 50 g 大豆的豆制品。

（2）补充水和盐。以保持机体水电解质平衡为原则，合理补充水、盐。高温作业人员工间按作业温度和强度或出汗量多少适量饮水，少量多次饮用。补盐应结合机体出汗状态，如出汗量为 3～5 L/d，需要食盐 15～20 g/d。可选择淡盐水或电解质-碳水化合物饮料进行补充，饮料中含盐量一般以 0.1%～0.2% 为宜，水或饮品温度 10℃ 左右为佳，推荐每次 200～300 mL，少量多次饮用。另外，建议钾的适宜摄入量为 2750～3200 mg/d，应注意摄入富含钾的食物（如蔬菜、水果、谷类及豆类）。钙的推荐摄入量为 1000 mg/d，铁为 16～18 mg/d。因含盐饮料接受性较差，日常补充水、盐以膳食方式比较容易接受。因此，在膳食供给中应增加汤类，如菜汤、鱼汤、肉汤交替选择。当日出汗量很大时，单纯靠膳食补充水、盐不能满足需要，要在两餐间或在高温现场及时补充含盐或电解质-碳水化合物饮料。

（3）保证充足的维生素摄入。水溶性维生素的摄入量与能量需要的增加及其随汗液丢失多少有关，可根据实际情况调整。维生素 B_1 的推荐摄入量为 1.8～2.4 mg/d，维生素 B_2 为 1.7～2.3 mg/d，维生素 C 为 130～180 mg/d。应供给富含维生素 B_1 的谷类、豆类和瘦肉类，富含维生素 B_2 的动物肝和蛋类，以及可补充维生素 C 和 β-胡萝卜素的新鲜蔬菜与水果类食物。建议每日蔬菜摄入量不少于 500 g，水果不少于 400 g，必要时可适当给予维生素补充剂或强化剂。

（4）建立良好的进餐制度。根据高温作业的强度和时间，调整三餐的进餐时间和食量。班中餐应合理搭配,满足工间能量需要且避免饱餐后进行作业。宜减少油脂的摄入;食物适当调味,并脱离高温环境用餐,以促进食欲和消化吸收。

二、低温环境人群的营养与膳食

低温环境主要是指温度在 10℃以下的外界环境。一般可以分为两种类型:低温生活环境,如寒带、海拔较高地区的冬季;低温作业环境,指必须在低温条件下工作的一些特定职业性接触低温,如在寒区驻守、冷库和冰库作业、冬季游泳及南北极考察等。

1. **低温环境下生理与代谢特点** 低温对人体的影响较为复杂,涉及低温的强弱程度、作用时间及方式等。地区低温还会影响当地的食物供应、居民的日照时间。此外,机体本身的生理状况和对低温的耐受能力也有较大差异,因而导致了机体对营养的特殊需求。

(1)消化系统。低温环境中,人体胃酸分泌量增加,酸度增强,胃排空减慢,食物在胃内消化较充分。人群观察证明寒冷环境可使食欲和体重增加。低温环境中人群比较嗜好高能量、高脂肪的食物,而且更喜摄入热食。

(2)心血管系统。低温刺激交感神经系统兴奋,可直接或反射性地引起皮肤血管收缩,导致细小动脉收缩,外周血管阻力增大;血中儿茶酚胺浓度升高,使心排血量增多、血压上升、心率加快;同时血液黏稠度增高,血凝时间缩短,血流速度缓慢,容易出现血液循环障碍,导致心脑血管病的发生。

(3)呼吸系统。冷空气的吸入刺激呼吸道上皮,同时气道阻力增大,成为冬季哮喘病发作的主要原因;低温下呼吸道及肺实质的血流亦受影响,肺实质静脉收缩,可能引起进行性肺高压,增加死亡风险。

(4)内分泌和免疫系统。低温刺激甲状腺素分泌增加,促进体内物质氧化所释放的能量以热的形式向体外发散,以维持体温恒定,机体能量消耗增加。此外,有研究表明,在冷暴露一周内免疫系统功能有所下降,随后呈逐步恢复趋势。

(5)关节与神经系统。低温环境下,关节比骨骼肌降温速度快,导致关节囊液黏度升高、活动阻力加大、灵活性减弱。长期从事低温作业时,工人肩、肘、腕、膝关节疼痛的发生率显著高于常温作业工人。低温环境还可影响神经系统,造成皮肤和肢端感觉功能下降,神经-肌肉协调性及灵活性降低,影响作业效率。

(6)体温调节系统。当冷环境强度或持续时间超过人体生理调节能力时,会引起局部体温调节和血液循环障碍,长时间寒冷可引起局部或全身的冷损伤。

2. **低温环境对能量和营养素代谢的影响**

(1)能量及产能营养素。低温环境可引起人体能量需要量增加。充足的脂肪摄入能增强人体对低温的耐受能力,考虑大量增加脂肪摄入后血脂升高的问题,应在保证碳水化合物需要的基础上,增加脂肪摄入来满足机体对能量的需要。蛋白质供给量应占总能量的 15%左右,蛋氨酸、酪氨酸能增强机体的耐寒能力,因而含蛋氨酸较多的动物性蛋白质应占总蛋白质的 50%～65%。

(2)微量营养素。低温条件下由于能量消耗增加,与能量代谢相关的维生素 B_1、维生素 B_2和烟酸的需要量也明显增加;维生素 C 可增强机体对低温的耐受能力,且寒冷地区蔬菜、水果经常供应不足,维生素 C 应额外补充;维生素 A 可增强机体耐寒能力和缓解应激反应,寒冷地区户外活动少、日照时间短,维生素 D 合成受限,也都应该适当补充。此外,低温环境下,肾泌尿作用增强,寒带地区人群的钠、钙、镁、锌、碘、氟等偏低,尤其是钠和钙,供给量应予增加。

3. 低温环境下的营养需要与合理膳食

（1）保证充足的能量和产能营养素。一般认为，低温环境下基础代谢可提高 10%～15%，总能量需要可能增加 5%～25%。我国寒冷环境下膳食产能营养素供能比例建议为：碳水化合物 45%～50%，脂肪 35%～40%，蛋白质 13%～15%。此外，应通过增加肉类、蛋类、鱼类及豆制品的摄入提供优质蛋白质。

（2）选择富含维生素的食物。低温环境中人体维生素的需要量高 30%～50%。维生素 B_1 建议摄入量为 2～3 mg/d，维生素 B_2 为 2.5～3.5 mg/d，烟酸为 15～25 mg/d。在提高耐寒能力方面，抗氧化维生素同膳食脂肪具有协同作用，建议维生素 C 补充量为 70～120 mg/d，维生素 D 为 10 μg/d，维生素 A 为 1500 μg/d。

（3）补充矿物质。注意补充钙、钾、锌和镁等矿物质，增加新鲜果蔬和乳制品的摄入。

（4）控制食盐的摄入。一般建议摄入量为 15～20 g/d。

（5）保证水的供应。低温引起机体对水的需要量增加，为防止水与电解质失衡，出现等渗或高渗性脱水现象，应保证充足的水分摄入，以保持体液平衡。

三、高原环境人群的营养与膳食

高原通常指海拔高于 3000 m 以上的地区，具有大气压和氧分压低、日照时间长、紫外线强、低气温、低湿度、昼夜温差大等特点。这些独特的地理自然环境因素对高原人群日常生活与健康状况也产生一定的影响。

1. 高原环境下生理与代谢特点

（1）内分泌系统。高原低氧环境可诱发机体产生应激反应，导致血浆儿茶酚胺水平升高，肾上腺皮质激素和皮质醇分泌增多。

（2）中枢神经系统。脑组织具有耗氧量大、代谢率高、氧和 ATP 储存少及对低氧耐受性差的特点。进入高原后，机体有氧代谢降低，脑组织能量产生障碍，引发脑功能障碍；低氧性钠泵功能紊乱引起钠和水进入脑细胞，常出现头痛、头昏、失眠等症状，严重时易引发脑水肿。

（3）呼吸系统。高原地区氧分压低，缺氧刺激机体呼吸加深、加快，肺活量、肺通气量和肺泡内氧分压增高；低氧可使肺动脉持续收缩，引起动脉肌层肥厚，血流阻力加大，造成肺动脉高压和肺源性心脏病。

（4）心血管系统。高原急性低氧时，引起心肌收缩力下降，易导致心肌功能衰竭和猝死，毛细血管损伤，形成局部血栓；长期慢性缺氧可刺激红细胞和血红蛋白增多、血浆黏稠度增加、血压异常及心脏肥大等。大气氧分压低易引起血氧含量和血氧饱和度降低，使组织细胞不能进行正常的生化代谢。

（5）消化系统。高原低氧环境暴露时，人体胃肠功能紊乱，消化液分泌减少，胃蛋白酶活性降低，胃蠕动减弱，胃排空时间延长。同时，人体还会出现食欲下降、摄食量减少及消化不良等症状。

2. 高原环境对能量和营养素代谢的影响

（1）能量和产能营养素。进入高原环境后，能量需要量增加，一般推荐摄入量比非高原人群增加 10%。由于大气中氧气含量的减少，碳水化合物的有氧代谢受阻，糖酵解增强，血糖水平降低，血中乳酸和丙酮酸含量增加，糖异生受阻，糖原合成减少。蛋白质和氨基酸分解代谢增强，尿氮排出增加，机体易出现负氮平衡。脂类代谢变化表现为分解代谢大于合成，脂肪储存量减少，血中甘油三酯、胆固醇和游离脂肪酸水平升高，体内酮体生成相应增加，严重者可引发酮血症。

（2）矿物质与维生素。高原急性低氧时，细胞外液转移入细胞内，导致细胞水肿，细胞内外电解质改变。机体出现水和电解质代谢紊乱，血钾、钠和氯含量增加；尿钾、氯排出量减少；血钙浓度增加，可能与日照有关。另外，尿液中维生素 B_1、维生素 B_2 和维生素 C 排出量增加，机体对维生素 A 需要量增加。

3. 高原环境下的营养需要与合理膳食

（1）满足能量和产能营养素的需要。能量供给在普通人群基础上增加 10%，以增加碳水化合物摄入量为主；增加鱼类、肉类、蛋类和大豆及其制品供应，以满足优质蛋白质的需求。对于慢性低氧暴露者或高原环境习服者，碳水化合物、脂肪和蛋白质比例可与平原一致，分别占总能量的 50%～65%、20%～30%、10%～15%。

（2）供给充足维生素与矿物质。高原环境下对相关维生素进行补充，可以提高机体对低氧的耐受力。同时，还要注意补充铁、锌等矿物质，以维持电解质代谢平衡。我国推荐摄入量分别为维生素 A 1000 μg RE/d，维生素 B_1 1.5～2.5 mg/d，维生素 B_2 1.5～2.5 mg/d，维生素 C 100～140 mg/d；铁 25 mg/d，锌 20 mg/d，钙 800～1000 mg/d。

（3）补充水分。适当补水可维持体液平衡，促进食欲，防止水电解质代谢紊乱，但应注意预防脑水肿和肺水肿。

[小结]

本章介绍了孕期、乳母、婴幼儿、学龄前儿童、学龄儿童、青少年、老年人、运动者及特殊职业者的生理代谢特点、营养需要、膳食指南及合理膳食。各类人群做到合理膳食才能获得长期的健康。

[课后练习]

1. 孕期营养不良对母亲和胎儿有何影响？
2. 试述母乳喂养的优点。
3. 试述孕妇和乳母的膳食原则及合理膳食。
4. 婴幼儿营养需求特点是什么？
5. 试述婴幼儿添加辅食的目的和原则。
6. 试述学龄前儿童的合理膳食原则。
7. 如何通过科学饮食预防学龄儿童肥胖？
8. 青少年的营养需求特点有哪些？如何合理膳食？
9. 老年人的营养需求特点是什么？其合理膳食原则包括哪些方面？
10. 运动员的营养需求特点是什么？其合理膳食原则包括哪些方面？

[知识链接]

1. 宝贝的五色彩虹
2. 如何科学素食

[思维导图]

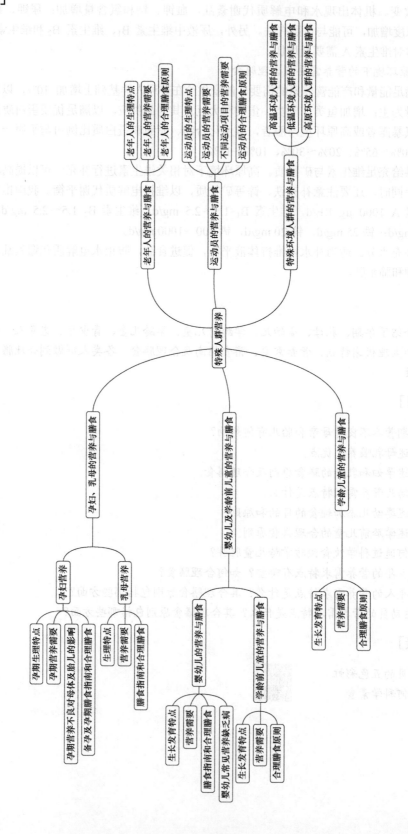

特殊人群营养

老年人的营养与膳食
- 老年人的生理特点
- 老年人的营养需要
- 老年人的合理膳食原则

运动员的营养与膳食
- 运动员的生理特点
- 运动员的营养需要
- 不同运动项目的营养需求
- 运动员的合理膳食原则

特殊环境人群的营养与膳食
- 高温环境人群的营养与膳食
- 低温环境人群的营养与膳食
- 高原环境人群的营养与膳食

孕妇、乳母的营养与膳食
- 孕妇营养
  - 孕期生理特点
  - 孕期营养需要
  - 孕期营养不良对母体及胎儿的影响
  - 孕期营养和合理膳食指南
  - 备孕及孕期膳食
- 乳母营养
  - 生理特点
  - 营养需要
  - 膳食指南和合理膳食

婴幼儿及学龄前儿童的营养与膳食
- 婴幼儿的营养与膳食
  - 生长发育特点
  - 营养需要
  - 膳食指南和合理膳食
  - 婴幼儿常见营养缺乏病
- 学龄前儿童的营养与膳食
  - 生长发育特点
  - 营养需要
  - 合理膳食原则

学龄儿童的营养与膳食
- 生长发育特点
- 营养需要
- 合理膳食原则

第七章 公共营养

随着我国城市化进程速度加快，营养相关慢性病（肥胖、高血压、糖尿病）对居民健康影响日益严重，为家庭、社会带来了极大负担。对于肥胖、糖尿病等疾病的人群，你知道如何给他们开具一个"营养处方"吗？对于社区人群，如何进行一次营养宣传教育活动？本章将介绍这些相关内容。

[学习目标]

1. 掌握营养调查、营养监测和营养教育的目的、内容及开展相关工作的方法。
2. 熟悉营养监测的一般工作程序，熟悉营养食谱的制订原则及制订方法，熟悉食品营养标签的相关内容。
3. 了解营养调查结果的分析与评价，营养立法的背景及进展。

公共营养（public nutrition）是通过营养调查、营养监测发现人群中存在的营养问题及其影响因素，在此基础上有针对性地提出解决营养问题的措施，以及为提高、促进居民健康而制定指南、政策和法规等。公共营养以人群的营养和健康为核心，追求更高的健康水平，包括延长寿命和提高生命质量。公共营养关注影响人群营养状况的多种因素，涉及社会多个部门，具有鲜明的特点。①公共营养的突出特点是实践性；②公共营养的研究对象和营养政策具有宏观性；③人们的饮食行为受社会经济、法律、政策、制度、文化、行为习惯、政治背景和宗教信仰等方面的影响，具有社会性；④公共营养涉及自然科学和社会科学的多个学科，具有多学科性。

我国公共营养工作的具体内容包括：①开展营养调查，全面了解人群膳食结构和营养状况；②开展营养监测，从环境与社会经济方面分析影响人群营养状况的因素，探讨改善人群营养状况的社会措施；③制订/修订膳食营养素参考摄入量，并应用它评价和计划膳食；④分析居民的营养状况和膳食结构，制订/修订膳食指南，倡导平衡膳食；⑤开展公共营养的科学研究，如修订食物成分表、培养与考核营养专业人才、设计与评估营养干预项目，以及开展社区营养服务等；⑥为制定国家食物与营养的政策、法规，以及协调公共营养相关部门工作提供技术咨询；⑦开展营养教育，倡议科学的饮食行为（合理选择食物、科学烹调等）和食品生产加工导向；⑧高度重视食品安全问题，为加强食源性疾病的管理提供技术咨询。

第一节 膳食营养素参考摄入量

世界各国都制定了膳食营养素参考摄入量（dietary reference intakes，DRIs）。DRIs 是营养科学的核心内容，可用于衡量群体及个体的营养素摄入水平是否适宜，也是国家制定营养政策及食物发展计划、指导食品加工、编制膳食指南的重要科学依据。

一、膳食营养素参考摄入量的概念

DRIs 是为了保证人体合理摄入营养素，避免缺乏和过量，在推荐膳食营养素供给量（recommended dietary allowance，RDA）的基础上发展起来的每日平均膳食营养素摄入量的一组参考值。全球 DRIs 大约有 100 年的研究发展历史，它由最初防治营养缺乏病的单一目标，发展到预防过量摄入营养素引起的毒副作用，再发展到预防非传染性慢性疾病（chronic noncommunicable diseases，NCD）等多种目标，在维护人类健康的研究过程中形成了一个清晰而完整的概念。1980 年，中国营养学会专家组启动了新中国 RDA 的修订工作，于 1981 年发表在《营养学报》上。2000 年第八次全国营养学术会议期间，中国营养学会发行了第一版《中国居民膳食营养素参考摄入量（DRIs）》。2013 年，中国营养学会首次修订《中国居民膳食营养素参考摄入量（DRIs）》，在第十一次全国营养科学大会上进行了主题研讨，修订后名称为《中国居民膳食营养素参考摄入量（2013 版）》。DRIs 内容包括 7 个营养素摄入水平指标：平均需要量（estimated average requirement，EAR）、推荐摄入量（recommended nutrient intake，RNI）、适宜摄入量（adequate intake，AI）、可耐受最高摄入量（tolerable upper intake level，UL）、宏量营养素可接受范围（acceptable macronutrient distribution range，AMDR）、预防非传染性慢性病的建议摄入量（proposed intake for preventing non-communicable chronic disease，PI-NCD，简称建议摄入量 PI）和某些膳食成分的特定建议值（specific proposed level，SPL）。

二、确定膳食营养素参考摄入量的方法

（一）确定营养素生理需要量的方法

微课
制定
DRIs 的
方法

DRIs 依据大量的营养科学研究成果而制定，其中的核心依据就是人体对不同营养素的需要量，以及相应的吸收利用情况。营养素生理需要量（nutritional requirement）是指机体为维持良好的健康状态在一定时期内平均每日必须获得的该营养素的最低量。

鉴于对"良好的健康状态"有不同认定标准，提出了基本需要量、储备需要量，以及预防明显的临床缺乏症需要量三个不同水平的营养素生理需要量。营养素生理需要量受年龄、性别、生理特点、劳动状况等多种因素的影响，即使在个体特征一致的群体内，由于个体生理机能的差异，营养素生理需要量各不相同。因此，不可能提出一个适用于群体中所有个体的营养素生理需要量，只能用群体中个体营养素生理需要量的分布状态概率曲线来表示。

获得营养素需要量的方法很多，如通过测量摄入量与排出量的平衡关系来确定蛋白质的需要量；通过耗竭、补充、平台饱和方法来确定水溶性维生素的需要量；通过测定人体能量消耗量来确定能量需要量。这些方法主要采用动物试验、人体代谢试验、人群观察试验和随机性临床试验进行研究。每一种研究资料都有其优势和缺陷。在探讨营养素与健康的因果关系时要综合考虑各种证据，并对资料的质量及形成的基础进行适当的审核。

（二）确定膳食营养素参考摄入量的基本原则

膳食营养素参考摄入量的制定和修订必须收集充分的、系统的营养科学研究资料，并对资料进行比较、分析和筛选，以获得可靠的科学基础。《中国居民膳食营养素参考摄入量（2013 版）》的修订过程，体现了营养学研究的理论发展与实践进步。

1. 强调循证营养学与风险评估原则

（1）循证营养学的原则。循证营养学（evidence-based nutrition，EBN）是在循证医学的

基础上发展起来的，用于营养学研究和评价的一种原则和方法。其核心内容是要求有效利用现有的资料、系统收集最佳证据，以便进行 DRIs 的制定、营养政策的制定和营养干预行动的指导。

国际组织和各国专家均强调合理选择证据和遵循一定原则。为了合理选择证据，2012 年 WHO 专门制定了《指南制定手册》；国际食品法典委员会营养与特殊膳食食品法典委员会（Codex Committee on Nutrition and Food for Special Dietary Uses，CCNFSDU）始终强调循证营养学的基本原则；美国专家强调主要应用"同行评议"（peer-reviewed）杂志发表的研究；日本学者要求应用循证营养学的系统检索方法。然而，在循证营养学研究中，如果文献检索方法有误或纳入标准不当，以及研究资料本身设计不合理，循证营养学也可能得出不合理的结论。

循证营养学是按照证据的论证强度将各种来源的研究证据分成不同等级，以便选择利用最佳的研究证据或相对优良的证据进行决策。研究资料按照从强到弱的论证强度进行分类，依次排列为：①系统评述和荟萃分析（systematic review and meta-analysis）；②随机对照研究（randomized controlled trial，RCT）；③队列研究（cohort study）；④病例-对照研究（case-control study）；⑤病例系列研究；⑥病例报告；⑦专家的想法、评论、观点；⑧动物试验；⑨体外试验。

《中国居民膳食营养素参考摄入量（2013 版）》按照循证营养学的原则，在 WHO 推荐证据等级标准的基础上，对每一项研究的证据强度（试验设计水平、研究质量）、效应量（统计学意义及临床意义）和结局变量的临床相关性进行评价，得出相应的证据等级。然后，再综合评价分析所获得该证据体的证据等级、一致性、健康影响、研究人群及适应性，形成最终推荐意见和强度。

（2）风险评估的原则。风险评估是一种系统的评估方法，用来评估人体暴露于某些危险因素后出现不良健康作用或反应的可能性和严重程度。营养领域涉及的风险问题主要是营养缺乏和营养过量引起的健康危害，而这两个方面都是 DRIs 的基本内容。因此，风险评估也是制定和修订 DRIs 需要遵循的主要原则。

2. 重视以中国居民为对象的膳食调查或营养需要量研究结果 在国家专项基金及其他研究基金的支持下，中国居民营养与健康状况监测及有关能量、蛋白质、钙、铁、硒、碘、氟及维生素 A、维生素 K 等研究都取得了显著进展。

3. 更新某些营养素的 DRIs 数值 在系统检索国内外营养学研究文献的基础上，增加了钙、磷、镁、铁、碘、铜、钼、维生素 B_6、维生素 B_{12} 和烟酸的 EAR/RNI 数值，取消饮食胆固醇的 300 mg/d 限量，增设了饱和脂肪酸和反式脂肪酸的限制量，并对蛋白质、维生素 D、锌、铬、锰、钼、碘的 RNI/AI/UL 数值进行了较大的调整。

4. 提出预防非传染性慢性病（NCD）的相关指标和数值 为了减少 NCD 对中国居民健康造成的危害，《中国居民膳食营养素参考摄入量（2013 版）》提出了预防 NCD 的建议摄入量（PI）和膳食植物化学物的特定建议值（SPL）；引入西方国家使用的宏量营养素可接受范围（AMDR）等新概念，并为某些营养素和植物化学物分别提出了这几个新指标的适用数值。

5. 方法学方面的发展 《中国居民膳食营养素参考摄入量（2013 版）》改进了 6～12 月龄婴儿适宜摄入量的推算方法，使之更符合婴儿期的正常发育特点；以更多的篇幅详细介绍 DRIs 的实践应用方法，以便于营养师等相关专业人员推广应用。

（三）确定膳食营养素参考摄入量的方法

1. **制定营养素平均需要量（EAR）的方法** 平均需要量（EAR）是指某一特定性别、年龄及生理状况群体对某营养素需要量的平均值，是制定 RNI 的基础。达到 EAR 的摄入水平，只能满足群体中 50% 个体的需要，而不能满足另外 50% 个体对该营养素的需要。

（1）制定成年人营养素 EAR 的方法。成年人 EAR 的制定采用平均值计算法。无论采用何种研究方法，得到的营养素需要量都是通过测定某个群体中的个体需要量而获得的平均数值。根据某目标群体测定的营养素需要量分布，估计其总体营养素需要量的平均值。研究显示，当样本量足够大时，人群的营养素需要量为正态分布，其平均值就是 EAR。

（2）制定能量 EAR 的方法。对于体重正常的健康成人来说，其能量的摄入量应与其能量消耗量相等，因此，测定其总的能量消耗量（TEE）就是其能量的需要量。目前直接测定成人自由活动条件下总能量消耗量的方法有双标记水法（doubly labeled water method，DLW method）（金标准）和要因加算法。要因加算法是除了美国、加拿大等国家以外相关国际组织和国家最多使用的方法，计算步骤是基础代谢率（BMR）乘以身体活动水平（physical activity level，PAL）。一般采用双标记水法对要因加算法计算获得的 TEE 进行验证。儿童能量需要量还包括组织生长需要的能量；孕妇能量需要量还包括胎儿和母体组织生长需要的能量；乳母能量需要量还包括乳汁分泌需要的能量。

2. **制定推荐摄入量（RNI）的方法** 推荐摄入量（RNI）是指可以满足某一特定性别、年龄及生理状况群体中绝大多数个体（97%～98%）需要量的摄入水平。中国营养学界多年沿用的 RDA，在概念上与 RNI 相同。事实上，RNI 超过大多数个体的营养需要，因此，当某个体的一种或几种营养素摄入量低于 RNI 时，并不一定表明该个体营养不足。

（1）当人群营养素需要量的分布为近似正态分布时，可计算出该营养素需要量的标准差（SD），EAR 值加 2 倍 SD 可计算出 RNI。

$$RNI=EAR+2SD$$

如果资料不充分、不能计算标准差，则用变异系数（coefficient of variation，CV）（一般设定为 10%）代替 SD 进行计算。

$$SD=10\% \ EAR=0.1EAR$$

$$RNI=EAR+2\times0.1EAR=1.2EAR$$

（2）当人群营养素需要量呈偏态分布时，可以将数据转换成正态分布，利用转换后的数据计算，用百分位数 P_{50} 来估算 EAR，用百分位数 $P_{97.5}$ 来估算 RNI，然后再将这 2 个百分位数换算回原始单位。

（3）值得注意的是，与其他营养素不同，能量的推荐摄入量（RNI）就是人群的能量平均需要量（EAR），不需要增加 2SD，所以对能量的推荐摄入量使用另一个术语"能量需要量（estimated energy requirement，EER）"表示。

3. **制定成年人适宜摄入量（AI）的方法** 由于某些营养素的个体需要量研究资料不足，而不能计算平均需要量（EAR），因而不能求得推荐摄入量（RNI）时，可参考其他类型的研究资料，提出适宜摄入量（AI）来代替 RNI，作为预防营养素缺乏的膳食营养素摄入目标。适宜摄入量（AI）是通过观察或实验获得的健康人群某种营养素的摄入量。例如，纯母乳喂养的足月产健康婴儿从出生到 4～6 个月，婴儿的营养素全部来自母乳。母乳中供给营养素的量就是其 AI 值。成年人 AI 是以无明显营养缺乏表现的健康人群为观察对象，通过营养素摄入量的调查得出，一般采用膳食调查中营养素摄入量的中位数值，也可以是通过实验研究或人群观察确定的估算值。

4. 制定可耐受最高摄入量（UL）的方法　　随着社会经济的发展和人民生活水平的提高，由于过量摄入营养素而引起毒副作用的问题呈现增加趋势。可耐受最高摄入量（UL）是指平均每日可以摄入某营养素的最高量。从理论上讲，UL 是人体可以长期接受的平均每日摄入营养素的最高限量。若营养素的摄入量超过 UL，则对健康的危险性随之增大。营养素的 UL 常用毒理学实验方法获得数据，主要通过营养素摄入的剂量-反应关系评估获得。首先确定未观察到有害作用的剂量（no observed adverse effect level，NOAEL），在该水平不能观察到不良效应。如果没有足够适宜的数据，也可以使用观察到有害作用的最低剂量（lowest observed adverse effect level，LOAEL）。在危险性评估的所有步骤中都存在资料不充分和推论不确定的问题，通常需要对获得的 NOAEL 进行不确定性系数（uncertainty factor，UF）调整（UL＝NOAEL/UF）。当数据资料质量较高、不良作用相对较轻而且可逆时，不确定性系数可适当小些。如使用 LOAEL 计算，则应使用较大的 UF。

如果某营养素的有害作用与摄入总量有关，则该营养素的 UL 值需要依据食物、饮水及补充剂提供的总量而定。影响营养素危害作用的因素包括个体敏感性、营养素生物利用率的影响、营养素间的相互作用。目前尚未制定 UL 的营养素，是因为有关研究资料不足，并不意味着过量摄入该营养素没有潜在的危险。

5. 确定预防非传染性慢性病营养素摄入量的方法　　由于不合理膳食对非传染性慢性病（NCD）的发生发展具有非常重要的影响，因此，一些国家在修订 DRIs 时提出了预防 NCD 的指标。《中国居民膳食营养素参考摄入量（2013 版）》引入欧美的宏量营养素可接受范围概念，并提出"预防非传染性慢性病的建议摄入量"和"特定建议值"两个新指标，以期通过调节营养素或其他膳食成分的摄入量，减少发生 NCD 的危险性。

通过对营养流行病学调查、营养干预研究、系统综述（荟萃分析）这三类研究资料的检索和分析，判别某种营养素或植物化学物与预防和控制慢性病有因果关系。在此基础上，对其有效摄入量进行比较和筛选，作为提出宏量营养素可接受范围（AMDR）、预防非传染性慢性病的建议摄入量（PI-NCD）或特定建议值（SPL）的基本依据。AMDR 指蛋白质、脂肪和碳水化合物三种产能营养素理想的摄入量范围，其显著的特点之一是具有上限和下限，达到营养素的下限摄入水平即可满足机体对该营养素的生理需要，而控制在上限水平以内则有利于降低非传染性慢性病的发生危险，常用占能量摄入量的百分比表示。PI-NCD 是以非传染性慢性病的一级预防为目标，提出的必需营养素的每日摄入量。当 NCD 易感人群的某些营养素摄入量接近或达到 PI 值时，可以降低发生 NCD 的风险。SPL 是基于营养学研究的大量证据，并结合我国居民的膳食营养特点而提出的膳食中传统营养素以外某些膳食成分的摄入量。从 NCD 预防的角度来说，其概念与 PI-NCD 类同。这个指标第一次把植物化合物等非营养成分与营养素列在一起，并提出维护健康的 6 种食物非营养成分的建议摄入量，这是 DRIs 研究发展史上的一个创新。由于婴幼儿和儿童少年阶段慢性病的研究资料很少，因此，目前没有提出未成年人的 AMDR、PI-NCD 或 SPL。

三、膳食营养素参考摄入量的再次修订

在不断出现新的科学证据背景之下，相关国际组织和不同国家根据社会的发展及饮食的变迁，定期或不定期对 DRIs 进行修订。WHO 的一些报告为全球 DRIs 制定和修订时应遵循的标准化程序与方法方面提供了纲领性的指南。目前，中国营养学会已经启动了新版 DRIs 的修订工作。在梳理和归纳美国、英国、法国、德国、日本等发达国家和地区 DRIs 修订近十年最新

工作的基础上，2021 年，中国营养学会修订专家委员会已经召开了二次会议，明确了组织机构、任务分工和实施计划，以及编写分组等重要事宜。

此次 DRIs 修订贯彻落实《国民营养计划（2017—2030 年）》精神，运用循证营养学、风险评估等原理和方法，凝集营养专家集体智慧，选择纳入近五年国内外对各种营养素 DRIs 研究的新成果，以及其他食物成分推荐摄入量的研究结果，对 60 多种营养素进行全面梳理，预计 2023 年推出更适合我国居民营养健康现状的膳食营养素参考摄入量新标准。

第二节　膳食结构和膳食指南

平衡膳食（balanced diet）是指提供给机体种类齐全、数量充足、比例合适的能量和各种营养素，并与机体需要保持平衡，进而达到合理营养、促进健康、预防疾病的膳食。它是合理营养的物质基础，因此，理想的膳食结构应该是平衡膳食。同时，平衡膳食也是制定膳食指南的科学依据和基础。

一、膳食结构

膳食结构（dietary pattern）是一个国家、一个地区或个体日常膳食中各类食物的种类、数量及其所占的比例。膳食结构的形成是一个长期的过程，受一个国家或地区人口、农业生产、食品加工、饮食习惯等多因素的影响。在没有科学设计和干预的情况下，每一种膳食模式都有着其各自的优势或不足。

（一）世界膳食结构

依据动、植物性食物在膳食构成中的比例，一般将全世界的膳食结构分为以下四种类型。

1. 经济发达国家膳食结构　该膳食结构以动物性食物为主，是多数欧美发达国家如美国和西欧、北欧诸国的典型膳食结构，属于营养过剩型膳食。该膳食结构的特点是粮谷类食物消费量小，动物性食物及食糖的消费量大。人均每日摄入肉类 300 g 左右，食糖甚至高达 100 g，乳和乳制品 300 g，蛋类 50 g。人均日摄入能量高达 13.81～14.64 MJ，蛋白质 100 g 以上，脂肪 130～150 g，以提供高能量、高脂肪、高蛋白质、低膳食纤维为主要特点。这种膳食模式容易造成肥胖、高血压、冠心病、糖尿病等营养过剩慢性病发病率上升。因此，发达国家营养专家提出一些膳食修改建议，如美国农业部专家提出了基于每日 8.37 MJ 能量的 8 大类食物膳食结构。

2. 东方膳食结构　该膳食结构以植物性食物为主，动物性食物为辅。大多数发展中国家如印度、巴基斯坦、孟加拉国和非洲一些国家等属此类型。该膳食结构的特点是谷物食物消费量大，动物性食物消费量小，植物性食物提供的能量占总能量近 90%，动物性蛋白质一般少于蛋白质总量的 10%～20%。平均能量摄入为 8.37～10.04 MJ，蛋白质仅 50 g 左右，脂肪仅 30～40 g，膳食纤维充足，来自动物性食物的营养素如铁、钙、维生素 A 的摄入量常会出现不足。这类膳食容易出现蛋白质、能量营养不良，以致体质较弱，健康状况不良，劳动能力降低，但有利于心血管疾病（冠心病、脑卒中）、2 型糖尿病、肿瘤等营养慢性病的预防。

3. 地中海膳食结构　该膳食结构以地中海命名是因为该膳食结构的特点是居住在地中海地区的居民所特有的，意大利、希腊可作为该种膳食结构的代表。该膳食结构的特点是富含植物性食物，包括谷类（每天 350 g 左右）、水果、蔬菜、豆类、果仁等；每天食用适量的鱼、禽、少量蛋、乳酪和酸奶；每月食用畜肉（猪、牛和羊肉及其产品）的次数不多，主要的食用油是橄榄油；大部分成年人有饮用葡萄酒的习惯。脂肪提供能量占膳食总能量的 25%～35%，其中饱和脂肪所占比例较低，为 7%～8%；此膳食结构的突出特点是饱和脂肪摄入量低，不饱和脂肪摄入量高，膳食含大量复合碳水化合物，蔬菜、水果摄入量较高。地中海地区居民心脑血管疾病、2 型糖尿病等的发生率低，已引起了西方国家的注意，因此，西方国家纷纷参照地中海膳食结构改进自己国家膳食结构。

4. 日本膳食结构　　该膳食结构是一种动植物食物较为平衡的膳食结构，以日本为代表。该膳食结构的特点是谷类的消费量每天 300～400 g；动物性食品消费量每天 100～150 g，其中海产品比例达到 50%；乳类 100 g 左右，蛋类、豆类各 50 g 左右。能量和脂肪的摄入量低于欧美发达国家，平均每天能量摄入为 8.37 MJ，蛋白质为 70～80 g，动物蛋白质占总蛋白质的 50%左右，脂肪 50～60 g。该膳食模式既保留了东方膳食的特点，又吸取了西方膳食的长处，少油、少盐、多海产品，蛋白质、脂肪和碳水化合物的供能比合适，有利于避免营养缺乏病和营养过剩性疾病（心血管疾病、糖尿病和癌症），膳食结构基本合理。

（二）我国膳食结构存在的问题

我国居民的营养和健康状况复杂，面临着营养不良和营养过剩双重负担。近 30 年来，我国城乡居民的膳食结构发生了显著变化。目前我国正处于膳食结构变迁的关键期，居民膳食消费水平与结构正在由温饱型向全面小康型转变，形式上表现为由"粮菜型"向"粮肉菜果"多元型和由传统家庭烹饪型向现代便捷型转变。1985～2018 年，城乡居民人均食物消费量和结构发生了较大的变化，植物性食物人均消费量有增有减，但动物性食物人均消费量均呈增加态势，城乡居民的食物消费水平差距逐渐缩小。2018 年，城镇居民的各类食物消费水平只有粮食消费量与推荐值相接近，鲜菜、鲜瓜果、食用植物油、蛋乳类消费量均低于推荐值水平，但畜禽肉的人均消费量超过了推荐值。总体上，我国居民膳食营养摄入状况仍不尽合理，脂肪摄入量过高，微量营养素缺乏状况普遍存在，食用油和食盐摄入偏高。我国超重肥胖及相关慢性病患病率持续上升，成为影响国民健康的重要因素。此外，随着生活节奏不断加快，膳食消费的便捷性不断提高，餐馆、食堂消费、外卖消费与半成品食物消费明显改变了中国居民的消费习惯，进而影响了膳食消费结构。

（三）应采取的措施

完善膳食结构、关注每个生命阶段的合理营养是提升我国居民健康的重要途径。这需要全社会、家庭和个人的共同努力。

（1）加强政府的宏观指导，建立和完善国家营养及慢性病监测体系，尽快制定国家营养改善相关法律法规。为实现"健康中国"的目标，确保营养工作的有序化开展，我国相继颁布了《中国营养改善行动计划》《中国食物与营养发展纲要（2014—2020 年）》《"健康中国 2030"规划纲要》《国民营养计划（2017—2030 年）》和《健康中国行动（2019—2030 年）》等一系列的营养健康政策。其中，《健康中国行动（2019—2030 年）》是今后推进健康中国建设的发展战略。针对重点人群、重点地区组织实施的一系列营养干预项目，充分体现了"国以民为本，民以食为天，健康以营养为先""将健康融入所有政策""将营养融入所有健康政策"等我国人民健康优先发展的战略地位。

（2）发挥农业、食品加工、销售（市场）等领域在改善居民营养中的重要作用。从全国粮食安全、碳排放、水资源等全局角度考虑，调整食物的种植和养殖种类。发展豆类、乳类、禽肉类和水产类的生产和食品深加工，提高这些食品的供给量。

（3）加强营养健康教育，广泛宣传《中国居民膳食指南（2022）》，坚持我国传统的膳食结构。提高社会各人群对平衡膳食和健康生活方式的认识，特别是要从娃娃抓起，并重点关注老年人群营养和健康。

（4）加强营养和食品领域专业队伍能力建设，培养高素质专业人才。

二、中国居民膳食指南

膳食指南（dietary guidelines，DG）是由政府和科学团体根据营养科学的原则和人体的营养需要，结合当地食物生产供应情况及人群生活实践，专门针对食物选择和身体活动提出的指导意见。中国居民膳食指南提出了我国食物选择和身体活动的指导意见，以满足 DRIs 的要求。

（一）中国居民膳食指南的修订

为了适应居民营养与健康的需要，帮助居民合理选择食物，1989 年我国首次发布了《中国居民膳食指南》，1997 年、2007 年和 2016 年进行了三次修订。2022 年，在国家卫生健康委员会指导下，中国营养学会发布了《中国居民膳食指南（2022）》。

《中国居民膳食指南（2022）》是在《中国居民膳食指南（2016）》的基础上修订的，主要内容有六大变化。一是针对饮食或我国居民营养状况新问题，新增加了健康饮食方式的建议，包括规律进餐、足量饮水、会烹会选、会看标签、公筷分餐、杜绝浪费、饮食卫生等内容，核心条目由原来六条改到了现在的八条。二是应对老龄化问题，增加了针对高龄老人的膳食指南，高龄老人指的是大于 80 岁的老年人。三是新提出了东方健康膳食模式。四是新提出了认识食物、科学规划膳食，引导和鼓励家庭实践膳食营养科学的健康行为。五是紧跟近期研究，为膳食指南基本准则提供新的科学证据。六是修订完善了膳食指南宝塔图形及食谱可视化。

（二）一般人群膳食指南

《中国居民膳食指南（2022）》郑重遴选 8 条基本准则，做为 2 岁以上健康人群合理膳食的必须遵循原则。

准则一：食物多样，合理搭配。核心推荐包括：坚持谷类为主的平衡膳食模式。每天的膳食应包括谷薯类、蔬菜水果、畜禽鱼蛋乳和豆类食物。平均每天摄入 12 种以上食物，每周 25 种以上，合理搭配。每天摄入谷类食物 200~300 g，其中包含全谷物和杂豆类 50~150 g；薯类 50~100 g。

准则二：吃动平衡，健康体重。核心推荐包括：各年龄段人群都应天天进行身体活动，保持健康体重。食不过量，保持能量平衡。坚持日常身体活动，每周至少进行 5 d 中等强度身体活动，累计 150 min 以上；主动身体活动最好每天 6000 步。鼓励适当进行高强度有氧运动，加强抗阻运动，每周 2~3 d。减少久坐时间，每小时起来动一动。

准则三：多吃蔬果、乳类、全谷、大豆。核心推荐包括：蔬菜水果、全谷物和乳制品是平衡膳食的重要组成部分。餐餐有蔬菜，保证每天摄入不少于 300 g 的新鲜蔬菜，深色蔬菜应占 1/2。天天吃水果，保证每天摄入 200~350 g 的新鲜水果，果汁不能代替鲜果。吃各种各样的乳制品，摄入量相当于每天 300 mL 以上液态乳。经常吃全谷物、大豆制品，适量吃坚果。

准则四：适量吃鱼、禽、蛋、瘦肉。核心推荐包括：鱼、禽、蛋类和瘦肉摄入要适量，平均每天 120~200 g。每周最好吃鱼 2 次或 300~500 g，蛋类 300~350 g，畜禽肉 300~500 g。少吃深加工肉制品。鸡蛋营养丰富，吃鸡蛋不弃蛋黄。优先选择鱼，少吃肥肉、烟熏和腌制肉制品。

准则五：少盐少油，控糖限酒。核心推荐包括：培养清淡饮食习惯，少吃高盐和油炸食品。成年人每天摄入食盐不超过 5 g，烹调油 25～30 g。控制添加糖的摄入量，每天不超过 50 g，最好控制在 25 g 以下。反式脂肪酸每天摄入量不超过 2 g。不喝或少喝含糖饮料。儿童青少年、孕妇、乳母及慢性病患者不应饮酒。成年人如饮酒，一天饮用的酒精量不超过 15 g。

准则六：规律进餐，足量饮水。核心推荐包括：合理安排一日三餐，定时定量，不漏餐，每天吃早餐。规律进餐、饮食适度，不暴饮暴食、不偏食挑食、不过度节食。足量饮水，少量多次。在温和气候条件下，低身体活动水平成年男性每天喝水 1700 mL，成年女性每天喝水 1500 mL。推荐喝白水或茶水，少喝或不喝含糖饮料，不用饮料代替白水。

准则七：会烹会选，会看标签。核心推荐包括：在生命的各个阶段都应做好健康膳食规划。认识食物，选择新鲜的、营养素密度高的食物。学会阅读食品标签，合理选择预包装食品。学习烹饪、传承传统饮食，享受食物天然美味。在外就餐，不忘适量与平衡。

准则八：公筷分餐，杜绝浪费。核心推荐包括：选择新鲜卫生的食物，不食用野生动物。食物制备生熟分开，熟食二次加热要热透。讲究卫生，从分餐公筷做起。珍惜食物，按需备餐，提倡分餐不浪费。做可持续食物系统发展的践行者。

（三）特殊膳食人群膳食指南

为了对特殊人群的特别问题给予指导，《中国居民膳食指南（2022）》还特别制定了孕妇膳食指南、乳母膳食指南、0～6 个月婴幼儿喂养指南、7～24 个月喂养指南、3～6 岁儿童膳食指南、7～17 岁青少年膳食指南、老年人膳食指南、素食人群膳食指南、高龄老人膳食指南 9 个人群的补充说明。新增高龄老人膳食指南的原因是我国居民人均预期寿命不断增长，高龄（80岁）老人比例逐渐增加，他们身体各系统功能显著衰退、营养不良发生率高、慢性病发病率高，对其膳食营养管理不同于刚步入老龄的人群，需要更加专业、精细和个性化的指导。除了 24 个月以下的婴幼儿、素食人群外，其他人群都需要结合膳食平衡八大准则。

（四）中国居民平衡膳食宝塔

中国居民平衡膳食宝塔（Chinese Food Guide Pagoda）（以下简称宝塔）是根据《中国居民膳食指南（2022）》的准则和核心推荐，把平衡膳食的原则转化为各类食物的数量和比例的图形化表示，体现了一个在营养上比较理想的基本食物构成。

宝塔用"塔状"表示食物类别和多少，巧妙描述和量化了膳食模式。宝塔共分 5 层，各层面积大小不同，体现了 5 大类食物和食物量的多少。5 大类食物包括谷薯类，蔬菜水果，动物性食物，乳类、大豆和坚果类，以及烹调用油、盐。食物量是根据不同能量需要量水平设计，宝塔旁边的文字注释，标明了在 6.69～10.04 MJ 能量需要量水平时，一段时间内成年人每人每天各类食物摄入量的建议值范围。第一层为谷薯类食物，建议成人每人每天摄入谷类200～300 g，其中全谷物和杂豆类 50～150 g，薯类 50～100 g；第二层为蔬菜水果，推荐成年人每天的蔬菜摄入量至少达到300 g，水果 200～350 g，深色蔬菜占总体蔬菜摄入量的1/2 以上；第三层为鱼、禽、肉、蛋等动物性食物，每天摄入 120～200 g，其中畜禽肉 40～75 g、水产品 40～75 g、1个鸡蛋（50 g 左右）；第四层为乳类、大豆和坚果，每天应摄入相当于鲜乳 300 g 的乳类及乳制品，大豆和坚果制品摄入量为 25～35 g，其中坚果每周 70 g 左右；第五层为烹调油和盐，每天烹调油不超过 25～30 g，食盐摄入量不超过 5 g。

身体活动和水的图示仍包含在可视化图形中，强调增加身体活动和足量饮水的重要性。水的需要量主要受年龄、身体活动、环境温度等因素的影响，低身体活动水平的成年人每天至少饮水 1500～1700 mL（7～8 杯），在高温或高身体活动水平的条件下应适当增加。提倡饮用白开水和茶水，不喝或少喝含糖饮料。鼓励养成天天运动的习惯，推荐成年人每天进行相当于快步走6000步以上的身体活动，每周最好进行150 min中等强度的运动。

为了更好地理解和传播中国居民膳食指南和平衡膳食的理念，《中国居民膳食指南（2022）》除了对中国居民平衡膳食宝塔进行了修改和完善外，还同时推出了中国居民平衡膳食餐盘（Food Guide Plate）。此餐盘按照平衡膳食原则，更加直观地描述了一个人一餐中膳食的食物组成和大致比例，适用于2岁以上人群。餐盘分成4部分，分别是谷薯类、动物性食物和富含蛋白质的大豆及其制品、蔬菜和水果，餐盘旁的一杯牛乳提示了其重要性。

第三节　营养调查与营养监测

为了解国民的营养和健康状况，我国于1959年、1982年、1992年和2002年相继开展了四次全国营养调查。自2002年开始，国家将营养调查与肥胖、糖尿病和高血压等慢性病调查结合在一起，合并为营养和健康调查。为了及时掌握国民在膳食模式变迁、疾病谱改变的关键时期的营养和健康状况变化，以便及时采取有效措施遏制慢性病的上升势头，2010年国家卫生部疾病预防控制局将10年开展一次的全国营养和健康调查改为常规性监测工作，每3~4年监测一个周期，并完成了2010~2013年全国31个省（自治区、直辖市）居民营养与健康监测。自2015年之后，我国相继启动了重大公共卫生服务项目《中国成人慢性病与营养监测（2015）》和《中国成人慢性病与营养监测（2018）》，开启了全国营养和健康调查的新篇章。

一、营养调查概述

营养调查（nutrition survey）是指运用各种手段准确地了解特定人群或个体的各种营养指标水平，用以判断其膳食结构、营养与健康状况。

（一）营养调查目的

营养调查的目的主要有：了解不同地区、性别和年龄组人群的膳食结构和营养状况；了解能量和营养素摄入不足、过剩导致营养问题的分布情况和严重程度；分析营养及其相关因素与营养相关疾病的关系；监测膳食结构变化并预测其发展趋势；提供居民营养和健康状况基础数据，为国家或地区制定营养政策和社会发展规划提供信息。

（二）营养调查步骤

营养调查步骤一般为：确定营养与健康调查的目的；根据调查目的确定调查对象和人群；确定抽样方法；制订工作内容、方法和质量控制措施；调查前准备包括人力和物力准备，如动员调查对象、培训调查员和准备调查所需的仪器、设备等；开展调查，包括现场调查、体格检查、样本采集与检测；数据管理、统计与结果分析；结果反馈与形成调查报告。调查方案的设计要充分考虑科学性、严谨性、可行性及其他影响调查质量的因素，如调查员的专业技能水平和调查对象的配合程度等。

（三）营养调查内容与方法

微课
营养调查
方法

营养调查的内容一般包括膳食调查、人体测量、反映营养水平的生化检验、营养相关疾病的临床检查四部分。为了综合分析人群营养与健康的关系，膳食调查和健康检查应同时进行。

1. 膳食调查　了解被调查个人、家庭或人群在一定时间内通过膳食摄取的能量、各种营养素的数量和质量，以此评价被调查对象能量与营养素需求得到满足的程度。膳食调查的方法主要有称重法、记账法、回顾法、食物频数法和化学分析法等。

（1）称重法又名称量法，指运用标准化的称量工具对各餐所吃的食物生重、熟重及剩余食物称重，根据各食物的生熟比例，即烹调前食物可食部分的重量/烹调后熟食物的重量，计算平均每人摄入的生食物重量，参照食物成分表计算平均每人每天摄入的能量和各营养素量，如被调查对象的年龄、性别、劳动强度、生理状态差别较大，则要折算成"标准人"（即轻体力劳动的 60 kg 成年男子）的每人每天能量和各营养素的摄入量。称重法的优点是细致准确，可调查 3～7 d 的膳食情况，是较为理想的膳食调查方法，适用于个人、家庭或集体单位，但耗费人力、物力，不适合大规模膳食调查。

（2）记账法指通过记录一定时间内某一集体单位（如学校、托儿所、部队等）食物消耗总量和用餐人日数，计算平均每人每天的食物消耗量。如若被调查人群的年龄、性别、劳动强度、生理状态差别较大，则要折算成"标准人"每人每天各食物的摄入量。该法操作过程简便，节省人力、物力，可调查一个月甚至更长时期的膳食。

（3）回顾法又称问询法，指被调查对象回忆调查前一日或多日的食物摄入情况，计算每人每日的能量和各营养素摄入量。一般认为成人对 24 h 内摄入的食物有较好的记忆，因此，24 h 膳食回顾调查最易取得可靠资料，简称 24 h 回顾法。该方法是目前最常用的一种膳食调查法，简便易行，但获得的资料较为粗略，有时需要特定的引导方法（如借助食物模具或图谱）和专业技巧才能获得比较准确的膳食资料。

（4）食物频数法又称食物频率法，指获得被调查对象过去数周、数月或数年内各食物消耗频率和消耗量，从而估算其长期能量和营养素摄入量。该法的优点是能够快速获得平时各食物的种类和数量，反映长期的膳食行为。食物频数法常被用于膳食与非传染性慢性疾病关系的流行病学研究。

（5）化学分析法指收集被调查对象一日中摄入的所有主副食品，采用实验室化学分析方法测定其能量和营养素含量。通常分为双份饭菜法和双份原料法，其中一份供食用，另一份供化学分析。

2. 人体测量　依据不同的年龄、性别、生理状态选择合适的人体测量指标，可较好地反映被调查对象的营养状况。常用的人体测量指标有身高、体重、BMI、腰围、臀围、上臂围度和皮褶厚度等。根据研究目的的不同，还可以选择头围、小腿围、背高、坐高等指标。

（1）理想体重也称标准体重，一般用于衡量成人实际测量的体重是否在适宜范围。常用计算公式有 Broca 改良公式和平田公式。

Broca 改良公式：

$$理想体重（kg）＝身高（cm）－105$$

平田公式：

$$理想体重（kg）＝［身高（cm）－100］×0.9$$

我国居民适用 Broca 改良公式。实际测量体重在理想体重±10%范围内为正常；＋10%～＋20%为超重；＋20%～＋30%为轻度肥胖；＋30%～＋50%为中度肥胖；＞＋50%为重度肥胖；－10%～－20%为瘦弱；＜－20%为极瘦弱。

（2）BMI 是评价人体营养状况最常用的方法之一，公式为 BMI＝体重（kg）/［身高（m）］^{2}。WHO、亚洲及我国应用 BMI 评价肥胖的标准见表 7-1。

表 7-1 WHO、亚洲及我国应用 BMI 定义肥胖的标准

地区/组织	BMI（kg/m²）			
	消瘦	正常	超重	肥胖
WHO	<18.5	18.5～24.9	25～29.9	≥30
亚洲	<18.5	18.5～22.9	23～24.9	≥25
中国	<18.5	18.5～23.9	24～27.9	≥28

资料来源：孙长颢，2017

（3）年龄别身高（height for age）、年龄别体重（weight for age）和身高别体重（weight for height）这组指标均用于评价儿童营养、发育状况。年龄别体重主要适合婴幼儿营养、发育状况评价；年龄别身高一般反映儿童长期的营养状况，用于筛查生长迟缓者；身高别体重一般反映儿童近期的营养、发育状况，用于筛查消瘦者。

（4）上臂围、上臂肌围和皮褶厚度上臂围一般测量左上臂肩峰至鹰嘴连线中点的臂围长。WHO 专家委员会推荐，1～5 岁儿童上臂围＞13.5 cm 为营养良好，12.5～13.5 cm 为中等，＜12.5 cm 为营养不良。皮褶厚度通常测量肩胛下角、肱三头肌和脐旁皮下脂肪厚度，用以估计体脂含量。女性瘦、中等和肥胖的标准分别为三个测量点皮褶厚度之和＜20 mm、20～50 mm 和＞50 mm，男性分别为＜10 mm、10～40 mm 和＞40 mm。上臂肌围＝上臂围－3.14×肱三头肌皮褶厚度，成年女子正常参考值为 23.2 cm，男子为 25.3 cm。

（5）腰围、臀围及腰臀比。腰围、臀围和腰臀比（waist-to-hip ratio，WHR）都是评价人体营养健康状况的重要指标，主要反映机体中心性肥胖（腹部肥胖）程度。腰围测量时要求被检者空腹直立，双脚自然分开 25～30 cm，平稳呼吸、不收腹、不屏气，以腋中线肋弓下缘和髂嵴连线中点水平位置为测量点。臀围以背后臀大肌最凸出的水平位置为测量点。腰臀比即腰围（cm）和臀围（cm）的比值。

3. 人体营养水平的生化检验   人体营养水平的生化检验是运用实验室检测手段评价人体营养与健康状况。评价机体蛋白质营养水平常用的生化检验指标有血清总蛋白、血清白蛋白（A）、血清球蛋白（G）、白/球（A/G）、空腹血中氨基酸总量/必需氨基酸等，评价血脂的生化指标有血清总脂、甘油三酯、胆固醇、游离脂肪酸等。

二、营养调查结果的分析与评价

分析与评价的内容主要包括以下方面。

1. 膳食结构   根据研究目的和需要对食物进行分类，实际应用中常根据"中国居民膳食宝塔"评估膳食结构是否合理。

2. 能量和营养素摄入量   通过将估算的能量和各营养素摄入量与 DRIs 比较，评价人群能量与营养素的满足程度，能量与营养素缺乏或过剩的种类、原因及发展趋势。针对个体而言，能量与营养素均为估算值，还应结合其人体测量、临床检查、生化检测等结果进行综合评价。

3. 营养相关疾病   分析评价能量和营养素缺乏或过剩导致的营养相关疾病的种类、原因、发病率和发展趋势；评价能量或营养素与营养相关病间的因果关联；发现新的营养相关疾病。

4. 其他   分析评价各餐能量分配比例，一般早、中、晚餐能量比为 3：4：3，此外，零食能量也应计入全天能量摄入中；评价不同就餐方式、烹饪加工方式等膳食习惯与营养状况的关联；针对新发现的营养问题，提出解决方案、政策方法等。

三、营养监测概述

营养监测（nutrition surveillance）又称食物营养监测（food and nutrition surveillance，FNS），指长期动态监测人群的食物消费、营养和健康状况，收集营养状况相关的环境和社会经济条件等资料，探讨从政策和干预措施上改善人群营养状况、降低营养相关疾病发病率的途径。

1. 目的　　营养监测主要目的可以概括为以下几方面：①及时掌握人群食物消费、营养状况的变化和趋势；②了解营养相关疾病的三间（时间、地点、人群）分布情况；③筛选出营养相关疾病的易感人群；④分析和评价以往营养干预措施的效果；⑤为国家制定决策和营养干预政策提供基础资料。

2. 内容　　营养监测的内容主要包括：①食物消费、能量和营养素摄入情况；②机体营养及营养相关疾病的状况；③居民膳食行为、营养知识和行为习惯的监测；④食品供应及其影响因素的监测；⑤社会经济发展水平的监测。

营养监测资料主要来源于工作调查、人口普查、营养调查、社会经济调查和相关机构（卫生系统、行政机关等）的管理记录。

四、营养监测工作程序

在实际监测工作中，营养监测包括前期准备工作和监测核心内容。前期准备包括营养监测目的的确定、监测人群和监测点的选择及监测指标的确定。营养监测的核心内容包括数据收集、数据分析与管理、信息发布及利用。

（一）目的的确定

营养监测目的直接影响监测内容的制定。营养监测工作的具体目的见本节的营养监测概述。随着社会经济和政策不断发展，每次营养监测工作的侧重点均有所不同，确定营养目的是制定监测内容和监测方案的前提。

（二）监测人群和监测点的选择

监测人群的选取和监测点的选择是营养监测工作的重要环节，直接关系到监测工作的成败。根据监测目的，监测人群可选择全人群、青少年、孕产妇等，既要确保样本具有代表性，还要考虑可行性，避免过多的人力和物力消耗。监测点的选择可采用随机抽样或其他抽样方法，要保证监测工作保质保量地完成及收集到准确、可信的数据。监测点的确定通常考虑以下基本条件：领导重视、组织和监测工作网络健全；制度健全，包括工作制度、工作程序和质控、考核制度及资料管理制度；具备经过培训的专业人员。当抽到的监测点无法胜任营养监测工作时，可按照一定的抽样要求和方法在同类地区调换。确定的监测点经过建设后才能成为合格的监测点，包括完善工作制度、配备必要设备和人员培训等。

（三）监测指标的确定

根据监测目的和监测人群选择监测指标。监测指标的确定要充分考虑指标的灵敏度、特异度和可行性。指标过多、指标监测消耗的人力和物力过大、指标损伤性大和调查对象接受程度低等，均可导致监测工作不易进行。常用营养监测指标包括健康指标、饮食行为和生活方式指标及社会经济指标。

1. 健康指标　　营养监测中采用的人体测量、临床检查和生化测量均可作为健康指标。常用的健康指标主要有体重、身高、腰围、新生儿体重、婴儿喂养方式/哺乳方式、0～4 岁婴幼儿死亡率等。根据研究目的，还可选择上臂围、血清维生素 A、血清维生素 D、血红蛋白等特殊附加的指标。针对肥胖和慢性非传染性疾病的监测指标通常选择 BMI、血清总胆固醇、甘油三酯、高/低密度脂蛋白、血压、三头肌皮褶厚度及慢性病死亡率等。

2. 饮食行为和生活方式指标　　饮食行为和生活方式直接影响人们的食物选择、能量和营养素摄入，因而与许多营养相关疾病的发生和发展有关。常用的监测指标包括体力活动、饮酒、吸烟、生活规律和营养相关知识、态度与行为的变化等。

3. 社会经济指标　　社会经济指标主要包括：无形财富，如受教育程度等；物质财富，如储蓄存款、个人收入、耐用消费品（机动车、电脑）和设备（经商用具、农具）、住房；自然财富，如土地面积。监测个人收入常用的指标包括 Engel 指数、人均收入、人均收入增长率和收入弹性。该项资料主要来源于国家或地区统计局、国家发展和改革委员会。

（1）Engel 指数。食物支出占家庭总收入的比重称为 Engel 指数，也叫恩格尔指数。Engel 指数＝（用于食品的开支/家庭总收入）×100%，该指标是衡量国家或地区人群消费水平、贫穷富裕的重要指标。Engel 指数＞60%为贫困，50%～59%为勉强度日，40%～49%为小康水平，30%～39%为富裕，＜30%为最富裕。

（2）人均收入和人均收入增长率。人均收入为实际收入与家庭人口数的比值，人均收入增长率（%）＝［（第二年度人均收入－第一年度人均收入）/第一年度人均收入］×100%。此项指标的监测数据可采用国家统计局制定的住户基本情况和现金收支调查表收集。

（3）收入弹性（income elasticity）。收入弹性指食物购买增长率（%）与收入增长率（%）的比值。该指标在富裕地区值较小，美国为 0.1～0.4；在贫困地区为 0.7～0.9，即收入增长10%时，食物购买率增长率为 7%～9%。

除上述指标外，社会经济指标还包括：环境指标，如垃圾处理、供水、拥挤情况等；其他服务指标，如信贷、卫生机构等。

（四）监测的数据收集和分析

监测数据可通过人口普查、国家卫生行政部门常规收集资料、政府部门统计资料和社区档案资料收集，也可在监测过程中调查收集相关资料，如食物消费、能量和营养素摄入、体格检查和生化指标等。为收集准确、完整、可靠的数据，营养监测全程均应进行全面系统的质量控制。根据监测数据的性质、人群、食物和营养素摄入等，可采取多种方法进行数据分析，常用的分析方法有描述性分析、趋势性分析及干预性分析。

（五）营养监测资料的信息发布及利用

营养监测数据分析结果可通过正式或非正式营养状况报告、监测系统或以出版物形式发布。利用监测数据可以发现营养相关疾病的高危人群；监测食物的生产和销售；制定营养干预政策、相关法律和指南；开展营养科学研究；建立国家营养信息系统，加强营养信息交流和共享。

第四节　营养改善措施

为了促进居民合理膳食、提高营养与健康水平，我国于 2010 年 9 月 1 日起实施《营养改善工作管理办法》。其中将营养改善工作定义为："为改善居民营养状况而开展的预防和控制营养缺乏、过剩和营养相关疾病等工作。"营养改善的措施包括政策措施和社会措施，政策措施主要指营养相关法律、法规、政策的制定和实施，社会措施主要包括营养教育、营养配餐（食谱的制定）、慢性病的营养干预、食品营养强化（见第四章第九节）等。

一、营养教育

WHO 将营养教育（nutrition education）定义为："通过改变人们的饮食行为而达到改善营养目的的一种有计划的行动。"我国卫生行业标准《营养名词术语》（WS/T 476—2015）将营养教育定义为："一种经常性营养干预工作，即通过信息交流，帮助居民获得食物和营养知识、了解相关政策、养成合理饮食习惯和健康生活方式的活动。"营养教育具有多途径、低成本、高收益的特点，是世界公认的最值得提倡的营养改善措施。

（一）目的

营养教育的目的是通过普及营养健康知识、传授相关操作技能、提供必需的膳食服务，使个体、人群合理调整膳食结构、纠正营养素缺乏和过剩、养成良好的生活（饮食）方式和健康行为，进而达到降低营养相关疾病风险的目的。

（二）主要内容

营养教育的主要内容包括：营养健康知识；良好生活方式和健康行为；中国居民膳食指南和中国居民膳食宝塔；居民营养状况及发展趋势；我国营养相关疾病状况及发展趋势；营养相关疾病预防和控制的营养措施；营养政策、法律和法规。

（三）开展营养教育的步骤和方法

1. 制订营养教育计划　　根据教育目的和受教育人群特征，有针对性地制订完整的营养教育计划，包括应传播的营养健康知识、效果评价、经费预算等。

2. 选择并准备营养教育所需材料　　根据确定的教育内容和受教育人群特征，选择和准备教育所需材料，可选择面对面交流、讲课、小册子、录像带等形式，内容保证科学性的同时要通俗易懂、图文并茂。通常，准备好材料后要进行预实验，获得受教育对象的反馈意见，以便进一步完善。

3. 实施营养教育计划　　宣教过程中要注意观察个体或人群对教育内容的接受和理解程度。

4. 营养教育评价　　营养教育评价包括近期、中期和远期效果评价。近期主要指知识、信息、态度变化；中期主要指行为、危险因素变化；远期主要指健康状况和生活质量变化，如身高、体重、卫生保健、寿命等。

二、营养配餐

营养配餐指根据人体营养需要及各食物能量、营养成分含量和质量，设计一天、一周、半月、一个月或一段时间的营养食谱，以达到个体或人群膳食结构合理、能量和营养素摄入适宜等平衡膳食的要求。

（一）营养食谱的制定原则

根据《中国居民膳食指南（2022）》，膳食应满足机体能量和各营养素（蛋白质、脂肪、碳水化合物、矿物质元素和维生素等）的要求，食物种类要多样，数量要适宜，既要充足又要防止过量；食物选择要考虑季节、市场供应情况；食物搭配要合理；各营养素比例要适宜；各餐能量分配要合理；注意饮食习惯、食物烹调方式及口味；兼顾经济条件。

（二）营养食谱的制定方法

1. **计算法** 根据个体年龄、性别、身高、体重、体力活动，计算以下供给量：平均全日能量供给量；宏量营养素全日应提供能量；供能营养素（蛋白质、脂肪和碳水化合物）全日需要量；功能营养素每餐需要量；主、副食品种和数量。根据以上计算数据设计营养食谱后，还要对食谱进行评价和调整，确保食谱科学合理。

2. **食物交换份法** 这是国内外普遍使用的食谱编制方法，简单实用、易操作，可实现多样化配餐。将常见食物按其营养素量的近似值归类，根据《中国食物成分表》计算每类食物每份（377 kJ）所含的营养素量和重量，供交换使用，如谷薯类食物交换平均重量为 25 g，肉蛋类为 50 g。使用时，根据不同的营养素和能量需要，按食物交换份表选择食物（表 7-2）。

表 7-2 食物交换份表

组别	食物类别	每份重量（g）	能量（kJ）	蛋白质（g）	脂肪（g）	碳水化合物（g）
谷薯组	谷薯类	25	376.73	2	/	20
蔬菜组	蔬菜类	500	376.73	5	/	17
	水果类	200	376.73	1	/	21
肉蛋组	肉蛋类	50	376.73	9	6	4
	大豆类	25	376.73	9	4	6
	乳类	160	376.73	5	5	/
油脂组	坚果类	15	376.73	4	7	2
	油脂类	10	376.73	/	10	/

资料来源：付苗苗和徐凤敏，2014

三、食品营养标签

为了促进居民膳食平衡和身体健康，2021 年，国家卫生健康委发布了《食品安全国家标准 预包装食品营养标签通则》（征求意见稿），以下简称《通则》。食品营养标签是预包装食品标签的重要部分，指为消费者提供食物营养成分信息和特性的描述与说明，如文字、图形、符号等。食品营养标签包括营养声称、能量和营养成分功能声称、营养成分表及其他补充信息。

（一）目的及意义

1. **引导消费者合理选择食品，促进平衡膳食** 食品营养标签作为生产者与消费者之间的信息传播手段，不仅可以普及营养知识，还可以指导消费。当前，我国存在营养缺乏和营养过剩的双重问题，这与科学合理选择食物密切相关，营养标签将有效预防和控制营养相关疾病的发生和发展。

2. **保护消费者知情权、选择权** 营养标签是消费者选购预包装食品的主要参考依据。目前，越来越多的消费者关注食品营养标签，这有利于营养知识的宣传和普及。

3. **促进食品贸易** 国际上大部分国家均十分重视预包装食品营养标签，《通则》规范了我国企业正确标注食品营养标签，有利于食品产业的高速发展和国际食品贸易的开展。

（二）内容与要求

《通则》规定了预包装食品营养标签的基本内容（可选择的标识内容、强制标识内容）、标识要求和格式（范围、术语和定义、营养成分表达方式）及豁免强制标识的食品。此外，《通则》还包含四个附录：食品标签营养素参考值（nutrient reference value，NRV）及其使用方法，营养标签格式，能量和营养成分含量声称和比较声称的要求，条件和同义语及能量和营养成分功能声称标准用语。

1. **营养成分表** 该表指标注食品营养成分名称、含量及其占 NRV 百分比的规范性表格。强制标识的内容有：能量、核心营养素（蛋白质、脂肪、碳水化合物和钠）含量及其占 NRV 的百分比；营养声称、营养成分功能声称的其他营养素的含量及其占 NRV 的百分比；营养强化食品中该营养成分的含量及其占 NRV 的百分比；使用氢化和（或）部分氢化油脂的食品还应标识反式脂肪（酸）的含量；能量和营养成分的含量应以每 100 g 和（或）每 100 mL 和（或）每份食品可食部中的具体数值来标示，以每份可食部进行标示时，应在同一版面标明每份食品的质量或体积；预包装食品应明确标示。

2. **营养声称** 营养声称指对食品营养特性的描述、声明，包括含量声称和比较声称。使用营养声称时，必须在营养成分表中标注该营养成分的含量及其占 NRV 的百分比。

（1）含量声称。含量声称指对食品中能量和营养素含量水平的描述。声称用语包括"含有""高""低"或"无""来源""富含""不含"等，如高蛋白质、富含蛋白质、低糖等。若 100 mL 液态乳或酸奶的脂肪含量≤0.5 g，或 100 g 乳粉的脂肪含量≤1.5 g，这时可以标注"脱脂"。

（2）比较声称。比较声称指与消费者熟知的食品的能量和营养素含量进行比较之后的声称。声称用语包括"增加""减少"等，如减少钠、减少脂肪、增加膳食纤维等。

3. **营养成分功能声称** 营养成分功能声称指某营养成分可以维持人体正常生长、发育和正常生理功能等作用的声称。功能声称标准用语包括"适当能量可以保持良好的健康状况""饱和脂肪酸摄入过多有害健康"等。标准用语不得随意编写，不得添加或删减，具体标准用语参照《通则》规范使用。

食品企业必须按照《通则》规定进行营养标签标识，内容客观真实，不得弄虚作假，不得夸大营养作用，标注形式清晰、醒目、持久。营养标签的标注应使用中文或中文附加相应的英文，标注顺序应符合《通则》规定，不得按营养素含量或重要性等顺序标注。营养标签应标注在食品最小销售单元的包装上。

四、营养立法

随着食品工业不断发展、人民生活水平不断提高，我国面临的营养问题日益凸显。营养相关疾病（肥胖、高血压、糖尿病、冠心病、脑卒中等）发病率呈大幅增长趋势；同时，我国个别贫困地区仍存在营养缺乏的情况。面对我国营养缺乏和营养过剩并存的现状，我们势必要开展长期、繁重、复杂的营养工作。营养立法是做好营养工作的前提，推进营养法制化管理，明确政府、企业等诸多单位的法律职责，才能保障营养改善工作能够高效开展，切实解决我国营养问题，最终实现健康中国、社会和谐发展。

自 20 世纪 80 年代起，营养学者和社会人士就纷纷呼吁营养立法。1988 年，在卫生部（现国家卫生健康委）领导下，营养专家起草了"中华人民共和国营养管理条例"，规定了营养调查、国民营养改善及营养管理机构，但因种种原因，该条例并未被采纳。1993 年，经国务院批示，《中国营养改善行动计划（1996—2000 年）》起草小组成立。1997 年，为落实该计划，国家卫生行政部门制定了《营养师法》。2001 年，在中国营养学会的牵头下，营养专家再次启动营养立法提案相关工作。自 2002 年起，营养专家联合各地政协、人大代表，向全国政协、人大进行营养立法提案。2004 年，温家宝总理提出"先从条例入手，试行一段时间后正式立法"的建议。2005 年,《中华人民共和国营养条例(草案)》初稿完成,于 2006 年暂命名为《营养改善条例》;该条例尚未列入国务院的立法工作计划,其上报立法工作继续进行。为促进营养立法工作进一步开展,2009 年,卫生部(现国家卫生健康委)启动并制定了《营养改善工作管理办法》,并于 2010 年 9 月 1 日起实施。《营养改善工作管理办法》包含七章三十六条,明确规定了营养改善的定义、工作的组织和实施、营养监测、营养教育及营养指导与干预等内容。

[小结]

本章介绍了公共营养的内容和特点、DRIs 概念及应用、膳食结构和膳食指南、营养调查和营养监测,以及人群营养改善措施(营养教育、营养配膳、慢性病营养干预、食品营养强化、食品营养标签等)。本章目标是培养学生公共营养思维和技能。

[课后练习]

1. 如何正确看待膳食参考摄入量中的适宜摄入量(AI)?
2. 如何理解平衡膳食八准则中"公筷分餐,杜绝浪费"?
3. 常用的膳食调查方法有哪些?
4. 常用的人体测量指标有哪些?
5. 常用的编制食谱的方法有哪些?

 [知识链接]

《中国居民营养与慢性病状况报告(2020 年)》

[思维导图]

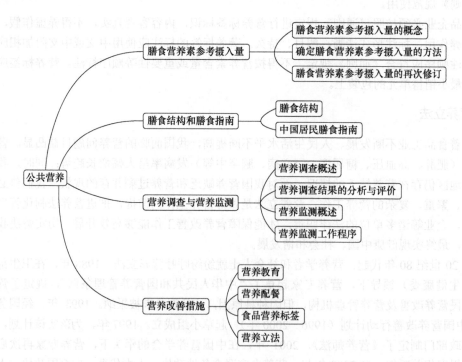

第八章　营养与健康

[兴趣引导]

　　《"健康中国 2030"规划纲要》指出：健康是促进人的全面发展的必然要求，也是广大人民群众的共同追求。随着中国经济的腾飞，人民不仅要求吃饱吃好，更希望吃得营养和健康；然而经济发展也伴随着巨大的社会压力，约 70%国民处于"亚健康"状态。长期的亚健康状态往往是各种疾病如肥胖、糖尿病、高血压的先兆。作为与亚健康关系最为紧密的因素之一，膳食营养在改善亚健康状态中发挥着重要的调控作用。通过了解不同食物的功能特性，因人而异地调整饮食结构，使膳食方式更加科学合理，是满足国民对健康的追求，落实"健康中国"等国家战略的重要举措。

[学习目标]

1. 掌握肥胖、糖尿病、高血压、骨质疏松和肿瘤的膳食风险。
2. 掌握肥胖、糖尿病、高血压、骨质疏松和肿瘤的营养需求及营养防治策略。
3. 熟悉亚健康、肥胖、糖尿病、高血压、骨质疏松、肿瘤等的定义及其判定标准。
4. 了解营养相关疾病的流行病学特点。

第一节　营养与亚健康

一、概述

　　1990 年，世界卫生组织（WHO）将健康定义为："躯体健康、心理健康、社会适应良好和道德健康四个方面皆健全。"根据这一界定，经过严格的统计学统计，人群中真正的健康者（即第一状态）和患病者（即第二状态）所占比例不足 1/3，有 2/3 以上的人群处在健康和患病之间的过渡状态，WHO 称其为第三状态，国内常常称之为亚健康状态（subhealth）。亚健康是指人体处于健康和疾病之间的一种健康低质状态及其体验。处于亚健康状态者，未达到健康的标准，表现为一定时间内的活力降低、各种功能和适应能力不同程度地减退。亚健康的主要特征包括：身心上不适应的感觉所反映出来的种种症状，如疲劳、虚弱、情绪改变等，其状况在一定时期内难以明确；与年龄不相适应的组织结构或生理功能减退所致的各种虚弱表现；微生态失衡状态；某些疾病的病前生理病理学改变等。亚健康在临床上的主要表现有疲劳、失眠、健忘、食欲缺乏、烦躁不安、抑郁或消极、焦虑不安、头晕、心悸气短、大小便异常、性欲低下、免疫功能下降等（表 8-1）。

表 8-1　亚健康的临床表现

范围	表征
躯体	疲乏无力、肌肉及关节酸痛、头昏头痛、心悸胸闷、睡眠紊乱、食欲不振、脘腹不适、便溏便秘、性功能减退、怕冷怕热、易于感冒、眼部干涩等

续表

范围	表征
心理	情绪低落、心烦意乱、焦躁不安、急躁易怒、恐惧胆怯、记忆力下降、注意力不能集中、精力不足、反应迟钝等
社会交往	不能较好地承担相应的社会角色，工作、学习困难，不能正常地处理好人际关系、家庭关系，难以进行正常的社会交往等

国内对亚健康的研究多限于横断面调查，使用的工具多为自评量表或调查问卷，调查对象涉及教师、公务员、企业人员、社区居民、医务人员等不同人群。由于各研究采用的亚健康定义不统一，应用的调查问卷或量表不统一，因此各研究报道的亚健康检出率在 20%～80%，差异较大。亚健康检出率在不同性别、年龄、职业上也存在一定差异，一般女性的检出率高于男性，40～50 岁年龄段较其他年龄段高发，教师、公务员高发。

根据亚健康状态的临床表现，将其分为以下几类：①以疲劳，或睡眠紊乱，或疼痛等躯体症状表现为主；②以抑郁寡欢，或焦躁不安、急躁易怒，或恐惧胆怯，或短期记忆力下降、注意力不能集中等精神心理症状表现为主；③以人际交往频率减低，或人际关系紧张等社会适应能力下降表现为主。上述 3 条中的任何一条持续发作 3 个月以上，并且经系统检查排除可能导致上述表现的疾病者，可分别被判断为处于躯体亚健康、心理亚健康、社会交往亚健康状态。临床上，上述 3 种亚健康表现常常相间出现。

二、亚健康的病因学研究

目前认为亚健康的发生可能与个人的生理状况、心理状况、职业情况、居住环境、社会环境及不良生活和工作方式等多种因素有关。导致亚健康的原因主要有以下几个方面：①过度疲劳造成的精力、体力透支；②人体自然衰老、机体器官开始老化引起的体力不支；③现代身心疾病如心脑血管疾病、肿瘤等的潜临床或前临床状态；④人体生物周期中的低潮导致维持生命的器官运行和新陈代谢等生物节律的紊乱；⑤个人的不良生活方式；⑥社会环境及人性需求产生的压力；⑦环境污染的影响。

亚健康状态的发病机制是很复杂的，可能与神经系统、内分泌系统和免疫系统紊乱相关。研究认为，亚健康状态的病理生理基础是微循环障碍。人体是一个有机的整体，人体运动牵涉全身各组织器官和系统，如心血管系统、呼吸系统、泌尿系统、内分泌系统、感觉系统等都会发生相应的机能变化，且相互配合，共同完成人体各项生理活动。按照生理学机制，快节奏的生活作为一种刺激，将引起交感神经兴奋后肾上腺皮质系统分泌增加，血中肾上腺素、糖皮质激素等升高，呼吸、心率加快，血糖升高等，这本来是机体的一种"应激"反应或是一种保护性机制；若这种刺激是长期性的，将引起交感功能长期亢奋，疲劳而失调，引起不良反应。有研究认为，躯体和心理应激均能在下丘脑-垂体-性腺轴多水平抑制或损害生殖内分泌功能，尤其是女性生殖内分泌功能，从而导致亚健康状态。

三、饮食营养与亚健康

（一）饮食营养对亚健康的影响

亚健康状态如调理得当会向健康发展，否则将会导致疾病的发生。营养摄入失衡会引起亚健康，如肉类及油脂消费过多，谷类食物消费偏低，维生素和矿物质等微量营养素摄入不足，高盐高糖饮食等不合理的饮食结构都会引起机体的亚健康状态。高能量高脂肪膳食与超重、肥胖、糖尿病和血脂异常的发生密切相关；高盐饮食与高血压的患病风险密切相关；酗酒与高血压、血脂异常的患病危险密切相关；油炸类食品、腌制类食品、方便类食品等与肥胖发生密切相关，也是致癌的危险因素。可见营养均衡对改善亚健康状态非常重要。人体的自我调节能力是与亚健康密切相关的内部因素，要摆脱亚健康的困扰，应当改善饮食结构。机体需要营养均衡，合理膳食应该由多种食物组成，要兼顾食物的质和量。生活中我们要戒烟限酒，合理安排作息时间，顺应自然和季节变化，不妄作劳。

此外，保持乐观、平和的心态也很重要。正如《黄帝内经·素问·上古天真论》云："恬淡虚无，真气从之，精神内守，病安从来"。第一，要保持心态平衡。真正心理健康者应该是内心世界丰富、精神生活充实、潜能充分发挥、人生价值能够完全得以体现的人。但生活及社会的压力使得人们往往偏离轨迹，因此，正确面对压力，提高自身的心理承受能力和调节能力，保持良好的心态和稳定的情绪，是走出亚健康的关键之一。第二，运动可保持体力和脑力协调、提高心肺功能、增强免疫力、调节内分泌紊乱。目前，有氧运动已被越来越多的人所接受。运动贵在坚持，重在适度。应积极运用运动疗法进行亚健康的防治。

（二）亚健康的饮食营养预防

1. 均衡营养、合理膳食　　形成良好的饮食习惯是一个长期行为，合理营养是保持健康的物质基础。中国营养学会发布的《中国居民膳食指南（2022）》提出平衡膳食八准则，详见第七章第二节。此外，对于人体而言，维生素 C、B 族维生素与铁十分重要，许多脑力劳动者的日常饭量小、运动量少且食物日渐精细化，长此以往将导致人体缺乏所必需的维生素及矿物质。为帮助这类人群尽快摆脱亚健康状态，需要适当补充维生素和矿物质，进而改善体质，增强抵抗力，铸就健康体魄。

2. 改善亚健康的食物　　食补是调理亚健康状态的重要途径。百合、茯苓、桂圆、大枣可治疗无力、气虚和疲劳；养心可食用小米粥、小枣粥；睡眠不佳可食用具有安神效果的百合、茯苓、莲子，还可发挥消食健脾的效果。针对性功能降低者，为更好地调节性功能，可食用一些韭菜、羊肉与狗肉等，补充必要的维生素。对于经常使用电脑或从事文字工作者，常存在记忆力减退和视力下降等情况，为有效补充维生素 A，可食用猪肝、鳗鱼、鱼肉等；学生与经常坐办公室的人会缺乏维生素 D，可多食用鸡肝、深海鱼等。对于神经衰弱者可长期食用含百合、大枣、莲子、龙眼肉、糯米等的粥。为有效维持体内的钙平衡，人们可食用小虾、乳制品、牛乳、酸奶等富含钙质的食物，以此对各类职业病进行有效的预防与控制，如腰腿痛、颈椎病等。

第二节　营养与肥胖

一、概述

（一）肥胖定义

肥胖是指由多因素引起，因能量摄入超过能量消耗，导致体内脂肪积累过多、达到危害健康的一种慢性代谢性疾病。肥胖是目前常见的慢性代谢性疾病之一，由遗传因素、环境因素等多种因素相互作用引起。《中国居民营养与慢性病状况报告（2020 年）》显示，中国 18 岁及以上居民男性和女性的平均体重分别为 69.6 kg 和 59 kg，与 2015 年的数据相比分别增加 3.4 kg 和 1.7 kg。中国成年居民超重肥胖率超过 50%，6～17 岁的儿童青少年超重肥胖率接近 20%，6 岁以下的儿童超重肥胖率达到 10%。肥胖人群特别是儿童期肥胖数量的激增，直接增加成年期的慢性疾病发病风险。肥胖及其相关疾病已成为全球性重大公共卫生问题。WHO 调查显示：2016 年，全世界约有 13%的成人（男性为 11%，女性为 15%）肥胖，全球肥胖流行率自 1975 年至 2016 年增长近 3 倍。2019 年，估计有 3820 万名 5 岁以下儿童超重或肥胖。一度被视为高收入国家问题的超重和肥胖，如今在低收入和中等收入国家呈上升发展趋势。2016 年，《柳叶刀》发表全世界成人体重健康水平调查报告，全球肥胖人口数量已经超过体重正常人口，全球肥胖问题形势严峻。而中国肥胖人群的绝对数量第一次超过美国，变成全世界肥胖人口数量最多的国家，其中，肥胖男性 4320 万人，肥胖女性 4640 万人。据国家数据显示，1991～2018 年，中国肥胖率和超重率一直居高不下，肥胖率和超重率正以惊人的数字增长（图 8-1），因此国民健康形势不容乐观。

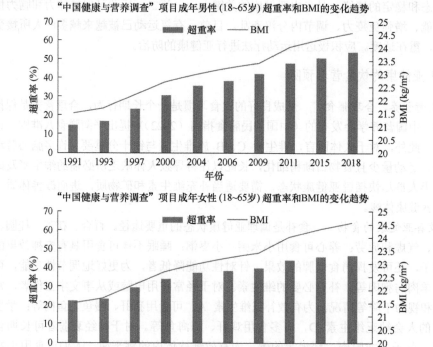

图 8-1　1991～2018 年中国成年人超重率和 BMI 变化趋势（9～15 个省监测结果）
（引自中国营养学会，2022）

　　我国政府高度重视国民肥胖问题，《"健康中国 2030"规划纲要》和《国民营养计划（2017—2030 年）》都强调了控制居民超重、肥胖的增长速度。国家卫生健康委员会联合相关部门积极推进"三减三健"的全民健康生活方式行动。

（二）肥胖的判定标准

　　目前关于肥胖的判定标准主要有以下几种。
　　1. 体重指数　　体重指数是目前国际上常用的衡量人体胖瘦程度的一个标准。该标准不仅简单易行，并且与体脂有良好的相关性，适用于 18～65 岁人群。其计算公式为：体重指数（BMI）＝体重（kg）/［身高（m）］^{2}。由于 BMI 不能对肌肉质量和脂肪质量进行区分，也无法反映脂肪在体内的分布，导致 BMI 对肥胖分类存在误差。成人超重和肥胖的 BMI 判定标准见第七章表 7-1。

2. 体脂含量　　体脂含量（body fat content，BF）是指人体内脂肪重量占体重的百分比。BF 能够准确反映人体内脂肪含量，并判断肥胖者体质量增加是否为脂肪增多造成，是评价肥胖程度和运动减肥效果的指标。基于 BF 定义的肥胖切点值尚无统一标准。WHO 推荐的肥胖 BF 切点值为男性≥25%，女性≥35%。体脂百分比常用的测定方法有水下称重法、双能 X 射线吸收法、皮褶厚度法、生物电阻抗法等。

3. 标准体重　　标准体重能够有效衡量一个人的健康水平。身高、体重简单易测，较为方便，但是准确性也有限。WHO 推荐：男性标准体重＝（身高－80）×70%；女性标准体重＝（身高－70）×60%。实际体重超过标准体重 10%～20%为超重，超过标准体重 20%～30%为轻度肥胖，超过标准体重 30%～50%为中度肥胖，超过标准体重 50%为重度肥胖。

4. 腰围　　腰围可反映腹部脂肪的沉积程度，是判定腹部肥胖的重要指标。为减少 BMI 在肥胖分类中存在的误差，可将腰围列为肥胖诊断指标，以衡量脂肪在内脏蓄积即腹型肥胖的程度。2002 年，中国肥胖问题工作组推荐，男性肥胖和女性肥胖的腰围判定标准分别为腰围≥85 cm 和腰围≥80 cm。WHO 建议：欧美人群以男性腰围≥102 cm、女性腰围≥88 cm 作为肥胖的标准；亚洲人群的建议肥胖切点为男性腰围≥90 cm，女性腰围≥80 cm。

5. 腰臀比　　腰臀比（waist-to-hip ratio，WHR）是腰围和臀围的比值，是判定向心性肥胖（内脏型或腹型肥胖）的依据。WHR 与身高、体型有关，不仅能判断机体的肥胖程度，还能用来判断罹患心脏病等疾病的风险。实际操作中分别测量肋骨下缘至髂前上棘之间中点的径线（腰围）与股骨粗隆水平的径线（臀围）。当男性 WHR≥0.9、女性 WHR≥0.8 时，可判定为向心性肥胖。

此外，可采用双能 X 射线吸收法测定各部位皮下脂肪的厚度，该方法的精准度极高。还可通过磁共振、CT 扫描吸收法来测量体脂分布的情况。这些指标尽管不能单独作为肥胖的判定标准，但可以作为辅助参照标准。

（三）肥胖并发症

肥胖可见于任何年龄，常有肥胖的家族史。轻度肥胖多无症状，中、重度肥胖常常引起气短、关节痛、肌肉酸痛等症状，常常并发或伴随多种疾病。

1. 糖脂代谢相关疾病　　肥胖相关的糖脂代谢相关疾病常常并发糖耐量异常、胰岛素抵抗和糖尿病，血脂代谢异常，代谢综合征等。肥胖导致相关代谢性疾病的机制复杂，与内脏脂肪堆积、胰岛素抵抗均有密切关系。白色脂肪组织可分泌瘦素、脂联素、网膜素、血管紧张素受体蛋白等多种脂肪因子。有些脂肪因子参与了血糖、血甘油三酯的异常调节，抑制胰岛素的分泌，加重胰岛素抵抗，或直接损伤血管内皮细胞，导致血管壁脂质沉积、动脉粥样硬化，诱发糖脂代谢相关疾病。近年来多项研究提出肥胖与肠道微生物群紊乱有关，肥胖人群的肠道微生物基因数量明显高于正常体重的人群，可能通过干扰人体内环境平衡而导致肥胖。

2. 心脑血管疾病　　在心脑血管疾病中，高血压、冠心病、充血性心力衰竭、脑卒中和静脉血栓形成都和肥胖有密切关系。如某人 BMI≥24 kg/m^2，其患高血压的可能性是体重正常者的 3～4 倍。除了 BMI 和腰围以外，近年来有研究提出肥胖患者的个人脂肪阈值（personal fat threshold，PFT）与高血压、糖尿病及冠心病的关系密切。PFT 是指脂肪组织有效储存脂肪的最大能力，每个人都有不同的脂肪储存能力，特别是储存皮下脂肪的能力。脂肪域不同，脂肪器官的储存功能和对外界能量负荷的适应性则不同，同时人体抑制异位脂肪沉积，或者降低有害脂肪对细胞组织的脂毒性（如胰岛素抵抗、细胞凋亡及炎症反应）的能力也不同，故不同人群发生糖尿病、高血压、冠心病的风险也不同。

3. 呼吸系统疾病　　肥胖可以引起气短、呼吸困难，与阻塞性睡眠呼吸暂停低通气综合征（obstructive sleep apnea hypopnea syndrome，OSAHS）、哮喘、低氧血症也有密切关系。近年来，全球的 OSAHS 患病率逐年增高，国内成人 OSAHS 的患病率为 2%～4%，其中 60%～90% 的患者合并肥胖，肥胖是 OSAHS 的独立风险因素。肥胖人群中 OSAHS 的重要发病因素与上气道周围软组织的脂肪增加导致的解剖结构狭窄有关。另外，OSAHS 患者多出现缺氧，长期处于低氧状态，容易导致人体细胞和组织损伤，而咽侧壁肌肉的代偿性增厚及周围软组织增大，又进一步加重气道狭窄。OSAHS 与支气管哮喘的共同发病因素之一是肥胖：内脏脂肪堆积，脂肪细胞中的瘦素水平增加，而长期低氧血症可以造成瘦素抵抗；同时，肥胖可以诱发哮喘，可直接引起气道高反应并且导致哮喘难以控制。肥胖与 OSAHS、哮喘之间互相影响，互相加重。

4. 消化系统疾病　　普通成人的非酒精性脂肪性肝病（non-alcoholic fatty liver disease，NAFLD）患病率为 20%～33%，肥胖人群的 NAFLD 患病率为 60%～90%。全球脂肪肝的流行与肥胖患者的迅速增加密切相关。在肥胖人群中，胆囊炎、胆囊结石、胃食管反流的患病率也比普通人群高。NAFLD 是指除酒精和其他明确的损肝因素所致的，以肝细胞内脂肪过度沉积为主要特征的临床病理综合征。欧洲和美国肝病学会将 NAFLD 定义为："肝活检证实超过 5% 的肝细胞存在脂肪变性。"肥胖患者中，过量的游离脂肪酸及肝细胞胰岛素抵抗也会加重脂肪堆积，进一步加重 NAFLD。

5. 肥胖相关性肾病　　随着肥胖患者的迅速增加，肥胖相关性肾病（obesity-related glomerulopathy，ORG）也越来越受到关注。ORG 常常缓慢起病，以微量白蛋白尿或临床显性蛋白尿为早期表现，有时伴有肾功能受损，少数合并血尿或肾病综合征。ORG 进展相对缓慢，在无治疗干预的情况下表现为持续或者缓慢进展蛋白尿；少数患者可发生肾功能不全，甚至终末期肾病。肥胖作为慢性肾病（chronic kidney disease，CKD）一种独立的危险因素，需要尽早识别和诊断。ORG 的发病机制尚不十分明确，可能与氧化应激、血流动力学异常、肾素-血管紧张素-醛固酮系统激活、胰岛素抵抗、脂代谢紊乱、脂肪细胞因子、炎症因子作用等有关。

6. 多囊卵巢综合征　　多囊卵巢综合征（polycystic ovary syndrome，PCOS）是目前常见的妇科内分泌代谢性疾病，临床表现高度异质性，但是主要表现为月经稀发或闭经、不孕、肥胖、多毛、高雄激素血症，卵巢有时表现为多囊样，往往伴有糖尿病、高血压、血脂异常、胰岛素抵抗等疾病，严重影响患者的生活质量、生育及远期健康。中国医师协会内分泌代谢科医师分会在 2018 年发布的数据显示，在我国育龄妇女中，PCOS 患病率为 5%～10%；PCOS 患者肥胖的患病率为 30%～60%，以腹型肥胖为主；我国 PCOS 患者合并肥胖的患病率为 34.1%～43.3%。肥胖和胰岛素抵抗可能会通过下丘脑-垂体-卵巢轴，干扰女性卵泡的发育，导致慢性不排卵。有研究显示，肥胖患者罹患 PCOS 的不孕率及流产率高，妊娠并发症多。

7. 抑郁症　　对于肥胖患者，由于体型肥胖，常伴有活动不便、行动困难、不愿意与别人交往，从而引发焦虑、抑郁等不良情绪问题，影响患者的日常生活工作。中国医学科学院 2018 年发表的数据显示，肥胖患者抑郁症的患病率为 24%～55%，程度为轻度到重度不等，有的甚至会出现以认知功能损害和躯体症状为主要临床特征的一类心理障碍性疾病。越来越多的研究表明肥胖和抑郁症之间有双向联系，共同路径可能是肥胖和抑郁之间的基础，每种情况都会增加另一种疾病的风险，它们之间可以相互影响、互为因果，个体肥胖可以预测其抑郁症状的发生，反过来，个体抑郁也可以预测其肥胖的发生。

8. 肥胖相关性肿瘤 2015 年，发表在医学顶级期刊《柳叶刀》杂志上的研究数据表明，超重和肥胖发病率高的国家，其新发恶性肿瘤的患者数量明显高于肥胖发病率低的国家。2016 年，国际癌症研究机构提出，肥胖是胃癌、结直肠癌、肝癌、胰腺癌、绝经后女性乳腺癌、甲状腺癌等 13 种恶性肿瘤的发病危险因素。癌症风险归因分析研究表明，超重和肥胖归因的癌症占 6.3%，居第二位，仅次于吸烟诱发癌症的风险（15.1%）。美国一项研究表明，与肥胖相关的癌症正趋于年轻化，新诊断的肥胖相关肿瘤在 65 岁以上人群中减少，而在 50～64 岁的人群有所增加。许多与肥胖相关的癌症如乳腺癌、结肠癌、子宫癌、肝癌、胰腺癌等也与糖尿病有关。

除上述肥胖相关的并发症外，肥胖相关死因也成为人们关注的焦点。来自中国及英国、挪威的多项系统回顾与荟萃分析表明，肥胖相关死因主要为心脑血管疾病、糖尿病、呼吸疾病及肥胖相关肿瘤，超重及肥胖引起的全因死亡率分别增加 5%及 9%，心源性猝死的风险增加 1.2～1.5 倍。一项来自瑞典的大型代际前瞻性研究显示，超重及肥胖引起的全因死亡率，父系增加 1.29 倍，母系增加 1.39 倍；肥胖相关的肿瘤死因，男性多为膀胱癌、结直肠癌等，女性多为胆囊癌、肾癌等。

二、营养对肥胖的作用

（一）营养素对肥胖形成的作用

能量过剩会导致体重增加，要建立有效的控制体重的膳食方案，首先需要了解膳食中的能量密度、碳水化合物、脂肪、蛋白质、维生素和矿物质对体重的影响。

1. 能量密度 能量密度指单位重量的食物可提供的能量。单位重量的食物所提供的能量越多，则进食后机体所获得的总能量就越多，容易造成能量过剩。常见的高能量密度食物有花生、腊肉、奶油、饼干及巧克力等，这些食物大多脂肪比例高、膳食纤维少，饱腹感低，容易被过量摄入。将个体每日所摄入食物的总热量除以食物总重量，可以获得一个人的每日膳食能量密度值。采用这种方法，美国护士健康研究（Nurses' Health Study，NHS）通过对 5 万名妇女进行长达 6 年的追踪，发现膳食能量密度与 6 年间的体重变化正相关。然而，在另一项涉及欧洲 5 个国家近 9 万人的分析中，膳食能量密度与 6 年体重变化并不相关，但与腰围的增加正相关。

2. 碳水化合物 与肥胖紧密相关的碳水化合物因素主要包括总碳水化合物摄入量、单糖、膳食纤维、含糖饮料，以及血糖指数（glycemic index，GI）等。与脂肪可以被直接储存不同，过量摄入的碳水化合物经代谢后将生成乙酰辅酶 A，后者是脂肪酸合成的直接原料，同时高血糖负荷导致胰岛素升高也会上调脂质合成相关基因的表达。碳水化合物又因其结构、加工程度、存在形式的差异，对肥胖发生的影响也不相同。一项荟萃研究显示，白米摄入量过高增加美国和澳洲 2 型糖尿病发病风险约 12%，日本为 27%，而针对上海女性的数据为 55%。高 GI 可能是中国及西方国家人群中发生 2 型糖尿病的饮食诱发因素。高 GI 膳食摄入后，餐后血糖迅速升高，将刺激胰岛素分泌以对抗高血糖水平，但同时也会抑制脂肪氧化，促进脂肪储存。对涉及 13 万多名上海女性和男性长达 12 年的追踪数据分析发现，遵照《中国居民膳食指南》可使慢性病（尤其是心血管疾病）引起的死亡率降低 15%～30%，但每日摄入谷类大于 300 g 并不能有效降低死亡率。

果糖主要在肝代谢，过量果糖进入肝可能促进肝的脂肪酸合成，进而导致肝脂肪增加和胰岛素抵抗；同时，果糖还可加速腺苷三磷酸代谢，最终生成尿酸，影响线粒体脂代谢。而含糖饮料与相同能量的食物相比，饱腹感较低，容易导致能量摄入过多而诱发肥胖。荟萃分析发现，成人和儿童每日含糖饮料摄入的增加均与体重增长正相关。膳食纤维不能被人体消化吸收，但可增加粪便黏性并延长其停留时间，增加饱腹感、抑制进食，同时减少脂肪吸收。

3. 脂肪　　膳食脂肪是人体脂肪储存的直接物质来源，对肥胖的促进作用可能来自多个方面。①每克脂肪提供能量大约为 37.62 kJ，是等量碳水化合物或蛋白质的 2 倍以上；②脂肪含量高的食物往往比较可口，因此摄入高脂肪食物容易摄入过多；③在健康个体中进行的饱腹感试验提示，高脂肪食物（如高脂肪酸奶）的饱腹效应比高碳水化合物食物弱；④借助间接热量测定法，脂肪摄入所产生的食物热力学作用比蛋白质和碳水化合物弱；⑤与碳水化合物相比，过多脂肪摄入更倾向于在体内增加其存储能力，而非氧化程度。

此外，不同种类的膳食脂肪酸对肥胖和相关代谢性疾病风险的影响也可能存在差异。针对哈佛大学医学院的医护人员追踪研究显示：反式脂肪酸摄入量升高与 9 年内腰围的增加正相关；借助间接热量测定法，饱和脂肪酸的食物热效应低于不饱和脂肪酸；使用不饱和脂肪酸替代部分饱和脂肪酸，可以改善血脂水平和脂蛋白分布，并显著降低心血管疾病发病风险。通过对上海男、女居民各长达 6.5 年和 12 年的追踪研究发现，摄入富含"好脂肪"的花生能显著降低人群的总死亡率和心血管疾病死亡率。采用坚果、糙米和"好脂肪"替代精制大米等对肥胖等高风险人群开展的多个营养干预研究发现，富含健康脂肪和膳食纤维等有效成分的亚麻子和核桃均能显著逆转代谢综合征个体的腹型肥胖和改善其他代谢综合征表征。综合来看，在肥胖及其相关疾病的防控中，在控制总能量摄入的同时还需要注重膳食脂肪的类型。

4. 蛋白质　　蛋白质摄入量升高会导致食物热力学效应增加，进而消耗更多能量。蛋白质是构成人体非脂肪组织的物质基础，在减重过程中，摄入充足的蛋白质可能有助于保留人体的非脂肪组织，维持基础能量代谢。在一项针对约 16 000 名丹麦中老年人（50～64 岁）的追踪研究中，蛋白质摄入量与 5 年腰围的变化负相关；然而，该研究的分析中没有考虑体力活动水平，使其结论有一定的局限性。在最近一项基于欧洲 10 个国家近 40 万人的癌症与营养队列研究提示，以相同能量的蛋白质替代碳水化合物或者脂肪，会升高 5 年内体重增加的风险。此外，在一项针对欧美人群的研究中发现，富含支链氨基酸（Val、Leu、Ile）和芳香族氨基酸（Phe、Tyr）的蛋白质饮食能显著增加 2 型糖尿病的发病风险。总之，关于蛋白质摄入量与体重控制方面仍需更多的研究。

5. 维生素和矿物质　　维生素和矿物质虽然不直接提供能量，但是参与到人体代谢的方方面面。多项横断面研究表明，肥胖患者伴有多种维生素缺乏（包括维生素 E、维生素 C、维生素 A、维生素 D 和 B 族维生素），以及矿物质缺乏（包括钙、铁、硒、锌等）。然而，关于特定维生素缺乏是否为诱发肥胖的因素，数据还非常有限。在荷兰阿姆斯特丹开展的成长与健康队列研究中，对约 400 名 13 岁青少年进行了为期 23 年的追踪，结果发现，男性每日钙摄入量每增加 1000 mg 与 0.21 cm 的皮脂厚度降低相关；在女性中也发现钙摄入量与皮脂厚度负相关。在挪威和西班牙的追踪调查显示，基线维生素 D 缺乏能显著增加新发肥胖的风险。在北京、上海中老年人群研究队列中也发现，维生素 D 缺乏能显著增加代谢综合征风险，尤其在超重和肥胖个体中能显著增加胰岛素抵抗风险。

（二）其他影响肥胖的因素

1. 进食量　　通常认为肥胖是人体进食欲旺盛、食量过大，营养与能量供给过量所致，但是食欲旺盛、进食过量的原因尚不清楚。目前发现胃促生长素（ghrelin），可能与肥胖有关。针对儿童肥胖，研究控制膳食进食量比标准能量摄入低 2.80 MJ，限制一天饮食总能量为 5.02～6.69 MJ，三餐热能比为 25%、40% 和 35%，这样的高蛋白质、适量脂肪和碳水化合物饮食模式，结果显示有较好减肥效果，同时身高增长不受影响。

2. 进食速度　　在饮食行为习惯中，进食速度过快是促进肥胖发生的最危险因素之一。大部分肥胖人群有进餐速度较快、暴饮暴食习惯。由于饱腹感信号反馈给大脑有一段时延，进食速度越快，人们在时延时间内摄入的食物就会更多。研究发现，超重、肥胖儿童表现为对内部饱食信号反应不足、进餐速度较快、对外部食物信号反应水平高、对食物喜好程度增高等饮食行为特征，因此应注意培养学龄儿童期的正确饮食习惯，纠正不良的进食习惯。

3. 进食餐次　　早餐、晚餐进餐时间晚且过量、睡前吃夜宵等习惯可能导致肥胖。儿童肥胖的概率与早餐食用的次数呈负相关。用餐不规律与暴饮暴食有关，富含蛋白质的早餐会降低儿童食欲及能量摄入。因此，提倡吃早餐且保证食物种类多样。肥胖人群的配餐关键在于提高早餐、中餐的质和量，降低晚餐的能量摄入，同时晚餐时间尽可能早一点。

4. 进食环境　　经常在外就餐人群罹患肥胖的风险也更高，回家吃饭有助于预防肥胖。研究发现在外就餐者摄入的油、盐量严重超标，其次为畜禽肉类，摄入不足的主要是水果、豆类、乳类和鱼虾类。以在外就餐<1 次/周的高一学生为参照，在外就餐≥1 次/周的学生的超重和肥胖风险增加 38%。

三、肥胖的营养支持作用

对于超重和肥胖人群，通过调整膳食模式来达到减重目的的是推荐的肥胖营养支持疗法。当前国际上和中国的膳食推荐尤其强调健康膳食模式，不是单独的食物组合、食物成分或者营养素。目前研究较多的膳食模式包括限制能量膳食、低脂膳食、低碳水化合物膳食、低 GI 膳食等。

1. 限制能量膳食　　限制能量膳食是以直接减少能量摄入为手段从而达到降低体重目的的膳食模式，包括一般限制能量膳食和极低能量膳食两种。一般限制能量膳食为减少每日膳食总能量 2.09～4.18 MJ，极低能量膳食为每日总能量摄入小于 3.34 MJ（极低能量膳食需要在医生或营养师指导和监测下进行）。早在 1998 年，美国国立卫生研究院通过分析 34 项限制能量膳食的随机对照试验，发现 3～12 个月的限制能量膳食，平均可以减少约 8% 的体重；低能量膳食还可有效减少腰围 1.5～9.5 cm。在一项荟萃分析中发现，与低能量膳食相比，极低能量膳食在短期（12 周）内能进一步降低约 6% 体重。但是，对于采用（极）低能量膳食实现体重降低后的长期维持一直是膳食减重的难点。此外，极低热量膳食可能会引起的不良反应值得注意。

2. 低脂膳食　　因不同国家膳食结构特点差异，对低脂膳食的界定也有所不同。我国将低脂膳食定义为膳食脂肪占膳食总热量的30%以下或者全天脂肪摄入量小于 50 g 的饮食方式。

一项荟萃分析表明，低脂干预后体重下降 3.2 kg，并发现受试者是否有意减重及其愿望的强烈程度均会影响干预的依从性。而对没有减重意愿的受试者，低脂膳食干预后体重仅下降 1.6 kg，脂肪摄入量与体重降低成反比。在一项长达 2 年的低脂膳食（脂肪供能比均为 20%）干预研究中，并未引起体重和体脂含量的改变。值得注意的是，低脂膳食可能会导致高密度脂蛋白胆固醇降低和三酰甘油升高；此外，低脂膳食可能增加必需脂肪酸缺乏的风险。

3. 低碳水化合物膳食　　过多碳水化合物摄入可能是造成肥胖的重要危险因素。在西方国家，采用低碳水化合物膳食减重早在 20 世纪 60 年代已经开始流行，如著名的阿特金斯饮食。同时也涌现出大量的随机对照试验，对比了低碳水化合物膳食与传统减重膳食的有效性。虽然采用低碳水化合物膳食减重的有效性在西方人群干预研究中已经有较多的证据，然而该膳食模式能否为习惯于高碳水化合物膳食的中国及其他亚洲人群接受，以及其干预的有效性，仍需要通过开展更多的研究才能证实。

4. 低 GI 膳食　　低 GI 膳食没有统一标准，干预研究通常向受试者提供低 GI 膳食列表或直接提供低 GI 食物。GI 是用于衡量食物对糖尿病患者餐后血糖控制影响的指数。WHO 对 GI 的定义为："进食含有 50 g 碳水化合物的食物后血糖升高的曲线下面积与进食 50 g 葡萄糖（或标准膳食）所得的比值。"对 1980～2013 年间开展的 14 项超过 6 个月的低 GI 膳食随机对照试验进行了荟萃分析，发现低 GI 膳食多降低了非脂肪组织约 1 kg。在膳食、肥胖基因研究中给予 938 名受试者低能量膳食（减少 3.34 MJ）8 周后，发现低 GI 膳食比高 GI 膳食使得受试者体重减少了 0.95 kg。尽管低 GI 膳食对体重降低并没有更多帮助，但该膳食对减重后半年内的体重维持似乎有帮助，而更长时间的效果还不清楚。低 GI 膳食对进食习惯的改动幅度适中，目前报道低 GI 膳食不良事件的研究还相当缺乏。

第三节　营养与糖尿病

一、概述

糖尿病（diabetes mellitus，DM）是一种以高血糖为特征的慢性代谢性疾病，在许多情况下，胰岛素分泌减少和胰岛素抵抗在糖尿病的发展中同时起作用。糖尿病患者会出现"多饮、多食、多尿，体重减少"的所谓"三多一少"的症状，并易发多种感染，以急性、慢性并发症为首发表现。糖尿病患者的糖代谢紊乱，脂肪、蛋白质等多种代谢紊乱，血糖上升会引发微血管和大血管并发症。微血管并发症包括视网膜病变和神经病变等，而大血管并发症包括心血管疾病、脑血管病和糖尿病足等，糖尿病足最终可导致截肢。2021 年 4 月 19 日，中华医学会糖尿病学分会最新发表的《中国 2 型糖尿病防治指南（2020 版）》中规定的糖尿病诊断标准如表 8-2 所示。

表 8-2　糖尿病诊断标准

诊断标准	静脉血浆葡萄糖或 HbA_{1c} 水平
典型糖尿病症状	
加上随机血糖	≥11.1 mmol/L
或加上空腹血糖	≥7.0 mmol/L
或加上 OGTT 2 h 血糖	≥11.1 mmol/L
或加上 HbA_{1c}	≥6.5%
无糖尿病典型症状者，需改日复查确认	

注：OGTT 为口服葡萄糖耐量试验；HbA_{1c} 为糖化血红蛋白。典型糖尿病症状包括烦渴多饮、多尿、多食、不明原因体重下降；随机血糖指不考虑上次用餐时间，一天中任意时间的血糖，不能用来诊断空腹血糖受损或糖耐量异常；空腹状态指至少 8 h 没有进食热量

中国是世界上糖尿病患者人数最多的国家，目前糖尿病患者已超 1.16 亿。糖尿病发病率的快速上升给国家医疗系统带来了巨大的公共卫生和财政负担。糖尿病主要包括 1 型糖尿病、2 型糖尿病、妊娠糖尿病。1 型糖尿病即胰岛素依赖型糖尿病，患者的血浆胰岛素水平低于正常低限，必须依赖外源性胰岛素治疗，发病年龄多见于儿童和青少年，并多有糖尿病家族史，起病急，且症状较重。2 型糖尿病也称为非胰岛素依赖型糖尿病，是最常见的糖尿病类型，占全世界糖尿病患者总数的 90%，我国 2 型糖尿病患者则占糖尿病患者总数的 95%。2 型糖尿病发病年龄多见于中老年人，起病隐匿。

糖尿病发病的两个主要因素为遗传因素和环境因素，其中，遗传因素是糖尿病发病的基础和内因，环境因素则是患糖尿病的条件和外因。遗传因素分为三类。第一类为孟德尔遗传，青年发病的成年型糖尿病为常染色体显性遗传，矮妖精貌综合征和 Rabson-Mendenhall 综合征等为常染色体隐性遗传，均为单基因遗传，符合孟德尔遗传定律。第二类为非孟德尔遗传，目前认为，大多数 2 型糖尿病属于非孟德尔遗传，为多基因-多因子遗传疾病。第三类为线粒体基因突变，线粒体糖尿病发病率低，临床表型复杂多样，需要通过基因检测明确诊断。环境因素作为诱因，在糖尿病发病中占有非常重要的位置。环境因素主要包括饮食因素、空气污染等，这些因素诱发基因突变，当累积到一定程度（医学上称之为"阈值"）即发生糖尿病。饮食是影响糖尿病发病风险的一个重要因素。除遗传因素和环境因素外，生理病理因素如感染、妊娠、肥胖等在糖尿病发病中也具有一定作用。

糖尿病的治疗是一个多方面的过程，总体的治疗原则是预防、控制和延缓糖尿病急性、慢性并发症，最大限度维持或提高患者生活质量。在临床中，糖尿病治疗框架包括糖尿病教育、饮食治疗、运动治疗、药物治疗、自我血糖监测。表 8-3 列出了糖尿病不同的控制目标。

表 8-3　糖尿病控制目标

测量指标	目标值
毛细血管血糖（mmol/L）	空腹 4.4～7.0
	非空腹<10.0
糖化血红蛋白 HbA_{1c}（%）	<7.0
血压（mmHg）	<130/80
总胆固醇（mmol/L）	<4.5
高密度脂蛋白（mmol/L）	
男性	>1.0
女性	>1.3
甘油三酯（mmol/L）	<1.7
低密度脂蛋白胆固醇（mmol/L）	
未合并动脉粥样硬化性心血管疾病	<2.6
合并动脉粥样硬化性心血管疾病	<1.8
体重指数（kg/m^2）	<24.0

资料来源：中华医学会糖尿病学分会，2021

二、饮食（营养）对糖尿病的影响

在宏观层面上，2 型糖尿病的流行被归因于城市化和环境转型。工作模式从繁重的劳动转变为久坐不动的职业，计算机化和机械化程度增加；食品生产、加工和分销系统发生了巨大变化，特别是快餐供应的迅猛发展，导致高能量密度饮食的摄入量增加。

1. 高碳水化合物饮食 长期摄入高碳水化合物膳食，会使血糖水平处于较高的状态，导致胰岛素分泌持续增加，最终损害胰岛 β 细胞的结构和功能，引发糖尿病。研究发现，精白米的摄入量与患糖尿病的风险呈正相关。

2. 高脂肪饮食 摄入高脂肪膳食时，脂肪的氧化分解消耗大量葡萄糖分解的中间产物（如 α-磷酸甘油），阻断了葡萄糖的彻底氧化分解，使血糖浓度上升，胰岛素分泌增加；而游离脂肪酸的浓度较高，肌肉摄取脂肪酸进行氧化供能的作用增加，从而使葡萄糖的利用减少，出现胰岛素抵抗；长期暴露于高浓度的游离脂肪酸情况下，可使胰岛 β 细胞分泌胰岛素的功能受损，发生糖尿病的危险性增高。膳食饱和脂肪酸、反式脂肪酸的摄入量与患糖尿病的风险呈正相关，而不饱和脂肪酸能够改善糖代谢紊乱和胰岛素敏感性。经常食用红肉，特别是加工过的红肉，如培根、香肠和热狗，可能会增加患糖尿病的风险。

3. 水果蔬菜和海鲜的摄入 荟萃分析表明，不同地理区域食用水果或海鲜，与糖尿病的风险呈现不同关联。在北美和欧洲，食用较多的水果或海鲜可能增加糖尿病的风险；但在亚洲，较低的水果或海鲜摄入则与较高的糖尿病风险相关。这种区域差异的原因可能与所食用的水果类型、烹调方式、人种及摄入本底值等有关。

4. 含糖饮料和酒精的摄入 摄入更多的含糖饮料与 2 型糖尿病高发病风险相关，过量摄入高糖饮料会对内脏脂肪沉积、脂代谢、血压、胰岛素敏感性和脂肪生成产生不利影响。非营养型甜味剂如三氯蔗糖可以减少能量和碳水化合物的摄入量，减轻体重，改善血糖控制，但长期效果还需要进一步的研究。

来自德国的一项荟萃分析表明，酒精摄入与糖尿病呈 U 形相关。每天适当的酒精摄入量（12～24 g/d）与糖尿病风险的降低有关。然而，研究人员指出酒精会对健康造成其他不良影响，如肝硬化，这反而会增加 2 型糖尿病的发病风险。

三、营养支持作用

（一）医学营养治疗的目标及原则

在糖尿病治疗的五项框架中，合理的饮食是糖尿病治疗的基础。没有有效的饮食控制，就达不到合理的营养状况，达不到理想的血糖控制目标。饮食调控的目标主要有六点，分别为：①接近或达到血糖正常水平，力求使食物摄入、能量消耗（即体力活动）与药物治疗等三方面治疗措施在体内发挥最佳协同作用，使血糖水平达到良好控制水平；②保护胰岛 β 细胞，增加胰岛素的敏感性，使体内血糖、胰岛素水平处于一个良性循环状态；③维持或达到理想体重；④接近或达到血脂正常水平；⑤预防和治疗急性、慢性并发症，如血糖过低、血压过高、高脂血症、心血管疾病、眼部疾病、神经系统疾病等；⑥全面提高体内营养水平，增强机体抵抗力，保持身心健康，从事正常活动，提高生活质量。

糖尿病营养治疗以平衡膳食为基础，综合考虑患者的年龄、性别、身高、体重、生理状况、饮食营养状况、应激状况、体力活动强度及是否合并并发症等因素，通过调整饮食总能量、饮食结构、进食方式及各类营养素的摄入量，合理选择食物，达到降低血糖波动、调整糖脂代谢水平、预防并发症的发生、改善临床结局等目的。对于伴有超重、肥胖的糖尿病患者，应通过减少能量的摄入、增加能量的消耗，降低内脏脂肪及体脂的含量，减轻和改善胰岛素抵抗；对于消瘦及营养不良的患者，应通过增加能量及蛋白质的供给，结合抗阻运动，增强体质，改善胰岛素敏感性。

（二）各种营养素的支持作用

研究表明，富含全麦、水果、蔬菜、豆类和坚果的饮食，适量饮酒，以及较低的精制谷物、红肉或加工肉和含糖饮料，可以降低糖尿病风险，改善糖尿病患者的血糖控制和血脂。在强调整体饮食质量的同时，几种饮食模式，如地中海饮食模式、低血糖指数饮食模式、适度低碳水化合物饮食模式和素食饮食模式，可以根据个人和文化饮食偏好及适当的能量需求量身定做，以控制体重、预防和管理糖尿病。

1. 膳食纤维　　膳食纤维是一种不能被胃肠道消化吸收的多糖，对内源性消化酶具有抵抗力，包括天然存在于水果、蔬菜、豆类和谷物等食品中的可食用碳水化合物聚合物，以及从食品原料中通过物理、酶和化学手段获得的可食用碳水化合物聚合物。

膳食纤维可被分为非淀粉多糖、抗性淀粉和抗性低聚糖，或者不可溶性膳食纤维和可溶性膳食纤维。其中，抗性淀粉只存在于淀粉类食物中，如全谷物、豆类等；果胶在水果、蔬菜中含量更高；β-葡聚糖和阿拉伯木聚糖存在于谷物中。中华医学会糖尿病学分会建议的膳食纤维摄入量为 $2.39 \sim 3.35$ g 纤维/（1 MJ/d）。

大量的动物试验和人体试验都表明，较高的膳食纤维摄入量与较低的糖尿病风险相关。研究表明，当增加膳食纤维作为 2 型糖尿病患者的干预措施时，空腹血糖和糖化血红蛋白在统计学上有显著改善，并且还可以改善血糖控制、体重、总胆固醇和低密度脂蛋白胆固醇水平。这种改善作用适用于 1 型和 2 型糖尿病患者，适用于单独饮食、口服药物、胰岛素联合治疗，并同样适用于糖尿病前期患者。膳食纤维对糖尿病的主要作用如下。

（1）提供很强的饱腹感。膳食纤维在胃肠内吸水膨胀，产生饱腹感，有利于糖尿病患者控制饮食。

（2）提高胰岛素敏感性。长期高膳食纤维饮食可以改善胰岛素抵抗，使胰岛素作用的靶器官如肌肉、脂肪组织对葡萄糖的摄取利用将更加快速有效。

（3）降血糖作用。膳食纤维进入胃肠后吸水膨胀，呈胶质状，延缓食物中葡萄糖的吸收，减轻胰岛 β 细胞的负担，提高降糖效率，降低餐后高血糖。

（4）减少肝合成葡萄糖。膳食纤维通过提高胰岛素敏感性，抑制肝中的葡萄糖产生，可以减少由胰岛素抵抗引起的肝葡萄糖的过量生成。

（5）有助于减重，降低 2 型糖尿病风险。高膳食纤维饮食通过减少热量摄入，预防多余的脂肪囤积。许多研究证实，膳食纤维吃得越多，体重越低，体脂率越低。

总体而言，对糖尿病患者进行膳食纤维补充干预可以降低空腹血糖和糖化血红蛋白水平，改善血糖稳态，应当鼓励所有类型的糖尿病患者摄入足够的膳食纤维。蔬菜、水果和全谷物等都是很好的膳食纤维食物来源。

2. 脂肪酸　　我们吃的食物中含有饱和脂肪酸、反式脂肪酸、单不饱和脂肪酸（monounsaturated fatty acid，MUFA）和多不饱和脂肪酸（polyunsaturated fatty acid，PUFA）。其中，不饱和脂肪酸对人体健康具有很大的益处，能够调节血脂，对保持身体健康、预防心血管疾病、改善内分泌都起着关键的作用。中华医学会糖尿病学分会建议将总脂肪摄入量减少到能量摄入量的30%以下，饱和脂肪摄入量减少到能量摄入量的10%以下。

有迹象表明，不饱和脂肪酸特别是植物性不饱和脂肪酸（如橄榄油或更特定的油酸），对糖尿病患者健康有益。1 型糖尿病是特异性地摧毁胰岛 β 细胞的自身免疫疾病，目前尚无法控制；而进行 n-3 PUFA 的饮食补充或基因干预或可阻断、逆转 1 型糖尿病进程，使胰岛 β 细胞再生。研究表明，饮食富含 n-3 脂肪酸可大幅度减缓 1 型糖尿病的发生和发展，且较好地改善糖耐量和胰岛素分泌。此外，n-3 脂肪酸的代谢产物能阻断自身免疫进程，改善患者的炎症状况。另有研究表明，摄入更多的 n-6 脂肪酸与较低的糖尿病患病风险有关。建议糖尿病患者的膳食脂肪摄入应当从动物脂肪转向植物脂肪，少摄入饱和脂肪酸，多摄入 MUFA 和 PUFA，特别是 n-6 脂肪酸和 n-3 脂肪酸。

3. 蛋白质　　研究表明，一些植物蛋白质可能通过改善肠道微生物改善糖尿病患者表征。大豆蛋白可以增加肠道微生物的多样性；沙棘蛋白被证明可以增加短链脂肪酸含量，调节肠道菌群的平衡，促进能量代谢恢复到正常水平，从而改善肥胖和代谢性疾病状况；谷醇溶蛋白可减轻与糖尿病相关的葡萄糖代谢紊乱，参与胰高血糖素样肽-1/胞内磷脂酰肌醇激酶/蛋白激酶 B 途径，发挥降血糖作用。

美国糖尿病学会（American Diabetes Association，ADA）建议，糖尿病患者应当根据当前的饮食习惯制订个性化的蛋白质摄入目标，糖尿病、肾病的患者应当以推荐的每日允许蛋白质摄入量 8 g/(kg·d)为饮食目标。

4. 维生素和矿物质　　糖尿病患者常伴有多种维生素和矿物质的缺乏。曾有研究报告指出，1 型糖尿病患者常存在维生素 A、B 族维生素、维生素 C、维生素 D、维生素 E 等缺乏。

在 2 型糖尿病患者中，以 B 族维生素、胡萝卜素及维生素 C、维生素 D、维生素 E 缺乏较为常见，导致糖尿病患者维生素摄入减少或体内维生素失衡的主要原因是过分严格的饮食控制。B 族维生素作为关键酶的辅酶，在糖代谢中起重要作用，可以减少糖尿病性神经病变并降低同型半胱氨酸水平，降低糖尿病患者心血管疾病并发症的发病风险。维生素 C 具有清除自由基、保护内皮细胞的功能，降低糖尿病患者神经和血管并发症的发生风险。维生素 D 可控制胰岛细胞的自身免疫反应，减少胰岛素抵抗。维生素 D 与糖尿病心血管并发症及糖尿病视网膜病变的发生关系密切，对糖尿病肾病有保护作用。维生素 E 可清除自由基，减少血管内壁损伤。

糖尿病患者存在着不同程度的铬、铜、锌、镁、锰、硒及钙元素低水平状态。适当补充铬有益于改善生成铬，三价铬可与叶酸形成具有生物活性的有机复合物，成为葡萄糖耐量因子，可增加胰岛素的效能，促进机体利用葡萄糖。补充微量元素锌有益于减少糖尿病患者感染概率，并利于糖尿病患者的康复。锰元素能刺激胰岛细胞分泌与释放胰岛素。补充镁元素可改善糖耐量，减少胰岛素的用量。硒元素能够明显促进细胞对糖的摄取，有与胰岛素类似的调节糖代谢的生理活性。

其实日常生活食物就可以补充各种所需的维生素和矿物质，但由于不恰当地控制饮食，可能导致糖尿病患者某些维生素和矿物质摄入不足。根据个体饮食情况及身体需求，额外补充维生素和矿物质具有积极的意义。

5. 植物化学物　　植物化学物主要包括酚类化合物、萜类化合物等，广泛来源于各类食物中。植物化学物不是维持身体生长发育所需的营养物质，但对维护人体健康、调节生理功能和预防疾病具有重要作用。

多酚类化合物是一大类具有生物活性的植物化学物，包括黄酮类、二苯乙烯类等，主要来源于水果、蔬菜、谷物等。大量动物试验和临床试验表明，饮食中的多酚和富含多酚的食物可降低 2 型糖尿病及其并发症的风险。对于糖尿病患者而言，适度地补充富含活性植物化学物的食物，如橄榄油、蜂胶、红酒、葡萄籽和可可，对提高葡萄糖代谢、降低胰岛素抵抗和改善糖尿病具有一定的好处。

第四节　营养与高血压

一、概述

高血压是指以体循环动脉血压（收缩压和/或舒张压）增高为主要特征，可伴有心、脑、肾等器官的功能或器质性损害的临床综合征。《中国高血压防治指南（第三版）》（2022 年修订版）中将高血压定义为："在未使用降压药物的情况下，非同日 3 次测量血压，收缩压（systolic blood pressure，SBP）≥140 mmHg 和（或）舒张压（diastolic blood pressure，DBP）≥90 mmHg。"（1 mmHg＝0.133 kPa。）具体的血压水平定义和分类见表 8-4。

表8-4　中国成年人血压水平的定义和分类

分类	收缩压（mmHg）	血压关系	舒张压（mmHg）
正常血压	<120	和	<80
正常高值	120～139	和（或）	80～89
高血压	≥140	和（或）	≥90
1 级高血压（轻度）	140～159	和（或）	90～99
2 级高血压（中度）	160～179	和（或）	100～109
3 级高血压（重度）	≥180	和（或）	≥110
单纯收缩期高血压	≥140	和	<90

资料来源：《中国高血压防治指南（第三版）》（2022 年修订版）

注：当收缩压和舒张压分属于不同级别时，以较高的级别为准。

高血压是最常见的慢性疾病，与心脑血管疾病的发生密切相关。我国高血压人群监测数据显示，脑卒中是我国高血压人群最主要的心血管疾病风险因素，因此预防脑卒中是我国治疗高血压的重要目标。2012～2015 年，我国 18 岁以上居民高血压的发病率为 23.2%（约 2.45 亿人），处于高血压前期的患者占总人口的 41.3%（约 4.35 亿人），患病率总体呈上升趋势。值得注意的是，2012～2015 年，我国 18～44 岁的青年高血压患者占总高血压患者的 25.1%。《中国居民营养与慢性病状况报告（2020 年）》显示，我国 18 岁及以上居民高血压患病率为 27.5%，发病率呈现逐年上升的态势。

二、饮食营养对高血压的作用

（一）膳食营养素

1. 钠　高钠盐饮食是国际上公认的高血压危险因素。一项对来自 13 项研究的 19 个独立队列样本的荟萃分析结果显示，高钠盐摄入与高血压等心血管疾病的发病风险增加显著相关。对社区老年高血压人群进行限盐饮食（每日食盐摄入量＜6 g）1 年后，高血压发生率由 46.00% 显著降低至 20.78%；高血压患者经限盐饮食控制后，血压水平临床控制有效率高达 90.33%。

我国居民高食盐摄入的问题十分突出。在全民营养周等活动的宣传教育下，2015 年我国家庭烹调用盐摄入量为平均每人每天 9.3 g，与 1992 年相比下降了 4.6 g/d，但仍为 WHO 推荐食盐摄入量（5 g/d）的 2 倍之多。2019 年，国务院印发的《国务院关于实施健康中国行动的意见》中明确指出，要鼓励全社会参与减盐，并全面落实 35 岁以上人群首诊测血压制度，加强高血压、血脂异常的规范管理。

2. 钾　钾是维持身体水、电解质平衡的重要营养物质。荟萃分析表明，增加钾摄入量或降低钠、钾摄入量比值与高血压风险降低有关。钾的降血压作用可能与激活钠泵，促进钠排泄有关。此外，钾可以减弱交感神经活动，抑制肾素释放，舒张血管，减少血栓素产生。目前，我国尚未制定钾推荐摄入量，仅规定男性和女性钾适宜摄入量（AI）分别为 2.5 g/d 和 2 g/d，且均低于 WHO 推荐的成人钾摄入量标准（＞3.5 g/d）。然而，我国居民的实际钾摄入量则更

微课
饮食营养
与高血压
的关系及
机制

低。2004 年，我国居民膳食调查显示，18 岁以上成年人钾摄入量为 1447～1772 mg/d，而高血压患者钾摄入量为 1674.18±632.53 mg/d。因此，通过平衡膳食增加我国居民的钾摄入量可能成为降低我国高血压高发病率的手段之一。

3. 蛋白质　　蛋白质是产能营养素之一，是构成和修复人体组织的重要成分，参与调节生理功能。《中国居民膳食指南（2022 年版）》推荐成年人膳食蛋白质供能比适宜范围为 10%～15%。适宜的蛋白质摄入可能有益于降低血压及减少心血管事件。

大规模随机对照试验显示，大豆蛋白降低收缩压作用达到 4.31 mmHg，而在正常高值和Ⅰ期高血压患者中效果可达 7.88 mmHg。蛋白质水解产物中有一类具有降压作用的短链多肽物质，称为血管紧张素转化酶（ACE）抑制肽，其通过抑制 ACE 从而抑制血管紧张素Ⅰ（AngⅠ）转化为具有很强收缩血管活性的血管紧张素Ⅱ（AngⅡ），以发挥控制血压的作用。此外，植物蛋白质中的精氨酸和谷氨酸也具有独立的降血压作用。然而，对于肥胖、慢性肾病、急性肾损伤及肝衰竭的患者，是否应该限制蛋白质的摄入值得探讨。

4. 镁　　临床数据表明，血清中镁离子水平与高血压发病具有明显相关性，且随着发病程度的升高而降低，可用于高血压的辅助诊断、病情评估及预后。有研究认为镁具有剂量依赖性降低血压的作用，平均每增加 10 mmol/d 的剂量，其收缩压和舒张压分别降低 4.3 mmHg 和 2.3 mmHg。镁是一种天然的钙拮抗剂，可以使弹性纤维免受钙沉积，保持血管弹性，增强局部血管扩张介质（PG 和 NO）的产生，并改变血管对各种血管活性物质（ET-1、AngⅡ和 CA）的反应，从而产生降血压的效果。同时，镁缺乏可能与胰岛素抵抗、高血糖、脂代谢变化有关，这些变化可使得血管硬化、弹性减弱，从而引起血压的变化。

（二）膳食模式

1. 终止高血压膳食模式　　终止高血压膳食模式（dietary approaches to stop hypertension，DASH）起源于 1994 年美国国家心肺和血液研究所进行的一项大型随机对照研究。该饮食模式是优质膳食的组合，富含新鲜蔬菜、水果、低脂（或脱脂）乳制品、禽肉、鱼、大豆和坚果，少糖、含糖饮料和红肉，其饱和脂肪和胆固醇水平低，富含微量元素（钾、镁、钙等）、优质蛋白质和纤维素。在高血压患者中，DASH 饮食可分别降低 SBP 11.4 mmHg，DBP 5.5 mmHg；在一般人群中，DASH 饮食可分别降低 SBP 6.74 mmHg，DBP 3.54 mmHg。高血压患者控制热量摄入，血压降幅更大。

2. 地中海膳食模式　　地中海饮食是希腊、克里特岛、法国和意大利等地中海沿岸国家的传统饮食，主要包括水果、蔬菜、坚果、谷物、橄榄油、烤或蒸的鸡肉、海鲜及少量的红酒。地中海饮食被联合国教科文组织列入《人类非物质文化遗产代表作名录》。该饮食模式的主要特点是饱和脂肪酸含量低，这与我国传统饮食习惯相似度较高。地中海饮食模式通常被认为是一种有助于预防或控制高血压的饮食干预策略。尽管一些观察性研究、干预性研究及一些系统综述和荟萃分析阐述了地中海饮食和血压之间的关系，但目前关于地中海饮食在血压调节中的作用的研究有限，没有足够的证据说明其对高血压干预效果的强度。

3. 素食模式　　受生态环境、经济、宗教、伦理、健康追求等因素的影响，素食并不是一个绝对的概念。依据动物食物摄入水平的不同，素食又可细分为 5 个类型。①纯素食：食用蛋类、乳类、鱼类及其他肉类<1 次/月。②乳蛋素食：食用蛋类/乳类≥1 次/月，食用鱼类及其他肉类<1 次/月。③鱼素食：食用鱼类≥1 次/月，食用其他肉类<1 次/月。④半素食：食用非鱼肉类至少 1 次/月，但不足 1 次/周。⑤非素食：食用非鱼肉类≥1 次/周。

与非素食饮食相比，素食饮食中含有较多的谷氨酸、植物性蛋白质、纤维素、抗氧化剂、钾元素，以及较低的脂肪和钠元素，在降低体重指数和调节血压方面有一定的作用。许多研究表明，素食等肉类摄入量较低的饮食模式与非传染性疾病（尤其是高血压）的发病率较低有关，且有助于改善机体健康状态并延长预期寿命。

三、高血压的营养防治

高血压的治疗方式包括膳食等生活方式干预、降压药物治疗等，越来越多研究表明，膳食干预在高血压防治中扮演重要角色。中国和美国出版的最新高血压指南治疗流程中，均把生活方式干预放在高血压诊断后的第一步。对于高血压患者，通过营养干预控制总热能的摄入、限制膳食中对高血压不利的食物、增加有营养素的食物摄入，使血压维持在正常水平，以达到防治高血压的目的。

1. 限制钠盐摄入量　减少和限制每天食盐的使用量是治疗和预防高血压重要的一步。高血压易发类型的人群，更应该注意限制食盐量。WHO 建议每人每日食盐量不超过 5 g。对于高血压患者而言，推荐的限盐标准为：轻度高血压每日不超过 2 g；中度高血压每日不超过 1 g。限制钠、盐摄入量的主要措施包括：减少烹调用盐及含钠高的调味品（包括味精、酱油）；避免或减少含钠、盐量较高的加工食品，如咸菜、火腿、各类炒货和腌制品；建议在烹调时尽可能使用定量盐勺，以起到警示的作用。

2. 控制能量摄入　肥胖患者通常都处在能量摄入过剩的状态，并且大部分人都是高血压患者，控制体重可使高血压的发生率降低 28%～40%。推荐将体重维持在健康范围内（BMI 在 18.5～23.9 kg/m²，男性腰围<90 cm，女性腰围<85 cm）。预防高血压首先也要从控制体重开始，体重要维持在标准范围的 5%浮动值之内。在饮食上要做到平衡膳食、合理营养，避免长期摄入高脂肪和高碳水化合物等食物；提倡进行规律的中等强度的有氧运动，减少久坐时间；行为疗法对减轻体重有一定帮助，如建立节食意识、制订用餐计划、记录摄入食物种类和重量、计算热量等。

3. 适量增加钾、镁的摄入　钾、镁均有降压作用，其在蔬菜、水果中含量较高。中国营养学会发布的《中国居民膳食营养素参考摄入量　第 2 部分：常量元素》（WS/T 578.2—2018）中提出，18 岁以上成人预防慢性非传染性疾病的钾的建议摄入量为 2000 mg/d。蔬菜和水果是最好的钾来源，提倡多摄入富含钾的蔬菜、水果。此外，高血压患者应多进食蘑菇、豆芽、桂圆等富含镁的食品。

4. 限制饮酒　过量饮酒显著增加高血压的发病风险，且其风险随着饮酒量的增加而增加，限制饮酒可使血压降低。建议所有饮酒者控制饮酒量，高血压患者不饮酒。如饮酒则应少量并选择低度酒，避免饮用高度烈性酒。关于每日酒精摄入量，男性不超过 25 g，女性不超过 15 g；关于每周酒精摄入量，男性不超过 140 g，女性不超过 80 g。每日白酒、葡萄酒、啤酒摄入量分别少于 50 mL、100 mL、300 mL。

5. 减少脂肪摄入　减少膳食中脂肪的摄入量，降低胆固醇的食用量，每天脂肪的食用量不应高于 50 g。尽量选择植物类油脂，其中的维生素 E 和亚油酸的含量较高，可以有效预防血管破裂。高脂血症和冠心病患者尤其要注重减少动物脂肪的食用。

第五节　营养与骨质疏松

一、概述

（一）定义与分类

骨质疏松是一种以骨量减少、骨组织微结构损坏，导致骨脆性增加、易发生骨折为特征的全身性骨病。在骨折发生之前，通常无特殊临床表现，往往在严重到一定程度时突然出现疼痛、骨折等。该病的发病率随年龄增长而增加，女性高于男性，常见于绝经后妇女和老年人。骨质疏松分为原发性和继发性两大类。

1. 原发性骨质疏松　　原发性骨质疏松分为Ⅰ型、Ⅱ型和特发性骨质疏松。

（1）Ⅰ型。Ⅰ型即绝经后骨质疏松，大多为高转换型，即骨吸收与骨形成均很活跃，但以骨吸收为主。主要发生在妇女绝经后 5～10 年内，由于雌激素急速下降而引起骨量减少。骨量丢失主要发生在松质骨。骨折部位在椎体和桡骨远端。

（2）Ⅱ型。Ⅱ型即老年性骨质疏松，大多为低转换型，即骨吸收与骨形成均不活跃，但仍以骨吸收为主。常见于 70 岁以上的男性和 60 岁以上的女性。主要是骨形成有关的骨芽细胞的老化，以及由于肾活化维生素 D 的活性降低而造成骨形成的速率下降。松质骨及皮质骨均有骨量丢失，骨折部位在椎体、髋骨和长管状骨干骺端。

（3）特发性骨质疏松。该类型包括青少年骨质疏松（主要发生在 8～14 岁）、青壮年骨质疏松和妊娠、哺乳期骨质疏松或骨量减少。特发性骨质疏松多伴有家族遗传史。

2. 继发性骨质疏松　　继发性骨质疏松有时称为Ⅲ型骨质疏松，系因某些疾病、药物或特殊重力环境等因素引起的骨代谢改变，使骨质严重丢失、骨微结构破坏、骨脆性增加而引起的骨质疏松。例如，诱发因素包括甲状旁腺功能亢进症、糖尿病、骨髓性疾病、慢性肾衰竭、库欣综合征、严重营养不良、维生素 A 或维生素 D 过多、长期卧床引起肢体失用性瘫痪等。航天员失用性骨质疏松也属于这一类。

（二）骨质疏松的流行情况

2018 年，国家卫生健康委发布首次中国居民骨质疏松流行病学调查结果，骨质疏松已经成为我国 50 岁以上人群的重要健康问题。50 岁以上人群患病率为 19.2%（其中男性为 6.0%，女性为 32.1%）；65 岁以上人群患病率达到 32.0%（其中男性为 10.7%，女性为 51.6%）。随着我国人口老龄化程度进一步加深，罹患骨质疏松的人口基数在进一步扩大。

（三）骨质疏松的临床表现

骨质疏松初期通常没有明显的临床表现，因而也称为"寂静的疾病"或"静悄悄的流行病"。但随着病情进展，骨量不断丢失、骨微结构破坏，患者会出现骨痛、脊柱变形，甚至发生骨质疏松性骨折等后果；部分患者可能无临床症状，仅在发生骨质疏松性骨折等严重并发症后才被诊断为骨质疏松。骨质疏松的临床表现如下。

1. 疼痛　　疼痛是原发性骨质疏松最常见、最主要的症状，当骨量丢失 12% 以上时即可出现，以腰背痛多见，占疼痛患者的 70%～80%，其他依次为膝关节、肩背部、手指、前臂、上臂。

2. 身长缩短或驼背　　骨质疏松时由于椎体骨量丢失明显，易致椎体变形，使脊椎前倾，背曲加剧，形成驼背。且随着年龄增长，骨质疏松加重，驼背曲度加大。正常人每一椎体的高度约 2 cm，老年人骨质疏松时椎体压缩，每一椎体缩短约 2 mm，身长平均会缩短 3～6 cm。

3. 骨质疏松性骨折　　骨折是退行性骨质疏松最常见和最严重的并发症，有时甚至因咳嗽、打喷嚏、下楼梯等轻微活动引发骨折。骨折多由轻度外伤引起，一般骨量丢失 20% 以上时易发生。骨折好发部位为胸椎体、桡骨远端和股骨颈部位，其中髋部骨折危害最大。

4. 内脏功能障碍　　主要表现为呼吸功能障碍。由于胸、腰椎压缩性骨折，脊柱后弯、胸廓畸形，可使肺活量和最大换气量显著减少，患者往往出现胸闷、气短和呼吸困难等症状；另外，胸廓的变形还可影响消化系统和血液循环系统的正常活动，出现腹胀、便秘等。

二、膳食营养与骨质疏松

(一) 矿物质

1. **钙** 骨骼系统含有的钙量占全身钙量的 99%。钙摄入不足会降低血钙浓度，损耗和限制骨量，刺激甲状旁腺素（PTH）分泌，促进骨质重吸收，刺激骨重建，甚至引起骨骼脆性增加。过度的骨质重建除了影响骨量，其本身也是脆性因素。研究发现，细胞外钙离子浓度增高能抑制破骨细胞功能，使破骨细胞收缩并加速凋亡，骨吸收明显下降，同时能促进成骨细胞的增殖能力。

2. **磷** 磷是骨质中仅次于钙的第二大矿物质。磷的吸收受到 PTH 调节，此外还受到磷调节素的调节。目前已知的磷调节素有 4 种，其中成纤维细胞生长因子 23（fibroblast growth factor 23，FGF23）是一种调节磷平衡的主要磷调节素。FGF23 受血磷和 $1,25\text{-}(OH)_2\text{-}D_3$ 水平的调节，又能通过抑制 1α-羟化酶活性调节 $1,25\text{-}(OH)_2\text{-}D_3$ 的生成。这些因素一起减低骨质重吸收过程中释放过多的磷。

3. **镁** 镁是促进骨生长、维护骨细胞结构与功能的重要矿物质。镁与其他一些矿物质、维生素 D 及 PTH 之间存在相互关联。血镁可直接或间接影响钙平衡与骨代谢。长期禁食、胃肠切除术后、长期腹泻、血液透析等特殊情况下可引起镁吸收不良或丢失过多。试验证实，当机体缺镁时，尽管摄入和吸收了足够的钙，仍可出现低血钙与低血磷，导致骨质疏松。

4. **其他矿物质** 钠在肾内能增加尿钙的排泄，尿钠浓度和尿钙的排泄成正比。因此，长期摄入低钙高钠膳食会造成骨的高溶解，导致骨密度较低。但如果同时摄入充足的钙和钾，可以减少钠对骨健康构成的威胁。

钾能调节尿钙的存留和排泄。研究证实，膳食中增加钾的摄入可促进钙的吸收，缓解较高的骨溶解，使骨丢失量减少，增高骨密度。如果长期低钾膳食则会促使尿中的钠增加尿钙的排出，可能会影响骨密度达到峰值，并加快骨矿物含量的下降。

锌能刺激成骨细胞增殖和分化，抑制破骨细胞的分化，影响骨形成。缺锌时，含锌酶的活性迅速下降，直接影响其刺激软骨生长的生物学效应；同时，成骨细胞活性降低，骨骼发育受抑制，影响骨细胞的生长、成熟与骨的钙化。

(二) 维生素

1. **维生素 D** 维生素 D 可促进肠钙吸收，提高血钙浓度，为钙在骨骼中沉积及骨骼矿化提供原料。$1,25\text{-}(OH)_2D$ 的受体（VDR）在十二指肠最多，在由此往下的肠中逐渐减少。$1,25\text{-}(OH)_2D$ 可以诱导小肠上皮细胞合成钙结合蛋白，一分子钙结合蛋白可与两个钙离子结合。成骨细胞上因有 VDR 而成为维生素 D 作用的重要靶细胞。成骨细胞可合成骨钙素（osteocalcin，OCN）等，保证了骨组织胶原纤维的矿化，这一过程主要受 $1,25\text{-}(OH)_2D$ 的正性调控。另一方面，破骨细胞的前体细胞上有 VDR，而 $1,25\text{-}(OH)_2D$ 促进破骨细胞的前体细胞分化，增加破骨细胞数量，促进骨吸收。另外，骨骼肌是活性维生素 D 代谢的靶器官，补充维生素 D 可改善神经肌肉协调作用，降低摔倒的风险，减少骨折发生。

2. **维生素 C** 维生素 C 在骨盐代谢及骨质生成中具有重要作用。维生素 C 能促进成骨细胞生长，增加机体对钙的吸收。骨基质中含有超过 90% 的蛋白质，如胶原蛋白等，而维生素 C 是胶原蛋白、羟脯氨酸、羟赖氨酸合成必不可少的辅助因子。维生素 C 缺乏会引起胶原合成障碍，可致骨有机质形成不良而导致骨质疏松。充足的维生素 C 则可能有助于加强骨质量和预防骨折。

3. 维生素 K　　维生素 K 是骨钙素中谷氨酸 γ-羧化的重要辅酶。骨钙素是由成骨细胞合成并分泌于骨基质中的一种低分子量非胶原蛋白质,其分子中 3 个谷氨酸残基在维生素 K 依赖性羧化酶的作用下,生成 γ-羧化谷氨酸。γ-羧化谷氨酸与骨的无机成分羟基磷灰石中的钙离子结合,使骨矿化,促进骨的形成。维生素 K 缺乏时,一部分谷氨酸残基未能形成 γ-羧基谷氨酸,与羟基磷灰石结合力低下,引起骨组织代谢紊乱,增加骨质疏松的危险。

4. 维生素 A　　维生素 A 参与骨有机质胶原和黏多糖的合成,对骨骼钙化有利。成骨细胞和破骨细胞上可能都存在视黄醇受体,视黄酸抑制成骨细胞发挥功能,刺激破骨细胞形成。如果持续摄入高剂量的维生素 A,骨量丢失加重骨脆性危险,最终会导致骨折。

（三）蛋白质

蛋白质摄入不足会引起不适当的蛋白质代谢,导致骨微结构的不利变化,降低骨强度。同时,蛋白质吸收后释放的半胱氨酸和蛋氨酸等酸性氨基酸能刺激破骨细胞骨吸收,从而减少骨密度。另外,高蛋白质饮食会使体内含硫氨基酸增多,引起高的酸负荷。此时,机体从骨骼中提取钙以平衡体内的 pH,然后由肾排出,因此较高的蛋白质饮食会促进尿液中钙的排泄。

（四）其他膳食因素

蔬菜中的草酸、谷类中的植酸、过高的膳食纤维等都能影响肠道对钙的吸收,使机体对钙需要量加大。饱和脂肪能通过降低细胞膜的流动性,减少细胞膜囊泡刷状缘对钙的摄取,影响钙的吸收和成骨细胞的形成。大豆异黄酮能促进骨形成,抑制骨吸收,有效地预防骨质疏松的发生。

三、骨质疏松的营养支持作用

1. 补充钙　　食物补钙最为安全,首选乳及乳制品。每 250 g 牛乳可供给 250～300 mg 钙,其中的乳糖、氨基酸等还可以促进钙的吸收。酸奶适合于体内缺乏乳糖酶,不能耐受鲜乳者食用。也可采用钙强化食品来补钙,但应严格掌握强化剂量和食用量。钙摄入过多会引起便秘,甚至有研究提示会增加肾结石、心血管疾病等疾病的风险。

对于食物补充不足或吸收不良者,可在医师指导下服用钙制剂。不同原料的钙制剂中钙含量不同,碳酸钙、乙酸钙、枸橼酸钙、乳酸钙和葡萄糖酸钙分别含有元素钙 40%、25%、24%、13% 和 9%,其钙吸收率在 27%～39%;但由于个体生物利用因素或其他膳食成分的影响,具体数值可能略低。在选用钙制剂时,应考虑其安全性、不良反应、效果和价格。

2. 补充维生素 D　　维生素 D 可以通过提高骨量、降低跌倒风险而降低骨折发生概率。老年人因摄食总量减少,户外日照不足,随餐摄入和皮肤转化的维生素 D 均较少,故在补钙的同时,应适当晒太阳并补充相应剂量的维生素 D,如 10～20 μg（400～800 U）/d。间断性、大剂量地补充维生素 D,可能会增加跌倒和骨折的风险,因此要避免这种补充方式。

3. 蛋白质　　适量的蛋白质可增加钙的吸收与储存,有利于骨骼的再生和延缓骨质疏松的发生。但过量的蛋白质又可以引起尿钙排出量增多。因此,蛋白质供给量应适中,并应增加胶原蛋白的量。有综述分析认为,每日摄入 12 g 胶原蛋白水解物可改善骨关节炎和骨质疏松的症状。

4. 维生素　　抗凝剂、抗生素均可致维生素 K 缺乏而使骨和血清中骨钙素水平下降,不能保持骨的正常转化。应多吃富含维生素 K 的食物,如深色绿叶蔬菜、肝、鱼肉、海带、紫花苜蓿、乳酪、蛋黄、海藻类、鱼肝油等。缺乏维生素 C 将影响骨代谢,导致骨质疏松、骨脆弱易折,故应多吃新鲜蔬菜、水果等补充维生素 C。

5. 矿物质　　高磷摄入可引起骨盐丢失，钙磷乘积＜35 时骨矿化迟缓。此时，应少食含磷高的食物，如瘦肉、鸡肉、鱼类、贝类、乳酪、土豆、燕麦、花生酱、汽水等。锌、铜、锰等微量元素是参与骨代谢多个生化反应的酶辅基。锌参与构成的碱性磷酸酶为骨矿化所需；铜参与构成的赖氨酰氧化酶参与骨胶原的交联；骨细胞分化、胶原蛋白合成均需要含锰的金属酶催化。氟在骨中沉积有助于骨的矿化。茶叶中含氟量高，适量饮茶有助于预防骨质疏松。

另外，运动和身体活动对各年龄段的人预防骨质疏松和有关的骨折都很重要。目前运动是防治骨质疏松最方便的一种方法，而且因其疗效可靠、副作用小、节省开销等优点而日益受到重视。

第六节　营养与肿瘤

一、概述

肿瘤是机体在各种致癌因素作用下，局部组织的细胞在基因水平上失去对其生长的正常调控，导致异常增生而形成的新生物。肿瘤一般分为良性和恶性两大类。良性肿瘤是某种组织的异常增殖形成肿块，渐渐增大膨胀，可压迫器官，影响器官的功能，但不会发生肿瘤转移。恶性肿瘤则生长迅速，分化程度低，主要以浸润方式生长，并可借助于淋巴道、血道或腔道，使瘤细胞转移到人体其他组织器官。根据细胞起源，恶性肿瘤又可分为癌和肉瘤。凡是来源于上皮组织的恶性肿瘤称为癌，占恶性肿瘤的 90%以上，如肺癌、胃癌、食管癌、肝癌、乳腺癌等；来源于原始间叶细胞的恶性肿瘤称为肉瘤，如骨肉瘤、淋巴肉瘤等。一般所说的癌症泛指所有的恶性肿瘤。

世界癌症研究基金会（World Cancer Research Fund，WCRF）和美国癌症研究所（American Institute for Cancer Research，AICR）对癌症的定义为："癌症是由于细胞遗传信息改变导致难以控制的细胞增殖为特点的 100 多种疾病的总称。"根据 WHO 报道，2015 年，癌症成为仅次于心血管疾病的全球第二大死因。预计到 2030 年，全球癌症新发病例数将增长到2400 万。在我国，癌症发病率从 20 世纪 70 年代以来一直呈上升趋势，其发病率接近并略高于世界平均水平。自 2010 年来，癌症死亡率仅次于心血管疾病（即心脏病和脑血管疾病），成为中国人群第二大死因。根据国家癌症中心 2019 年的统计数据，死亡率最高的 6 种肿瘤依次为肺癌、肝癌、上消化系统肿瘤、食管癌、结直肠癌及女性乳腺癌。

二、营养与癌症

目前认为，癌症是由遗传因素、环境因素和精神心理因素等相互作用的结果。80%的癌症发病是由不良的生活方式和环境因素所致，其中不合理膳食、吸烟、饮酒分别占诱发癌症因素的 35%、30%和 10%。膳食营养可影响恶性肿瘤发生发展的任何一个阶段。食物中既存在着致癌因素，也存在着抗癌因素，都会影响癌症的发生。

1. 膳食模式　　西方发达国家的膳食模式中，谷类摄入过少，动物性食品和食用糖占较大比例；呈现高能量、高脂肪、高蛋白质的膳食特点。在该膳食模式下，乳腺癌、前列腺癌、结肠癌发生率高，而胃癌、食管癌发生率低。

以希腊为代表的地中海沿岸国家，心脑血管疾病和癌症的发病率、死亡率最低，该地区居民平均寿命比西方发达国家高 17%。地中海膳食模式中的食用油以橄榄油为主，不仅有降低人体 LDL、升高 HDL 的功能，还可增强心血管功能及抗氧化、抗衰老；动物蛋白质以鱼类来源为主，豆类的摄入高于东方膳食模式近两倍；水果、薯类加上蔬菜的总量远高于东方膳食模式；饮酒量高于东、西方，但以红葡萄酒为主。

东方膳食模式以谷类为主，富含蔬菜和粗粮，保证了膳食纤维的摄入量，所以消化系统癌症的发病率较低；豆类及豆制品的摄入，补充了一部分优质蛋白质和钙；调料种类丰富，如葱、姜、蒜、辣椒、醋等，具有杀菌、降脂、增加食欲、帮助消化等诸多功能。但膳食模式中牛乳及乳制品摄入不足；缺乏牛肉、羊肉、鱼类等动物性食品；食盐摄入量偏高。随着我国经济的发展和居民生活水平的提高，膳食结构正逐步向西方化转变，动物性食物和油脂消费增加，谷类食物消费降低，豆类制品摄入过低，使得乳腺癌、前列腺癌发病率快速上升。

2. 能量与宏量营养素

（1）能量。如果能量摄入大于能量消耗，能量就会以脂肪的形式储存在身体内，随着体脂增加，则出现超重与肥胖。2018 年，WCRF/AICR 的《饮食、营养、身体活动和癌症——全球视野的第三次专家报告》指出，体脂过多增加口腔癌、咽癌、喉癌、食管（腺）癌、胃（贲门）癌、胰腺癌、胆囊癌、肝癌、结直肠癌、乳腺癌（绝经后）、卵巢癌、子宫内膜癌和肾癌多种癌症的发生风险。

（2）蛋白质。早期的研究发现，蛋白质摄入过低，易引起食管癌和胃癌；蛋白质的摄入过多，易引起结肠癌、乳腺癌和胰腺癌。后来，随着研究的增多，基于系统文献综述中的证据，没有提示蛋白质能特异地影响任何部位发生癌症的风险。

（3）脂肪。早期的流行病学资料表明，脂肪的摄入量与结肠癌、直肠癌、乳腺癌、肺癌、前列腺癌的危险性呈正相关。但 20 世纪 90 年代以来，队列研究关于"脂肪和油与癌症危险性相关"的证据说服力不断下降。高饱和脂肪酸摄入可能会导致炎症产生，促进胰岛素抵抗的发展，这两者可能是胰腺癌发生的原因。

（4）碳水化合物。高淀粉膳食本身无促癌作用，但高淀粉膳食常伴有蛋白质摄入量偏低和其他保护因素不足，且高淀粉的膳食和大容量相联系，这种物理因素易使胃黏膜受损。但另有报道高淀粉膳食可减少结直肠癌和乳腺癌的危险性。有研究报道食用菌和海洋生物中的多糖有防癌的作用，如蘑菇多糖、灵芝多糖、云芝多糖等有提高人体免疫功能的作用，海洋生物中的多糖如海参多糖有抑制肿瘤细胞生长的作用。最近的研究提示，全谷物和富含膳食纤维的食物可能降低结直肠癌的发生风险。

3. 维生素

（1）维生素 A。维生素 A 类化合物可能通过抗氧化、诱导细胞的正常分化、提高机体免疫功能、调控基因表达等作用预防癌症。基于最新的研究证据，膳食维生素 A、膳食类胡萝卜素、膳食 β-胡萝卜素、β-胡萝卜素补充剂与肺癌风险下降有关，类胡萝卜素与乳腺癌风险、β-胡萝卜素与前列腺癌风险可能存在关系。

（2）维生素 C。大多数病例对照研究发现，膳食维生素 C 摄入量和肺癌、乳腺癌、结直肠癌、胃癌、口腔癌、咽癌和食管癌之间呈负相关。癌症患者体内维生素 C 浓度也低于对照组。我国曾在河南林县食管癌高发区使用维生素 C 阻止食管上皮增生转化为癌。

（3）维生素 D。有限的证据提示维生素 D 能够降低结直肠癌的风险。研究发现，维生素 D 在钙和骨代谢，以及控制细胞分化中起着关键作用。维生素 D 与结直肠癌风险关联的潜在机制大多是在体外和试验模型中进行研究的，人群研究的数据也有限。

（4）维生素 E。有限的证据提示，低血浆 α-生育酚浓度增加前列腺癌的风险。维生素 E 有 8 种，其中 α-生育酚和 γ-生育酚是最常见的形式。α-生育酚是维生素 E 中抗氧化性最强、最具生物活性的一种类型。α-生育酚能调节免疫，诱导细胞凋亡和降低循环睾酮浓度，这些可能是影响前列腺癌发生风险的机制。

（5）其他维生素。流行病学研究发现，叶酸营养状况与结直肠癌、肺癌、胰腺癌、食道癌、胃癌、宫颈癌、卵巢癌、乳腺癌和其他癌症发生呈负相关。目前的研究资料表明，摄取足够的叶酸可以降低某些癌症的风险，然而高剂量的叶酸应该小心补充使用。有研究提示含有维生素 B_6 的食物能够预防食管癌和前列腺癌。但最新的研究认为，因证据有限，无法得到膳食维生素 B_6 或维生素 B_{12} 与结直肠癌、肺癌、乳腺癌等癌症的关系。

4. 矿物质

（1）钙。有充分的证据表明，钙补充剂能预防结直肠癌。钙对结直肠癌的作用可能是钙结合非结合胆汁酸和游离脂肪酸，减少其对结直肠的毒性作用；钙也可能通过影响不同的细胞信号转导途径来减少癌细胞增殖并促进细胞分化。

（2）铁（血红蛋白铁）。有限的证据表明含血红蛋白铁的食物增加结直肠癌的发生风险。铁摄入量增加催化结肠产生自由基，活性氧的合成增加；而活性氧可诱导脂质过氧化和细胞、DNA 损伤。另外，高含量血红蛋白可通过刺激致癌性 N-亚硝基化合物的内源性形成，促进结直肠癌的发生。

（3）硒。有限的证据提示，低血浆硒浓度增加前列腺癌的风险。试验证据表明硒诱导肿瘤细胞凋亡并抑制细胞增殖。此外，硒可以调节谷胱甘肽过氧化物酶的活性。这些可能是硒影响前列腺癌的风险机制。

（4）其他。锌缺乏和（或）过多均与癌症发生有关，锌过低可导致机体免疫功能减退，过多会影响硒的吸收。长期高钠（盐）摄入，导致胃黏膜细胞及细胞外高渗透压，损伤胃黏膜，导致弥漫性充血、水肿、糜烂、溃疡等病变，增加癌变风险。

三、膳食营养与癌症预防

防癌的膳食策略和措施是多方面综合预防措施中最重要的一个方面，其主要途径是通过减少致癌物或致癌前体物的摄入，增加保护性食物的摄入，改善膳食结构，提高机体的抵抗力，以达到膳食防癌的目的。分析各种癌症主要病因，不良饮食生活方式占全部癌症病因的 10%～70%。

WHO 建议的膳食目标是：①达到能量平衡和保持健康的体重；②限制来自脂肪的能量摄入，不应超过摄入总能量的 30%，摄入的脂肪从饱和脂肪转向不饱和脂肪，并逐步消除反式脂肪酸的摄入；③增加全谷物、水果、蔬菜、豆类和坚果的摄入；④限制游离糖的摄入，将游离糖摄入量降至总能量摄入的 10% 以下，如果可能，建议降至 5% 以下；⑤限制所有来源的盐（钠）的摄入，控制在每日 5 g 以下，并确保对盐进行碘化。

1. 健康膳食模式　　中国营养学会提出，健康的膳食模式应该是地中海膳食模式和日本膳食模式的综合，即食物多样化，谷类为主，高膳食纤维摄入，低糖、低脂肪摄入。

食物多样是实践平衡膳食的关键，多种多样的食物才能满足人体的营养需要。全谷物可降低结肠癌的发生风险；蔬菜降低食管癌和结肠癌发病风险，其中，十字花科蔬菜可降低胃癌和结肠癌发病风险；大豆及其制品可降低乳腺癌、胃癌等的发生风险。高盐（钠）摄入会增加胃癌等的发生风险；过量饮酒增加肝损伤、直肠癌、乳腺癌等的发生风险。通过合理的膳食结构使营养素摄入量恰当、比例合理，即营养素摄入达到平衡，从而减少致癌因素的影响，增加机体的防癌功能，预防癌症发生。

根据 WCRF 的持续更新项目（CUP）中饮食、体重和运动与癌症预防的最新证据，专家小组提出以下 10 条防癌建议。

（1）保持健康体重。控制体重，尽量让体重接近健康范围的最低值，并且避免成年后的体重增加。WHO 规定成年人的健康体重范围是指体重指数（BMI）在 18.5～24.9 kg/m²；也可用腰围来衡量，针对亚洲人群，腰围值不应超过 90 cm（男性）或 80 cm（女性）。保持健康体重应考虑机体能量的摄入和消耗的平衡，通过采用地中海膳食模式，多运动，多吃全谷物、蔬菜、水果和豆类，少吃快餐和其他高脂、高糖、富含淀粉的加工食品，少喝含糖饮料来实现该目标。

（2）积极参加运动。每天的身体活动 45～60 min，且至少达到中等强度，即运动时心率达到最大值的 60%～75%；对于 5～17 岁人群，则建议每日中到高强度活动累计达 60 min；减少静坐的时间。即使对于已被诊断出癌症的患者，各种形式的运动仍有着不可忽视的益处，但注意应向专业人士寻求运动指导。

（3）多吃全谷物、蔬菜、水果和豆类。每日至少从食物中摄入 30 g 膳食纤维；吃多种蔬菜和水果，每日至少摄入 5 种或更多种非淀粉蔬菜和水果。研究表明，绝大多数预防癌症的膳食都富含植物来源的食物。全谷物包括糙米、小麦、燕麦、大麦和黑麦等，是多种生物活性化合物的丰富来源，如维生素 E、硒、铜、锌、木脂素、植物雌激素、酚类化合物和膳食纤维等。这些化合物很多都是在麸皮和胚芽中发现的，它们具有特定的抗癌特性，如酚酸是通过抗氧化而发挥作用的。水果和非淀粉类蔬菜含有大量抗致癌因子，如膳食纤维、类胡萝卜素、维生素 C、维生素 E、硒、黄酮类、酚类、植物固醇等。非淀粉类蔬菜包括绿叶蔬菜、花椰菜、秋葵、茄子等。

（4）限制快餐类食物和其他富含糖、淀粉、脂肪的食物。所谓的"快餐食品"包括炸鸡、炸薯条等；其他加工食品包括烘焙食品、甜点、糕点、糖果，富含精制淀粉的加工食品如面包、比萨等。

（5）限制食用红肉和其他加工肉类。每周吃红肉（熟肉）不超过 500 g，相当于 700～750 g 的生肉重量；红肉包括牛肉、猪肉、羊肉等；加工肉类包括火腿、香肠、腊肠、培根等；加工方式包括烟熏、腌制、添加防腐剂等。加工肉由于高温、高盐等加工方式，增加了食用者对杂环胺类、多环芳烃类、N-亚硝基化合物等致癌物的暴露。

（6）限制含糖饮料摄入。含糖饮料包括碳酸饮料、运动饮料、能量饮料、加糖咖啡及其他含糖饮料。饮用含糖饮料是体重增加、超重和肥胖的一个重要原因；研究表明，血糖负荷较大，增加患子宫内膜癌的风险；饮用咖啡可能是肝癌和子宫内膜癌的保护因素。因此，为了满足机体的水分需求，最好是饮用水、茶或不加糖的咖啡。

（7）限制饮酒，最好是不喝酒。大量的试验证据表明，乙醛作为酒精主要的且毒性最强的代谢产物，会扰乱 DNA 的合成和修复，从而引发一系列致癌连锁反应；大量摄入乙醇也会通过增加活性氧引发氧化应激；乙醇除了本身的致癌作用外，也可作为溶剂，增加细胞对致癌物的通透性；大量饮酒者通常伴有不健康的饮食方式，如缺乏叶酸等必需营养素，使得机体组织更易受酒精致癌作用的影响。

（8）不推荐吃各类膳食补充剂。机体的营养需要应该从每日膳食中获取，而非膳食补充剂。但是，对于个别人群，补充剂是必需的，如准备或已经怀孕的妇女应该补充铁剂和叶酸；婴幼儿、孕妇和哺乳期妇女应该补充维生素 D。

（9）如果可以，尽量母乳喂养。母乳喂养对母亲和子代都有好处，在婴儿最初 6 个月内给予纯母乳喂养，可以持续至 2 岁或更长。但注意在 6 月龄后，继续母乳喂养的同时，也要给婴儿补充其他食物。

（10）癌症幸存者应该遵从上述癌症预防建议。

2. 健康的饮食习惯　对中国人群胃癌发病影响因素的荟萃分析表明，饮食不规律、饮酒、重盐饮食、喜食煎炸食品和烫食、进食速度快、暴饮暴食等是中国人群胃癌发病的危险因素；常吃蔬菜水果、豆及豆制品、乳及乳制品和常饮茶是保护因素。因此，要培养健康的饮食习惯；按时进食、饥饱适当；细嚼慢咽，避免进食过快；避免暴饮暴食，避免食物过烫、过硬；不饮烈性酒，保护消化道黏膜及肝；食物多样化，避免偏食，多吃果蔬。

3. 食物的合理加工、烹调 明火或炭火炙烤的烤鱼、烤肉可产生杂环胺类化合物；柴炉加工的叉烧肉和烧腊肠中苯并（a）芘的含量很高；研究发现，喜食腌制食品是中国人群胃癌发病的危险因素，而摄入大量的腌制及烟熏食品可能是乳腺癌发病的危险因素。因此，应注意选择新鲜食材，保藏应尽量采取冷藏的方式；少食或不食腌制食品；改变不良的烹调方式，如采用熏制和烘烤方式时要避免食物直接接触炭火或烟，避免过高的烹调温度烧焦食物，提倡采用蒸、煮、煨的烹调方式等。

第七节　营养与免疫

一、概述

免疫是指人体抵抗特定病原体，免除罹患疾病的能力。人体的免疫系统由具有免疫功能的分子、细胞、组织和器官组成，广泛分布于全身，能抵抗外来有害致病因子入侵。人体免疫功能有一类为特异性免疫（又称获得性免疫）；还有多种非特异性防御机制（又称先天性免疫）功能，这两种免疫功能联系密切。

在宿主防御过程中，免疫系统具备三种重要的能力：区分身体自身组成部分和外来入侵者的能力；以特定的方式进行识别和反应的能力，其本质是对各种无限多数量的不同分子进行识别和反应；以一种加速和强化的反应来回应之前遇到过的外来因子的独特能力，即免疫系统的记忆。

免疫系统的免疫细胞主要分为吞噬细胞和淋巴细胞两种，前者包括巨噬细胞（单核细胞）、中性粒细胞和树突状细胞等；后者包括 B 细胞、T 细胞和自然杀伤（NK）细胞等。免疫系统的细胞因子是由各种免疫和非免疫细胞产生的蛋白质，能影响其他细胞的行为。

肠道免疫系统或肠道相关淋巴组织（GALT）利用肠黏膜上皮阻止细菌和食物抗原从胃肠腔中通过，然而，它却能将少量的存活及死亡的细菌转化为免疫系统重要免疫学信息，成为人体总免疫能力中的重要组成部分。

近年来，营养与免疫已成为基础营养学研究的一个非常活跃的领域。目前，该方面的研究在微观方向上已进入亚细胞及分子水平，从基因水平去探索某些微量营养素或其活性代谢产物免疫调节作用的分子机制；而在宏观方向上则是通过营养手段改善人体免疫系统的功能，以期达到健康促进的目的。在营养与免疫领域，目前研究比较多的是蛋白质、脂肪酸、微量营养素、植物化学物等对免疫功能的影响，特别是这些成分与肠道免疫功能的关系。

二、营养素对免疫功能的影响

（一）蛋白质与免疫

蛋白质是维持机体免疫防御功能的物质基础，上皮、黏膜、胸腺、肝、脾等组织器官，以及血清中的抗体和补体等，都主要由蛋白质参与构成，蛋白质的质和量对免疫功能均有影响。蛋白质质量低劣或摄入不足使机体免疫功能下降，某种必需氨基酸不足、过剩或氨基酸不平衡都会引起免疫功能异常。蛋白质缺乏对免疫系统的影响非常显著，如脾和肠系膜淋巴结中细胞成分减少，对异种红细胞产生的抗体滴度明显下降，血清丙种球蛋白降低，但不如特异性抗体降低的那么明显。蛋白质缺乏时，胸腺重量的减轻不如脾和淋巴结那样明显，但细胞免疫功能却有变化。在蛋白质缺乏的儿童中，注射疫苗后其抗体生成受到影响，补充蛋白质则可以促进其抗体的生成。

氨基酸缺乏可导致体液免疫和细胞免疫功能低下。异亮氨酸和缬氨酸缺乏使胸腺和外周淋巴组织功能受损；蛋氨酸和半胱氨酸-胱氨酸缺乏对胸腺、淋巴结和脾的功能产生迟发性不良影响，致使淋巴细胞的生成发生障碍，同时也会造成肠道淋巴组织中淋巴细胞明显减少；精氨酸能使 T 淋巴细胞数量增加，并促进其免疫应答，表现为加强巨噬细胞和 NK 细胞对肿瘤的溶解作用，增加淋巴细胞 IL-2 的产生及受体活性，还能提高巨噬细胞的杀菌能力，使肠道细菌数量减少。

（二）脂肪与免疫

脂肪摄入量从总能量的 36%降低到 25%，可以增强淋巴细胞的反应能力及 NK 细胞破坏肿瘤细胞的能力。脂肪酸在免疫细胞中有多种功能：为免疫细胞提供能量；构成细胞膜磷脂的组成成分，影响免疫细胞膜的结构和功能；通过影响细胞信号转导的过程而调控基因表达；作为类花生酸其他脂质介导物的前体物等。改变膳食中脂肪含量及饱和脂肪酸与不饱和脂肪酸的比例，将影响淋巴细胞膜的脂质组成，进而引起淋巴细胞功能改变。

（三）维生素与免疫

1. 维生素 A　　维生素 A 对体液免疫和细胞介导的免疫应答起重要辅助作用，能提高机体抗感染和抗癌能力。维生素 A 是 T 淋巴细胞生长、分化和激活过程中不可缺少的因子；可促进 B 淋巴细胞产生抗体；也可增强单核吞噬细胞系统的功能，增加 NK 细胞的活性。维生素 A 缺乏可导致核酸和蛋白质合成减少，进而影响淋巴细胞分裂、分化和免疫球蛋白的合成，血清抗体水平降低。β-胡萝卜素可以增强 NK 细胞与吞噬细胞的活性，以及刺激多种细胞因子的生成。

2. 维生素 D　　维生素 D 是一种重要的免疫调节剂。体内包括免疫细胞在内的大部分细胞含有维生素 D 受体。肝细胞、肾细胞和巨噬细胞等都具有使维生素 D 转化为其生物活性形式的酶。刺激巨噬细胞中 Toll 样受体不仅可以促进维生素 D 前体转化为其活性形式，还能促进维生素 D 受体的表达。巨噬细胞中的维生素 D 可调节内源性组织蛋白酶抑制素的合成，并调节细胞因子分泌的模式。组织蛋白酶抑制素和细胞因子都能增强人体对病原体的防御力。可见，维生素 D 是 Toll 样受体激活与先天性免疫抗菌反应之间的关键环节。研究表明，当血清维生素 D 水平较高时，罹患自身免疫性疾病的风险降低。

3. 维生素 E　　维生素 E 缺乏对免疫应答可产生多方面的影响，包括对 B 细胞和 T 细胞介导的免疫功能的损害。维生素 E 能增强淋巴细胞对有丝分裂原的刺激反应性和抗原、抗体反应，促进吞噬。维生素 E 免疫调节作用的可能机制如下。

（1）维生素 E 影响细胞膜的流动性。免疫活性细胞的功能有赖于细胞膜完整的结构，膜流动性改变可能影响膜上受体的运动，受体与配体的识别和结合等。维生素 E 通过其抗氧化作用维持一定的膜脂质流动性，从而影响淋巴细胞功能。

（2）维生素 E 调节前列腺素合成。维生素 E 的抗氧化作用可以防止多不饱和脂肪酸转化成过氧化中间代谢产物，如前列腺素、白三烯等，已证实前列腺素可以抑制淋巴细胞转化、细胞因子如 IL-1、IL-2 的分泌。

（3）维生素 E 保护淋巴细胞免受巨噬细胞产生的抑制物的作用。巨噬细胞可以产生前列腺素、白三烯、超氧阴离子、单线氧、过氧化氢等，这些巨噬细胞代谢产物均可抑制免疫反应。

4. 维生素 B$_6$　　核酸、蛋白质合成及细胞增殖需要维生素 B$_6$，因而维生素 B$_6$ 缺乏对免疫系统的影响更为严重。维生素 B$_6$ 缺乏可导致胸腺和脾重量减轻、发育不全、淋巴细胞减少和淋巴结萎缩。因维生素 B$_6$ 缺乏时影响核酸的合成，对细胞分裂和蛋白质的合成均不利，因而影响抗体的合成。维生素 B$_6$ 缺乏还影响免疫细胞的功能，并导致特异性抗体反应减弱。

5. 维生素 C　　维生素 C 可以保护免疫细胞免受氧化损伤。胸腺能将维生素 C 浓缩，因此维生素 C 在免疫细胞中的浓度也很高，但在感染期间其浓度迅速降低。维生素 C 可增加抗体、补体的含量，促进免疫应答反应；参与吞噬细胞及补体系统的活化；增强巨噬细胞的吞噬作用和 NK 细胞的杀伤作用；促进淋巴细胞增殖，提高 T 淋巴细胞的比例。维生素 C 缺乏可以抑制淋巴组织的发育及功能、白细胞对细菌的反应、吞噬细胞的吞噬功能、异体移植的排斥反应。

（四）矿物质与免疫

1. 铁　　铁缺乏时，核糖核酸酶活性降低，肝、脾和胸腺蛋白质合成减少，导致免疫功能出现多种异常，降低免疫应答，如抑制迟发型高敏反应、抑制中性粒细胞及吞噬细胞的杀菌能力、抑制淋巴细胞增殖、减少淋巴细胞数量、抑制白细胞介素的释放、造成淋巴样组织萎缩等。

2. 锌　　锌可影响体内信号转导通路，控制各种免疫调节性细胞因子的基因表达。缺锌的影响是多方面的，最主要是影响 T 淋巴细胞的功能，还影响胸腺素的合成与活性、淋巴细胞的功能、NK 细胞的功能、抗体依赖性细胞介导的细胞毒性、淋巴因子的生成、吞噬细胞的功能等。另外，锌是数种参与抗氧化反应的酶的辅助因子，有助于降低免疫细胞的氧化损伤。

3. 硒　　硒在氧化还原平衡中起着关键作用，能保护免疫细胞 DNA 免受损伤。硒可促进 T 淋巴细胞产生抗体，使血液免疫球蛋白水平增高或维持正常，增强机体产生抗体的能力。硒还可增强淋巴细胞转化和迟发型变态反应，促进巨噬细胞的吞噬功能。硒缺乏会影响 T 淋巴细胞对有丝分裂原刺激的反应性而影响细胞增殖，降低吞噬细胞的趋化性和氧化还原状态，使血清 IgG 和 IgM 浓度下降、中性粒细胞杀菌能力下降。

4. 铜　　铜是许多酶的组成成分，如超氧化物歧化酶、细胞色素氧化酶、血浆铜蓝蛋白、单胺氧化酶等。铜缺乏可能通过影响免疫活性细胞的铜依赖性酶而介导其免疫抑制作用。超氧化物歧化酶在吞噬细胞杀伤病原性微生物过程中起重要作用。细胞色素氧化酶是线粒体传递链的末端氧化酶，此酶的催化活性下降，氧化磷酸化作用减弱。免疫活性细胞的氧化磷酸化作用受损伤将直接破坏其免疫功能。铜缺乏影响单核-巨噬细胞系统对感染的免疫应答，使吞噬细胞的抗菌活性减弱，导致机体对许多病原微生物易感性增强。

三、食物过敏

食物过敏指免疫学机制介导的食物不良反应，即食物蛋白质引起的异常或过强的免疫反应，可由 IgE 或非 IgE 介导。表现为一疾病群，症状累及皮肤、呼吸、消化、心血管等系统，甚至可发生严重的不良反应、危及生命。

（一）发病机制

食物过敏与遗传、接触过敏原食物、环境因素和患者的反应性等因素有关。人体对食物的正常免疫反应是口服耐受，包括产生食物蛋白质特异性 IgG。相反地，异常的免疫应答则可导致食物过敏。食物过敏的免疫学机制非常复杂，尚不完全清楚，目前主要分为 IgE 介导、非 IgE 介导和混合型三类。

IgE 介导的速发型变态反应大多在进食后很快发生。食物特异性 IgE 抗体与肥大细胞和嗜碱性粒细胞上的高亲和力 IgE 受体结合，形成致敏状态。当再次暴露于相同的食物蛋白质时，食物蛋白质通过与致敏肥大细胞或嗜碱性粒细胞表面抗原特异性 IgE 抗体交叉结合，激活信号转导系统导致炎症介质释放，如组胺等。这些介质作用于效应组织或器官产生症状，可累及皮肤、胃肠道、呼吸道、心血管等系统。

另一类食物过敏常先累及胃肠道，如食物蛋白质诱导的肠病或小肠结肠炎，为非 IgE 介导型，主要与 T 淋巴细胞活化有关，临床表现多为亚急性或慢性症状。

特应性皮炎和嗜酸性粒细胞性胃肠疾病，可能是由食物过敏引起的第三类慢性疾病，其 IgE 抗体水平多变（IgE 介导和细胞介导的疾病），即混合型。

（二）临床表现

1. 皮肤症状　　皮肤症状是婴幼儿食物过敏的常见症状。急性荨麻疹和血管性水肿为速发型食物过敏最常见症状。多数在进食数分钟内出现症状。特应性皮炎是婴儿早期发生的湿疹样的瘙痒症、复发性的慢性炎症，并可增加哮喘和过敏性鼻炎的发病风险。口周炎多发生于进食柑橘类水果的婴儿，可能与食物中含有的苯甲酸有关，持续时间较短，多自行缓解。

2. 胃肠道症状　　口腔过敏综合征表现为进食某些特定水果或蔬菜后即刻发生口咽部和咽喉部不适，如舌部麻木、运动不灵、唇肿胀、瘙痒、喉部发紧等。食物蛋白质诱导的小肠结肠炎综合征（food protein-induced enterocolitis syndrome，FPIES）典型表现为出生后数月发生的易激惹、间断呕吐和持续腹泻并可导致脱水，如病变累及结肠可出现血便。FPIES 常急性发病，腹泻可出现在摄入食物后 1～3 h 内，如果过敏原持续暴露可导致腹胀、便血、贫血，甚至是生长障碍等，约 15%病例可发生低血压。食物蛋白质诱导的直肠结肠炎临床表现为健康婴儿间断少量血丝便。嗜酸性粒细胞性食管炎临床表现多样，婴儿患者通常存在喂养困难、哭闹、呕吐、生长发育迟缓等。青少年及儿童主要表现为胃灼热、腹痛、呕吐、体重不增、进食梗阻、吞咽困难、食物嵌塞等。嗜酸性粒细胞性胃肠炎的临床表现与嗜酸性粒细胞性食管炎类似，持续体重下降或生长障碍；婴儿也可因蛋白质丢失性肠病引起全身水肿。乳糜泻在 2 岁以内婴幼儿以消化道症状为主，常有慢性腹泻、腹胀、厌食、肌肉萎缩、易激惹、生长发育迟缓等，1/3 患儿伴呕吐。儿童和成人则主要为肠外表现，包括皮肤疱疹样改变、青春期延迟、身材矮小、缺铁性贫血、骨质缺乏和自身免疫性疾病等。

3. 呼吸道症状　　食物过敏诱发的呼吸道症状通常不会单独发生。食物诱发的鼻结膜炎多与皮肤症状同时出现，表现为眼眶周围皮肤瘙痒、流泪、鼻塞和鼻痒、打喷嚏和流清涕。严重患者吸入致敏食物经蒸煮加工后形成的烟雾，即可诱发呼吸道过敏反应，如煮沸的牛乳。

4. 严重过敏反应　　该反应为 IgE 介导的速发反应，于暴露食物后数分钟至 2 h 起病。症状多样，可累及多个器官系统（如皮肤、呼吸道、胃肠道、心血管系统等），包括喉头水肿、重度哮喘、心血管系统受累（如低血压、血管塌陷、心律失常等），甚至出现休克而死亡。

（三）饮食管理

1. 回避过敏食物　　回避过敏食物是目前治疗食物过敏唯一有效的方法。所有引起症状的食物均应从饮食中完全排除。对多食物过敏的幼儿，可选用低过敏原饮食配方，如谷类、羊肉、黄瓜、菜花、梨、香蕉、菜籽油等，仅以盐及糖作为调味品；同时应密切观察摄食后的反应，以减少罕见食物过敏的发生。

2. 食物替代选择　　牛乳过敏是儿童期最常见的食物过敏之一，牛乳回避比其他食物回避更易造成营养素摄入不足及生长不良。对于母乳喂养的牛乳蛋白质过敏患儿应继续母乳喂养，但母亲应回避牛乳及其制品，同时注意补充钙 800～1000 mg/d。当母亲饮食回避后仍出现下列问题时，可考虑更换低敏配方喂养或转专科诊治：①患儿症状无改善且严重；②患儿生长迟缓和其他营养缺乏；③母亲多种食物回避影响自身健康；④母亲因回避饮食导致较重心理负担。

对于配方乳粉喂养的牛乳蛋白质过敏患儿，可采用替代配方（深度水解或氨基酸配方）喂养。氨基酸配方不含牛乳蛋白质，理论上是牛乳过敏婴儿的理想食物替代品。因深度水解蛋白质配方口感较好，价格易被家长接受，同时＞90%的患儿可以耐受，故一般建议首先选用深度水解蛋白质配方；若患儿不能耐受深度水解蛋白质配方或为多食物过敏时，可改用氨基酸配方进行治疗；对于过敏症状严重者、食物蛋白质介导的肠病等出现生长障碍者，建议首选氨基酸配方（要素饮食）。

3. 婴儿期固体食物的引入　　回避所有已明确引起过敏症状的食物及其制品后，可按正常辅食引入顺序逐渐引入其他食物，从单一品种引入，每种食物引入后持续 1 周左右时间，观察症状反应性。膳食尽量多样化，已经明确不过敏的食物建议常规每日摄入。

第八节　营养与阿尔茨海默病

一、概述

阿尔茨海默病是老年期痴呆最主要的类型，表现为记忆减退、词不达意、思维混乱、判断力下降等脑功能异常和性格行为改变等，严重影响日常生活。年龄越大，患病风险越大。在病程的某一阶段常伴有精神、行为和人格异常。通常具有慢性或进行性的特点。

随着我国社会人口老龄化程度加深，按目前流行病学及人口统计数据推算，我国阿尔茨海默病患者人数在 2030 年将达到 2075 万，2050 年将达 3003 万。这将成为导致老年人群失能的重要原因，并给家庭、社会造成巨大负担。

二、膳食营养与阿尔茨海默病

1. 饮食方式　　大样本的人群研究显示，患有认知功能障碍的老年人群饮食结构中会偏向于进食大量高脂肪、高蛋白质及精制糖食品。而地中海饮食主要摄入鱼类、水果、蔬菜、富含多不饱和脂肪酸的橄榄油，适度饮用红酒而较少食用猪肉等红肉，则被多个研究证实能够降低发病风险，并且这种保护作用不受体力活动和伴随的脑血管病等因素的影响。

2. 营养素　　缺乏 B 族维生素将增加高同型半胱氨酸血症发生率，进而增加神经元及血管结构损伤概率。维生素 C、维生素 E、锌元素等可起到显著的神经保护作用，有效拮抗自由基导致的氧化损伤。脂肪酸在机体中可直接或间接参与突触发育、神经元生长及增殖的基因表达等过程，且具有显著的调节神经细胞分化作用。多不饱和脂肪酸是大脑中枢神经系统必需的结构成分，摄入足够的多不饱和脂肪酸可改变大脑中若干基因表达状态，如果人体缺乏多不饱和脂肪酸则可造成认知功能损伤。有研究发现，高剂量叶酸有助于改善早期认知损伤的阿尔茨海默病患者短时记忆。研究显示，提高 DHA、大豆异黄酮等的摄入量对认知功能有保护作用，而大量摄入金属离子（如铁离子等）、胆固醇等能够引起认知功能紊乱等。

3. 食物种类　　人体日常进食过程中摄入的某些营养素及抗氧化剂可达到预防痴呆及认知功能减退的作用，如蔬菜、水果、茶中含有的维生素、抗氧化剂、不饱和脂肪酸；鱼油、海产品中含有的某些微量元素；葡萄酒、橄榄油中含有的类黄酮等。

三、阿尔茨海默病患者的营养治疗

阿尔茨海默病患者的营养与其年龄、性别、体重、活动量及气候有关。患者活动量一般都减少，因此对热能需要也降低，甚至接近基础代谢。患者每日蛋白质供给量为 1～1.5 g/kg 体重，脂肪供给量为 1 g/kg 体重（某些心血管疾病患者可适当减少）。因老人需热量减少，碳水化合物的摄入量需相应减少。患者饮食中蛋白质、脂肪、碳水化合物三者在热量中所占比例以15%～25%、20%～25%和50%～55%为宜。

患者除了给予合理营养外，在膳食设计及饮食护理中还需注意如下几点。

（1）提供合理均衡的膳食，包括较多的优质蛋白质、充足的维生素、新鲜蔬菜、豆制品；饮食应低脂肪、低碳水化合物、低盐；选择应多样化，粗细搭配，使不同食物所含的营养成分在体内互相补充，发挥更大的生物效应。

（2）烹调上应适应患者的特点，切碎煮软，注意色、香、味，避免油炸食品、糯米黏性食物，保证易咀嚼、易吞咽和易消化。忌用强刺激性调味品，如辣椒、胡椒等。

（3）了解患者不同的个性、心理特点、饮食习惯和精神症状，因人而异、有的放矢地做好心理护理和饮食安排。

（4）进餐环境应空气清新、通风，餐桌、餐具应清洁无污并进行消毒，患者在餐前洗手。

（5）对病情严重的患者，在进餐时应有人照顾，定时定量，督促进餐或必要时协助喂饲，并防止食物梗阻致窒息。

[小结]

本章介绍了亚健康及肥胖、糖尿病、高血压、骨质疏松和肿瘤等 NCD 的基本概念、临床表现、流行病学特征、膳食危险因素，以及相应的膳食预防和干预措施。通过本章学习，能够对营养与亚健康、NCD 间的关系有更为科学的认识，具备针对亚健康、不同 NCD 高危人群及患者提供营养干预措施的能力。

[课后练习]

1. 简述亚健康的定义、表征、判断。
2. 简述亚健康的形成原因。
3. 如何改善亚健康？
4. 什么是肥胖？肥胖伴随的并发症有哪些？
5. 简述不同营养素对肥胖形成的作用。
6. 简述不同膳食对肥胖的干预效果。
7. 糖尿病的发病因素主要分为哪两类？
8. 膳食纤维如何在糖尿病的预防和治疗中发挥作用？
9. 简述高血压的定义、分类及发病因素。
10. 简述膳食因素在高血压发病中的作用。
11. 如何通过膳食干预进行高血压防治？
12. 骨质疏松人群如何获得充足的维生素 D？
13. 维生素 C 在免疫系统中发挥了哪些作用？缺乏时会产生什么影响？
14. 案例分析

（1）李先生是北京某校教师，因严重失眠到北京某区医院就医。自述每天睡眠 8～9 h，但仅能入睡 1～2 h，长期失眠，严重影响工作和生活。李先生曾在多家医院检查，检查结果显示无疾病依据。试分析李先生失眠的可能原因及改善措施。

（2）王女士，年龄 48 岁，身高 158 cm，体重 70 kg。拟将体重减轻至 58 kg，并在 3 个月内达到目标。请运用本章所学知识分析王女士目前是否肥胖，并为王女士减重提出合理的建议。

 [知识链接]

如何科学减重

[思维导图]

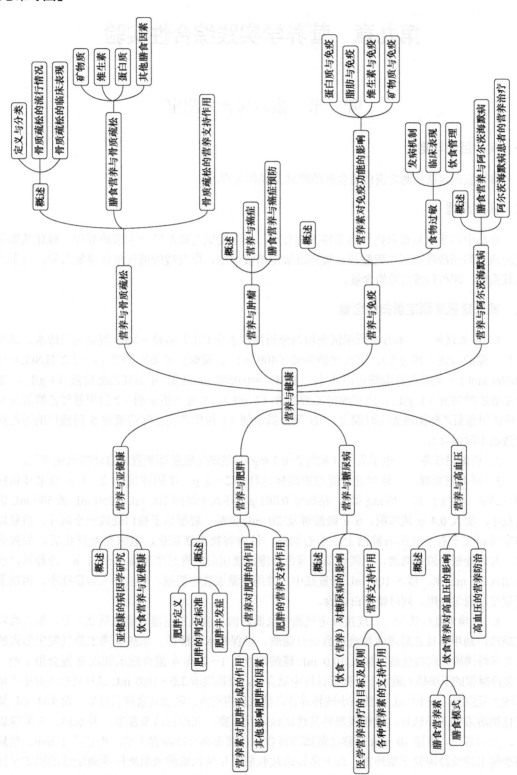

第九章　营养学实践综合性实验

第一节　蛋白质含量测定

一、实验目的与要求

掌握凯氏定氮法测定蛋白质含量的原理及操作流程。

二、实验原理

食品中的蛋白质在催化加热条件下被分解，产生的氨与硫酸结合生成硫酸铵。碱化蒸馏使氨游离，用硼酸吸收后以硫酸或盐酸标准滴定溶液滴定，根据酸的消耗量计算氮含量，再乘以换算系数，即得到蛋白质的含量。

三、凯氏定氮法测定蛋白质含量

1. **检测试剂**　　本方法所用试剂均为分析纯，水为 GB/T 6682—2008 规定的三级水。试剂包括：硼酸溶液（20 g/L）、氢氧化钠溶液（400 g/L）、硫酸标准滴定溶液 $[c(1/2\ H_2SO_4) = 0.0500\ mol/L]$ 或盐酸标准滴定溶液 $[c(HCl) = 0.0500\ mol/L]$、甲基红乙醇溶液（1 g/L）、亚甲基蓝乙醇溶液（1 g/L）、溴甲酚绿乙醇溶液（1 g/L）、A 混合指示剂（2 份甲基红乙醇溶液与 1 份亚甲基蓝乙醇溶液临用时混合）、B 混合指示剂（1 份甲基红乙醇溶液与 5 份溴甲酚绿乙醇溶液临用时混合）。

2. **检测用设备**　　电子天平（精度为 0.1 mg）、玻璃定氮蒸馏装置或自动凯氏定氮仪。

3. **样品前处理**　　称取充分混匀的固体试样 0.2～2 g、半固体试样 2～5 g 或液体试样 10～25 g（相当于 30～40 mg 氮），精确至 0.001 g。移入干燥的 100 mL、250 mL 或 500 mL 定氮瓶中，加入 0.4 g 硫酸铜、6 g 硫酸钾及 20 mL 硫酸。轻摇后于瓶口处放一小漏斗，将瓶以 45℃倾斜支于有小孔的石棉网上。小心加热，待内容物全部碳化，泡沫完全停止后，加强火力，并保持瓶内液体微沸，至液体呈蓝绿色并澄清透明后，再继续加热 0.5～1 h。冷却后，小心加入 20 mL 水，移入 100 mL 容量瓶中，并用少量水洗定氮瓶，洗液并入容量瓶中，再加水至刻度，混匀备用。同时做空白试验。

4. **玻璃定氮仪检测**　　连接好定氮蒸馏仪器，向水蒸气发生器内装水至 2/3 处，加入数粒玻璃珠，加甲基红乙醇溶液数滴及数毫升硫酸，以保持水呈酸性，加热煮沸水蒸气发生器内的水并保持沸腾。向接受瓶内加入 10.0 mL 硼酸溶液及 1～2 滴 A 混合指示剂或 B 混合指示剂，并使冷凝管的下端插入液面下，根据试样中氮含量，准确吸取 2.0～10.0 mL 试样处理液并由小玻璃杯注入反应室，以 10 mL 水洗涤小玻璃杯并使之流入反应室内，随后塞紧棒状玻璃塞。将 10.0 mL 氢氧化钠溶液倒入小玻璃杯，提起玻璃塞使其缓缓流入反应室，立即将玻璃塞盖紧，并水封。夹紧螺旋夹，开始蒸馏。蒸馏 10 min 后移动蒸馏液接收瓶，液面离开冷凝管下端，再蒸馏 1 min。然后用少量水冲洗冷凝管下端外部，取下蒸馏液接收瓶。尽快以硫酸或盐酸标准滴定溶液滴定至终点，如用 A 混合指示剂，终点颜色为灰蓝色；如用 B 混合指示剂，终点颜色为浅灰红色。同时做试剂空白。

5. 自动凯氏定氮仪检测　　称取充分混匀的固体试样 0.2～2 g、半固体试样 2～5 g 或液体试样 10～25 g（相当于 30～40 mg 氮），精确至 0.001 g。移至消化管中，再加入 0.4 g 硫酸铜、6 g 硫酸钾及 20 mL 硫酸于消化炉进行消化。当消化炉温度达到 420℃之后，继续消化 1 h，此时消化管中的液体呈绿色透明状。取出冷却后加入 50 mL 水，于自动凯氏定氮仪（使用前加入氢氧化钠溶液、盐酸或硫酸标准溶液，以及含有混合指示剂 A 或 B 的硼酸溶液）上实现自动加液、蒸馏、滴定和记录滴定数据的过程。

6. 蛋白质含量计算

$$X=\frac{(V_1-V_2)\times c\times 0.0140}{m\times V_3/100}\times F\times 100 \tag{9-1}$$

式中，X 为试样中蛋白质的含量（g/100 g）；V_1 为试液消耗硫酸或盐酸标准滴定液的体积（mL）；V_2 为试剂空白消耗硫酸或盐酸标准滴定液的体积（mL）；c 为硫酸或盐酸标准滴定溶液浓度（mol/L）；0.0140 为 1.0 mL 硫酸 [c（1/2 H_2SO_4）=1.000 mol/L] 或盐酸 [c（HCl）=1.000 mol/L] 标准滴定溶液相当的氮的质量（g）；m 为试样的质量（g）；V_3 为吸取消化液的体积（mL）；F 为氮换算为蛋白质的系数；100 为换算系数。

蛋白质含量≥1 g/100 g 时，结果保留三位有效数字；蛋白质含量<1 g/100 g 时，结果保留两位有效数字。当只检测氮含量时，不需要乘蛋白质换算系数 F。

第二节　蛋白质功效比值测定

一、实验目的与要求

掌握蛋白质功效比值（protein efficiency ratio，PER）的测定方法，学会应用 PER 值评价婴幼儿食品中的蛋白质营养价值。

二、实验原理

PER 是指处于生长阶段中的幼年动物（一般用刚断乳的雄性大鼠），喂养 28 d 后，摄入单位质量蛋白质的体重增长率。与对照组相比，以动物增加体重为观察指标，评价初断乳大鼠喂养等量蛋白质或产品 28 d 后生长情况；同时以标化酪蛋白为参考，将其功效比值定为 2.5，计算校正后被测蛋白质 PER 值。PER 值被广泛用来作为婴幼儿食品中蛋白质的评价。

三、主要试剂与材料

1. 试验材料　　酪蛋白、所测产品。
2. 试验动物　　根据 GB 14922.2—2011 规定选用清洁级初断乳（出生后 20～23 d）雌、雄性大鼠，体重 50～70 g，同性别动物体重之间的差异应不超过平均体重的±10%。购买的试验动物应在饲养环境适应 3～5 d，饲养环境及饮用水分别符合 GB 14925—2010 和 GB 5749—2022 的要求。

四、实验步骤

本实验参照农业部 2031 号公告-15-2013 进行测定。

1. 试验动物分组　　至少设 3 个试验组，包括受试组、对照组和酪蛋白对照组。试验动物按体重随机分组，每组至少 20 只，雌、雄各半。

2. 饲料配制　　测定试验材料（如婴幼儿食品）的除蛋白质外的各营养素含量一致。饲料的具体配制方法参考农业部 2031 号公告-15-2013。

3. 动物饲养

（1）试验期为 28 d。在此期间，动物采用单笼饲养，分别饲喂各组试验饲料。动物自由摄食及饮水。保持各试验组动物的环境条件一致。

（2）试验第 28 d，动物称体重，隔夜禁食 16 h 左右，不限制饮水。

（3）试验第 29 d，称体重后麻醉，经腹主动脉取血，检测血常规指标和血生化指标。

（4）牺牲动物后，进行解剖，检查各重要脏器或组织有无明显病理改变。如有异常，将该器官或组织用 4% 甲醛固定，进行组织病理学检查。

五、测定指标

1. 一般状况观察　　每天观察试验动物的一般表现，每周记录 3 次摄食量（精确到 0.1 g），每周称量 1 次体重（精确到 0.1 g）。计算试验期内总摄食量及体重增长。

2. 血常规指标　　测定血红蛋白、红细胞计数、白细胞计数及分类、血小板数等指标。

3. 肝、肾功能指标　　测定白蛋白（ALB）、谷丙转氨酶（ALT 或 SGPT）、谷草转氨酶（AST 或 SGOT）、肌酐（Cr）、尿素氮（BUN）等指标。

4. 脏体比　　称量试验动物的心脏、肝、肾、脾、睾丸及附睾/卵巢的绝对重量，按下式计算相对重量（脏体比）。必要时，称量其他脏器重量。

$$P = \frac{M}{W} \times 100\% \tag{9-2}$$

式中，P 为脏体比（%）；M 为脏器的重量（g）；W 为动物的体重（g）。

5. 蛋白质功效比的计算

按下式计算蛋白质功效比（PER）。

$$PER = \frac{BW}{Pro} \tag{9-3}$$

式中，PER 为蛋白质功效比；BW 为试验期内大鼠体重增加总量（g）；Pro 为试验期内蛋白质的摄入总量（g）。

6. 校正 PER 的计算

$$校正 PER = \frac{PER_1}{PER_2} \times 2.5 \tag{9-4}$$

式中，PER_1 为受试组或对照组功效比；PER_2 为酪蛋白功效比。

六、数据统计与分析

除校正 PER 外，以上指标的数据用平均值±标准差表示，组间差异比较用方差分析进行。

七、结果判定

1. 判定各组动物的一般状况　　观察血常规指标、血生化指标、脏体比等各项指标数据是否处于正常的生理参考值之内。如果指标异常，不再进行 PER 的计算和判定。

2. 比较受试组与对照组的蛋白质功效比　　根据有无显著性差异，分为以下三种情况进行表述。

（1）受试组显著高于对照组（$p<0.05$），结果表述为受试组的蛋白质功效比优于对照组。

（2）受试组显著低于对照组（$p<0.05$），结果表述为受试组的蛋白质功效比劣于对照组。

（3）受试组与对照组没有显著差异（$p\geq0.05$），结果表述为受试组的蛋白质功效比等同于对照组。

3. 比较受试组与酪蛋白对照组的蛋白质功效比　根据有无显著性差异，分以下三种情况进行表述。

（1）受试组显著高于酪蛋白组（$p<0.05$），结果表述为受试组的蛋白质功效比优于酪蛋白。

（2）受试组显著低于酪蛋白组（$p<0.05$），结果表述为受试组的蛋白质功效比劣于酪蛋白。

（3）受试组与酪蛋白组没有显著差异（$p\geq0.05$），结果表述为受试组的蛋白质功效比等同于酪蛋白。

4. 受试组及对照组的校正 PER　校正 PER 是经过参考酪蛋白（PER 值设为 2.5）校正获得，主要用于不同实验室之间同种材料 PER 值的比较。

这一指标在评价肠内和肠外营养处方时是相当有用的。提供最适宜的必需和非必需氨基酸食物的处方应能够使人体达到最快的生长速度。由于人类与大鼠需要的氨基酸不完全相同，故而该结果应用到人类时会有所偏差。在不考虑消化率影响的情况下，PER 值对于比较新的蛋白质与参比蛋白质很有参考价值。

八、课后练习

测定市售两款婴幼儿乳粉的蛋白质含量并对其蛋白质功效比值进行差异性分析。

第三节　糖尿病患者食谱编制

一、目的及意义

帮助糖尿病患者制订营养计划和形成良好的饮食习惯；为满足糖尿病患者对各种营养素及能量的需求，结合当地食物品种、生产季节、经济条件和烹饪方式，合理搭配各种食物，平衡膳食；通过调整糖尿病患者的膳食结构和营养供给改进患者的健康状况，减少急性和慢性并发症的发生风险；以糖尿病患者一日食谱为例进行计算，初步掌握食谱的制订程序和评价方法。

二、背景资料

小曲，办公室职员，41 岁，身高 177 cm，体重 88 kg。患者自述最近两周出现多尿、但不伴口渴、多饮、多食、体重下降等不适，来我院就诊。检测结果显示空腹血清葡萄糖 9.38 mmol/L，尿液含上皮细胞 49.90/μL，无管型，葡萄糖 1+，蛋白质阴性，酮体阴性，诊断为 2 型糖尿病，建议采取饮食和运动治疗，并于 1 个月后复查。请结合案例，针对小曲情况进行糖尿病患者的食谱编制。

三、食谱编制原则

食谱编制的总原则是根据糖尿病患者的生理条件和营养素需求，合理选择食物并搭配，达到平衡膳食和合理营养，并有利于控制血糖和代谢紊乱，消除糖尿病症状和防止出现急性并发症。

1. 控制能量　合理控制总能量摄入是糖尿病治疗的首要原则。为糖尿病患者制订个体化能量平衡食谱，使其达到并维持理想体重。

2. 保证营养充足和平衡　根据《中国居民膳食营养素参考摄入量》的要求设计食谱，充分利用不同食物中营养素之间的互补作用和协同作用，为糖尿病患者提供每日所必需的各种营养素，且比例适宜。

3. 满足食物多样及适口性　根据《中国居民平衡膳食宝塔》推荐的食物结构合理选择多种食物，各种营养素充分供应，并照顾患者饮食习惯和适口性，促进患者的食欲。

4. 合理分配每日餐食　坚持少量多餐，定时定量加餐，每日不少于三餐，保持能量均衡。

5. 简单易行　根据患者经济状况和生活水平，因人而异、因地制宜地合理选择食物，并选择适宜烹饪方式和加工方法以减少营养素损失，增加食谱的可操作性和可接受性，且安全无害。

四、食谱编制方法

依据糖尿病患者的基本人口学特征（年龄、身高、体重、劳动强度、经济条件）、病情状态、有无并发症、当前饮食习惯和状态等，参照食物成分表制订患者专属食谱，以满足其每日所需的总能量和各种营养素。编制方法主要分为营养成分计算法（图 9-1）及食物交换份法（图 9-2）两种方式。

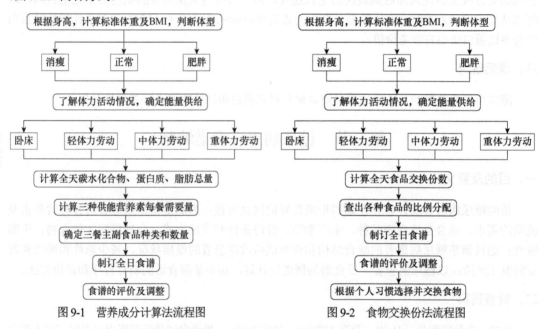

图 9-1　营养成分计算法流程图　　　　图 9-2　食物交换份法流程图

由于营养成分计算法操作时比较烦琐，国内外广泛使用食物交换份法快速、简便地制订食谱（本实验仅介绍食物交换份法）。食物交换份是将食物按照来源、性质分成几类，同类食品在一定重量内蛋白质、脂肪、碳水化合物等营养素含量和能量相近（每份为 334.4～376.2 kJ 能量）（附表 9-1）。将每类食物的内容列出表格供交换使用，最后计算出各类食物的交换份数和实际重量，并按每份食物等值交换表选择食物（附表 9-2～附表 9-9）。

1. 计算 BMI　根据患者身高，计算其标准体重及体重指数（BMI），根据 BMI 判断体型为消瘦、正常或肥胖。

（1）标准体重法。

$$标准体重（kg）＝身高（cm）－105 \tag{9-5}$$

或

$$标准体重（kg）＝[身高（cm）－100]×0.9 \tag{9-6}$$

肥胖度（%）＝（实际体重－身高标准体重）/标准体重×100% （9-7）

根据肥胖度进行体型评判：肥胖度≤－20%为消瘦，肥胖度＜－10%为体重过轻，肥胖度＞10%为超重，肥胖度在 20%～29%为轻度肥胖，肥胖度在 30%～49%为中度肥胖，肥胖度≥50%为重度肥胖。

（2）体重指数法。

体重指数（BMI）＝体重（kg）/［身高（m）］² （9-8）

根据中国成年人 BMI 进行判定：BMI＜18.5 为消瘦，BMI 在 18.5～23.9 为正常，BMI 在 24～27.9 为超重，BMI≥28 为肥胖。

以小曲为例，其标准体重＝177－105＝72（kg），肥胖度＝（88－72）/72×100%≈22.2%＞20%，为轻度肥胖。

2. 计算能量供给　了解患者体力活动情况，参照表 9-1，确定能量供给。

全日能量供给量（kJ）＝标准体重（kg）×能量需要量［kJ/（kg·d）］ （9-9）

小曲为办公室职员，属于轻体力劳动，查表 9-1 按全日能量供给量＝94 kJ/（kg·d）计算，其全日总能量应为 72×94＝6768 kJ。

表 9-1　不同身体活动水平的成人糖尿病患者每日能量供给量　　［单位：kJ/kg 标准体重］

身体活动水平	消瘦	正常	超重或肥胖
重（如搬运工）	188～209	167	146
中（如电工安装）	167	125～146	125
轻（如坐式工作）	146	104～125	84～104
休息状态（如卧床）	104～125	84～104	62～84

3. 查表确定总交换份数及各餐次食物交换份数　以小曲为例，每日需要总能量为 6768 kJ，经查附表 9-2 确定总交换份数约为 19 份，其中谷薯类 9 份，蔬果类 2 份，肉蛋类 4 份，豆乳类 2 份，油脂类 2 份。早餐、中餐、晚餐能量按照 25%、40%、35%的比例分配，确定各餐次食物交换份数（表 9-2）。

表 9-2　提供 6768 kJ 能量各餐食物交换份数

食物种类	早餐	午餐	晚餐	合计
谷薯类	2.5	3.5	3	9
蔬果类	0.5	1	0.5	2
肉蛋类	1	1.5	1.5	4
豆乳类	1	0.5	0.5	2
供能类	0	1	1	2
合计	5	7.5	6.5	19

4. 一日食谱举例

（1）早餐。蒸地瓜（红薯 1 份），荞麦馒头（杂粮 1 份），小米粥（米 0.5 份），凉拌时蔬（蔬菜类 0.5 份），水煮蛋（肉蛋类 1 份），牛乳（豆乳类 1 份）。

（2）午餐。米饭（米 2 份），煮玉米（玉米 1.5 份），鲫鱼（肉蛋类 1 份）炖豆腐（豆乳类 0.5 份），大辣椒（蔬果类 0.2 份）炒瘦肉（肉蛋类 0.5 份），清炒油麦菜（蔬菜类 0.3 份），猕猴桃（蔬果类 0.5 份），烹调用油（供能类 1 份）。

（3）晚餐。米饭（米 1.5 份），土豆（谷薯类 1.5 份）炖牛肉（肉蛋类 0.5 份），西红柿（蔬果类 0.5 份）炒鸡蛋（肉蛋类 1 份），干豆腐（豆乳类 0.5 份），水煮花生（供能类 0.5 份），烹调用油（供能类 0.5 份）。

五、食谱的评价

设计出食谱后，应对其进行评价，确定是否科学合理。参照食物成分表对该食谱提供的能量和各种营养素的含量进行初步核算，与 DRIs 进行比较，二者相差在±10%范围之内，可认为合乎要求，否则要增减或更换食品的种类或数量。一般情况下，不必严格要求每份营养餐食谱的能量和各类营养素均与 DRIs 保持一致，每天的能量、蛋白质、脂肪和碳水化合物的量出入不应过大，其他营养素以一周为单位进行计算、评价即可。

1. 食谱的评价原则　　评价应该包括以下几个方面。

（1）食谱中所含五大类食物是否齐全？食物种类是否多样化？

（2）各类食物的量是否充足？

（3）全天能量和营养素摄入是否适宜？

（4）三餐能量摄入分配是否合理？

（5）优质蛋白质比例是否恰当？

（6）三种供能营养素的供能比例是否适宜？

2. 一般食谱评价过程

（1）首先按类别将食物归类排序，并列出每种食物的数量。

（2）从食物成分表中查出每 100 g 食物所含营养素的量，计算每种食物营养素含量，计算公式为

$$食物中某营养素含量＝食物量（g）×可食部分比例$$
$$×100 g 食物中营养素含量/100 \qquad (9\text{-}10)$$

（3）分别累计相加所用食物的各种营养素，计算出全日食谱中三种能量营养素及其他营养素含量。

（4）将计算结果与《中国居民膳食中营养素参考摄入量》中同年龄、同性别人群的水平比较，进行评价。

（5）根据三种能量营养素的能量系数，分别计算出碳水化合物、蛋白质、脂肪所提供的能量及各自占总能量的比例。

（6）计算出优质蛋白质占总蛋白质的比例。

（7）计算三餐提供能量的比例。

待一日食谱确定后，可根据患者饮食习惯、经济条件及当地食物供应情况等因素在同一类食物中更换品种和烹调方法，编排一周食谱。

六、注意事项

1. 严格执行食谱　　要求患者严格按设计的食谱执行。

2. 注意烹调方式　　菜肴应少油、低盐、无糖。不宜采用油煎、炸、爆炒等烹调方法，亦不宜采用糖醋、糖渍、拔丝及盐腌、盐浸等方法。

3. 控制零食　　减少零食摄入，并应计入食物总量中。不宜将花生、瓜子等脂肪含量高的食物作零食。

4. 控糖　　正常情况下禁食精制糖，如白糖、蜂蜜，可用甜味剂调味。特殊情况如出现低

血糖症状时，可即刻进食少量精制糖。

5. 关于无糖食品　市售无糖食品如无糖乳粉、无糖饼干等，指未在加工过程中额外加入糖，食物本身所含的碳水化合物仍存在，不宜过量食用，且应计入全天食物总量中。

附表9-1　各类食品交换份的营养价值

类别	每份重量（g）	能量（kJ）	蛋白质（g）	脂肪（g）	碳水化合物（g）	主要营养素
谷薯类	25	377	2	—	20	碳水化合物、膳食纤维
蔬菜类	500	377	5	—	17	无机盐、维生素、膳食纤维
水果类	200	377	1	—	21	
大豆类	25	377	9	4	4	蛋白质
乳类	160	377	5	5	6	
肉蛋类	50	377	9	6	—	
坚果类	15	377	4	7	2	脂肪、碳水化合物
油脂类	10	377	—	10	—	
纯糖类	20	377	—	—	20	

附表9-2　不同能量所需的各种食品交换份数

总能量（kJ）	交换份	谷薯类	蔬菜类	水果类	肉蛋类	豆乳类	油脂类
4 184	12	6	1	0	2	2	1
5 021	14.5	7	1	0	3	2	1.5
5 858	16.5	9	1	0	3	2	1.5
6 694	19	9	1	1	4	2	2
7 531	21	11	1	1	4	2	2
8 368	24	13	1.5	1	4.5	2	2
9 205	26	15	1.5	1	4.5	2	2
10 042	28.5	17	1.5	1	5	2	2

附表9-3　等值谷薯类食品交换表

重量（g）	食品
20	饼干、蛋糕、江米条、麻花、桃酥等
25	大米、小米、糯米、薏米、米粉
25	面粉、干挂面、龙须面、混合面、通心粉、干粉条、油条、油饼
25	高粱、玉米、燕麦、荞麦、莜麦
25	绿豆、红豆、干豇豆、干豌豆、干蚕豆、芸豆
35	馒头、面包、花卷、窝头、烧饼、烙饼、切面
100	马铃薯、红薯、白薯、鲜玉米
150	湿粉皮
200	鲜玉米（中个带棒心）

附表9-4 等值蔬菜类食品交换表

重量（g）	食品（市品）
500	大（小）白菜、圆白菜、菠菜、油菜（苔）、生菜、韭菜、芹菜
500	茴香、茼蒿、苤蓝、莴笋（叶）、苋菜、豆瓣菜、冬寒菜、软浆叶、蕹菜
500	西葫芦、西红柿、冬瓜、苦瓜、黄瓜、丝瓜、南瓜、茄子
500	绿豆芽、鲜蘑菇、湿海带、水发木耳
400	青椒、白萝卜、茭白、竹笋
350	倭瓜、南瓜子、花菜（白、绿色）
300	子姜
250	豇豆、豆角、四季豆、豌豆苗
200	胡萝卜
150	藕、山药、凉薯、荸荠
100	芋头、慈菇、百合
70	毛豆、豌豆、蚕豆（均为食部）

附表9-5 等值水果类食品交换表

重量（g）	食品（市品）
500	西瓜
300	草莓、香瓜
200	橙、柑、橘、柚、李子、苹果、桃、枇杷、葡萄、猕猴桃、菠萝、杏、柿子
150	香蕉、荔枝、山楂

附表9-6 等值肉蛋类食品交换表

重量（g）	食品（市品）
20	香肠、熟火腿
25	牛肉（肥瘦）、羊肉（肥瘦）、猪肉（肥瘦）
35	熟叉烧肉（无糖）、午餐肉、熟酱牛肉、熟酱鸭、大肉肠
50	牛肉（瘦）、羊肉（瘦）、猪肉（瘦）、带骨排骨、鸡肉、鸭肉、鹅肉
60	鸡蛋（1大个带壳）、鸭蛋、松花蛋（1大个带壳）、鹌鹑蛋（6个带壳）
80	带鱼、草鱼、鲤、比目鱼、大黄鱼、鳝、黑鲢、鲫、甲鱼、对虾、青虾、鲜贝
100	兔肉、蟹肉、水浸鱿鱼
150	鸡蛋清
350	水浸海参

附表9-7 等值豆类食品交换表

重量（g）	食品（市品）
20	腐竹
25	大豆、大豆粉
50	豆腐丝、豆腐干、油豆腐
100	北豆腐
150	南豆腐（嫩豆腐）
400	豆浆

附表 9-8　等值乳类食品交换表

重量（g）	食品（市品）
20	乳粉
25	脱脂乳粉、乳酪
130	无糖酸奶
160	牛乳、羊乳

附表 9-9　等值油脂类食品交换表

重量（g）	食品（市品）
10	烹调油（植物油）、黄油、猪油、牛油、羊油
15	芝麻酱、花生米、杏仁、瓜子（去皮）、核桃仁

第四节　学龄儿童肥胖状况评估及营养干预方案的设计

一、目的及意义

评估我国学龄儿童超重和肥胖的流行状况；掌握如何设计肥胖的营养干预方案。通过对儿童青少年进行膳食营养综合干预，以控制儿童超重和肥胖，为制定我国儿童肥胖的防控措施提供依据；预防成年期慢性病的发生。

二、背景资料

《中国居民营养与慢性病状况报告（2020 年）》显示，全国 6～17 岁儿童青少年超重率和肥胖率分别为 11.1%和 7.9%，均较 2015 年上升了 1.5%。儿童青少年肥胖不仅与成年期高血压、冠心病、糖尿病和代谢综合征的发生密切相关，还会对儿童青少年的心理健康产生负面影响。不合理的膳食结构及不健康的生活方式是儿童青少年肥胖最重要的危险因素之一。

一项历时一年多的抽样调查显示，某省 9 个市 40 所中小学的 13 760 人中，学生肥胖现状令人忧心，7～12 岁城市男生、女生的肥胖检出率分别为 19.0%和 11.2%，即每 10 个城市小学男生中，约有 2 个是"小胖墩"，而某市某小学学生肥胖现象更为普遍。基于此现象，请对该小学的学生（学龄儿童）进行肥胖状况评估并针对肥胖学龄儿童设计一个营养干预的研究方案。

三、研究方案

（一）研究对象的选择

首先确定样本量。样本量计算采用样本率与已知总体率的比较的公式进行。经计算得到样本量（n）为 132 人，加上 10%的失访率，最终计算所需样本量为 146 人，为方便计算样本量定为 150。排除患有其他已知疾病的儿童，采取分层抽样的方法随机抽取该小学一至六年级（7～12 岁）的学生作为研究对象，每个年级抽取 25 名学生，男女性别比 1：1，最终共纳入 150 名儿童（男生 75 名，女生 75 名）参与本调查研究。

（二）问卷调查

一般人口学特征（父母及学生的社会经济学情况、家庭肥胖史），学生饮食偏好与饮食习惯，学生身体活动情况，学生肥胖相关知识、态度与行为，学生疾病史及家族史等。

（三）身体测量

沿用《2010 年全国学生体质与健康调研工作手册》统一规定的要求选择和使用检测器材，并严格依据《学生健康检查技术规范》（GB/T 26343—2010）对抽取的 150 名小学生进行体格检测，编号并实时记录，如表 9-3 所示。内容应包括小学生的性别、年龄、身高和体重等，数据需实测获得，不得采用问卷、自报等方式。其中，身高的测量需要精确到 0.1 cm，体重的测量需要精确到 0.1 kg。

表 9-3　xxxx 年某校受试小学生身体测量基本信息

编号	姓名	年龄（岁）	性别	身高（cm）	体重（kg）
1	张某某	7	男	123.0	33.9
2	王某某	7	男	125.3	30.1
3	刘某某	7	男	129.6	33.5
4	严某某	7	女	126.5	28.7
5	赵某某	7	女	122.6	28.8
…	…	…	…	…	…
150	王某某	12	女	151.0	42.5

注：小学生入学年龄为6.5岁，不足7岁计入7岁组

（四）评估方法及标准

目前已建立的判定肥胖的标准和方法主要有三大类：人体测量法、物理测量法和化学测量法。常用的人体测量法包括身高标准体重法、体重指数（BMI）法和皮褶厚度。其中，BMI 法是我国最广泛使用的儿童超重肥胖判定方法，用以评价全身性肥胖，计算公式为：体重指数（BMI）＝体重（kg）/［身高（m）］^{2}。本研究采用 BMI 法衡量小学生的肥胖程度，并根据 2018 年国家卫生健康委正式发布的中国《学龄儿童青少年超重与肥胖筛查》（WS/T 586—2018）判断受试儿童是否超重或肥胖（表 9-4）。

表 9-4　6～12 岁学龄儿童性别年龄别 BMI（kg/m^2）筛查超重与肥胖界值

年龄（岁）	男生		女生	
	超重	肥胖	超重	肥胖
6.0～	16.4	17.7	16.2	17.5
6.5～	16.7	18.1	16.5	18.0
7.0～	17.0	18.7	16.8	18.5
7.5～	17.4	19.2	17.2	19.0
8.0～	17.8	19.7	17.6	19.4
8.5～	18.1	20.3	18.1	19.9
9.0～	18.5	20.8	18.5	20.4
9.5～	18.9	21.4	19.0	21.0
10.0～	19.2	21.9	19.5	21.5

续表

年龄(岁)	男生		女生	
	超重	肥胖	超重	肥胖
10.5~	19.6	22.5	20.0	22.1
11.0~	19.9	23.0	20.5	22.7
11.5~	20.3	23.6	21.1	23.3
12.0~	20.7	24.1	21.5	23.9

年龄以半岁为单位，一律使用实足年龄。实足年龄计算为调查日期减去出生日期，指从出生到计算时为止共经历的周年数，本标准中以半岁为单位。例如，某学生生日为 2010 年 7 月 15 日，调查日期为 2020 年 7 月 14 日，则其实足年龄为 9.5 岁；如果调查日期为 2020 年 7 月 15 日，则其实足年龄为 10.0 岁；如果调查日期为 2021 年 1 月 15 日，则其实足年龄为 10.5 岁。

计算 BMI 时，身高、体重都应使用实测值，计算结果需保留一位小数，并与表 9-4 界值进行比较判定超重或肥胖。凡 BMI ≥ 相应性别、年龄组"超重"界值点且 < "肥胖"界值点者为超重；凡 BMI ≥ 相应性别、年龄组"肥胖"界值点者为肥胖。如表 9-5 所示，将小学生超重与肥胖评估结果汇总并按照不同人口统计学特征进行统计学分析。

表 9-5 某校 7～12 岁小学生不同人口统计学特征超重与肥胖检出情况

年龄(岁)	调查人数	男性			女性			χ^2值	p值
		正常人数 n(%)	超重人数 n(%)	肥胖人数 n(%)	正常人数 n(%)	超重人数 n(%)	肥胖人数 n(%)		
7	25								
8	25								
9	25								
10	25								
11	25								
12	25								
χ^2值									
p值									
合计	150								

注：小学生入学年龄为 6.5 岁，不足 7 岁计入 7 岁组

（五）营养干预

1. **分组**　按照 1:1 的比例随机将纳入肥胖和超重的学龄儿童分为干预组和对照组。

2. **干预方法**　按照起始时间到结束时间制订工作计划时间表（表 9-6），对干预组采取以健康教育为主的膳食营养和运动干预，干预总时间为一年。

（1）群体健康教育。在干预组学生中开展营养知识广播、营养与健康知识黑板报、营养健康教育课、营养知识征文比赛和知识竞赛等。

（2）高危人群干预。为筛选出的超重和肥胖儿童设置营养基础知识及超重、肥胖综合防控相关课程。

（3）相关人员干预。对学校老师、家长、学校食堂管理和备餐人员、学校领导及送餐公司人员进

行营养知识讲座或发放宣传资料，并定期采集、评估学校食堂食谱，指导学生食堂烹调油摄入量。

（4）饮食干预。在保证儿童正常生长发育的前提下，限制膳食总能量的摄入，减少添加糖类、膳食脂肪的摄入，指导儿童合理选择和摄取食物。

（5）运动干预。除参与学校常规体育课外，干预组的学生由教师组织进行课间中等体力活动水平的"开心 10 分钟"活动。保证每天至少 60 min 中等至较高强度的有氧运动，每周至少进行 3 d 的增强肌肉和骨骼的高强度运动。

3. 随访　　每季进行一次随访，随访内容同（二）问卷调查和（三）身体测量。

表 9-6　学龄儿童肥胖的营养干预项目执行和观察时间表

工作阶段	主要工作内容	工作时间安排（月）												责任人 参与人	形成结果	备注
		1	2	3	4	5	6	7	8	9	10	11	12			
工作准备	计划制订															
	部门协调															
	宣教材料															
	……															
项目实施	膳食营养教育															
	运动干预															
	……															
项目评价	干预前															
	干预过程中															
	干预后															

注：……可以根据具体情况增列其他内容

（六）质量控制

调查问卷需经专家论证，并进行预调查；在开展现场调查前，对调查员进行培训，对学校、保健医生、教师进行充分组织动员；在干预过程中，设立现场协调工作小组。

四、预期结果

（1）获得小学生超重和肥胖率情况。

（2）了解家庭社会经济、儿童出生资料等对学龄儿童肥胖的影响。

（3）了解各类食物、膳食模式及饮食习惯对儿童肥胖的影响。

（4）膳食营养干预改善学龄儿童营养及肥胖相关知识、信念、行为。

（5）膳食营养干预降低学龄儿童肥胖率。

（6）膳食营养干预增强肥胖及肥胖高危人群体重控制。

五、效果评价

营养干预的评价应贯穿干预的始终，其目的是通过评价检测干预活动的进展情况和效果，进行信息反馈，以及时调整计划，达到预期目标。在营养干预项目结束时，需对项目进行评价，客观地分析其实施和效果，并撰写评价报告。

本次学龄儿童肥胖的营养干预项目评价过程可围绕以下方面进行。

（1）是否达到预期结果？如学龄儿童经膳食营养干预后 BMI（表 9-7）和肥胖率（表 9-8）是否发生变化、肥胖及肥胖高危人群体重是否得到控制或下降等。为达到对干预效果的精准评估，建议测量并持续监测其体脂肪含量（表 9-9）。

（2）受干预对象在营养知识、态度和行为方面发生了哪些变化？如受干预对象中知晓肥胖相关膳食营养知识的比例、能够坚持运动和合理膳食以控制自身体重的比例等。

（3）项目实施与受干预对象行为改变的因果分析。

（4）干预计划的设计、实施及评价等各阶段过程评价，如项目是否按计划执行，包括时间、覆盖人群、经费、项目所需材料的制备等。

（5）干预计划成功与否的支持因素和障碍因素分析。

（6）计划实施过程中发现的问题是否被修正及其性质分析。

（7）实施该项目得到的经验和教训等。

表 9-7　某校学龄儿童营养干预前后 BMI 的改变　　　　　　　　　（单位：kg/m^2）

性别	年龄（岁）	组别	基线	3 个月	6 个月	9 个月	12 个月
男	7～8	干预组					
		对照组					
	9～10	干预组					
		对照组					
	11～12	干预组					
		对照组					
女	7～8	干预组					
		对照组					
	9～10	干预组					
		对照组					
	11～12	干预组					
		对照组					

注：小学生入学年龄为 6.5 岁，随着干预观察的进展，不足 7 岁计入 7 岁组

表 9-8　某校学龄儿童营养干预前后肥胖率的改变　　　　　　　　　（单位：%）

性别	年龄（岁）	组别	基线	3 个月	6 个月	9 个月	12 个月
男	7～8	干预组					
		对照组					
	9～10	干预组					
		对照组					
	11～12	干预组					
		对照组					
女	7～8	干预组					
		对照组					
	9～10	干预组					
		对照组					

续表

性别	年龄（岁）	组别	基线	3个月	6个月	9个月	12个月
	11～12	干预组					
		对照组					

注：小学生入学年龄为 6.5 岁，随着干预观察的进展，不足 7 岁计入 7 岁组

表 9-9　不同性别-年龄组体脂率判定标准

性别	年龄（岁）	轻度肥胖	中度肥胖	重度肥胖
男	6～18	20%	25%	30%
	>18	20%	25%	30%
女	6～14	25%	30%	35%
	15～18	30%	35%	40%
	>18	30%	35%	40%

六、注意事项

营养干预试验是一项较大的系统工程，涉及大量的人力、财力和物力，且需要较长的时间，为了得出更加客观真实的结果，在干预试验前，应做好试验设计。在试验设计时应科学严谨，遵循各项基本原则，对以下问题还要特别加以注意：

（1）干预目标要明确，设计方案中的每一步都要具体。

（2）干预措施要具体、有针对性及可操作性强。干预措施的实施必须以保证对人安全、无害为前提。

（3）应考虑人群对干预措施的可接受性，干预措施尽量与人群的选择偏好一致。

（4）合理设定随访观察的期限，以出现某种可测量的结果的最短期限为原则。

（5）干预效果的评价指标应客观、特异、无损伤，且最好能获得定量观察结果。

（6）应根据资料的性质选择相应的统计学方法进行分析处理。

（7）符合伦理学要求，试验对象必须签订知情同意书。因为现场干预试验的对象是人群，所以必须考虑伦理问题，整个试验要符合《赫尔辛基宣言》中的伦理准则。

（8）遵循经济、有效和可持续的原则，尽可能用较少费用获得较大效益。

第五节　膳食调查方案设计

一、目的及意义

了解不同地区、年龄和性别人群的能量和营养素摄入情况；发现能量与营养素摄入不足或过量相关问题，并了解其分布和严重程度；探讨膳食模式的合理性；分析营养相关疾病的病因及影响因素；提供营养与健康状况数据，为制定干预策略和政策提供信息。

二、背景资料

在互联网日新月异发展的当今中国，大学生的生活方式、饮食观念及行为也在悄然发生着变化，主要体现在不吃早餐、偏好网络订餐（送餐）、饮食不规律、夜宵频繁、喜饮含糖饮料、偏好油炸烧烤辛辣食物、无限制节食行为等；此外，大学生往往缺乏科学正确的营养健康知

识，追求饮食潮流的现象较为突出。

为了解某市大学生的饮食及其相关信息，拟开展一次膳食调查研究，系统掌握大学生的膳食、含糖饮料摄入及网络订餐情况。

三、研究方案

（一）调查对象的选取

首先调查某市全日制高等院校的数量及在校大学生情况。经调查，某市有全日制高等院校5 所，主要分布在该市的东部区域。在校大学生总计 5 万人。为保证抽样数量能够代表总体，置信率达 95%，采用统计学上关于分层抽样估计总体率所需的样本量计算公式，考虑到 20% 的无应答率，得到调查对象人数应在 420 人以上。

采用随机分层整群抽样方法。随机选择该市 3 所高校，按照年级分层，即在大学一年级、二年级、三年级、四年级中，再以班级为单位进行整群抽样作为研究对象。

（二）膳食调查的内容和方法

膳食调查可了解调查对象在一定时间内通过膳食摄取的能量、各种营养素的数量和质量；据此来评价被调查对象能量和营养素需求获得满足的程度。膳食调查的主要内容包括：平均每人每日摄取主副食品的名称及数量；调查期间能量和营养素的摄入量；志愿者就餐形式和三餐情况。

膳食调查的方法有称重法、记账法、回顾法、食物频数法和化学分析法等。最常用的方法为膳食回顾法和食物频数法。因成人对 24 h 内所摄入的食物有较好的记忆，常采用 24 h 膳食回顾方法调查获取可靠的资料（表 9-10）。食物频数法收集被调查对象过去一段时间（数周、数月或数年）内各种食物消费频率及消费量，从而获得被调查者长期的食物和营养素的平均摄入量（表 9-11 和附表 9-1）。因此，本次膳食调查将联合应用 24 h 膳食回顾法和食物频数法。

表9-10 24 h 膳食回顾调查表

姓名		性别	年级	
编号		联系方式		
食物名称	原料名称	原料重量（g）	进餐时间	就餐方式

注：进餐时间代表字母为 A. 早餐，B. 上午小吃，C. 午餐，D. 下午小吃，E. 晚餐，F. 晚上小吃；就餐方式代表字母为A. 在家，B. 网上订餐，C. 饭馆/摊点，D. 食堂，E. 其他

表9-11 食物频率调查表

请回忆在过去一年内，你是否吃过以下食物，并估计这些食物的平均食用量和次数。

食物名称	是否食用 1是 0否	进食次数（选择一项）				平均每次食用量（g）
		次/天	次/周	次/月	次/年	
大米及制品（米饭/米粉等）（按生重量记录）						
……						

注：……可以根据具体情况增列其他内容

（三）膳食调查的问卷设计

1. 问卷内容及形式选择　　问卷调查内容应包括一般人口学特征，学生饮食的摄入情况、饮食偏好与习惯，学生膳食营养相关知识、态度与行为，学生疾病史等。根据食物频数法设计调查问卷，并借用电子信息化手段，通过电子问卷的形式进行调查。

2. 调查项目的组织及编码　　主要是将所需调查的项目合理地分布在问卷当中，使得调查对象更易于接受问卷的相关内容。为了便于资料录入和分析，需要将调查项目及其可能的答案以代码的形式进行编写。

3. 预调查　　在初步完成调查问卷设计和确定资料收集方法之后，可以在小范围内发放问卷进行预调查，以确定资料收集方法的可行性、问卷内容清晰度及内容与调查目标是否相符。在预调查时要与正式调查的方式保持一致，且结果不能合并列入正式调查结果。

4. 食物频率问卷的信度和效度检验　　调查问卷的信度也称可靠性、重现性，是指调查问卷测量结果的可靠程度或可重复的程度，可用一致性分析进行评估。本研究中，随机抽取10%～15%的调查对象，在完成膳食频率问卷 1 个月后，再进行一次膳食频率问卷填写；并将结果与第一次的食物频率问卷的结果（计算营养素摄入量）进行比较，以评价膳食频率问卷的重现性。一般来说，营养素摄入量重现性的相关系数（或称 α 信度系数）在 0.5 及以上时则认为该问卷的重现性较好。值得注意的是，应说明两次调查的时间间隔和调查对象在此间隔中的有关经历，应确保两次调查恰当的时间间隔，一方面避免短时间内的记忆性应答，另一方面避免长时间的饮食习惯变更所带来的影响。

调查问卷的效度，即有效性、正确性，是指问卷调查结果符合实际情况的真实程度。效度越高，表示调查结果的真实性越好。评价膳食问卷有效性的最直接方法是：将依据食物频率问卷获得的个体营养素摄入量估计值，与另一种更加准确的"金标准"的方法，即膳食记录法获得的营养素摄入值进行比较。本试验采用连续一周的膳食记录法，让调查对象记录自己的每餐的食物摄入情况（该膳食记录法可根据当地饮食与季节的关系，确定进行几次膳食记录）。

四、调查研究的质量控制

（一）调查人员培训

在实验开始前，对所有参与实验操作的工作人员进行严格的培训，包括如何获取被调查者的信任和进行客观的提问；同时组织调查员集中学习调查须知、调查员手册等，使其掌握统一的方法和技巧。在培训结束后进行统一考核以确保其专业性。选出的调查员应有严谨的工作作风和科学态度，具备实施调查所需的专业知识，在实际操作时严格按照所制订的调查员手册中的操作程序和注意事项进行，避免对调查结果的真实性和可靠性产生影响。

（二）问卷设计

食物频数法是营养流行病学最常用的膳食暴露测量方法，它可以反映过去较长时间内的膳食摄入水平，结合食物成分表就能算出营养素的摄入量。在设计食物频率问卷的过程中，要重视食物清单的筛选，力求问题明确，格式简捷。问卷应严格按照试验要求设计，而且根据该地区的饮食习惯及常见食物类型，对问卷进行调整。例如，本调查中，应根据大学生群体的饮食习惯进行有针对性的设计，在问题表述上简明扼要、通俗易懂且无歧义，在问题数量上设计合理,在回答形式上采用自我填写,减轻应答者负担,提高应答率,获得足够的有效问卷。在问卷回收时,每份问卷都要经过专业人员审查以确保问卷的有效性。

(三)数据录入

对数据录入员进行专业培训,采用双录入法进行数据录入。在问卷录入前进行审查,通过设置变量的逻辑限制条件和有效数值范围,控制录入质量,降低录入误差。录入后再次进行逻辑检查,保证数据准确性。

五、预期结果

(1)获得该地区大学生的各类食物的摄入情况。
(2)了解该地区大学生含糖饮料摄入情况。
(3)了解大学生网络订餐现状。
(4)建立大学生膳食摄入数据库。

六、膳食调查的结果评价

根据问卷调查所得数据计算每人每日膳食摄入量(w),根据《中国食物成分表 标准版》,计算各类食物各营养素的含量(c),经计算得到每人每日总能量及各个营养素摄入量($w \times c \times$食物种类)。将调查结果与《中国居民膳食营养素参考摄入量》中有关营养学指标进行比较,对大学生的膳食摄入情况进行评价。

第六节 食品营养标签的设计

一、实验目的

了解中国食品营养标签法规的发展,熟悉食品营养标签管理规范内容,掌握食品营养标签的内容、制作方法。

二、食品营养标签的适用范围

食品营养标签主要包括营养成分表、营养声称和营养成分功能声称。食品的配料、营养成分表、营养声称都是反映食品营养价值的重要参考信息。我国现行关于食品营养标签的法律法规文件主要是《食品安全国家标准 预包装食品营养标签通则》(GB 28050—2011),此标准规定了预包装食品营养标签上有关食品营养信息和特性的描述与说明,适用于直接提供给消费者的预包装食品营养标签。非直接提供给消费者的预包装食品和食品储运包装如需标示营养标签,应按本标准实施。此标准不适用于保健食品及预包装特殊膳食用食品的营养标签。

三、食品营养标签设计流程

在实际工作中,食品营养标签的制作要求必须科学、真实,它包括产品分析计划、营养标签和标签说明书的制作等一系列内容。食品营养标签的设计流程如下:①制订分析计划;②查询相关标准;③准备原辅料的营养成分数据参考文献;④准备营养成分检测分析标准;⑤产品营养成分检测并整理检测数据;⑥设计营养标签格式;⑦设计产品说明书。

四、产品分析计划的制订（以饼干为例）

用于标签的产品分析计划一般根据产品标准和质量要求而确定。食品的产品分析主要包括感官分析和评价、卫生学检验（微生物和污染物）、营养成分分析、功效成分分析、添加剂分析等几方面。

（一）分析饼干产品的特点

了解产品配方和原辅料清单，分析加工工艺和加工操作对产品特性和营养成分的影响，研究和比较营养成分检测标准方法的适宜性和差异，以确定产品分析计划的方向和目标。

（二）根据标准确定需要的检验项目

根据《食品安全国家标准 饼干》（GB 7100—2015），决定检验分析的感官和理化指标。感官指标检查包括确认具有产品应有的正常色泽、无异臭、无异味、无霉变、无生虫及其他正常视力可见的外来异物。理化指标包括酸价、过氧化值等。污染物限量应符合《食品安全国家标准 食品中污染物限量》（GB 2762—2022）的规定。致病菌限量应符合《食品安全国家标准 预包装食品中致病菌限量》（GB 29921—2021）中熟制粮食制品（含焙烤类）的规定。若添加了食品添加剂和营养强化剂还需要根据要求测定，且食品添加剂的使用符合《食品安全国家标准 食品添加剂使用标准》（GB 2760—2014）的规定，食品营养强化剂的使用符合《食品安全国家标准 食品营养强化剂使用标准》（GB 14880—2012）的规定。

（三）确定营养成分检验项目

确定营养成分检验项目的原则：①原料特有的营养成分；②国标或相关法规规定必检的营养成分；③特殊添加或强化的成分。

查阅食物成分表和相关文献，根据原辅料的营养特性和加工工艺的特点选择需要检测的营养成分项目。饼干的营养成分分析项目应为全分析，一般包括蛋白质、脂肪、碳水化合物（淀粉、抗性淀粉、糖、寡糖）、水分、膳食纤维（多种单体）、矿物质、维生素等。

（四）确定检验样品和数量

根据饼干生产过程，可在原辅料阶段、关键生产环节前后、终产品阶段，确定分析样品和实施抽样检查，以确保饼干的生产质量。

（五）撰写分析计划

经过以上工作，可以手动撰写分析计划。分析计划应包括：产品名称、目的、拟定的分析项目、产品量和批次、采样地点、采用的分析方法及完成时间。另外准备相同或相似的食物或其他饼干的成分数据，以备与本计划分析的项目结果进行核实和比较。

五、营养成分计算和表达方法

营养成分计算和表达方法参考《食品安全国家标准 预包装食品营养标签通则》（GB 28050—2011）。

（一）营养成分定义和计算

营养成分的定义应与相应的分析方法相匹配，但实际上由于技术和认识上的不足，能量和某些营养素采用了计算或换算的方法。

1. 能量　这里的能量指食品中的供能物质在人体代谢中产生的能量。计算公式和折算系数为

$$能量（kJ）=16.72×蛋白质（g）+16.72×碳水化合物（g）+37.62×脂肪（g）$$
$$+12.54×有机酸（g）+29.26×乙醇（g）+8.36×膳食纤维（g）　（9-11）$$

2. 蛋白质　蛋白质是含氮的有机化合物，以氨基酸为基本单位组成。食品中蛋白质含量可通过"总氮量"乘以"氮折算系数"或食品中各氨基酸含量的总和来确定。

3. 脂肪和脂肪酸　由于检测方法的不同，脂肪可用粗脂肪（crude fat）或总脂肪（total fat）表示，在营养标签上均可表示为"脂肪"。

（1）粗脂肪。粗脂肪是食品中一大类不溶于水而溶于有机溶剂（乙醚或石油醚）的化合物的总称。除了甘油三酯外，其还包括磷脂、固醇、色素等。

（2）总脂肪。总脂肪通过测定食物中单个脂肪酸甘油三酯的总和来获得。

4. 碳水化合物　食品中的碳水化合物是糖、寡糖、多糖的总称，是提供能量的重要营养素。食品中的碳水化合物可由减法或加法获得。

（1）减法。食品总质量为 100，分别减去蛋白质、脂肪、水分和灰分的质量就是碳水化合物的量。该减法包含了膳食纤维成分，当计算能量时，应减去膳食纤维。

（2）加法。淀粉和糖的总和就是碳水化合物，仅适用于普通食物。

5. 膳食纤维　膳食纤维是植物的可食部分，不能被人体小肠消化吸收，对人体有益。膳食纤维指聚合度不小于 3 的碳水化合物和木质素，包括纤维素、半纤维素、果胶、菊粉等。膳食纤维或膳食纤维单体成分可通过《食品安全国家标准　食品中膳食纤维的测定》（GB 5009.88—2014）规定的测定方法获得。

（二）营养成分分析数据表达及其标识要求

营养成分的标识是指对食品中各种营养素的名称和含量所做出的描述。营养素使用每100 g（或100 mL）食品或每份食用量的食品中某一种营养素的质量来标识。

（三）数据修约

数据修约是指通过省略原数值的最后若干位数字，调整所保留的末尾数字，使最后所得到的值最接近原数值的过程。食品营养成分的数值常常需要经过修饰后再标在标签上，详见《数值修约规则与极限数值的表示和判定》（GB/T 8170—2008）及《食品安全国家标准　预包装食品营养标签通则》（GB 28050—2011）。

（四）与国家产品质量标准比较

将计算后的营养成分分析数据与企业产品质量标准、国家相关产品标准进行比较，核对后检查被测产品营养成分含量是否过高或过低。如果不符合要求，应重新检查分析结果的正确性，并检查产品生产的细节和关键步骤。

（五）营养素参考值（NRV）的计算

用于比较食品营养成分含量水平的参考值，适用于 36 月龄以上人群食用的预包装食品营养标签。营养素参考值依据《中国居民营养素参考摄入量》制订。各营养素参考值详见 GB 28050—2011 附录 A。营养素参考值的使用目的是用于比较和描述能量或营养成分含量水平，食用营养声称及零数值的标识时，用作标准参考值；使用方式为营养成分含量占营养素参考值（NRV）的百分数：指定 NRV% 的修约间隔为 1，如 1%、5%、16% 等。

营养成分含量占营养素参考值（NRV）的百分数计算公式为

$$\text{某营养素NRV（\%）} = \frac{\text{食品中某营养素的含量}}{\text{该营养素的营养素参考值}} \times 100\% \qquad (9-12)$$

（六）营养声称选择

营养声称是指对食品营养特性的描述和声明，如能量水平、蛋白质含量水平。根据 GB 28050—2011，营养声称包括含量声称、比较声称和营养成分功能声称，具体如下。

1. 含量声称　　含量声称指描述食品中能量或营养成分含量水平的声称。具体要求详见 GB 28050—2011 附录 C 表 C.1 和 C.2。

2. 比较声称　　比较声称指与消费者熟知的食品的能量和营养成分含量进行比较之后的声称，具体要求详见 GB 28050—2011 附录 C 表 C.3 和 C.4。

3. 营养成分功能声称　　营养成分功能声称指某营养成分可以维持人体正常生长、发育和正常生理功能等作用的声称，详见 GB 28050—2011 附录 D。

（七）营养标签的核定和归档

最终，根据营养素参考数值计算营养声称，绘制营养标签，并把所有检验单、计算值和报告等归档。在保证符合基本格式要求和确保不对消费者造成误导的基础上，在版面设计时可进行适当调整，包括但不限于：因美观要求或为便于消费者观察而调整文字格式（左对齐、居中等）、背景颜色适当增加或表格减少内框线等。用"份"标识时，应在营养成分表同一版面注明每份质量，如"每份××克（g）"或"每份××毫升（mL）"；也可以同时标注提供此质量的最小单元，如每份××克（g）/×片，每份××克（g）/勺等。对于未规定 NRV 的营养成分，其"NRV%"可以空白，也可以用横线、斜线方式表达。示例中出现"或"字样时，可以选择其一或者同时标注。营养成分表下也可添加说明所列能量和营养素的营养素参考值。营养标签格式示例详见 GB 28050—2011 附录 B。

六、产品说明书的制作

（一）产品说明书的基本内容

根据 GB 28050—2011 规定，食品营养标签中强制标识的内容见第七章第四节。产品说明书则是对营养标签的补充说明。

（二）产品说明书的基本格式

说明书没有严格的格式要求，一般用于说明产品特点，如产品名称、主要原辅料、营养或标志性成分及含量、适宜人群、注意事项、食用方法、规格及保质期等。表 9-12 为简单食品说明书的示例。

表 9-12　食品说明书基本内容

×××说明书

食品名称：

配料：

产品类型：

产品标准代号：

生产许可证号：

储藏方法：

产地：

生产商：

地址：

保质期：

食用方法：

生产日期：

七、食品营养标签设计

请根据本节内容，设计一款面包的食品营养标签。

第七节　营养教育方案设计

一、目的及意义

提高人群对营养与健康的认识；通过普及相关知识，提倡健康生活方式；合理利用天然食物资源以纠正营养素不平衡；促进人群营养健康状况的改善，降低营养相关疾病的患病风险。

二、主要知识点

营养教育的概念及意义；营养教育的主要内容；营养教育的步骤和方法；营养教育的基本原则。

三、背景资料

《国民营养计划（2017—2030 年）》第二（七）条"普及营养健康知识"指出"采用多种传播方式和渠道，定向、精准地将科普信息传播到目标人群；推动将国民营养、食品安全知识知晓率纳入健康城市和健康村镇考核指标；建立营养、食品安全科普示范工作场所。"

为推进我省营养教育工作持续深入开展，2018 年，在我市某区开展市级营养教育科普基地建立工作，选择大塘村为首个营养教育科普基地，为发现和了解该村居民中存在的营养健康问题，我市疾控中心组织开展营养诊断调查工作，调查该村 154 名村民，平均年龄 53.2 岁，其中男性 58 名。村民中文化程度以初中及以下为主，共 118 人，月收入多在 1000~3000 元，共 76 人。经体格测量、营养知识评估、饮食行为和运动情况调查，发现该村村民营养知识普遍缺乏，乳制品、鸡蛋摄入严重不足，缺乏运动，超重、肥胖现象明显。

请结合该资料设计一项营养教育方案，以普及营养健康知识，改善该村村民的饮食行为，提高身体素质。

四、营养教育内容

（1）营养基础知识和健康生活方式。
（2）我国人群营养及膳食营养相关疾病的状况及变化趋势。
（3）膳食营养相关慢性疾病的预防与控制。
（4）营养相关的法律、法规和政策。

五、研究方案

（一）确定存在的营养问题

通过前期问卷调查，了解村民的一般人口学特征，饮食偏好及饮食习惯，村民对营养相关知识了解程度，运动情况、疾病史及体格测量等。分析存在的营养健康问题，并具体分析与知识、态度、行为等相关的营养健康问题。通过调查研究，明确与营养教育目标关联的关键行为和影响关键行为发生发展的因素，明确目标人群的特点和目标地区的社会环境及可利用资源等。

（二）明确营养教育的总目标及具体目标

营养教育的总目标为普及健康知识，其具体目标如下。
（1）定向、精准地将科普信息传播到目标人群，改善目标人群居民饮食行为习惯，提高居民营养健康素养。
（2）通过多种不同的形式推行营养教育计划，总结经验，为下一步推广营养科普宣传教育提供策略和依据。
（3）积极发挥营养人才的专业才干，带动营养人才队伍的进一步成长。
（4）了解我省营养知识知晓率本底情况，为进一步提升营养知识知晓率做好铺垫。

（三）制订营养教育工作计划

为保证营养教育活动有依据、有针对性，以有序和有效的工作去实现计划目标，获得效果，需有针对性地设计并制订营养教育计划。干预实施时间表是各项干预活动和措施在时间和空间上的整合，各干预活动的实施工作应以时间表为指引，逐步实现阶段目标和总目标。时间表的制订常根据实际人力、物力条件结合工作经验为参考，并考虑实际操作程序中可能遇到的困难等因素，以时间为轴，整合排列出各干预活动的内容、工作日数量、工作目标与监测指标、项目负责人、工作地点、特殊需求等内容，其样式可参考表 9-13。

表 9-13　营养教育项目进度表样式

实施时间（2020～2021）									工作内容	负责人	地点	设备物件	备注
									成立领导小组				
									社会动员大会				
									印制宣传材料				

实施时间（2020～2021）												工作内容	负责人	地点	设备物件	备注
												培训讲师团				
												制作传播材料				
												人际、大众传播				
												中期评估				
												监测				
												终期评估				
												总结报告				

除时间表的制订外，还应制订经费预算表，估计各种类型的费用，以及营养教育活动需要的数目。在营养教育实施期间，预算将有助于指导费用的支出，并对项目费用的监督使用提供一个基线，其样式可参考表9-14。

表9-14 经费预算表

	支出类别及活动名称	单位	数量	单价（元）	金额合计（元）
1.	设备	—	—	—	—
1.1					
...					
	小计				
2.	培训宣传	—	—	—	—
2.1					
...					
	小计				
3.	调查研究	—	—	—	—
3.1					
...					
	小计				
4.	其他	—	—	—	—
...					
	小计				
5.	不可预见费用（5%）	—	—	—	—
	总计				

（四）确定营养教育的内容和方法

营养教育内容是指一系列针对项目具体目标，并有助于总目标实现的干预措施。其制订基于假设：如果这一内容能够在方案的时间框架内成功实施，那么在背景分析中所提出的问题将被减少或得到控制。

营养教育的方法可大致分为营养信息传播和营养行为干预，二者皆可利用营养知识学术会、研讨会、专家座谈会等方式，利用报纸、电视、互联网、新媒体等手段和宣传标语、展板、专栏、宣传画等资料，以及国家全民营养周和科普活动日等大型活动，结合现场调查监测等工作，采用人际传播方法传播营养相关知识、营养改善措施和政策。

营养教育内容和方法需要为实现目标服务，是在调查研究的基础上确定的，应充分尊重对象，适合对象的特点，争取对象"喜闻乐见"并积极参与；应"因地制宜"，结合当地情况，不能简单地照搬其他工作经验；应充分运用理论知识来指导，不同任务、不同对象、不同条件下采取不同的措施和方法；应有较高的针对性，其内容实施后确实解决问题；应注意节省资源，争取效益最大化；应充分调动可以调动的各种因素，并使工作存在可持续性。

（五）准备营养教育资料和预试验

根据要求编写制作相关的营养教育资料，要求内容科学、通俗易懂、图文并茂。为使宣传材料内容准确、合适，在大多数设计工作完成后，需要将准备好的宣传资料进行预试验，以便得到教育对象的反馈意见，进行修改完善。

（六）实施营养教育计划

1. 社会动员　　社会动员指通过采取一系列综合的、高效的策略和方法来动员社会各阶层的广泛参与，把营养教育目标转化为满足目标对象健康需求的社会目标，并转变为社会成员广泛参与的社会行动，进而实现营养教育目的的过程。社会动员贯穿营养教育活动的全过程，用以提高目标对象参与营养教育工作的积极性，把营养教育观念融入实际工作中，从而动员社会资源、强化政策支持、规划营养教育行动，改变环境危险因素，改善目标对象的行为和生活方式，实现教育目标。其动员对象主要包括各级政府，社区有关组织机构，营养教育专家、新闻媒体、教师等相关专业人员，以及社区家庭与个人。

2. 营养教育组织管理机构的建立　　营养教育组织管理机构能够发挥营养教育的组织、动员和管理作用，并能满足营养教育现场动员的组织管理工作需要，组织结构适用于营养教育内容。实施营养教育计划时，首要任务是建立领导工作的领导机构和具体承担实施任务的执行机构，以及确立有关的协作单位。

3. 营养教育工作网络的建立　　随着数字信息时代演进和居民获取信息习惯的变化，互联网在营养工作中的作用越来越重要。以基层健康教育服务网或基层医疗卫生服务网为主体，根据社区居民的健康需要，在目标对象所在社区内建立以自愿为基础的、布局合理、动能定位准确、方便便捷且能满足居民营养相关健康所需的营养教育工作网络。通过网络平台，组织管理机构可以线上干预效果评估居民在线营养知识及膳食问卷调查，开设金牌讲师"营养配餐与食育干预平台""讲师之声"等线上专栏；居民可在线营养配餐，在线试听或下载营养教育资料等，大大减少人力、物力投入。

4. 教育工作的骨干培训　　根据营养教育的项目目的、执行方法手段、教育策略等要求，对营养教育相关骨干人员进行培训。通过培训使骨干人员熟悉项目的管理程序，掌握相关知识和技能，学习营养教育的工作方法。管理人员培训内容一般应包括项目计划、质量控制、人员管理、财务与设备管理、项目评价与总结；技术人员培训内容则一般包括专业知识、传播材料制作、人际交流技巧、人员培训方法和健康干预方法。具体培训计划和组织实施应根据实际情况进行调整，如在本案例中可建立营养教育讲师团，积极发动各市县区疾控中心相关岗位专业人员自愿加入，开展讲师团讲师相关人才培养，通过线上线下开展培训，借助平台不断提升讲师团讲师个人技能。积极动员讲师团讲师参与营养教育各类实践活动，如各类营养教育规范化教材和工具包的创作、科普基地营养教育实践、营养科普文章写作等。

5. 营养传播材料的发放与使用　　传播材料的发放中最主要的问题是渠道的选择。正确的渠道才能保证目标对象的可得性和可接受性，防止信息传播的失败。同时要避免制而不发、发而不用和不分对象乱发的浪费现象。

在营养教育过程中适当使用材料可以起到吸引目标对象的注意，提高教育目标人群对传播知识的理解和记忆的作用。针对不同的对象，教育材料也有所不同，面对个体常使用教育处方、图片、小册子等营养教育材料，并对材料的使用方法给予具体的指导；面对群体常采用教育培训、专题讲座或小组讨论，并伴有图片、幻灯、投影、模型等辅助性教材；面向大众则常在公共场所张贴宣传画、营养报刊、布置宣传栏等方便人们看阅。

六、营养教育的质量控制

营养教育的质量控制主要包括：了解各项活动是否按照预定时间进行的工作进程监测；实际开展活动的内容、数量上是否与计划要求一致的活动内容监测；反映实施人员工作状况、目标人群参与情况、相关部门配合情况的活动开展状况监测；反映项目活动有效性的知识、态度、行为及影响因素的效果监测；实际开支与预算符合程度的经费开支监测等。

七、预期结果

（1）创建营养教育讲师团，参与营养教育各类实践活动。

（2）创建营养教育科普基地或社区营养健康家庭。

（3）为养老服务机构提供营养监测和评估。

（4）开展全民营养周活动。

（5）营养教育网上信息化展品开发。

（6）开创线上营养教育专栏及公众号。

（7）提高教育对象的营养知识知晓率。

八、营养教育的效果评价

目前，常通过近期、中期和远期的效果评价说明营养教育的效果。近期效果一般指目标人群的知识、态度、信息、服务的变化；中期效果主要指行为和危险因素的变化；远期效果指人们营养健康状况和生活质量的变化。但效果评价应针对营养教育的实施进行全面审查和评估，不仅针对方案的结果，还应包括方案的最初设计，如与问题的相关性，问题与方案具体目标的关系，具体目标与教育策略的关系，教育策略与实施过程的关系，以及实施过程与最终结果的关系。对方案的评价可通过测量和评估活动的结果获得，用以确定方案达到预期目标的程度，实施活动的程度，方案是否完全按照计划实施，以及方案实施活动与最终效果的关系。

第八节　营养食品创新创意设计

一、实验目的

根据食品原料营养特性和加工工艺特性，开发出在国内或者国际市场上具有创新性及商业性开发价值的营养健康产品，促进学生创新创业能力、实践能力均衡发展。

二、实验设计要求

（一）分组及市场调研

学生自由组合（2～3 人/组），推举一名学生为组长，讨论分工。进行市场调研，对拟设计产品在所属细分领域的市场现状、消费者需求、现存及未来的需求痛点与自身市场优势等进行分析。

（二）产品设计基本要求

（1）产品应具有独特创意、完整性并具备前瞻概念性，在一定程度上把握产品未来的趋势。须设计出具有某些优势的新式食品，如在营养、品质、样式、口感风味等方面既能吸引消费者，又能给消费者带来健康益处。

（2）新产品在结构、性能、材质、配方、工艺及技术特征等方面比老产品有显著改进和提高，或具有独创性。

（3）产品符合国家规定的食用标准，安全可靠，市场上有消费需求，或对企业来说能降低成本、提高经济效益。

（4）原则上不限主题和类型，鼓励创新，要适合企业规模生产和市场推广。

三、产品创意说明书撰写

（1）说明书需具有中英文对照的标题及摘要，简要介绍创新方案，并对其创意来源、独特性及市场和技术的可行性进行重点描述。

（2）说明书应包括产品描述、构思、配方、市场潜力、价格/成本、营养成分评价、生产工艺或制作流程、理化指标、消费者评测等，引用文献须加标注。

（3）标题三号黑体，摘要和计划书应以小四号仿宋字体、1.5 倍行距打印。

四、答辩及产品评价

邀请行业专家、食品企业研发总监共同参与评审。通过 PPT 及微视频讲解产品创意、工艺、独特性等，限时 10 min，评委问答、点评环节 8 min，整体时间每个团队不超过 20 min。评委按照一定评分细则打分。

[思维导图]

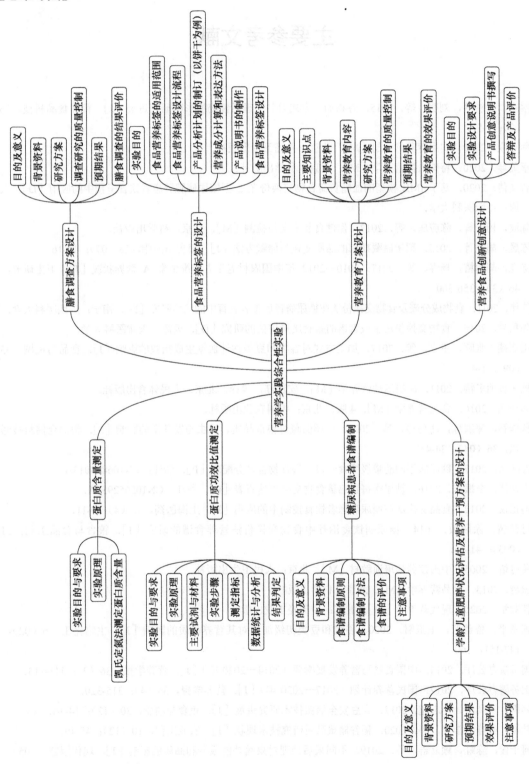

主要参考文献

蔡亭，汪丽萍，刘明，等．2015．谷物加工方式对其生理活性物质影响研究进展 [J]．粮油食品科技，23（2）：1-5．

蔡东联．2009．实用营养师手册 [M]．北京：人民卫生出版社．

蔡美琴．2020．特殊人群营养学 [M]．北京：科学出版社．

曹文倩．2020．基于 IMB 模型的血糖负荷食物交换份在 2 型糖尿病肥胖患者饮食干预中的应用 [D]．太原：山西医科大学．

陈波，杨子辉，陈应庄，等．2017．保健食品安全与检测 [M]．北京：科学出版社．

陈晨，胡晓菁．2015．稻米储藏期间的品质变化与储藏方法 [J]．粮食与油脂，28（07）：14-16．

陈竞，胡贻椿，杨春，等．2017．2010—2012 年中国农村老年人群维生素 A 营养状况 [J]．卫生研究，46（3）：356-360．

陈伟．2011．食物成分表及食物交换份法在糖尿病肾病患者教育中的应用研究 [D]．南宁：广西医科大学．

陈秋月．2015．食物交换份法生成食谱的膳食质量评估的研究 [D]．天津：天津医科大学．

崔亚楠，张晖，王立，等．2017．加工方式对谷物和豆类估计血糖生成指数的影响 [J]．食品与机械，33（09）：1-4．

丹·贝纳多特．2011．高级运动营养学 [M]．安江红，等译．北京：人民体育出版社．

邓泽元．2016．食品营养学 [M]．4 版．北京：中国农业出版社．

狄佳春，邹淑琼，汪巧玲，等．2020．气调储藏对粮食品质、病虫与发芽率的影响 [J]．粮油仓储科技通讯，36（04）：34-41．

方跃伟．2017．糖尿病不同能量级膳食一日三餐食物合理分配表 [P]．浙江：CN106803013A．

方跃伟，仝振东．2016．糖尿病每日热量食物交换份速查表 [P]．浙江：CN105652956A．

冯正仪．2012．食品交换法在糖尿病患者饮食控制中的应用 [J]．上海医药，33（4）：9-11．

付苗苗，徐凤敏．2014．糖尿病饮食治疗中食物交换份法营养食谱的研究 [J]．粮食与食品工业，21（003）：41-45．

葛可佑．2005．中国营养师培训教材 [M]．北京：人民卫生出版社．

耿越．2013．食品营养学 [M]．北京：科学出版社．

郭顺堂．2020．现代营养学 [M]．北京：中国轻工业出版社．

郭孝平，曾善荣，王玉财．2020．谷物和豆类初级加工对其营养品质的影响 [J]．生物化工，6（02）：147-151，160．

国务院办公厅．2014．中国食物与营养发展纲要（2014—2020 年）[J]．营养学报，36（2）：111-113．

国务院办公厅．2017．国民营养计划（2017—2030 年）[J]．营养学报，39（4）：315-320．

韩枫，夏利泽，孔志超．2017．大豆安全储藏技术研究进展 [J]．粮食与油脂，30（12）：14-16．

韩赟，梁静，李成，等．2020．稻谷储藏品质研究技术现状 [J]．农业工程，10（12）：45-49．

何士俊，陈虹，顾立群，等．2019．不同采后处理对果蔬功能成分和品质的影响 [J]．现代园艺，（05）：17-18．

蒋爱民，赵丽芹．2007．食品原料学 [M]．南京：东南大学出版社．

焦广宇，李增宁．2017．临床营养学［M］．北京：人民卫生出版社．

金邦荃．2008．营养学实验与指导［M］．南京：东南大学出版社．

李铎．2011．食品营养学［M］．北京：化学工业出版社．

李勇，孙长颢．2000．营养学与食品卫生学实习指导［M］．北京：人民卫生出版社．

李凤林，王英臣．2014．食品营养与卫生学［M］．2版．北京：化学工业出版社．

李娟娟，刘艺欢，陈东方，等．2020．谷物制品的生物加工研究进展［J］．食品工业科技，41（13）：358-363.

李朝霞．2010．保健食品研发原理与应用［M］．南京：东南大学出版社．

林海，丁刚强，王志宏，等．2019．新营养学展望：营养、健康与可持续发展［J］．营养学报，41（6）：521-529.

刘伟，王洪江，孟令伟．2017．保鲜技术在果蔬仓储过程中的应用研究进展［J］．包装工程，38（17）：58-63.

刘志皋．2004．食品营养学［M］．北京：中国轻工业出版社．

马彬．2020．食物营养对运动员身体形态的影响研究［J］．食品安全质量检测学报，11（6）：1884-1888.

马骁．2012．健康教育学［M］．2版．北京：人民卫生出版社．

美国国家研究院生命科学委员会．2000．推荐的每日膳食中营养素供给量［M］．中国营养学会青年委员会译．10版．北京：中国标准出版社．

宁正祥．2006．食品生物化学［M］．3版．广州：华南理工大学出版社．

彭增起，刘承初，邓尚贵．2010．水产品加工学［M］．北京：中国轻工业出版社．

齐玉梅．2017．特殊医学用途配方食品临床应用参考目录［M］．北京：中国医药科技出版社．

石瑞．2012．食品营养学［M］．北京：化学工业出版社．

石汉平，刘学聪，曹伟新，等．2017．特殊医学用途配方食品临床应用［M］．北京：人民卫生出版社．

苏畅，姜红如，贾小芳，等．2019．中国15省（区、直辖市）老年居民膳食脂肪摄入状况［J］．中国食物与营养，25（8）：12-15.

孙敏杰，木泰华．2011．蛋白质消化率测定方法的研究进展［J］．食品工业科技，32（02）：382-385.

孙远明．2010．食品营养学［M］．2版．北京：中国农业大学出版社．

孙远明，柳春红．2019．食品营养学［M］．3版．北京：中国农业大学出版社．

孙长颢．2017．营养与食品卫生学［M］．8版．北京：人民卫生出版社．

田向阳，程玉兰．2016．健康教育与健康促进基本理论与实践［M］北京：人民卫生出版社．

汪杨．2017．保健食品安全监管实务［M］．北京：中国医药科技出版社．

汪清美，杨海军，赵志军．2015．功能性低聚糖的发展及其生理功能［J］．天津农业科学，21（6）：70-73.

王强，于佳佳．2017．烹饪工艺对蔬菜品质变化的影响研究进展［J］．食品安全导刊，（18）：124.

王东方，曹慧．2015．膳食营养保健与卫生［M］．北京：科学出版社．

王笃圣．1984．蛋白质质量评价［J］．天津食品科研，4（02）：22-24.

魏学明，张光，刘琳琳，等．2016．挤压膨化技术对早餐谷物营养的影响［J］．农产品加工，（07）：55-57，60.

吴坤，孙秀发．2000．营养学与食品卫生学实习指导［M］．北京：人民卫生出版社．

吴少雄，殷建忠．2018．营养学［M］．北京：中国质检出版社．

吴朝霞，张建友．2020．食品营养学［M］．北京：中国轻工业出版社．

辛嘉英．2019．食品生物学［M］．2版．北京：科学出版社．

薛伟．2020．《中国居民营养与慢性病状况报告（2020年）》：我国超过一半成年居民超重或肥胖［J］．中华医学信息导报，35（24）：15．

杨丰旭，孟佳珩．2020．维生素对运动员的影响及其摄入方法建议［J］．食品安全质量检测学报，11
（4）：1124-1128．

杨月欣．2009．公共营养师［M］．北京：中国劳动社会保障出版社．

杨月欣．2017．食物蛋白质的评价过去和未来［C］//达能营养中心（中国）．蛋白质营养与健康：达能营
养中心第二十届学术年会会议论文集：1-6．

杨月欣．2018．中国食物成分标准版［M］．北京：北京大学医学出版社．

杨月欣．2019．中国食物成分表［M］．北京：北京大学医学出版社．

杨月欣，葛可佑．2019．中国营养科学全书［M］．2版．北京：人民卫生出版社．

于红霞，王保珍．2021．饮食营养与健康［M］．北京：中国轻工业出版社．

余海忠，黄升谋．2018．食品营养学［M］．北京：中国农业大学出版社．

袁申元，杨光燃．2005．低血糖症［J］．国外医学内分泌学分册，25（1）：70-72．

张钧，张蕴琨．2010．运动营养学［M］．2版．北京：高等教育出版社．

张崇霞，严晓平，叶真洪，等．2016．氮气气调对不同含水量大豆保鲜效果研究［J］．中国粮油学报，31
（01）：80-83．

张立实，赵艳．2007．营养与食品卫生学学习指导与习题集［M］．北京：人民卫生出版社：133-136．

张双庆．2019．特殊医学用途配方食品理论与实践［M］．北京：中国轻工业出版社．

张小莺，孙建国，陈启和．2017．功能性食品学［M］．2版．北京：科学出版社．

张燕燕，蔡静平，蒋澎，等．2014．气体分析法监测粮食储藏安全性的研究与应用进展［J］．中国粮油学
报，29（10）：122-128．

张艺，贡济宇．2016．保健食品研发与应用［M］．北京：人民卫生出版社．

张泽生．2020．食品营养学［M］．3版．北京：中国轻工业出版社．

赵方蕾，房红芸，赵丽云，等．2021．2015年中国65岁及以上老年人膳食能量及宏量营养素摄入现状
［J］．卫生研究，50（1）：37-45．

赵秀娟，吕全军．2017．营养与食品卫生学实习指导［M］．5版．北京：人民卫生出版社．

郑建仙．2019．功能性食品学［M］．3版．北京：中国轻工业出版社．

中国学生体质与健康调研组．2012．2010年全国学生体质健康调研报告［M］．北京：高等教育出版社．

中国营养学会．2014．中国居民膳食营养素参考摄入量（2013版）［M］．北京：科学出版社．

中国营养学会．2016．食物与健康：科学证据共识［M］．北京：人民卫生出版社．

中国营养学会．2017．国民营养计划（2017—2030年）［J］．营养学报，39（4）：315-320，312．

中国营养学会．2021．中国居民膳食指南科学研究报告（2021）［M］．北京：人民卫生出版社．

中国营养学会．2022．中国居民膳食指南（2022）［M］．北京：人民卫生出版社．

中华人民共和国卫生部疾病控制司．2006．中国成人超重和肥胖症预防控制指南［M］．北京：人民卫生
出版社．

中华医学会糖尿病学分会．2021．中国2型糖尿病防治指南（2020年版）［J］．中华糖尿病杂志，13
（4）：315-409．

周才琼．2019．食品营养学［M］．2版．北京：高等教育出版社．

周才琼，唐春红．2015．功能性食品学［M］．北京：化学工业出版社．

周光宏．2012．畜产品加工学［M］．北京：中国农业出版社．

宗平，王燕，吴卫国，等．2020．热处理在稻谷及大米贮藏与加工中的应用研究进展［J］．食品与机械，
36（10）：206-209．

Frances Sienkiewicz Sizer, Eleanor Noss Whitney. 2004. 营养学：概念与争论 [M]. 王希成等译. 8 版. 北京：清华大学出版社.

Louise Burke, Vicki Deakin. 2011. 临床运动营养学 [M]. 王启荣等译. 4 版. 北京：世界图书出版公司.

Appendix J. 1999. Understanding Nutrition [M]. 8th ed. New York: West Publishing Company.

Chad Z. 2019. Late Life Vitamin B_{12} Deficiency [J]. Clinics in Geriatric Medicine, 35 (3): 3419-325.

FAO/WHO/UNU. 1985. Energy and Protein Requirements [M]. WHO Technical Report Series 724. Geneva: World Health Organization.

Geissler C, Powers H J. 2017. Human Nutrition [M]. Oxford: Oxford University Press.

Jelena D, Bojan C, Bojana V, et al. 2017. Comparative analysis of mechanical and dissolution properties of single- and multicomponent folic acid supplements [J]. Journal of Food Composition and Analysis, 60: 17-27.

Kleinman R E, Greer F R. 2014. Pediatric Nutrition [M]. 7th ed. Elk Grove Village: American Academy of Pediatrics.

Koletzko B, Godfrey K M, Poston L, et al. 2019. Nutrition during pregnancy, lactation and early childhood and its implications for maternal and long-term child health: the early nutrition project recommendations [J]. Ann Nutr Metab, 74 (2): 93-106.

Kominiarek M A, Rajan P. 2016. Nutrition recommendations in pregnancy and lactation [J]. Med Clin North Am, 100 (6): 1199-1215.

Langlois P L, Lamontage F. 2019. Vitamin C for the critically ill: Is the evidence strong enough? [J]. Nutrition, 60: 185-190.

Matsuno N. The amino acid score of proteins in diet and food in Japan [J]. The Japanese Journal of Nutrition and Dietetics, 1973, 31 (6): 257-261.

Michos E D, Cainzos-Achirica M, Heravi A S, et al. 2021. Vitamin D, calcium supplements, and implications for cardiovascular health: JACC focus seminar [J]. Journal of the American College of Cardiology, 77 (4): 437-447.

Mitchell H H. 1924. A method of determining the biological value of protein [J]. Journal of Biological Chemistry, 58 (3): 873-903.

Oser B L. 1959. An integrated essential amino acid index for predicting the biological value of proteins [M] //Albanese A A. Protein and Amino Acids in Nutrition. New York: Elsevier Inc: 281-295.

Schaafsma G. 2000. The protein digestibility-corrected amino acid score [J]. Journal of Nutrition, 130 (7): 1865S-1867S.

Sizer F S, Whitney E N. 2013. Nutrition Concepts and Controversies [M]. 13th ed. U: Cengage Learning.

Waheed M, Butt M S, Shehzad A, et al. 2019. Eggshell calcium: A cheap alternative to expensive supplements [J]. Trends in Food Science & Technology, 91: 219-230.

Wardlaw G M, Smith A M. 2011. Contemporary Nutrition: A Functional Approach [M]. 2nd Edition. New York: McGraw Hill Higher Education.

WHO. 1973. Energy and protein requirements: report of a joint FAO/WHO Ad Hoc expert committee [M]. World Health Organization.

WHO. 2007. Protein and amino acid requirements in human nutrition: report of a joint WHO/FAO/UNU expert consultation [M]. World Health Organization.

Zalewski B M, Patro B, Veldhorst M, et al. 2017. Nutrition of infants and young children (one to three years) and its effect on later health: A systematic review of current recommendations (EarlyNutrition project) [J]. Crit. Rev. Food Sci. Nutr. , 57 (3): 489-500.

Zeevi D, Korem T, Zmora N, et al. 2015. Personalized Nutrition by Prediction of Glycemic Responses [J]. Cell,

163 (5): 1079-1094.

Zhao J Y, Wang H P, Zhang Z W, et al. 2019. Vitamin D deficiency as a risk factor for thyroid cancer: A meta-analysis of case-control studies [J]. Nutrition, 57: 5-11.

Zuo H, Shi Z, Hussain A. 2014. Prevalence, trends and risk factors for the diabetes epidemic in China: a systematic review and meta-analysis [J]. Diabetes Research and Clinical Practice, 104 (1): 63-72.